中规院 CAUPD | CAUPD 中规智库

规划新芦山

张　兵　方　煜　彭小雷　蔡　震　王广鹏　李东曙　等　编著

中国建筑工业出版社

本书审图号为：川 S［2022］00002 号

图书在版编目（CIP）数据

规划新芦山 / 张兵等编著 .—北京：中国建筑工业出版社，2021.11

ISBN 978-7-112-26745-3

Ⅰ.①规… Ⅱ.①张… Ⅲ.①地震灾害－灾区－重建－研究－芦山县 Ⅳ.① TU984.271.4

中国版本图书馆 CIP 数据核字（2021）第 211290 号

芦山地震灾后应急与重建是中国城市规划设计研究院自 2008 年 5・12 汶川大地震后五年内经历的第四次巨型自然灾害灾后应急与重建任务。

芦山灾后重建在党的十八大以后，重建的观念也发生了变化。十八大提出了社会治理体系现代化的目标，提出了包括生态文明的"五位一体"思想。这些发展理念与指导思想的变化与进步也深刻地影响了重建工作。因此，芦山灾后重建从规划到建设项目安排、技术方法选择、工程方案设计及工程实施，更加重视社会层面的问题；更加重视生态优先；更加重视文化复兴。

本书摸索灾后恢复重建新模式，探索新时期、新形势下的地震灾后恢复重建经验与教训，为我国应对自然灾害提供路径和模式。

责任编辑：封 毅 毕凤鸣
责任校对：王 烨

规划新芦山

张 兵 方 煜 彭小雷 蔡 震 王广鹏 李东曙 等 编著

*

中国建筑工业出版社出版、发行（北京海淀三里河路 9 号）

各地新华书店、建筑书店经销

北京建筑工业印刷厂制版

北京富诚彩色印刷有限公司印刷

*

开本：889 毫米×1194 毫米 1/12 印张：20 字数：229 千字

2022 年 2 月第一版 2022 年 2 月第一次印刷

定价：**188.00** 元

ISBN 978-7-112-26745-3

（38532）

《规划新芦山》

编著人员：

张　兵　方　煜　彭小雷　蔡　震　王广鹏　李东曙　等

主任委员：

王　凯　王立秋　李晓江　张立群　郑德高　邓　东　张　菁

委　　员：

钟远岳　刘　雷　龚志渊　魏正波　林楚燕　石　蓓　张　力

肖锐琴　杜　枫　黄缘罡　周　详　张　琪　朱荣远　李长春

王泽坚　杨　斌　余　妙　张圣海　范钟铭　李福映　罗　彦

周　俊　何　斌　李　珂　刘华彬　劳炳丽　张　帆　曹　方

赵连彦　田　禹　戴继锋　王瑞瑞　陆　巍　周　璇　钟　苗

宋婉君

王广鹏
李东曙
林楚燕
方煜
卢珊
卢姗
张兵
石蓓
李晓江
李轲
徐建杰
陈锋
彭小雷
曹方
杨保军
宋京华
余妙
王凯
王瑞瑞
王静霞
及佳
朱荣远
孙昊
邵益生
刘雷
殷会良
张菁
龚志渊
朱子瑜
魏正波
石芳铭
蔡震
耿健
杨斌
程鹏
周建明
钟远岳
卓伟德
洪昌富
吕绛
王泽坚
李迅
劳炳丽
范钟铭
肖锐琴
邴启亮
张力
张文生
曾胜
李福映
田浩
周详
廖晓卉
罗彦
刘华彬
谭敏敏
田禹
何斌
王俊佳
李瑶
徐海
赵若焱
刘越
龚道孝
杨涛
俞云
黄纪萍
宋陆阳
王成坤
张秦川
胡章
陈丽蓉
孔令斌
桂萍
张高攀
李宗来
鞠德东
官大雨
曲毛毛
刘仁根
张圣海
戴月
杨明松
唐进群

陈琦
何舸
周俊
姜立晖
黄锦枝
朱力
张帆
蒋国翔
罗丽霞
陆巍
王飞虎
刘继华
卜蓉
周仕忠
白晶
李爽
刘永合
陈惠进
杨默
冯一帆
董佳驹
覃原
郭旭东
赵连彦
周路燕
张惠民
于亚平
刘缨
李晶梅
王方
张琪
孙彤
王晋暾
萧竣元
冉鋐天
多骥
陈丽娟
鲍捷
何欢
秦艳
程崴知
周璇
吕晓蓓
刘兰
黄缘罡
罗红波
黎华
周双
崔福麟
张惠民
钟广鹏
吴晔
刘志双
张琨
宋婉君
邱晓燕
宋陆阳
李云圣
王晓璐
唐川东
刘远忠
蓝贤义
余建龙
瞿强
杨波
浦荣
廖远明
李晓文
涂雅峰
沈颂华
李广伦
李钧
李长春
葛永军
孙馨宇
田长远
黄斐玫
戴继锋
孙文勇
王婳
张文
钟苗
张妮
樊明捷

序

① 四川省城乡规划设计研究院
② 西安建筑科技大学建筑学院
③ 四川省建筑设计研究院有限公司
④ 哈尔滨工业大学建筑学院
⑤ 重庆大学建筑学院
⑥ 中国建筑西南设计研究院有限公司

芦山地震灾后应急与重建是中国城市规划设计研究院（以下简称“中规院”）自2008年5·12汶川大地震后5年内经历的第四次巨型自然灾害灾后应急与重建任务。在中规院总规划师张兵的带领下，在深圳分院、西部分院和总院各单位员工的努力下，中规院人又一次完成了历时三年又四个月，从救灾应急到灾后重建全过程的技术服务任务，续写了中规院人承担救灾扶贫、援藏援疆之社会责任的华彩篇章。

2013年4月25~26日，我院邀请曾经参加北川新县城灾后重建的中国建筑学会、山东援建方的院士、大师和领导回访北川新县城，回顾总结灾后重建的历程和经验。研讨会上院士专家提出，北川新县城灾后重建的做法和成功经验可以概括为中国巨型灾害灾后重建的“北川模式”。4月27日，按照约定，我带领曾经全程参与汶川大地震救灾应急和北川新县城重建的殷会良、贺旺同志在成雅高速公路上与时任四川省住房和城乡建设厅（以下简称“四川住建厅”）邱建总规划师、陈涛处长会合，同赴芦山、天全、宝兴地震灾区调研考察。在芦山县城，我们看望了4月24日就抵达芦山的住房和城乡建设部灾后应急供水团队和中规院水质监测工作团队的同事们。在芦山灾区，我们欣慰地看到，汶川大地震灾后重建的县人民医院由于采用了隔震技术，地震发生后一直在正常救治伤员，新建的体育馆安然无恙，成为临时安置受灾群众的重要场所，新建的道路、绿地成了最理想的临时安置区和物资存放、分配的场地，应急供水车和水质检测车保证了灾后清洁安全供水……同样是地震后第七天到达灾区，却全然没有当年北川老县城的情景。经历了汶川大地震洗礼和灾后重建，灾区的社会气氛更加淡定、祥和，供应体系更加有序，城镇乡村更加安全。

4月25日，住房和城乡建设部召开芦山地震灾后重建工作会议，确定由中规院对口负责芦山县，由“子弟兵”担当唯一极重灾区县的重建任务。当时，中规院完成北川新县城灾后重建任务还不到一年。时任杨保军副院长带领的玉树地震灾后重建工作和王凯副院长带领的舟曲泥石流灾后重建工作都处在紧张的收官阶段，院里把芦山灾后重建工作托付给了张兵总规划师和院的“总预备队”——救灾生力军深圳分院、西部分院。

4月29日，我在成都为张兵总规划师带领的，以深圳分院为主体的芦山灾后重建工作团队赴灾区现场工作送行。中规院的规划设计与技术支持团队的灾区现场工作一直延续到2016年8月，伴行了灾后重建的全过程。

芦山地震灾后重建工作的组织和机制不同于汶川、玉树。根据芦山地震的实际情况和汶川、玉树的经验，党中央国务院决定，灾后重建采取国务院编制灾后重建总体规划，四川省制定专项规划并作为责任主体实施重建。与汶川、玉树不同，芦山灾后重建少了对口援建的省市和中央管理企业，四川省对重建的工作安排与组织实施的责任更加突出。然而，灾区县缺乏稳定、持续的重建技术力量支持的局面并没有改变，重建的技术工作仍然需要依靠外部力量。在四川省的灾后重建规划工作会议上，负责重建规划工作的黄彦蓉副省长请求中规院采用“北川模式”，既要为极重灾区芦山县编制重建规划，还要求中规院为灾后重建提供全过程的现场技术服务。中规院与四川省再一次紧密携手灾后重建，中规院在四川省的领导下，与省住房和城乡建设厅密切配合，与雅安市、芦山县以及四川省规划院[①]、西建大建筑院[②]、四川省建筑院[③]、哈工大建筑院[④]、重大建筑院[⑤]、西南建筑院[⑥]等兄弟规划设计单位亲密合作，共同完成了重建任务。

芦山灾后重建在党的十八大以后，重建的观念也发生了变化。十八大提出了社会治理体系现代化的目标，提出了包括生态文明的“五位一体”思想。这些发展理念与指导思想的变化与进步也深刻地影响了重建工作。因此，芦山灾后重建从规划到建设项目安排、技术方法选择、工程方案设计及工程实施，更加重视社会层面的问题，如灾区民生、社会再生、乡村振兴、公众参与；更加重视生态优先，如资源环境承载力评价、绿色发展、美丽乡村；更加重视文化复兴，如古迹保护、传统文化挖掘、历史文化再现。

重建工作机制与发展观念的变化给中规院团队提出了新的要求，也给中规院团队提供了在重建工作中不断探索创新的机会。在新的组织构架和工作机制下，中规院形成了不同于北川、玉树的技术服务方式。在新的发展理念下，芦山的灾后重建相比北川、玉树，更加具有针对性，识别出“三点一线”的重建重点地区和重点项目；策划并设计了多主题的文化保护、再现的内容；重建工作也更加重视生态保护和环境容量约束。

在芦山灾后重建的三年又四个月中，中规院参与灾后重建现场工作共156人，其中深圳分院101人，西部分院20人；现场工作投入达576人次，8005人日，其中深圳分院389人次，5015人日，西部分院122人次，1784人日。王广鹏、李东曙同志现场工作分别达30个月和25个月，李晓文、廖远明、杨波、余建龙、李轲、浦容、瞿强、李广伦等同志现场工作达6个月以上，方煜、蔡震、周详、张文生、肖锐琴、魏正波、涂雅峰、石蓓、沈颂华、曾胜、张力、杨斌、王俊佳、田禹、卢珊、刘雷、黄锦枝等17位同志现场工作2~6个月。深圳分院作为院内建制最稳定、专业人员规模最大、经历了特区开放发展全过程锻炼的业务单位，携手尚在培育、成长中的西部分院，圆满完成了芦山灾后重建工作。中规院人的真情投入和辛勤付出，为芦山灾后重建提供了不可或缺的现场技术支持，与北川、玉树、舟曲一样，在巨型灾害的灾后重建中为中规院的国家使命担当竖起了一座座丰碑，展示了中国规划师的家国情怀、社会责任和职业精神。

每当回顾救灾扶贫，援藏援疆的过程，浮现眼前的总是那些熟悉的面孔和感人的故事。

负责芦山灾后重建工作的张兵总规划师曾经为北川老县城地震遗址保护做出过重要贡献。2008年5月25日他带领中规院团队进入已“封城”的北川老县城实地考察，仅用不到一周时间编制完成了“北川老县城地震遗址纪念地保护规划”，6月初呈送住房和城乡建设部、国家文物局，得到时任国家文物局局长单霁翔的高度评价。如今北川老县城成为世界上保护最完整、规模最大的地震遗址保护地，张总立了头功。凭着多年从事文化保护工作的经验和深厚的学术造诣，张总领导的芦山灾后重建工作特别注重文化保护与传承，注重实施的细节，取得了良好的成效。

黄彦蓉副省长在汶川特大地震灾后重建、天府新区规划编制中建立了对中规院深深的信任，她明确要求把“北川模式”运用到芦山。作为重建规划的领导者和雅安市的老领导，她熟悉地方，又对灾情调研细致入微；她善于统筹国家要求和地方诉求，协调各方利益，极为高效地领导完成了规划编制工作。记得在灾区一次工作会议上，彦蓉省长因劳累过度而失声，她写了满满5页A4纸的讲话内容请省政府副秘书长代读，让中规院团队深受感动。

国家发展改革委穆虹副主任依旧是灾后重建工作国家层面的重要负责人。如同在北川、玉树、舟曲，再次在芦山回北京的途中与穆主任巧遇。穆主任仍然十分关心中规院现场工作团队的状态和工作条件，又向国务院领导讲述中规院在几大灾区所做的努力和贡献。2015年穆主任调任中央深改办后，又邀我列席四部委“多规合一”试点工作汇报会，参加海南省“多规合一”试点调研，对中规院信任、倚重有加，此是后话。

芦山灾后重建过程中两任县委书记范继跃、宋开慧主持县的全面工作同时也精心筹划、组织灾后重建。为了在繁忙的工作中及时沟通交流，两位书记都曾与我在双流机场候机厅、成灌高速路的小餐馆讨论协商，可谓分秒必争。两位书记都对中规院团队给予了高度的重视、充分的尊重和生活上的悉心照顾。2019年我在理县杂古脑河畔与已任阿坝州常务副州长的范继跃书记不期而遇，不免往事上心，激动不已。

从汶川到芦山，四川省住建厅都是中规院参与灾后重建的领导部门，给了中规院重要的支持和帮助。邱建总规划师、陈涛主任与我相约同赴芦山地震灾区开展第一轮重建规划工作调研，还记得返程路上交通堵塞，邱总十分耐心地给公路边户外避灾的芦山少年讲解地震灾害的原理。邱总常用“生死之交”来形容与中规院的友谊。确实，共同经历的灾后重建常常是充满风险的艰辛历程。

芦山灾后重建将近完成时，我从院长岗位退休了，退休前的最后一次四川出差，我照例去了芦山、北川、绵阳，北川的领导和朋友给我过了60周岁生日。中规院工作32年，任院长12年，职业生涯中，领导岗位上，最刻骨铭心的就是救灾应急、灾后重建、援藏援疆那些往事；最让我感动不已的就是中规院人在国家和民众召唤时的敢于担当，一往无前的勇气和踏实细致、善始善终的工作态度！院长岗位的后8年，有幸与中规院数百位同事共同经历了汶川—北川、玉树、舟曲、芦山灾区的灾后重建全过程。中规院人付出了很多，但也收获了更多，更多。

致敬，可爱的中规院人！

致敬，无以历数的，与我们共同经历了灾后重建不平凡日子的合作单位伙伴们和省、市、县领导！

李晓江

2020年12月冬至日

前 言

中国山地、丘陵及崎岖的高原分布广大，近年来从汶川特大地震、玉树强烈地震、舟曲特大泥石流、芦山强烈地震、鲁甸地震、尼泊尔特大地震等灾害接连发生，时刻面临着灾后恢复重建的重大挑战。

近年来，中国城市规划设计研究院在住房和城乡建设部领导下，勇于担当社会和历史责任，主动承担并出色完成了汶川、玉树、舟曲、芦山等地灾后重建的规划工作。2013 年 4 月 20 日 8 时 02 分，四川芦山发生 7.0 级强烈地震，按照习近平总书记的指示精神，本着“中央统筹指导、地方作为主体、灾区群众广泛参与”的恢复重建的原则，经过三年的重建，注重探索规划全程服务的工作方法，注重在理论上、在工作经验上进行总结，注重对地方发展的跟踪和比较。《雅安市国土空间规划》、《芦山县国土空间规划》也相继委托我院继续技术支持服务。

在基础差、时间紧、任务重等现实条件下，中规院派出近两百人的技术团队，从恢复阶段的应急响应，包括灾损评估、应急供水、参与国务院总体规划编制，到重建阶段的驻场服务，包括编制各层次的规划设计，派员现场指导实施，派员挂职县长、局长、乡长参与恢复重建行政管理工作，切实践行了中央城市工作会议的精神，统筹了规划、建设、管理三大环节。虽然条件艰苦，但全院上下众志成城，先后完成编制的芦山县城、飞仙关镇、龙门乡等规划设计，多次获得全国优秀城乡规划一等奖，全国优秀勘察设计一等奖。

衷心感谢时任中规院院长李晓江同志先后带领全院参与了北川、玉树、舟曲等灾后重建的全过程，并编写了《规划新北川》一书，为我国地震灾后恢复重建提供了样本，他多次催促一定要做好本次芦山地震灾后重建的工作过程记录和整理，并为本书《规划新芦山》的出版提供了很大的帮助。

最后感谢四川省住建厅的组织安排；感谢时任中规院党委书记邵益生、杨保军院长及王凯院长对本次灾后重建工作的大力支持；感谢西建大建筑学院、哈工大建筑学院、重大建筑学院、四川省规划院、四川省建筑院等兄弟单位的通力合作。在大家共同的努力和帮助下，才使得本次芦山地震灾后恢复重建工作向党中央、国务院交了一份满意的答卷。

目 录

第一章　震后恢复重建规划实践的再探索

2013年4月20日8时2分，四川芦山发生7.0级强烈地震，波及雅安、成都、乐山、眉山、甘孜、凉山、德阳等市州的32个县（市、区），受灾人口约218.4万人，失踪21人，遇难196人，受伤13019人。中国城市规划设计研究院（以下简称“中规院”）在住房和城乡建设部领导下，第一时间在芦山县城启动应急供水并参与灾损评估工作，成立驻地规划工作组，参与国务院组织的《芦山地震灾后恢复重建总体规划》编制工作，负责编制《芦山县灾后恢复重建建设规划》，并协助地方政府部门搭建恢复重建规划技术服务平台。在之后的3年时间中，在中央和省有关部门、雅安市重建委的指导下，中规院作为芦山恢复重建规划设计技术总牵头，投入充足的技术力量，全力支持芦山县顺利完成震后恢复重建任务，再次展现了“国家队”的责任担当和技术实力。

今天，我们总结过去的工作，认识到这不仅是一个规划设计工作通常意义的总结，而是在国家70年来防灾减灾事业发展由弱到强、由消极到积极、由被动到主动、由盲目到科学①的背景下，重新认识规划作用的过程。特别是进入新的历史时期，国家正在形成由自然灾害应急管理组织指挥体系、自然灾害应急管理预案体系、自然灾害风险管理预警处置体系、自然灾害风险管理物资储备体系、自然灾害风险管理科技支持体系、自然灾害风险管理灾后重建体系支撑的自然灾害风险管理体系架构②，规划正在从早期灾区恢复重建现场需求导向的工作模式，更自觉主动地转向未来多系统、多层次、多维度的灾害风险管理导向的工作模式。经过2008年5·12汶川地震、2010年4·14玉树地震、2010年8·7甘肃舟曲特大泥石流以及2013年4·20芦山地震等灾后恢复重建工作的历练，中规院的规划师们从参与灾后恢复重建的过程中积累了丰富的工作经验，同时在我国新时期灾害风险管理体系建设的进程中提升了城乡规划工作的地位，也为发挥城乡规划作用探索了许多新的空间和方式。

2015年基多“人居三”（Habitat Ⅲ）发布的《新城市议程》（New Urban Agenda）提出建设“包容、安全、有抵御灾害能力和可持续的城市和人类住区”的愿景，并强调优秀的城市规划是引领健康城镇化、应对气候变化和社会分化等重大全球挑战的重要工具。这一愿景对规划作用的主张，对于经历重大地震灾害后恢复重建考验的规划团队来说有着特殊的意义。中规院规划团队在全面梳理灾情数据的基础上，针对灾区人民最迫切的基础设施困境及需求，对芦山灾害损失情况进行全方位、系统性地评估，识别出灾后重建重点和难点；同时，创新性地提出像芦山等经受地震破坏的山地城市，在规划确定空间发展格局之前应开展环境承载能力和生态敏感性评价；在后续规划设计中，充分考虑地质灾害的影响和生态重要性，评价先行，并与生态功能区划、人口与产业发展的空间布局及城乡土地使用和功能结构紧密结合起来。三年的恢复重建历程以及多年后不断的回顾和反思，我们更为清晰地认识到，以“灾损评价—资源环境承载能力—适宜性评价”为基础，统筹考虑自然生态、人文历史、产业经济、社会发展、基础设施等内容，为城市包容、安全、韧性、可持续发展提供战略性、综合性、系统性的规划政策框架和实施方案，既是芦山震后恢复重建规划过程中探索的课题，也是将城乡灾害风险管理与社会经济发展相融合必然要重点探索的重要机制。

① 林毓铭，李瑾．中国防灾减灾70年：回顾与诠释［J］．社会保障研究，2019（06）：37-43.

② 江治强．我国自然灾害风险管理体系建设研究［J］．中国公共安全（学术版），2008（01）：48-51.

一、芦山震后恢复重建规划设计工作的整体框架

1. 芦山震后恢复重建规划设计框架

芦山地震灾区恢复重建，习近平总书记做出重要批示，强调要“探索出一条中央统筹指导、地方作为主体、灾区群众广泛参与的恢复重建新路子”。这是党中央、国务院针对我国特重大自然灾害恢复重建提出的新思路，从过去的直接安排包揽部署向地方负责制转变，从举国体制向地方作为主体组织实施转变。如图 1.1-1 所示，党领导下的政府、民众、规划团队等主体协同参与芦山震后恢复重建，围绕党的领导形成多主体合作治理格局，这是芦山震后恢复重建规划实践区别于汶川“国家援建”模式的重要特征，标志着我国灾后恢复重建体制机制建设的重大转变和创新。

从应急救灾到恢复重建、从规划编制到规划实施、从央省统筹到市县落实，以中规院引领的规划设计技术力量全过程全方位参与芦山震后恢复重建工作，在应急救灾阶段，首先发挥灾民应急安置地选址和饮用水源监测作用，在恢复重建阶段，全过程参与灾损评估、规划编制、设计审查、施工协调、公众宣传、经验总结和技术交流等工作。在规划编制过程中，中规院第一时间进驻灾区开展现状调查和灾损评估，为国务院的灾后恢复重建总体规划提供第一手资料，为省市政府的专项规划提供技术咨询；在规划实施阶段，规划团队派驻技术人员挂职基层协助地方政府开展规划管理，派驻技术团队常驻灾区实施技术咨询和协调工作。在央省统筹工作中，中规院发挥技术统筹作用，协同其他规划设计团队，为跨地区的重建要素保障提供技术咨询；在市县落实工作中，中规院全方位统筹规划设计与施工管理等技术环节，为重建建设规划的实施开展评估、优化和协调工作。

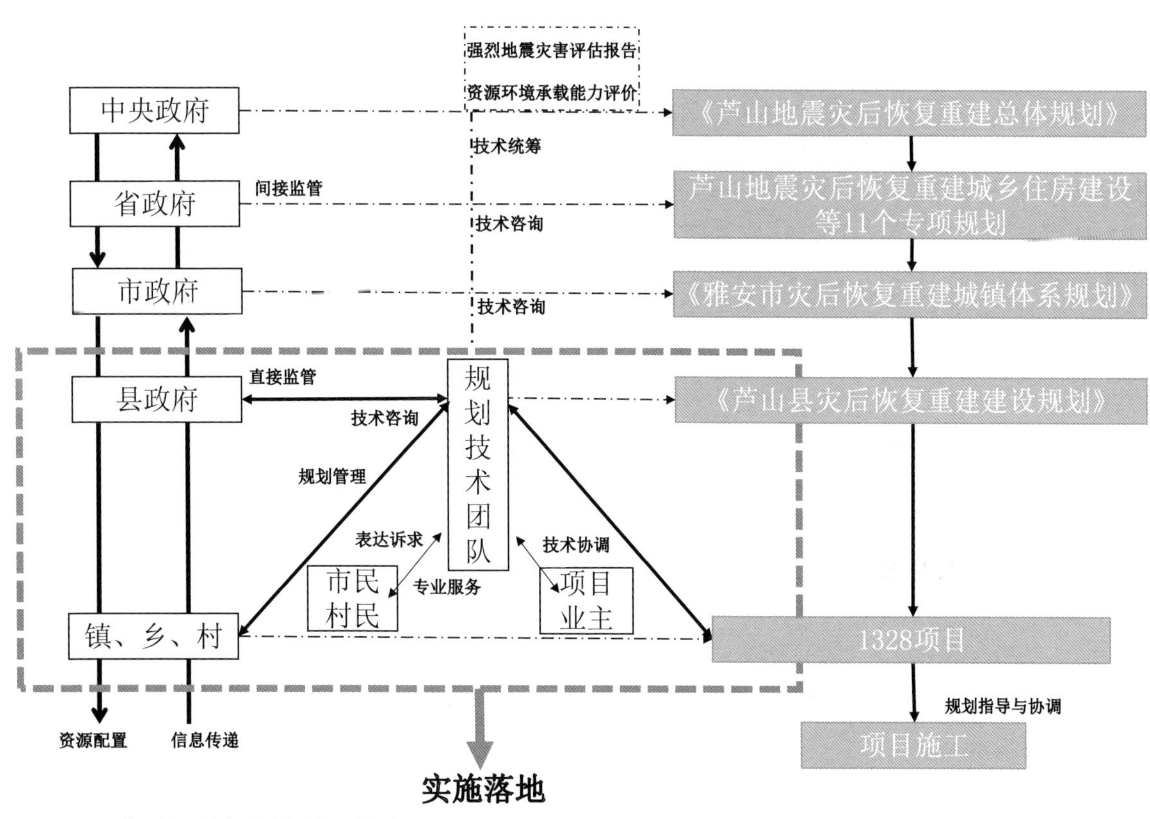

图 1.1-1　芦山震后恢复重建规划设计框架

① 龙门乡 2018 年撤乡设镇，更名为龙门镇；思延乡 2019 年撤乡设镇，更名为思延镇；2019 年撤销清仁乡。本书描述时为尊重历史，所述为 2018 年前仍用“龙门乡、思延乡、清仁乡”称谓。

② 刘玮，胡纹. 从“汶川模式”到“芦山模式”——灾后重建的自组织更新方法演进［J］. 城市规划，2015，39（09）：27-32.

2. 芦山震后恢复重建规划设计工作的特点与意义

规划作为灾后重建的重要工作，具有引领性和贯穿性，在重建的不同阶段发挥不同的作用。首先，规划作为“中央统筹指导”的载体，由国家发展改革委员会牵头，综合各系统和各部门编制出指导性政策法规。相关部门在震后一周立即启动灾情评估和灾后恢复重建规划编制，历时三个月，经多部门整合，在中央层面形成一个指导性的上位规划，即国务院批复下发的《芦山地震灾后恢复重建总体规划》，四川省政府同步组织编制出台 11 个专项规划，有力保障了恢复重建及时科学有序推进。中规院在住房和城乡建设部的领导下参加灾后恢复重建总体规划编制工作，将地方规划的思路和想法带到国家层面，建立起与重建项目库和各类专项规划之间有效的沟通协调机制。

其次，规划帮助“地方作为主体”承担主体责任，提升地方抗御重大自然灾害的责任和能力。由芦山县组织、中规院编制完成的《芦山县灾后恢复重建建设规划》，以地震灾害受损评估、环境承载力评价、生态敏感性评价、资源条件评价和已有规划评估为基础，针对灾后暴露出的突出问题，着重从城乡人口布局调整、产业布局整合、空间结构优化、交通基础设施完善等方面入手，在县域层面搭建灾后重建的基本骨架。

在重点地区、重点乡镇、村落的恢复重建中，规划也在不断探索和完善以地方为主体的灾后重建工作机制。中规院协同多家国内一流规划设计团队，聚焦“三点一线”等既定的恢复重建重点地区，围绕“1328”工程——一条主通道、三个重点乡镇（飞仙关镇、芦阳镇、龙门乡[①]）、两个产业园区（芦山县产业集中区、芦山县现代生态农业示范园）、八个新村（凤凰村、黎明村、火炬村、王家村、红星村、隆兴村、古城村、同盟村），从城市设计、村庄规划、旅游策划、修建性详细规划、环境景观设计、建筑设计、水系、市政道路管线等领域进行详细论证，实现“城—镇—乡村”的灾区城乡规划全覆盖，全面系统地把控好规划设计、建筑设计和现场施工协调三方面的工作质量。

最后，“群众广泛参与”是芦山县震后恢复重建规划工作的最大特色。相较于汶川的重建模式，芦山更注重居民意愿的表达和居民自治机构的建设[②]，在规划设计编制及项目施工全过程，通过入户调研、规划展示、规划讲解和意见反馈等方式，激发当地人民群众的主动性、创造性，以及自力更生重建家园的主人翁意识，大大增强了规划设计的科学性、指导性和可操作性。

二、“中央统筹指导”下的规划参与

在我国自然灾害应急管理体系中，国务院发挥统筹指导作用，依法开展灾后恢复重建，由国家发展改革委牵头，统筹各个部委的政策，将对芦山情况进行梳理的人员加入国家层面规划的编制过程，以确保顶层的规划政策是综合的、跨系统跨部门的。由发展改革委牵头组织编制，国务院批准的《芦山地震灾后恢复重建总体规划》作为中央统筹指导的政策载体，初步形成了“建立在整合性灾后灾损评估、资源环境以及基础设施综合性的承载力和风险评估，基于特定灾害风险的城乡恢复重建的政策和法规”。

1. 国务院《芦山地震灾后恢复重建总体规划》作为统筹指导载体

地震发生后，国务院第一时间成立由国家发展改革委主任任组长的国务院芦山地震灾后恢复重建指导协调小组，负责指导协调本次地震灾后恢复重建工作，习近平总书记对芦山地震灾后重建的要求是要深入研究把握内在规律，在国家层面研究出台灾后恢复重建工作的指导性政策法规。

指导协调小组迅速组织协调 28 个部委及四川省人民政府开始编制《芦山地震灾后恢复重建总体规划》。住房和城乡建设部带领中规院第一时间参加了该规划的编制，主要负责城乡布局、土地利用、住房和城乡建设三部分工作，同时与其他部委负责的公共服务、基础设施、特色产业、生态家园等技术内容进行衔接，为中央统筹指导灾区的空间布局、居民住房和城乡建设等方面发挥了积极的作用。

规划主要依据《中华人民共和国防震减灾法》第六章恢复重建相关条文，该法赋予了重建规划的“准生证”和合法性；实际操作主要依据《城乡规划法》的编制要求和规划实施要求，后者赋予了重建规划技术支撑和合法实施程序，保证了重建规划实施活动在正常的城乡规划建设管理流程下进行。《芦山地震灾后恢复重建总体规划》在地震灾害评估、地质灾害排查及危险性评估、房屋及建筑物受损程度鉴定评估和资源环境承载能力综合评价的基础上制定，用该规划全盘引领整个灾后恢复重建工作，严格落实中央各部委专项重建政策，以及作为各项工程设计的依据，充分体现了“中央统筹指导”的引领作用。

2. 规划成为国家指导与地方实践之间的沟通桥梁

继北川地震、玉树地震、舟曲泥石流灾害后，中规院作为党中央、国务院、中央军委授予的“全国抗震救灾英雄集体”，在此次芦山救灾工作中贯穿震后紧急抢险、应急抢修、重建工作的全过程，对芦山的震后修复、绿色可持续发展做出了重大贡献，并通过规划的完整参与实现了国家层面的政策指导与灾区当地项目实践的互动，及时将地方政府的诉求反馈至中央、省市层面，解决了中央和地方信息不对称的问题。

紧急抢险阶段主要是为了解决灾区群众基础性的生活运转，保证公众用水安全和社会稳定。中规院根据汶川、玉树多次救灾行动的经验，认识到灾后应急供水是第一要务，院内长期储备有一支技术过硬的应急供水抢险队伍，在灾害发生后快速响应，于 2013 年 5 月 3 日圆满完成驻场应急供水任务，同时提振了政府抢险救灾的信心和决心。应急抢修阶段需逐步恢复供应水、电、燃气、通信等系统。至 5 月 10 日，应急抢修工作在中规院的技术指导下全面完成，灾区人民正常生产生活基本恢复正常。地震发生一周后，中规院灾后恢复重建建设规划项目组（下文简称：项目组）深入一线调研，及时准确地了解基础设施灾损情况以及人口、社会、经济等相对全面的基础资料，并将驻地实践工作的经验带入中央，为随后进行的国务院《芦山地震灾后恢复重建总体规划》《芦山县灾后恢复重建建设规划》等重大规划的编制奠定了坚实基础。

3. 灾害损失评估和资源环境承载能力评价是灾后恢复重建规划的基础工作

芦山地震灾后工作重点转向恢复重建的关键时刻，习近平总书记在 2013 年 5 月 21 日主持召开抗震救灾工作会议时强调：“恢复重建是一项复杂的系统工程，要科学规划，精心组织实施。特别要按时完成灾害损失、灾害范围评估，搞好资源环境承载能力评价”[①]。

灾害损失评估为灾后重建决策和工作开展提供技术支持。中规院团队通过实地踏勘对灾损数据进行逐个校核，为灾后规划建设提供真实有效的数据基础。通过对地方上报数据、遥感数据等多源数据全面整合，实地调研评估灾害风险等级，最终形成灾害风险“一张图”，为下一步的规划建设提供依据。

资源环境承载力分析是支撑芦山县灾后重建规划的重要基础。传统的资源环境承载能力评价对整个地震影响范围进行自然条件综合分析评价，更侧重区域性较大尺度的宏观认知和引导，但不能准确反映地域特色，其精度不足以直接用于规模测算和指导用地布局空间规划方案。中规院团队从实际的规划决策需求出发，结合芦山县自然资源特征，对资源环境承载力的相关影响因子进行针对性分析研究，形成实用的“资源环境承载力 + 生态敏感性评价”的技术方法。其中，资源环境承载力以芦山县水资源、土地资源和生态承载力（生态足迹）为约束条件，评估县域可承载的最大合理人口规模。生态敏感性评价在灾后县域空间发展研判中识别生态保护高度敏感和中度敏感区域，从城镇安全和生态安全两个维度明确县域灾后城镇建设适宜空间，切实指导重建规划的产业、空间布局。此项工作是当前国土空间规划时代的资源环境承载能力和国土空间开发适宜性评价（简称“双评价”）的早期实践和探索。如今，“双评价”已成为国土空间规划体系的必要及前置条件，成为规划开展的重要支撑。

三、“地方作为主体”的重建规划行动方案

芦山的灾后恢复重建工作中，地方作为建设主体，需要尽快建立总体行动框架，形成灾后恢复重建系列规划的总纲，并在后期将其纳入城市法定规划体系中。中规院调动曾参与北川、玉树灾后恢复重建规划以及雅安市城市总体规划的相关专业技术人员，在短时间内充分发挥各自经验，迅速形成《芦山县灾后恢复重建建设规划》的思路和成果，并为后期“三点一线”重点地区

① 樊杰．灾后重建中的资源环境承载能力评价［N］．经济日报，2015-05-07（013）.

的规划设计方案铺垫了基础。

1. 地方层面的灾后恢复重建规划总纲

《芦山县灾后恢复重建建设规划》既是第一阶段的应急规划，也是芦山灾后恢复重建系列规划的总纲。虽然我国没有类似国外的“灾害风险管理总体规划（DRMMP）”[①]，但得益于我国长期形成的极具中国特色的灾后重建规划理论、技术储备与工作机制，地方层面的灾后恢复重建建设规划与 DRMMP 的工作目标和流程基本类似。本次灾后重建规划实际上成为我国面向灾害风险管理类规划的一次重要实践探索。

回顾《芦山县灾后恢复重建建设规划》的编制过程，虽然只有 3 个月时间，但却经历了比一般城乡规划项目更加复杂的过程，既有政府部门各层级的访谈，也有深入县、乡、村的实地踏勘调研；既有灾后重建愿景蓝图和路线图的描绘，也有对县城居民和村民意愿的收集；既有向县、市、省、国家等各层级领导的连续汇报，也有对芦山当地群众的规划宣传。总的来看，此类规划对于灾后恢复重建是一个非常好的纲领，结合中规院在雅安市城市总体规划中的工作基础，充分考虑灾害风险管理各类因素与社会经济发展的关系，明确了综合性、长期性、整体性的政府主导的技术框架，保障灾后恢复重建的结构性、战略性安排，是中国应对地震、洪水、疫情等重大事件的重要规划工具，也是中国灾后恢复重建地方行动的重要特点，其不完全是灾后恢复重建的针对性规划，更是为了将恢复重建的内容融入法定总体规划而形成的过渡性和传导性规划。

2. 兼顾近期恢复和长远发展的空间战略安排

习近平总书记于2013年5月2日在《中共四川省委关于“4・20”芦山强烈地震抗震救灾工作有关情况的报告》批示“按照以人为本、尊重自然、统筹兼顾、立足当前、着眼长远的科学重建要求”。

如何把科学重建的要求落实在规划中，项目组认为最终是以城市总体规划作为载体，不仅要尽快恢复生产生活，还要兼顾芦山的长远发展，规划要和重点项目推进、战略通道预控、发展空间留白等结合起来，做好弹性预留。在灾后恢复重建建设规划中，应重点处理好“当前和长远、恢复和提升、重建和发展”三对关系，在保证生态安全的前提下，突出绿色、可持续发展理念，还要和地方政府的施政思路相结合，将战略思路转化为地方行动的空间政策依据，确保规划的引领作用。

按照中央、省、市对芦山灾后恢复重建的要求，中规院项目组经过和地方各级政府、城乡基层百姓的座谈，结合北川、玉树的救灾经验，提出了区域联动、城乡统筹、生态立县、文化强县的四大空间战略，核心的思路是将芦山县人口、产业的集聚重心进一步向县城及中南部山前河谷和平坝地区转移，逐步迁移县域中北部灾害风险较大的高山深谷地区人口，推进县城劳动密集型产业和山区生态农业、乡村旅游发展，调动广大人民群众参与灾后恢复重建的积极性，建设“山水芦山、文化芦山、幸福芦山、美丽芦山”。

3.“三点一线”行动框架的形成

救灾任务时间紧迫，重建工作千头万绪，如何在有限的时间与资金条件限制下，为芦山的灾后重建和发展提供快速有效的途径，需要在县域空间布局层面识别出更为突出的重点项目。在全县城乡空间体系中，依据资源承载力、生态文化本底、区位条件、恢复重建系统要求和地方发展意愿，规划筛选出“三点一线”作为灾后恢复重建工作的重点。“三点”包括芦山或芦阳县城、飞仙关镇和龙门乡，是整个芦山县历史最为悠久、现状建设相对密集、产业相对发达的地区，同时也是经过地质灾害评估，未来灾害发生可能性相对较小、较为适宜建设的地区。因此，从芦山全县的历史传承和整体发展考虑，规划建议将全县人口尽量往“三点”进行集中布局。“一线”为飞仙关镇至县城至龙门乡一线的发展主轴，是在县域“一轴四带”的空间骨架中，能够有效兼顾交通、功能、景观等多项功能的唯一轴带，将成为体现芦山灾后重建城乡风貌与交通整治的最大亮点。

将“三点一线”作为重点地区进行规划、设计和建设，其他地区重点考虑民生设施建设，灾后恢复重建的实施和检验证明这是科学和合理的。“三点一线”提供了建设时序的轻重缓急，抓住了地方的自然地理特点，达成了共同的工作目标，成为重建成绩的展示窗口，是地方政府在

① DRMMP：Disaster Risk Management Master Plannning，由 EMI（Earthquakes and Megacities Initiative, Inc. 非营利组织）管理提出的长期支持基层、减少灾害风险规划进程的活动，目标是在充分识别外部风险特征的基础上，通过定义和分配各级政府利益相关者的角色责任来优化资源。

时间和空间上保持三年恢复重建工作主动性的集中体现，是体现地方主体地位的关键抓手。

四、“群众广泛参与”开启了协作式规划的模式

国家灾后风险治理体系逐步下沉，地方责任和主体意识增强，更加考验基层治理能力。作为最基层治理单元的乡村，重建的主体是村民，相较于北川和玉树乡村规划重点在县城和城关镇，采用自上而下的重建方式，本轮重建规划工作直接与村民交流，具有自下而上探索的特点。规划尊重并促进发挥乡村的自治能力，以村组为单元，帮助并引导村民为了公共权益形成共同的重建目标，改善村民生活生产物质要素，延续乡村社会的文化脉络，促进乡村人居环境和谐共生，最终实现乡村地区的生态文明。

1. 灾区群众意愿决定了重建工作的组织方式和建设方式

北川、玉树震后乡村重建是由政府号召，央企支持，经过统规统建，集中盖楼，此次芦山震后乡村重建工作体现了村民自己的建设意愿，充分尊重村民的发展诉求。从政府角度出发，重建最大的任务是保障重建的安全性和时效性，希望采用砖混结构的房屋，其安全性好，利于集中管理和规模化施工。但村民对什么是安全的住房有自己的认知，在汶川“5・12”地震和芦山“4・20”地震中倒塌的房屋大部分是以砖砌为主，在村民的观感里，砖房就是危险。因此，村民更愿意接受砖木结构的房屋，认为木材料的穿斗式结构的住房才是最为安全的，可以有效且长期的预防地震带来的房屋倒塌。

由于砖木结构房屋的安全性更需要技术的监管和保障，而分散的建筑主体与集中的规划管理、建设管理又存在脱节，此时村民自我组织和管理在重建过程中发挥重要作用。村民以村民小组（生产队）为单元，由群众代表组成自建委员会，发挥群众“自己家园自己建”的主体责任作用。以白伙新村为例，村民主动协助村两委组织召开户主大会，经过大会选举，聚居点 81 名户主投票选出 7 名成员，建立农房重建自建委员会。“自建委”全权负责建房质量自我监管，并与规划和设计单位对接。与政府建立共识后，由政府出资统一聘请监理单位，专门针对特殊结构住房制定质量技术标准，与“自建委”技术负责人一同抓好建房技术把关和质量监管，并由县质安站对建房各个环节进行检查，形成政府提供质量技术监督保障，自建委内部统筹各项自建事项的组织方式，减少了政府对乡村重建的干预，提高了群众自建的热情。

2. 乡村土地权益决定了重建规划的工作思路

村组是乡村推动规划实施的重要单元，结合乡村建设的特点，搭建起适合乡村实际的工作方式是重建规划的重点。在规划工作初期，项目组按照城市规划的传统思路提出了场镇集中建设安置区的方案，可以节约建设成本和管理成本，高效推动灾后恢复重建。经过村民意愿调查，项目组发现大部分村民不愿意跨自然村组搬迁，涉及跨村组的土地调整也困难重重。主要原因是当前的宅基地都有各自的土地产权，村民不希望其他村组的村民占有本村组的产权土地或者集体土地。此外，房屋受损程度不一，村民对于重建的意愿和期待各不相同。但是若以村民个体房屋作为空间单元推进重建，又无法保障灾后重建时间要求。因此，选择村组作为重建安置和协调的单元，争取在时效性和尊重村民意愿间取得平衡。

项目组根据实际情况，提出了依托现有自然村组，分散划定重建安置区的方案。一方面可以保障村民的集体土地的权属和宅基地的权属不受到大规模影响，以便于快速开展重建，另一方面也通过村组的自然社会关系，对重建意见和方式进行内部协调，快速达成一致。此外，项目组通过村庄入户调查，对每家每户的建筑进行灾损评估，为规划工作提供工作底图支撑；通过倾听村民的诉求，协助政府做好疏散工作和优先保障民生设施的供给。规划方案应对村组布局的分散特点或者局限性，加强了乡村交通路网的规划，保障村民耕作便捷性，最大程度尊重了当地生活方式和生产方式，同时，强化各个村组路网串接，为后期乡村旅游的发展奠定基础。

3. 村民多元化的诉求决定了重建规划的伴随式协商式特征

规划注重公共权益与村民个体诉求相结合，

而群众的诉求是多样化的，乡村规划重建有其自身的协调、伴随、沟通式特征。当群众诉求和重建工作的大方向有冲突时，项目组主动上门沟通协商，消除村民的顾虑并给予技术指导。“五老七贤”是乡村规划重建过程中的桥梁，“五老七贤”作为本土的精英，主要有老校长、老支书、老会计、包工头、种田大户、乡村企业家等在乡村中有见识、有威望的长者、能人。其凭借自身的经济实力、知识背景、宗族势力、社会资源和经营手段等强大的社会网络掌握着公共生活的话语权。本次规划工作项目组时常与“五老七贤”商议规划方案，比如规划制定风貌设计图则，村民人手一份，通过规划师和“五老七贤”对村民进行宣传和讲解，让村民可以很好理解并按照图则的风貌要求来重建房屋。在规划过程中“五老七贤”成为辅佐重建工作、乡村治理的重要力量。

本次乡村重建工作中政府的作用是间接性的，主要依据村民自建的程度给予不同的阶段补贴。如果风貌建设没有按照规划导则指引的要求，村民的补贴会受到一定的影响。此外，当老人或者孕妇遇到劳动力困难问题时，由村组集体统一协助，体现邻里互助的关爱精神。规划的作用主要是协调政府的主要方向与村民的微观诉求，政府在乡村重建工作中的管控力度放小了，激发了乡村的民间力量的自助能力。

五、总结：规划是震后科学重建与社会协同治理的支撑中枢

1. 基于科学性，提升重建地区的安全韧性水平

《中共中央国务院关于推进防灾减灾救灾体制机制改革的意见》中提出，“推进防灾减灾救灾体制机制改革，必须牢固树立灾害风险管理和综合减灾理念，坚持以防为主、防抗救相结合，坚持常态减灾和非常态救灾相统一，努力实现从注重灾后救助向注重灾前预防转变，从减少灾害损失向减轻灾害风险转变，从应对单一灾种向综合减灾转变”。在自然条件复杂、灾害多发地区，一次规划并不能解决所有问题，需要建立科学韧性的长效防灾规划机制，以应对各类自然灾害突发情况，保障人民生产生活的安全。随着灾害场景的演化和体制机制的升级，提升灾害风险管理体系的韧性越来越成为重要的变革思想，韧性治理将应急管理的全过程理解为公共治理体系和能力在灾害领域中的体现，尤其关注治理体系在受到灾害风险威胁、灾害事件冲击后，如何及时有效地处置并再生治理功能[①]。

要实现灾前预防，恢复重建并提升灾区的安全韧性水平，需要高度重视规划工作的实际作用，特别是这些技术力量在中央——地方——基层（乡村）各层级，以及在灾情汇总、恢复重建的政策制定、逐级实施中央的总体规划、乡村层面响应和引导群众诉求直至大小项目落地各阶段参与的积极作用，打通从中央总体规划决策到重建建筑项目实施完成的全流程。另外，将极具战略色彩的灾后重建蓝图纳入雅安市和芦山县城市总体规划等法定规划中，实现多规融合，充分保障规划的严肃性和可实施性。

2. 强调包容性，发挥规划协同治理的平台属性

“人居三”特别强调了包容意识与包容性发展，“规划”被“人居三”视为实现包容协同治理与发展的核心工具，“包容与协同性”也逐渐成为政府及其规划建设管理工作需要正视，甚至必须遵循的基本价值。本次重建规划工作的最大特点就是“地方负责制”，其核心内容就是体现以“扎根基层、服务社会”为宗旨的综合协同，这种协同包括了不同层级政府、不同部门、不同区域、不同人群等各相关利益主体的协同。本次重建规划作为社会协同治理的平台主要体现在规划编制和规划实施两个层面。

在规划编制层面，规划协同性首先体现在整个灾后重建规划体系内部的协同。《芦山县灾后恢复重建建设规划》以及面向实施的综合规划设计并不是独立存在的，其属于中央主导编制震后恢复重建规划体系的一部分，发挥承上启下的协同作用，对上落实衔接上层次《芦山地震灾后恢复重建总体规划》及省市相关专项规划，对下直接指导灾后重建工程项目的实施。规划编制的第二个协同体现在规划编制的公众参与性，即体现规划的包容性，所有人都有发言权，比如“自己家园自己建”“五老七贤桥梁作用”的发挥等充分体现了重建规划的包容与协同性。

在规划实施层面，规划的协同性首先体现在协助地方管理部门搭建规划技术平台，在重建委

① 朱正威. 中国应急管理70年：从防灾减灾到韧性治理［J］. 国家治理，2019（36）：18-23.

的指导下发挥芦山恢复重建规划总负责作用，规划实质上成为支撑芦山县作为重建主体高效实施重建工作的一个协作平台，即发挥规划作为“一事一漏斗，多项目协同”的技术服务功能。规划实施的第二个协同性主要体现在灾后社区的协同管理上，创造了一个社会协同治理的平台。不同的社会角色与利益主体，包括政府、企业，村民集体、个人等，均可以通过规划实施技术平台，实现各自利益诉求的协同。中规院派出骨干技术人员在现场挂职的形式，极大地提升了规划作为协同平台作用的发挥。

3. 追求可持续性，兼顾近期灾后重建和长远永续发展

在灾害频发的县域乡村地区，如何提升其现代化的社会治理可持续能力，对地区的长治久安尤为重要。联合国可持续发展议程提出的 17 项目标中，有多项都与本次灾后重建规划的出发点一致，比如“促进持续、包容和可持续的经济增长，建造抵御灾害能力的基础设施、为所有人提供水和环境卫生并进行可持续管理”等目标，正是这次灾后重建规划编制和后期实施过程中项目组始终坚持的原则。从规划目标看，重建规划不仅解决近期灾后重建问题，更注重长期战略发展问题，即规划是以灾后重建为契机，用战略的眼光系统长远谋划区域与城市的发展目标和方向，这与后来 2015 年《联合国仙台减灾框架》提出的“更好地重建（Build back better, BBB 模式）”不谋而合。

我国从 2008 年汶川地震开始的历次灾后重建规划中，都会按照可持续发展“3E”[①]原则，首先编制灾区的恢复重建城镇体系规划或城乡总体规划，对灾区原来地方规划的空间发展战略进行修正和优化，实现震后恢复重建过程中的社会、经济、环境利益平衡与可持续发展。天有不测风云，地震、风暴潮、洪涝等灾害往往不是我们能提前预料的，希望通过多次灾后恢复重建规划的总结，提炼可持续发展导向下的规划技术路线，为全球可持续发展目标的实现贡献中国智慧、中国方案。

① 可持续发展 3E 原则：经济（Economy）、公平（Equity）、生态（Ecology）。

第二章　灾后恢复重建模式的转型

一、国家治理转型背景下的重建转型

1. 国家治理的转型

推进国家管理向国家治理转型，是党的十八大以来我国全面深化改革领域的重要议题。党的十八届三中全会审议通过的《中共中央关于全面深化改革若干重大问题的决定》(以下简称《决定》)共24次提到“治理”，这是党中央首次将“治理”概念提高到治国理政的战略高度，明确了“全面深化改革的总目标是完善和发展中国特色社会主义制度，推进国家治理体系和治理能力现代化。”

随着改革开放的深入，市场经济的发展，既往的“全能型、人治化、封闭式”的管制行政模式，已不再适应复杂的市场经济和社会事务的协调需求(许耀桐，刘祺，2014)。尤其是现代化建设的逐步推进，公民意识、公民精神与法治意识不断提升，广大民众要求参与国家事务与社会事业的治理呼声日益高涨，社会这一在传统管理下置于被管制的客体在现代价值因素(自由、民主、公正、平等)的催促下日益上升为主体范畴，国家与社会、人民与政府之间的关系正发生着深刻变化(刘涛，闰彩霞，2015)。

从“管理”到“治理”，是权力运行方向的调整，政府管理是自上而下，而政府治理则是一个上下互动和平等展开的运作过程。在主体上，由单一主体向多元主体转变，推进多元主体合作共治；在理念上，由权本位、官本位向人本位、民本位转变，推进服务质量提升；在职能上由全能政府向有限政府转变，推进职能深化改革；在行为方式上由刚性管制向柔性疏导转变，推进法治政府建设；在目标上由单向稳定主导向多向权利保护转变，推进公共服务均等化建设(刘涛，闰彩霞，2015)。

近10年来灾后重建的模式，也深深地受到国家治理转型的影响，并深刻的体现国家治理转型的方向，探索出不同的路径。

2. 地方秩序下的治理升级

在讲到“国家治理”的时候，另一个需要关注的是“地方治理”。国家治理所下放的权力除了部分放手市场、回归公众外，还深入到地方治理的范畴，调动地方自主能力和积极性。灾后重建面临着重建时期地方秩序的解构和后重建时期地方秩序的重构，地方政府发挥着重大的作用。

在回访汶川地震灾后重建时，出现了中央政府与地方政府两端分化的差异性评价，“举国重建”的高效率极大提升了中央政府的公信力，而部分地方政府的作用容易被忽略①。出现评价的两极化主要在于：① 重建决策和项目实施大多由中央和援建省市统筹安排，之前以地方政府为治理主体的地方秩序被打破，治理主体的转换使得地方政府的重建工作容易被忽略；② 中央政府部门和支援省市有限定的重建周期，所负责的交通设施建设、基础设施建设、公共服务设施建设等大多数在一两年之内完工，而地方政府负责的重建工作周期较长，如产业发展升级、产业结构调整、生态治理等难以在短期内完成，由此造成的评价落差。

进入后重建时期，中央政府和援建省市回撤之后，地方政府还需面临着新一轮地方秩序的建设。在治理主体上，地方政府在重建时期受到了信任度质疑，如何重建信任和权威成为一大难点。在工业化上，灾后重建的特殊性决定了大量入园企业均属于外来嵌入式类型，具有典型的跨省援建性质，其固有的特点决定了与本地市场和资源之间的断裂，而根植于本地特色的工业反而面临着无地可用的尴尬局面。在城镇化上，重建的物质空间品质提升的同时，居民面临着就业体

① 邓东，范嗣斌．从一张蓝图到一座城市的重生——玉树灾后重建规划及实施中的规划回归．城市规划，2014，38(增刊2)：114-119.

系不完善的问题，就业岗位的缺少与类型上的趋同，都在不同程度上制约着城镇人口的就业状况，部分人口外出打工，影响城市活力与多样化的彰显[①]。这都要求地方政府有足够的经验，实现减灾与发展良性循环。

芦山地震后，中央决定将灾后恢复重建的“指挥棒”交给四川，探索重大自然灾害重建“地方负责制”。从“举国援建”到“地方负责制”，实质上是实现了治理尺度的下移，调动地方政府的自主性和积极性，提高资源的运行效率。同时以地方政府为主体，一方面减少了地方治理秩序解构和重构的政治成本，强化地方政府的治理能力，保证重建思路的可持续性；另一方面，更有利于创新社会治理体系，完善基层群众自治制度。这是国家治理现代化的重要方向，因此芦山模式的探索有利于增强地方应对重大自然灾害的能力，为重大自然灾害恢复重建向地方负责转型探索路径。

3. 公众参与治理的呼声日益高涨

随着社会主义市场经济体系的建立完善以及行政体制的深化改革，当前推进国家治理体系现代化的重点是社会治理领域（许耀桐，刘祺，2014）。国家治理转型也需要将公民社会组织及个人纳入到主体范畴，在政府、市场、社会共同推动下实现。从汶川到玉树的恢复重建，也体现出公众参与的重要性。

谭斯颖（2016）在对汶川灾后恢复情况的实地考察后提出，救灾和重建管理体系不足之处在于自上而下的资源配置与自下而上的信息传递之间的错位，本土文化在重建过程中被淡化和边缘化，导致局部地区出现新景观与当地居民实际需求相斥的现象，更多呈现出精英化的景观改造。而在玉树灾后重建中，德宁格项目探索实现“五个手印”的工作模式，遵循人本原则，推动公共参与，化解社会矛盾。在深入一线调研，充分考虑当地百姓的土地权益、邻里关系、宗教文化、个人意愿与风俗习惯的基础上，在产权确认、土地公摊、院落划分、户型设计、施工委托等环节充分征求群众意见，并通过按手印的方式予以确认，保证住户充分参与规划的五个环节和全程参与方式（邓东，范嗣斌，2014；鞠德东，邓东，2011）。

作为自然灾害的受害者和灾后重建的服务对象，居民重建家园的意愿须得到充分尊重和落实。国际公认较好的灾后重建模式也是自下而上的社区参与式发展模式，因其最具有可持续发展性（谭斯颖，2016）。这也是国家治理转型的重要方向。

“举国援建”的模式是在特定历史时期、特定重大自然灾害后探索形成的灾后恢复重建模式，不适合持续复制和全面推广。相对而言，芦山地震造成的破坏性相对较小，但同样面临着物质空间的重建与修缮、生产生活秩序的恢复、灾民的安置与调动等系列灾后恢复重建所涉及的难题，适合成为探索新模式的载体。同时，在国家治理的转型背景下，国家逐步放权于市场、地方政府、群众，市场配置资源的灵活性增强、地方政府的治理能力强化，以及公众参与意识的提升，都将促使恢复灾后重建模式逐步走向多元化。而芦山模式率先以“地方负责制”的模式，成为我国探索完善重大自然灾后重建体系的一次生动实践。

4. 新常态下灾后恢复重建转型

汶川地震是新中国成立以来破坏性最强、波及范围最广、受灾人口最多的一次地震灾害。震后，国家创造性地实施“一省市对口援建一重灾区”的重建体系，探索出了重大自然灾害灾后恢复重建的“举国重建”模式。以北川新县城为例，形成了“三位一体”和“一个漏斗”的垂直规划组织框架和灾后重建工作机制[②]，见图 2.1-1、图 2.1-2。

在这种组织框架下，整个规划体系的运行十分高效。不过在灾后重建的反思中，也凸显出一些问题[③]：① 指挥层级较多、多头指挥，决策周期较长；② 援建省市间相互攀比，容易导致重建项目超标浪费，规划不尽科学等；③ 国家和省级层面在整个规划过程中起了领导作用，但由于各地情况各异，对地方规划的具体实施细则不明确，导致了各个地方对总体规划的解读出现偏差，从而造成了规划标准不一、规划成果迥异的局面。

① 陈蓓蓓. 汶川灾后重建与政府合法性的双轨效应——对汶川灾后重建的社会影响评估. 华中科技大学博士学位论文，2012.

② 刘玮，胡纹. 从“汶川模式”到“芦山模式”——灾后重建的自组织更新方法演进. 城市规划，2015，39（9）：27-32.

③ 谭斯颖. 中国模式的灾后重建：精英化的景观改造实践——以汶川地震灾后重建为例. 城市发展研究，2016（11）：39-44.

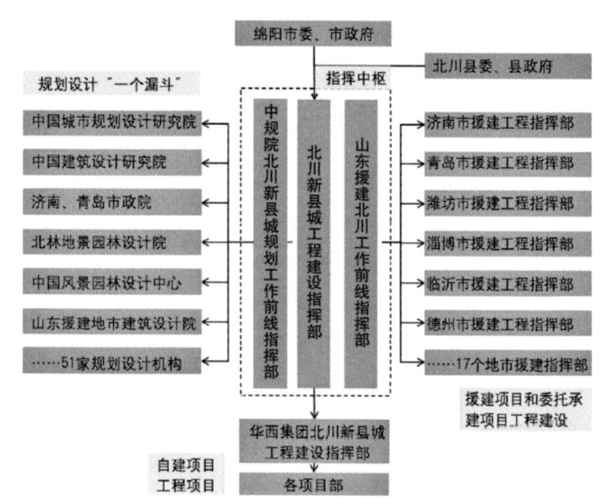

图 2.1-1　北川新县城“三位一体”的指挥系统

资料来源：贺旺. “三位一体”和“一个漏斗”——北川新县城灾后重建规划实施机制探索. 城市规划，2011，35（增刊 2）：26-30.

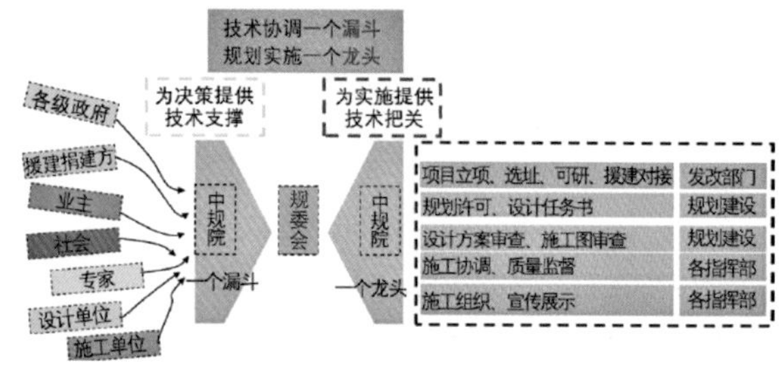

图 2.1-2　中规院规划技术协调“一个漏斗”

资料来源：贺旺. “三位一体”和“一个漏斗”——北川新县城灾后重建规划实施机制探索. 城市规划，2011，35（增刊 2）：26-30.

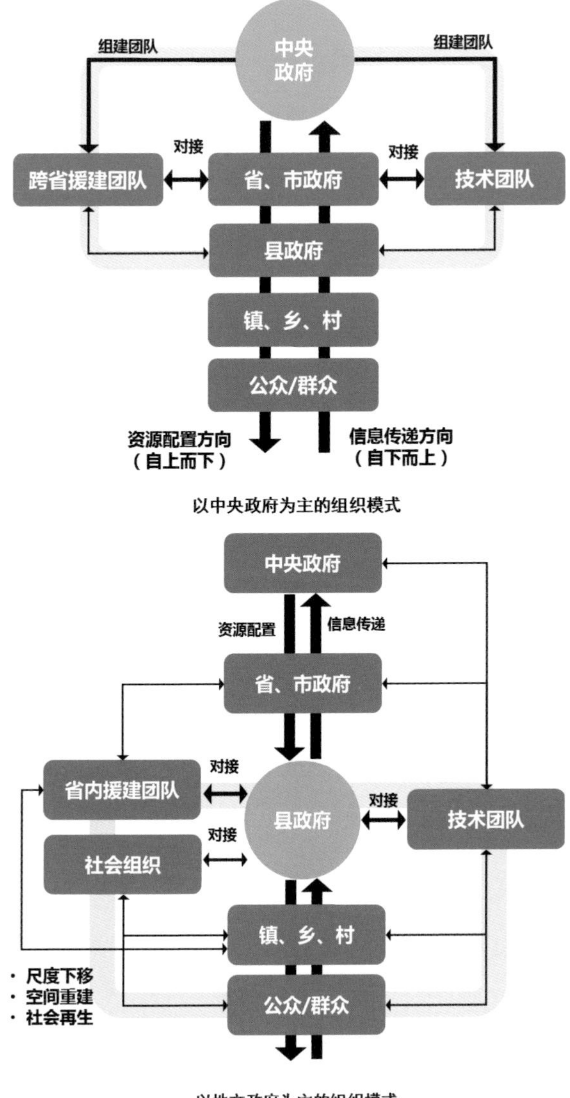

图 2.1-3　模式对比

玉树地震灾后重建尝试探索了新的模式。相较汶川模式，玉树有特殊的民族、宗教文化，结古镇信仰的藏传佛教居民占 90% 以上；土地制度也有其特殊性，土地权属比较复杂，包括国有土地、非国有土地、寺院产业土地、不确定土地等，其中“私有土地”占结古镇总用地的 83.9%[①]。因此，结古镇统规自建区探索出“1655”工作模式，即一条路线、六位一体、五级动员、五个手印[②]。这种模式拓展了参与主体，从汶川的“三位一体”到省相关部门、州县政府、建委会、基层群众、援建方和设计单位在内的“六位一体”；打通“自下而上”的规划路径，使规划回归到“上下贯穿全程的规划”“自下而上人本的规划”“互动协调动态的规划”，是一个全民、全程参与的“沟通式设计”过程[③]。

从 2008 年到 2010 年，正是金融危机后全球秩序重新调整、我国改革进入战略转型期、社会转型加剧、利益复杂化升级的特殊阶段，汶川与玉树的重建除了因时、因地的不同外，也凸显出国家从“自上而下的管理”到“上下结合的治理”的治国理政理念转变，见图 2.1-3。

而这也是2013年芦山地震灾后重建的背景与国家要求，2014 年 11 月习近平总书记在对芦山地震灾后恢复重建工作指示到，“做好灾区恢复重建工作，是各级党委和政府的重要政治任务，直接关系灾区群众的生活生产和切身利益，关系有关地区的经济发展和社会稳定，也体现党治国理政的能力和水平。”因此，芦山被赋予了体现党治国理政的模式探索。

二、探索灾后恢复重建新路子——芦山试验

习近平总书记对芦山地震灾后重建的要求是要深入研究把握内在规律，在国家层面研究出台灾后恢复重建工作的指导性政策法规，探索出一条“中央统筹指导、地方作为主体、灾区群众广泛参与”的恢复重建的新路子。这是由党中央和国务院针对我国特重大自然灾害，首次从过去的直接安排包揽部署向地方负责制转变，从举国体制向地方作为主体组织实施转变，有利于提升和增强地方抗御重大自然灾害的能力，标志着我国灾后恢复重建体制机制建设的重大转变和创新。

1. 重建组织架构探索

在灾后重建工作中，在中央的统筹指导下，芦山探索实行了“1+3+7”整体联动的组织框架，将“以地方作为主体”的路径落到实处。

（1）“1 + 3 + 7”整体联动的地方组织

在中央、省重建委、市重建委的统筹领导下，以县重建委为主体，下设重建办、城房办、农建办。“三办”抽调专业人才，实行集中办公，分别统筹全县灾后重建项目、城房重建、农房重建工作，形成县重建委统一领导，“三办”各司其职、通力合作的工作体系。同时成立 7 个重点区域重点工程推进指挥部，包括飞仙、县城、龙门、产业集中区、现代生态农业示范园、汉姜古城、施工总承包等工作指挥部，实行县重建委领导下的灾后恢复重建片区指挥长负责制，由县级领导任指挥长，统筹抓好重要节点打造、重点项目实施，确保责任落实到人、工作落实到点，强力推进“点、片、线”整体提升。

（2）健全网格化工作制度

全面推行“五个一”工作法，即 1 个县工作组联系一个乡镇；1 名县级领导率领 1 个县级部门联系一个村；1 名县级领导联系一个新村聚居点；1 名副科级干部联系一个村民小组；1 名机关工作人员联系 1~5 户群众。推行县级领导“办公室 + 联系点”工作制，共安排 18 名县级干部联系 9 个乡镇、安排 40 名县级干部联系 40 个聚居点、安排 40 个部门主要负责人联系 40 个村、安排313 名副科级及以上领导干部联系255 个组，切实加强重建工作指导，实现了县、乡（镇）、村（社区）三级联动的统一规范运行体系，并配套出台了联点帮扶、工期倒排、要素保障等制度，见图 2.2-1。

2. 公众参与模式创新

芦山灾后重建发挥群众主体作用，注重居民意愿的表达和居民自治机构的建设，根据统规统建、统规自建、原址重建和加固等不同的重建方式[④]，探索出多样化的公众参与模式，让群众真正成为重大决策的参与者、基层自治的主导者、重建成果的受益者。其中，从“居民自建委员会”经验延伸发展形成“群众自治管理委员会”工作模式，对基层治理创新进行了有益的探索和尝试，见图 2.2-2。

① 胥明明，杨保军．城市规划中的公共利益探讨——以玉树灾后重建中的“公摊”问题为例．城市规划学刊，2013（5）：38-47.
② 贺旺．“三位一体”和“一个漏斗”—北川新县城灾后重建规划实施机制探索．城市规划，2011，35（增刊 2）：26-30.
③ 鞠德东，邓东．绘本溯源，务实规划—玉树灾后重建德宁格统规自建区“1655”模式探索与实践．城市规划，2011，35（增刊 1）：61-66.
④ 谭斯颖．中国模式的灾后重建：精英化的景观改造实践—以汶川地震灾后重建为例．城市发展研究，2016（11）：39-44.

（1）农房重建阶段的“自建委”

“4·20”强烈地震灾后恢复重建，芦山县9个乡镇共规划建设新村聚居点40个，高密度的新村聚居点改变了农村原有居住格局，对基层治理工作提出了新的挑战。在此背景下，芦山县结合自身实际和聚居点特点，在农房重建阶段建设“居民自建委员会”，在充分了解地方政府的统一规划和战略部署的情况下，将村民议事引入灾后重建的每一个环节，从选房址到谈价格、从管资金到保质量、从听建议到解纠纷、从分新房到住新居，都让群众“自我服务、自我管理、自我监督”，极大激发了广大干部群众共建共享的能动性和创造性，构建群众主体、民主管理的基层治理体系。

（2）农房建成阶段的“自管委”

在农房建成阶段，逐步推动自主建房委员会向自主管理委员会过渡、转型，实现群众“自我服务、自我管理、自我监督、自我教育”，实现了群众的事情自己办，使之成为基层群众参与灾后重建和基层社会治理的有效方式。

“自建委”主要功能在于协调推进聚居点房屋建设，房屋建成后，成员大量外出打工、个别成员能力不适、群众参与积极性不高等问题逐渐凸显。因此，县委审时度势，制定出台了《关于建立群众自治管理委员会加强新村聚居点管理工作的实施意见》，“自建委”向“自管委”转型发展之路就此铺开。按照“建成一个，启动一个”的原则，在全县40个新村聚居点全部组建了自管委。自管委一般设委员5~9名，由聚居点住户民主推选产生。自管委经住户授权，主要履行管环境整治、管住户安全、管和谐文明、管产业发展的“四自管”职能，定期向户主会议（户主代表会议）报告工作，配套实行“四必议、四必审、四公示”制度，确保自管委工作运转始终处于约束监督之下。聚居点结合自身实际制定《自治章程》《村民公约》及若干具体管理制度，采取“财政奖补一点、村级支持一点、收益补充一点、住户自筹一点、社会捐赠一点”的方式筹集工作经费。“自管委”模式既是一种新的基层治理模式，也是一种新的农村社会关系，在融合缓和农村社会关系上起到了积极作用，使群众的思想认识向现代公民意识的方向发展，见图2.2-3。

组建全覆盖机构。按照“建成一个，启动一个”的原则，在全县40个新村聚居点全部组建了自管委。自管委一般设委员5~9名，其中主任1名、副主任1~2名，由聚居点住户民主推选产生。自管委成员的推选程序分为人选提名、资格审查、会议选举三个主要环节。提名人选产生主要由村“两委”推荐、住户联名推荐、个人自荐三种方式，其中住户联名推荐需10户以上本聚居点住户书署名捺印。提名人选参选资格由村“两委”负责审查，审查通过后即为正式候选人，候选人必须是热心公益事业、愿意为住户服务的本聚居点居民。候选人确定后，召开聚居点户主会议（户主代表会议）按照先推选委员，再在委员中推选主任、副主任的顺序产生自管委成员，其中聚居点规模不足50户的召开户主会议推选，50户以上的召开户主代表会议推选。

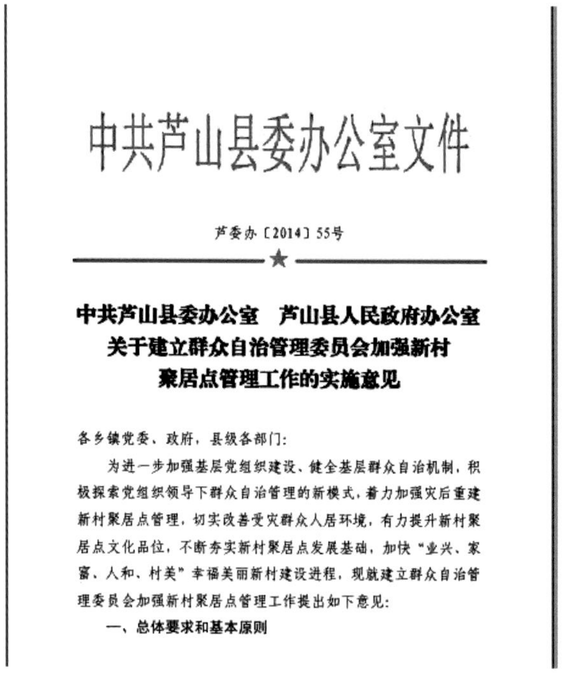

中共芦山县委办公室文件

芦委办〔2014〕55号

中共芦山县委办公室　芦山县人民政府办公室
关于建立群众自治管理委员会加强新村
聚居点管理工作的实施意见

各乡镇党委、政府，县级各部门：

为进一步加强基层党组织建设、健全基层群众自治机制，积极探索党组织领导下群众自治管理的新模式，着力加强灾后重建新村聚居点管理，切实改善受灾群众人居环境，有力提升新村聚居点文化品位，不断夯实新村聚居点发展基础，加快“业兴、家富、人和、村美”幸福美丽新村建设进程，现就建立群众自治管理委员会加强新村聚居点管理工作提出如下意见：

一、总体要求和基本原则

图2.2-3　芦山县委制发“自管委”实施意见

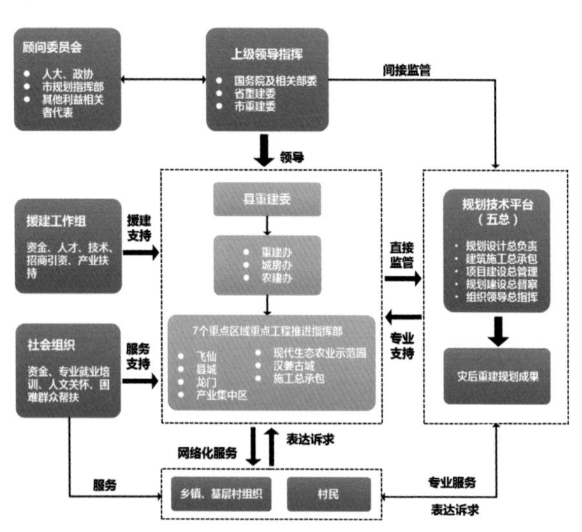

图2.2-1　芦山灾后恢复重建组织框架

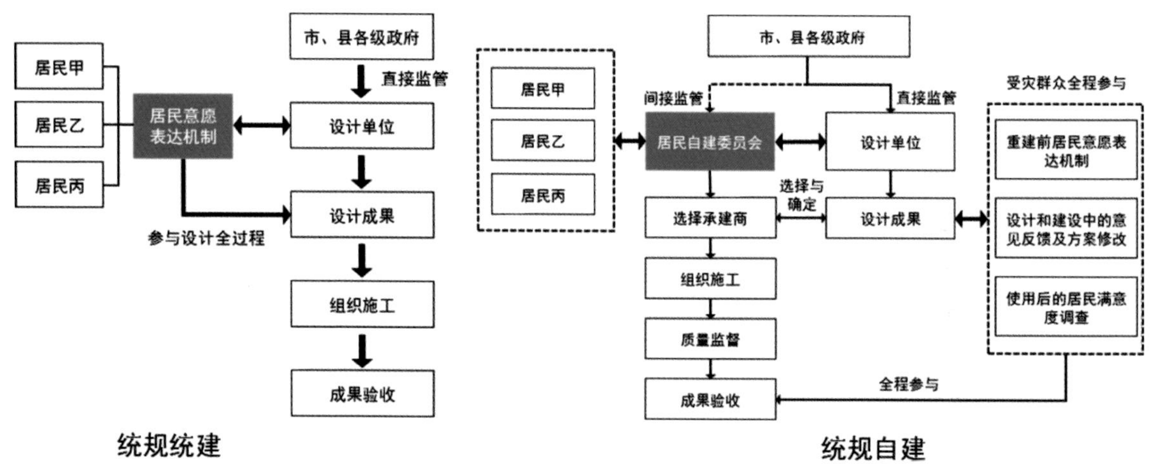

图2.2-2　统规统建工作模式和统规自建工作模式

资料来源：刘玮，胡纹. 从“汶川模式”到“芦山模式”——灾后重建的自组织更新方法演进. 城市规划，2015，39（9）：27-32.

开展全方位管理。自管委经住户授权，主要履行管环境整治、管住户安全、管和谐文明、管产业发展的“四自管”职能，定期向户主会议（户主代表会议）报告工作并接受评议监督。自管委实行小组分工制和委员负责制，下设环境整治、纠纷调解、文明劝导、文化建设、产业发展、安全巡查等若干工作小组，具体负责“四自管”相关工作，每个工作小组由 1 名委员牵头，将责任分解落实到人头。住户规模较大的聚居点，还实行自管委委员网格包片制度，将聚居点划分为若干网格片区，每个网格片区指定 1 名委员联系，见图 2.2-4。

提供全方位服务。建立健全村党支部领导，自管委为主体，聚居点功能型支部、入驻社会组织支持配合的“1＋3”聚居点自治组织架构。村党支部全面领导聚居点管理服务工作，全程指导自管委的推选产生和工作开展。聚居点住户中有 3 名及以上党员的成立聚居点功能型支部，在村党支部领导下，负责宣传贯彻执行党的路线方针政策，指导支持自管委依法依章程开展工作。整合群团组织资源，在聚居点设立志愿服务工作站，吸引“深圳慈卫”、成都义工联合会等 23 家社会公益组织和 150 余名志愿者入驻，协助自管委为住户提供更加丰富的服务。

（3）建立常态化的运行机制

“自管委”工作模式，不单是要解决群众引领带动的问题，而是要解决如何最大程度上激发群众主体主责主力的问题。因此，必须要在搭架参与平台着力，让民主更加“自主”。

建立议事规范，让群众自主决策。自管委实行以提出议题、审定议题、会议研究、执行落实、监督评议为主要内容的“五步议事法”，形成程序完整、循环闭合的工作运转规范。议题主要由村“两委”、自管委成员、住户提出，其中住户提出议题需 10 户以上联名。议题由自管委收集汇总并报村“两委”审定。审定后的议题分类交由“三会”研究，其中简单事务由承担相应职责的自管委工作小组研究决定，日常事务由自管委全体成员集体研究决定，重要事务由户主会议（户主代表会议）研究决定。研究决定做出后，简单事务由各工作小组直接办理落实，日常事务由自管委按成员和工作小组工作交办落实，重要事务由自管委进一步明确措施、分解任务后交办落实。自管委定期向户主会议（户主代表会议）报告工作执行落实情况，并接受住户和村“两委”、聚居点功能型党支部、入驻社会组织监督，户主会议（户主代表会议）每年对自管委工作执行落实情况进行一次评议。

健全约束机制，让群众自主监督。配套实行“四必议、四必审、四公示”制度，确保自管委工作运转始终处于约束监督之下，防止自管委不作为、乱作为。“四必议”即凡涉及重要政策执行、机构成员调整、资金管理支出、住户管理服务的事项，必须由自管委成员集体研究商议，必要时提交户主会议（户主代表会议）讨论表决。“四必审”即凡涉及安全稳定、资金管理、活动组织、评优选先的事项，必须报村党支部审查，必要时报上级相关单位批准，审查批准后方可实施。“四公开”即自管委工作职责、运行情况必须公示，委员的个人承诺、责任片区、联系网格必须公示，户主会议（户主代表会议）的决议及其执行情况必须公示，聚居点资金筹集使用情况必须公示。

强化综合保障，让群众自主服务。有制度管事，建立“1＋2＋N”制度体系，聚居点结合自身实际制定《自治章程》《村民公约》及若干具体管理制度。有条件做事，采取“财政奖补一点、村级支持一点、收益补充一点、住户自筹一点、社会捐赠一点”的方式筹集工作经费。有氛围干事，设置文化走廊（墙）、搭建“院坝舞台”、开设“群众讲坛”，寓教于乐，引导住户形成文明风尚。实行门前“三包”，将住户纳入自管委各工作小组共同参与自治管理事务，培养住户珍惜爱护意识。开展“清洁之家”“文明家庭”“最美微菜园”等评选活动，激发住户参与热情。有能力成事，建立自管委成员定期组织学习、定期开展培训、定期评议考核制度，自管委成员每月进行一次集中学习；县级相关部门、乡镇每季度对自管委成员开展一次自治管理业务培训；每年对自管委成员进行一次考核评议，优秀的给予一定奖励，不称职的按程序进行处理，见图 2.2-5。

“自管委”的建设，使群众意识得到教育提升，群众的思想认识正在向现代公民意识的方向发展；环境秩序得到有力维护，通过深入开展整治“七子”活动，卫生秩序有了专人管理、住户行为有了村规民约和专项制度约束，环境形象得

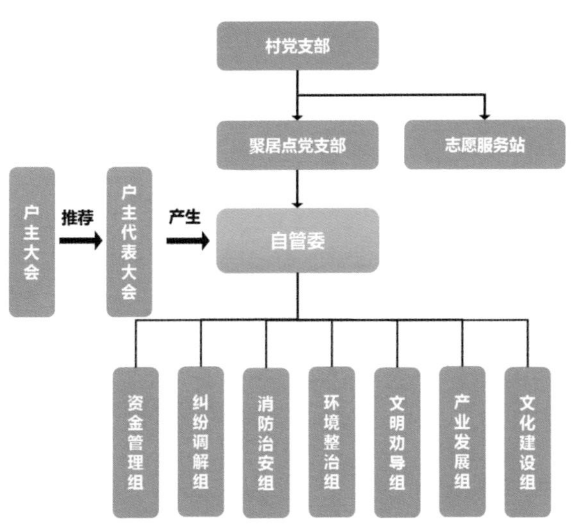

图 2.2-4 “自管委”组织架构

图 2.2-5 群众自主制定村规民约

到有力维护；在自管委引导下，产业发展得到有效推进，聚居点农户纷纷通过承包配套产业、组建产业协会（联盟）等途径探索增收门路；“自管委”模式既是一种新的基层治理模式，也是一种新的农村社会关系，在融合缓和农村社会关系上起到了积极作用，邻里关系更加和谐融洽。

“自建委”向“自管委”的过渡转型，是坚持群众“主体”不变的深化延展，也是推动群众更加“自主”的生动实践，通过组织“搭台”、群众“唱戏”、群团“助威”，有效地维护、发展、提升了灾后重建成果成效，构建起党组织领导下自力自建自管、共建共治共享的工作体系，为重大自然灾害发生后，恢复重建、发展再建提供了借鉴。

（4）案例 1：白伙新村

白伙新村位于震中龙门乡青龙场村，占地面积 62 亩，共有住户 81 户 295 人。新村按照“小院田生”（小组团、院落式、田园化、生态型）建设理念，依托龙门古镇现代生态产业园区，以连片砖木结构住房建设为主体，以发展特色农家旅游联盟为目的，形成了独具川西民居特色风情的示范新村。

白伙新村创新灾后重建机制，建立健全农房重建自建委员会，自建委成员主动协助村两委组织召开户主大会，经过大会选举，聚居点 81 名户主投票选出 7 名自管委成员。自建委全权负责统一抓好建房质量自我监管，由政府出资统一聘请四川标禾建立共识作为房建监理单位，专门针对专门结构住房制定质量技术标准，与“自建委”技术负责人一同全程抓好建房技术把关和质量监管，并由县质安站对建房各个环节进行检查，切实做到村村有监理、户户有指导。

在农房建设推进过程中，自建委员会，统筹抓好农房重建进度、质量和安全，从选房址到谈价格，从管资金到监质量，从集建议到理纠纷，从推房建到抓入住，均由群众自己做主，使灾后重建真正让老百姓“自己说了算、自己定了干、自己全做主”，充分调动了群众灾后重建积极性，加快了新村建设的整体进度，见图 2.2-6。

白伙“自管委”是由“4·20”灾后重建中建立的“自建委”过渡而来，通过政府指导制定《白伙组新村聚居点自治章程》，加强新村聚居点管理，指导自建委员会向自管委员会平稳过渡，拓展延伸群众自治机制。自管委成立后，不仅着力做好环境卫生整治和邻里纠纷调解工作，而且主动谋划探索乡村悠闲旅游，从“过上好日子”入手引导聚集点群众借助灾后重建规划及聚集点建设，齐心打造乡村休闲旅游示范点，实现“住上新房子、过上好日子”的重建发展目标，实现聚居点群众自我管理、自我服务、自我教育、自我监督，创造了整洁、优美、舒适、文明、安全、和谐的居住环境，推进“兴业、家富、人和、村美”的幸福美丽新村建设。

自管委探索制定了一套“1341”白伙新村发展思路。一是 1 个产业联盟“领路”。自管委指导 25 户群众成立旅游发展联盟，着力为他们提供服务理念培训、地方特色挖掘、经验项目指导等工作。二是 3 个环境依托“铺路”。即依托青龙场村精品旅游古镇建设、龙门生态农业园建设、4A 级旅游景区建设等，开设多家农家乐、餐饮店、土特产超市拓展自己的旅游服务商业圈。三是 4 个特色统筹“开路”。即统筹新村外观风貌、店招风格、服务项目等，确保整体的视觉效果，形成发展旅游的规模效应。四是 1 个网络宣传平台“拓路”。建设一个网络宣传平台，极力将网络新技术、新概念融入白伙新村的市场宣传和品牌推荐中，提高知名度，拓展旅游发展市场。

（5）案例 2：黎明新村

黎明村地处县城南大门，距县城仅 3 公里，省道 210 线穿村而过，辖 8 个村民小组，全村 700 余户，2700 人。地震发生后，黎明村灾情非常严重，90% 的房屋倒塌和损毁。在上级组织的关心下，黎明村新村聚居点于 2013 年 6 月率先启动聚居点建设。127 户受灾群众自发选举成立的自建委建立新房，建房资金采取“国家补助一点、银行贷款一点、自筹解决一点”的方式筹集。自建委通过独立自主开展价格谈判、项目实施、资金管理、质量监督、事务协调等工作，使全村受灾群众 2014 年春节搬新家、过新年，成为黎明村灾后农房重建主要力量。

随着灾后重建的基本结束，黎明村结合自身实际和聚居点建设“自建委”经验延伸发展形成“自管委”工作模式。2014 年 1 月初，芦阳镇黎明新村召开户主代表会。会上，通过投票选举，由 7 名户主代表组成的黎明新村自管委正式成立，其中主任 1 名、副主任 1 名、成员 4 名。

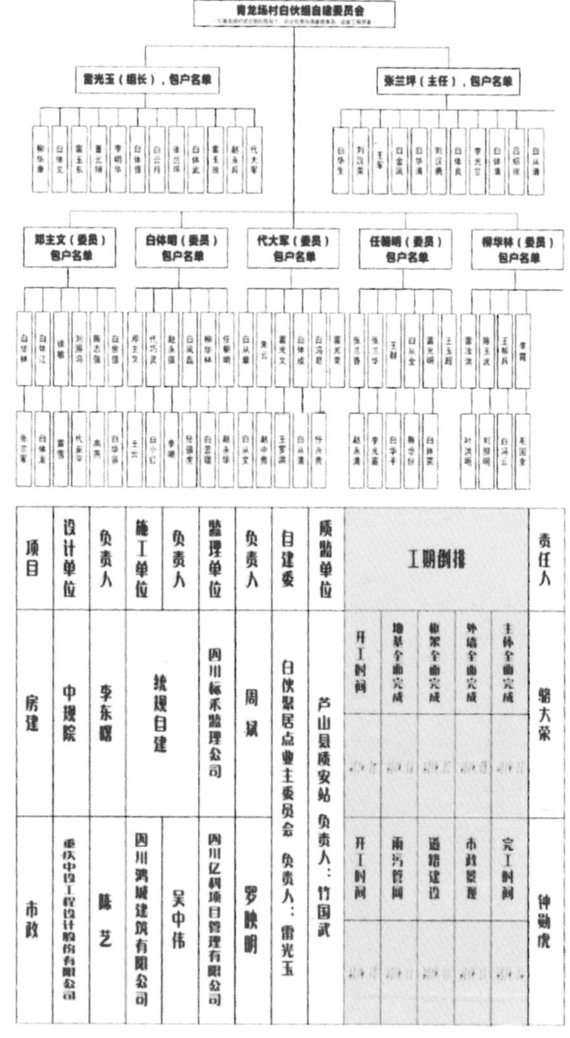

项目	设计单位	负责人	施工单位	负责人	监理单位	负责人	自建委	质监单位	工期倒排					责任人
房建	中规院	李东曙	统规自建		四川标禾监理公司	周斌	白伙聚居点业主委员会 负责人：雷光玉	芦山县质安站 负责人：竹国武	开工时间	地基全面完成	框架全面完成	外墙全面完成	主体全面完成	骆大荣
市政	重庆中设工程设计股份有限公司	陈艺	四川鸿城建筑有限公司	吴中伟	四川亿科项目管理有限公司	罗映明			开工时间	雨污管网	道路建设	市政景观	完工时间	钟勋虎

图 2.2-6　自建委员会组织机构图和建设工期倒排表

选举出的自管委成员都是热心公益事业、愿意为住户服务的群众代表。同时，自管委成员由聚居点户主或户主代表集体签署授权书，授予自管委成员代表住户管理聚居点事务的职责。经住户授权，自管委主要履行管环境整治、管住户安全、管和谐文明、管产业发展的“四自管”职能，定期向户主会议报告工作并接受评议监督。

① 注重自管委成员的培训和引导。当选的自管委成员书面签署任职承诺书，持村“两委”配发的工作证上岗履职。黎明新村自管委根据入住的情况实行自管委成员网格包片制度，将聚居点划分为 A、B、C、D 四个区域，每个网格片区指定 1 名委员联系。在村支部的指导下建立自管委成员定期组织学习、定期开展培训、定期评议考核制度。通过以上方式，自管委成员逐步融入小区的自我管理中，做到组织群众、发动群众、凝聚群众，引导受灾群众积极主动投入新村管理、监督新村管理，使自管委成员真正成为小区管理的带头人。

② 分类管理聚居点住户。首先，多渠道深入管理。一是制定制度管人，自管委在镇村支部的协助下，按照县委出台指导意见，制定《自治章程》《村民公约》及若干具体管理制度，并将制度公示到小区的每个角落，使居住群众在日常劳作中都可以看到，潜移默化地提高群众素质。二是利用各级配套资金办事。镇、村两级采取“财政奖补一点、村级支持一点、收益补充一点、住户自筹一点、社会捐赠一点”的方式筹集工作经费，并从村活动阵地中整合落实自管委办公场所，通过网格联系部门等途径解决了必要的自管委办公设施。三是创造氛围干事。在支部的指导下，自管委通过社会各界对黎明村的支持，广泛开展群众喜闻乐见的活动寓教于乐，引导住户形成文明好风尚。按照已定实行群众门前“三包”，将住户纳入自管委各工作小组共同参与自治管理事务，培养住户珍惜爱护意识。同时，组织开展“卫生之家”“文明家庭”“星级家庭”等评选活动，激发住户参与热情。其次，源头主动管理。对即将入住的农户，自管委通过前期的工作经验，制定入住农户的承诺书。在农户装修新房期间将装修规范、卫生管理、门前三包、微菜园等纳入承诺。通过自管委成员主动上门、搞好服务的同时，向新入住农户明确小区的入住要求，取得入住群众的认可。并按照管理模式签订入住承诺，纳入管理，做到了农户在装修阶段开始建立聚居点住户的主人翁意识和参与意识。

③ 充分利用社会组织的力量协助管理。一是配合县群团组织搞好“星级家庭”的评比。县群团组织结合黎明新村实际情况，开展“星级家庭”评比活动，从前期的走村串户收集基础资料，到后期制定方案，自管委都全程参与，大家共同深入农户家中，做到户户都见面。通过沟通协调，找到工作切入点，顺利推进聚居点卫生费的收取。比如：在“星级家庭”评比中，如没有缴纳卫生费的农户则不能纳入“五星级家庭”的表彰范围，直接取消评比资格。通过和群团的配合，自管委更新管理理念，吸引新村聚居点群众积极参与到自我管理中。二是充分利用资源服务新村。川农学生在暑假对新村内的儿童进行暑期培训时，将自我管理、家庭卫生、环境秩序等纳入学习培训范畴，引导小朋友同时带动整个家庭爱护新村。

3. 社会组织管理创新

社会组织是灾后重建不可或缺的力量。芦山地震后，许多社会组织进入灾区参与抗震救灾和灾后重建，大量的社会捐赠资金注入社会组织。为此，四川省创新社会组织管理。

（1）社会管理服务平台

在灾区成立全国首个灾害应对社会管理服务平台。探索构建社会资源调配体系，实现与灾区需求的“无缝对接”。

（2）三级联动组织平台

形成市、县、乡三级上下联动的组织平台。为充分发挥社会组织参与灾后重建力量，四川省创建了雅安市抗震救灾社会组织和志愿者服务中心，在灾区县（区）设抗震救灾社会组织和志愿者服务分中心，在乡镇设坑镇救灾社会组织和志愿者服务站点，形成三级上下联动的组织平台。通过专业人才“对口援建”、社会组织“本地培育”、社工人才“当地培养”等方式，支持和促进灾区产业重建和社会重建，进一步增强了灾区自身的造血功能。

这一运行体系实现了党委政府与社会力量的合作，为引导社会组织依法有序有效参与公共服务凝聚了力量，是群团组织从点向面、从应急向常态、从碎片化向制度化参与社会治理的一次有益探索。

4. 社会再生机制重构

芦山的灾后重建工作，实质上是受灾地区整体性的“社会重建再生”。空间领域的灾后重建规划既是社会再生的一部分，也是芦山社会再生的基础。在这一过程中，也须关注如何通过“物质空间的建设活动”，来实现“芦山的社会再生与进步”。芦山凭借省内对口援建的同源优势、产业重建同行等，促进社会活力发展。

（1）坚持把地质灾害作为“生命工程”贯穿重建工作始终

首先，明确资源环境承载力，以地质灾害为主控因子，以水土条件、生态环境、工程和水文地质为重要因子，以产业经济、城镇发展、基础设施为辅助因子，根据防灾避险安全性、生态保护重要性、人口和经济发展适宜性，将评价区划分为四种类型，即灾害避让区、生态建设区、农业发展区、人口集聚区，提出适宜人口居住和城乡居民点建设的范围以及产业发展导向。其次，抓紧实施生态修复工程，按照“三个确保一个防范”的工作要求，切实抓好地质灾害防治工作。三年来，共完成 42 处地质灾害治理工程、69 处小流域地质灾害综合治理项目、22 处防灾能力修复项目，5 处地质灾害综合治理、152 处地质灾害排危除险。对 88 处地质灾害隐患搬迁避让点涉及的 456 户群众于 2014 年 7 月全部进行了搬离，1614 人脱离了地质灾害威胁。每年对排查的地质灾害隐患点建立了台账、编制了预案，落实了监测员，实现“点点有人管、处处有人抓”，连续三年实现地质灾害防治“零伤亡”。

（2）省内对口援建的同源优势，有利于建立长效的区域合作机制

相比汶川的跨省援建、玉树的央企援建，芦山采取省内对口援建的模式，虽然援建资金较小，但是同根同源的地缘优势、产业联系、人员联系更利于受灾地区变“输血”为“造血”。德阳市通过在资金、招商引资、产业扶持等方面援建，率先在芦山建设标准厂房，帮助引进的琪达制衣成为“4·20”芦山地震灾区首个投运产业项目，成为恢复芦山县“造血机能”的催化剂，有力解决了群众家门口就业的问题，增加了财政税收；成都市通过产业扶持康源农业带动当地群众建立合作社 4 家，发展农家乐、乡村旅馆特产商店等 98 家，为芦山县的后续持续发展奠定了坚实的基础。通过对口援建的纽带，积极探索建立长效合作机制，援建市与芦山县在工业、农业、文化、旅游等重点领域加强合作，形成了优势互补、市场共享、资源整合、抱团发展的开放发展新格局，共同推动区域合作向纵深发展。

（3）产业重建同行，实现县域经济发展和破解群众就业瓶颈

《国务院关于支持芦山地震灾后恢复重建政策措施的意见（国发〔2013〕28 号）》中明确指出：用于生态修复、地质灾害防治和产业发展专项支持资金达 150 亿元，占到灾后重建恢复资金的三分之一。意见还要求“支持恢复特色优势产业生产能力，发展文化旅游产业，促进产业结构调整，推进绿色可持续发展。”芦山将产业发展是灾后恢复重建的重点，地方政府立足于当地发展特色，迅速推进产业重建。第一，依托生态农业示范园区，夯实了农业发展基础。以资源禀赋为起点，结合芦山气候、土壤优势，积极发展五大特色产业，重点打造了茶叶、猕猴桃两个“万亩亿元”产业带，带动传统农业向现代农业转型。第二，建设产业集中区，推进工业产业重建振兴。以园区为载体，深化对口援建，积极争取省级部门帮扶，产业项目的投产，让群众实现就业瓶颈。第三，深度推进文化旅游融合发展。根雕艺术城“一城一园两市场”建设有序推进，龙门、飞仙、汉姜古城已创建为国家 AAAA 级景区，飞仙湖水利风景区被水利部授予“国家水利风景区”称号，以乡村游、休闲游为代表的旅游新业态不断丰富完善，成功创建 19 个幸福美丽新村，大力发展生态休闲、健康养生、农事体验等乡村旅游产业。以项目为支撑，严格负面清单管理，全力招商引资，实现绿色发展、跨越发展。通过灾后重建产业的培育，初步实现了“农业强底座、工业挑大梁、三产当尖兵”的特色发展之路，有效推动了县域经济持续发展，成为托起群众致富奔康希望所在。

第三章　芦山地震灾后恢复重建的统筹与实施

一、芦山地震灾后恢复重建的基本步骤

地震灾后恢复重建工作自2008年“5·12”汶川地震之后已有法可依，2008年6月4日国务院第11次常务会议通过并发布了《汶川地震灾后恢复重建条例》，该条例明确了地震灾后恢复重建的步骤和工作内容，全文九章八十条明确了重建步骤依次是“过渡性安置”“调查评估”“恢复重建规划”“恢复重建的实施”和“监督管理”五大步骤。芦山地震灾后恢复重建过程遵循国务院条例要求，同样依照以下三方面开展重建工作。

1. 灾后过渡性安置

国务院重建总体规划要求三年完成重建，地方政府要求2014年4月20日以前开工率50%，7月20日以前全面开工，2015年4月20日以前完成农村住房建设，2015年12月31日以前完成城镇住房建设。而实际上重建工作的时间节点还有更多，具体包括：

（1）政治节点：春节、4·20、7·20、国庆、一周年、两周年，每个节点都有上级部门督查，每个节点都需要见成效，需要给全国媒体公布重建进度和效果。

（2）时令节点：4月芒种、7月汛期、11月霜降分别对某些重建项目有严重影响。特别是芒种时间一到，重建与种稻冲突，劳动力短缺；汛期一来，山洪时有发生，河砂建材供应不足、混凝土工程机桥梁建设严重受阻；雨季一到，工人施工进度受阻、建设工期顺延。

（3）民俗节点：群众结婚生子需要房子，做生意过日子需要房子。在农村，没有房子特别是新房，就没指望能结婚，这是很现实的问题。地震后房子没了，日子还得过，生意还得做，晚一年就少一年的收入，越早住进新房越早赚钱养家。

因此，在诸多现实需求和政治要求的背景下，势必要对三年重建期内的居民进行妥善安置，方便居民进行生老病死婚丧等各类事务，方便群众安全舒适的居住生活。

在乡村地区的过渡房实施过程，地方政府按照2008年住房和城乡建设部发布的《地震灾区过渡安置房建设技术导则》要求，对全县过渡房选址设计施工进行督办，一方面腾挪闲置公房厂房进行改造安置，一方面新建过渡房集中安置，同时为激励居民自力更生的积极性，也鼓励居民投亲靠友并予以货币补偿。在此过程中，规划设计机构协助县政府和重点乡镇政府，综合统筹过渡房建设区和未来潜在规划建设区的选址协调工作，统筹水电气污管网设施和畜禽养殖场所的配置，比如芦山地震的震中龙门乡，在地震后一个月，就有企业给乡政府援助了一两百头活猪，这些猪就分散在村民家一起安置了，在需要的时候一点点拉出来宰杀供应到集市上。

在城市地区的过渡房实施过程，地方政府主要通过五种方式提供保障，一是腾挪划分公租房保障年轻人合租居住；二是整理机关宿舍及改造闲置公房保障家庭住户居住；三是以社区为单位集中建设过渡房安置区；四是以体育场馆和政府大院为载体保障外来援建干部、技术员以及救援人员的居住；五是租用开发商已建未售房屋保障机关单位和援建企业的办公和运营需求。

2. 灾后调查评估

《汶川地震灾后恢复重建条例》规定地震灾害调查评估的内容包括六个方面，一是城镇乡村受损程度及数量，这个评估决定灾区范围和受灾程度（极重灾区、重灾区、一般灾区）；二是人员伤亡、房屋、基础设施、公服设施、生产设施、商贸设施、农用地等损毁程度及数量，这个评估决定居民生产生活的灾损规模，对未来的灾损救助和重建补助直接相关；三是环境、生态、自然

及历史文化遗产损毁情况，这个评估决定居住环境是否安全；四是资源环境承载力和地灾隐患识别，同样是评估居住环境的安全性；五是应急供水保障和供水设施评估及水利水电工程评估，主要是判断是否存在次生灾害隐患；六是突发卫生事件评估，主要是判断是否存在疫情风险。

在各项调查评估事务中，芦山县的中规院团队重点参与的是资源环境承载力和应急供水保障和供水设施评估工作。一方面对全县的环境容量和城乡建设适宜性进行评价，客观上类似于开展了“双评价”工作，即资源环境承载力和国土开发适宜性评价；另一方面对群众赖以生存的饮用水安全进行评估，地震发生后第一时间派出了水质检测车，对县城重要水源地实时监测，保障生态安全和生命安全。

3. 灾后恢复重建规划

《汶川地震灾后恢复重建条例》规定地震灾后恢复重建规划包括总体规划、专项规划和实施规划三个层级，条例对各级规划的组织编制单位和编制内容都做了明确要求。芦山地震后，国家发展改革委会同住房和城乡建设部、财政部等相关部委和四川省政府，共同编制整个灾区的灾后恢复重建总体规划，四川省政府牵头编制了城镇体系规划等 11 个专项规划，雅安市编制全市域内两区六县的重建实施方案，各县分别编制了县域内灾后恢复重建实施规划和工作方案。

芦山地震灾后恢复重建总体规划与专项规划基本同时启动，编制于 2013 年 5 月至 7 月，而市县两级的重建实施规划及实施方案编制于 2013 年 7 月至 10 月之间。从国务院总体规划启动到市县级实施规划落地，整个过程持续约半年，在此期间，灾后恢复重建工作也在紧张的开展中，而重建依据正是各级政府的既有法定规划，如县级、乡镇级、村级城乡总体规划和土地利用总体规划，既有规划在过渡期发挥了一定的重建指导作用，尤其是对过渡性安置房选址、应急道路建设和应急设施建设等赋予了合法性和合理性的规划指导，为后续各级灾后恢复重建规划奠定了基础。

因此，完整的地震灾后恢复重建规划体系中，国务院的总体规划、省级政府的专项规划、市县级政府的既有法定规划和市县级政府的重建实施规划四类规划共同发挥不同层次、不同阶段的重建作用。其中，重建实施规划是整个重建规划体系的核心，在县域层面，按照城镇体系规划的编制方法开展规划，对生态敏感地区进行识别划定，引导人口和产业要素向适宜城镇建设的中心镇和城区集聚，从而规划若干重点建设乡镇村、规划县城区发展规模及发展方向；在城乡聚集点建设层面，采用修建性详细规划的编制方法，对城镇体系确定的重要城区、镇区、乡集镇、村庄聚集点进行详细规划设计，落实重建总体规划、专项规划和市县实施方案的政策与项目建设要求，为灾后重建项目提供合法的建设管理程序及手续，保障项目的合法合理实施和验收。

二、创新芦山重建的技术统筹模式

1. 规划技术服务模式创新

芦山县高度重视灾后恢复重建规划的质量，将“城乡规划”作为指导灾后重建的有力工具，用规划引领灾后恢复重建的全过程，建立规划技术平台，创新技术服务模式，奠定灾后恢复重建的规划工作模式。

（1）用规划引领灾后恢复重建的全过程

芦山县按照“以人为本、尊重自然、统筹兼顾、立足当前、着眼长远”的原则，在国务院《芦山地震灾后恢复重建总体规划》和省 11 个灾后恢复重建专项规划的指导下，考虑全县城市功能定位、文化特色、建设管理、综合环境承载力等多种因素，编制《芦山县灾后恢复重建建设规划》，同时聘请多家国内一流规划设计团队，围绕“1328”（一线三镇两园八村）工程，从全县的城镇体系规划，到一个聚居点的详细蓝图，实现“城—镇—乡村”的灾区城乡规划全覆盖，并利用四川省住建厅在雅安市设立的灾后重建规划指挥部，统筹协调和审查把关重点项目的规划设计，以规划引领建设，着力提升灾后恢复重建总体水平，见图 3.2−1。

（2）建立规划技术平台，探索“五总”协调推进办法

建立以中规院为主体的规划技术平台，在中央、省、市重建委的指导下，探索建立规划设计总负责、建筑施工总承包、项目建设总管理、规划建设总督查、组织领导总指挥的“五总”协调

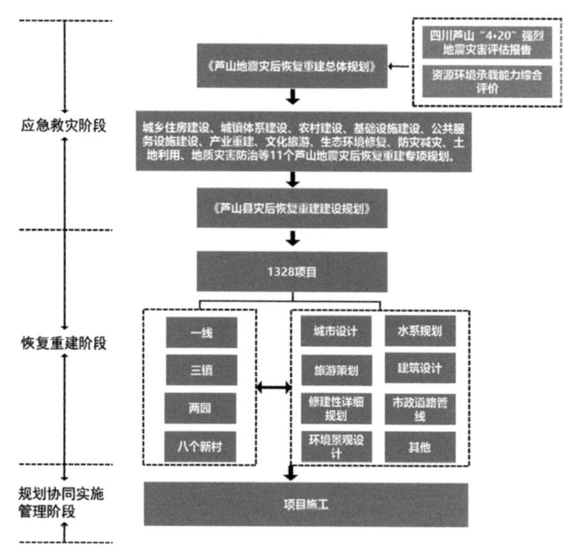

图 3.2−1　恢复灾后重建规划体系

① 西安建筑科技大学
② 哈尔滨工业大学
③ 重庆大学
④ 中节能建设工程设计院有限公司
⑤ 四川省城乡规划设计研究院
⑥ 四川省建筑设计研究院
⑦ 江苏省城市规划设计研究院

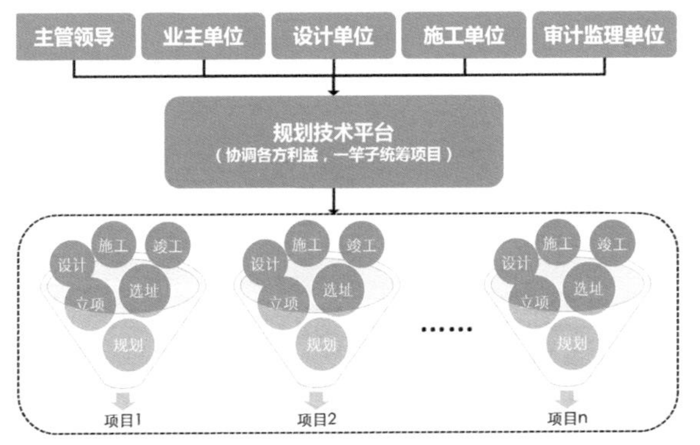

图 3.2-2 “一事一漏斗，多项目协同”的规划技术服务新模式

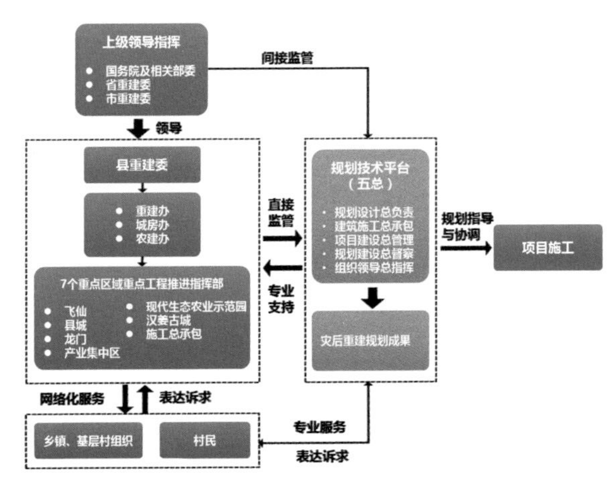

图 3.2-3 地方利用规划技术平台的模式

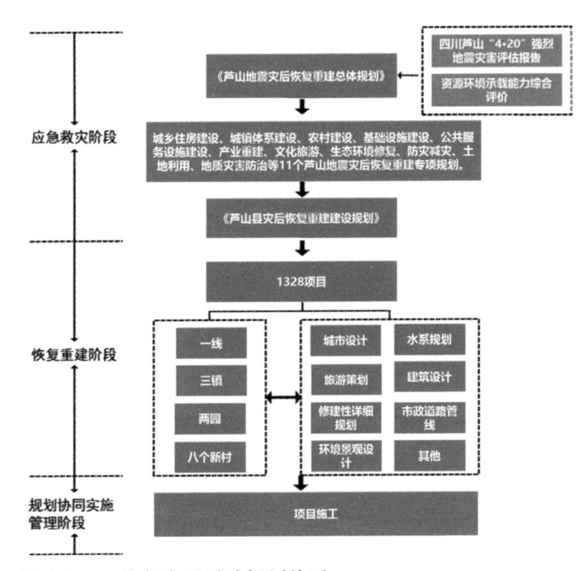

图 3.2-4 恢复灾后重建规划体系

办法，有效统筹推进了灾后重建工作。一是规划编制，中规院在住房和城乡建设部领导下参与国务院《芦山地震灾后恢复重建总体规划》的编制，在芦山现场第一时间启动应急供水和灾损评估工作，编制《芦山县灾后恢复重建建设规划》；二是协助地方管理部门搭建规划技术平台，成立驻地规划工作组，在省厅牵头、协调规划实施的“五总”框架中发挥芦山规划总负责作用；三是不断探索和完善以地方为主体的灾后重建工作机制，贯穿了应急救灾、恢复重建、规划协同实施管理等不同阶段，协同西建大①、哈工大②、重大③、中节能④、四川省规划院⑤、四川省建筑院⑥、江苏省规划院⑦等上百家大大小小规划设计团队及项目业主单位，灵活应对千变万化的恢复重建进展情况和局势；四是通过入户调研、规划展示、规划讲解、意见反馈等方式，让当地群众积极参与规划设计编制及实施全过程，大大增强了规划设计的科学性、指导性和可操作性。

（3）建立“一事一漏斗，多项目协同”的技术服务模式

围绕恢复重建的重点地区、重点项目，全面系统地把控好规划设计、建筑设计和施工现场协调三方面的工作质量，一竿子插到底，确保项目实施过程中所有利益相关方能够充分沟通协商，确保重点项目设计不变形、施工不走样、品质不降低，形成不同于北川和玉树的“一事一漏斗，多项目协同”的技术服务新模式，见图 3.2–2。

2. 规划作为统筹协调多主体的治理工具

2013 年 5 月，习近平总书记在关于芦山灾后重建的讲话中提出：“按照以人为本、尊重自然、统筹兼顾、立足当前、着眼长远的科学重建要求，尽快启动灾后恢复重建规划编制工作，提高规划编制科学化水平。”灾后恢复重建是一项复杂的系统工程，芦山县委、县政府提出“以科学规划引领重建”，坚持高标准规划、高品位设计、高质量建设、高水平管理。

以此为开端，芦山县严格依照国务院《总规》和省 11 个《专规》，聘请中国城市规划设计研究院、四川省城乡规划设计研究院、四川省建筑设计研究院、西安建筑科技大学、哈尔滨工业大学、重庆大学、江苏省城市规划设计研究院等多家国内一流规划设计团队，组建以中规院为主的规划技术协调平台，强化重建规划编制指导工作。

规划技术协调平台在芦山县重建办的直接领导下，向上对接国家、省、市要求，向下深入群众，协同各业主单位、设计单位、施工单位、审计监理单位等，推动项目实施落地，从而使得规划成为地方政府组织灾后恢复重建工作的治理工具，见图 3.2–3。

应急救灾阶段，在国务院《芦山地震灾后恢复重建总体规划》和由四川省政府组织编制的 11 个芦山地震灾后恢复重建专项规划的指导下，芦山县组织编制《芦山县灾后恢复重建建设规划》，以地震灾害与环境承载力评价、防洪等生态敏感性评价、资源条件评价和已有规划评价为基础，针对灾后暴露出的问题，重点强调城乡人口布局调整、产业布局优化、空间结构调整、交通基础设施完善等问题，在县域层面搭建灾后重建的基本骨架，在城乡体系规划调整的基础上，针对县城、飞仙关、龙门等重点地区，与项目安排紧密衔接，深化规划设计，直接指导灾后重建的实施。

在恢复重建阶段，围绕“1328”工程——即一条主通道、三个重点镇（飞仙关镇、芦阳镇、龙门乡）、两个产业园区（芦山县产业集中区、芦山县现代生态农业示范园）、八个新村（凤凰村、黎明村、火炬村、王家村、红星村、隆兴村、古城村、同盟村），从城市设计、村庄规划、旅游策划、修建性详细规划、环境景观设计、建筑设计、水系、市政道路管线等各个规划领域都进行详细论证，实现“城—镇—乡村”的灾区城乡规划全覆盖。

在规划协同实施管理阶段，规划深入项目协调与实施过程，以规划引领建设，着力提升灾后恢复重建总体水平，见图 3.2–4。

3. 中规院作为规划协调平台的地方实践

（1）分阶段轮值

第一阶段：应急救灾阶段。中规院编制完成了《芦山县灾后恢复重建建设规划》及《芦山县“三点一线”灾后重建建设规划》。这两个规划通过住房和城乡建设部、四川省委省政府、雅安市委市政府的审查并得到充分肯定，成为指导芦山县灾后重建工作的重要基础及依据。

第二阶段：详细规划编制及规划技术支持。中规院编制了《芦山县县城综合规划设计》《芦山县飞仙关镇综合规划设计》《芦山县龙门乡综合规划设计》与《芦山县龙门乡水系综合规划》四个综合规划设计，其中包括 11 个子项目。规划较为全面的指导了灾后重建项目的建筑、景观、市政、交通等实施层面的方案及施工设计。同时，驻场技术人员对灾后重建项目提供现场规划技术支持。

第三阶段：规划实施管理的技术支持及动态规划协同。中规院芦山县灾后重建规划组通过参加县规委会、县技审会、现场办公会和规划设计协调会提供规划技术支持。此外，随时根据建设项目变化情况对编制的规划进行动态更新，及时指导下层次的设计工作。

由此，中规院结合不同阶段的工作重点，在工作中摸索出一套与乡镇群众、各级政府、设计单位、施工单位多方协作的机制和方法，确保从规划到设计到施工不走样。规划编制坚持实地调研和群众参与，确保了规划成为引领城乡发展的纲领和准则；协调衔接多家不同资质的建筑设计单位，确保规划意图贯彻到位；通过施工现场讲解和协助放线等多种现场服务，满足项目建设需要；做好与群众的现场沟通工作，及时反馈汇总意见并形成修改方案，把技术人员的规划转变为群众的规划，见表 3.2-1 和图 3.2-5。

（2）全过程服务

继北川、玉树之后，中规院组建救灾、重建规划工作组，参与三年灾后恢复重建全过程的工作，贯穿了应急救灾、恢复重建、规划协同实施管理阶段，不断探索和完善以地方为主体的灾后重建工作机制。

① 创新“规划设计—建筑设计—社区设计一体化”的专业深度合作，应对芦山灾后城镇乡村重建面对的不同问题，很好地贯彻落实了以习近平总书记为核心的党中央对芦山灾后重建的重要指示。

一是坚持把国务院批准的《芦山地震灾后恢复重建总体规划》作为纲领，严格落实中央各部委专项重建政策，作为工程设计的依据，体现“中央统筹指导”；二是通过《芦山县灾后恢复重建建设规划》明确城镇和乡村重建的重点项目，通过编制重点地区的详细规划，细化重点建筑工程设计项目的设计条件，体现省市县“地方作为主体”的各种管理要求，如重点建筑工程项目选址、建筑功能定位、场地设计意图和环境要求、交通组织和市政工程设计条件，甚至建筑材料的使用等，将规划要求系统传递到建筑设计环节；三是关注灾区社会的重建，做好社区设计，自觉

中规院负责完成的规划项目一览表　表 3.2-1

	规划名称	工作阶段
雅安市	《雅安市灾后恢复重建行动大纲》	恢复阶段
	《雅安市北郊生态休闲区概念规划》	
芦山县	《芦山县灾后恢复重建建设规划》	
	《芦山县“三点一线”旅游发展策划》	重建阶段
县城	《芦山县新县城城市设计》	
	《芦山县城老城区修建性详细规划》	
	《芦山河与西川河两河四岸景观设计》	
	《省道 210 县城段沿线景观整治设计（县城段）》	
飞仙关	《雅安市飞仙关—多功一体化发展规划》	
	《芦山县飞仙关镇总体规划》	
	《飞仙关镇飞仙驿修建性详细规划》	
	《飞仙关镇北场镇修建性详细规划》	
	《飞仙关镇茶马古道沿线景观整治设计》	
	《省道210沿线景观整治设计（飞仙关段）》	
龙门乡	《龙门乡场镇修建性详细规划》	
	《芦山县龙门乡水系综合规划》	
	《县道073沿线景观整治设计（龙门乡段）》	

图 3.2-5　三个阶段的工作过程

发挥规划师、建筑师的媒介作用，激励设计人员深入乡镇社区，广泛征询灾区群众意见，协助县政府制定具体政策，把群众的合理要求整合到项目设计任务书中，认真开展设计方案的公示，从地域文化特色的塑造上下功夫，使重建的社区对灾区群众产生更多的文化认同和归属感、亲切感，体现“灾区群众广泛参与”。

② 规划设计和建筑设计突出“地域性—社会性—经济性”的综合设计理念，以灾区群众为中心，为灾区生活生产恢复和经济社会发展创造有利的物质环境。

规划设计过程中，研究确定在芦山县城、飞仙关镇、龙门乡场镇具有引擎作用的建筑工程设计项目，对项目功能和空间形态做出整体定位。建筑设计过程中，将规划阶段注重地域特色、注重社会重建、注重恢复经济发展功能的思路加以深化、细化和优化。

③ 规划师、建筑师和其他专业技术人员通力合作，同县、镇乡政府、灾区群众、业主单位、施工企业有效沟通，探索创新了灾后恢复重建中多专业协同的“全程服务和现场工作新机制”。

为了实现《芦山地震灾后恢复重建总体规划》蓝图，中规院做到了从灾后抢险恢复时期的“规划先行”，走向重建全过程的“规划伴行”。规划师同建筑、结构、市政、施工监理等各专业人员，组成联合技术团队，通过规划设计专业人员挂职和全面驻场工作，实现规划统筹、设计引领、建筑营造、施工落地的全程规划—设计指导和服务，三年如一日为芦山提供了强有力的技术支撑。截至2016年7月18日，项目组共派出280人、1050人次，累计现场工作14625人·日。

（3）全方位统筹

① 支撑政策制定和落实的技术难题。

灾后重建是政策性很强的工作。规划设计—建筑设计尽管有其发挥作用的特定领域，但是如何更好体现恢复重建政策，体现对党中央有关芦山恢复重建的指示要求，是自始至终的挑战。

灾后恢复重建的工作庞杂，涉及灾民的补贴和重建政策条款都是极为敏感的问题，规划设计—建筑设计需要的很多前提往往迟迟不能确定。身在现场的规划师和建筑师不是坐着等靠要设计条件，而是创新“规划设计—建筑设计—社区设计一体化”的专业深度合作模式，联合技术团队采用挂职指挥、轮岗驻场、现场设计的工作模式，扎根乡镇、扎根群众，从对第一手问题的认识中思考对策，为政府提供政策建议。

事实证明，灾区的规划设计—建筑设计绝不是单纯的建筑、工程和艺术设计，其工作边界会随着灾区人民的需要而调整，规划师和建筑师实际上承担了社会性的工作，为灾后社会重建担当起“社区设计”的重担。

② 系统的建筑工程设计项目组织难题。

为确保《芦山地震灾后恢复重建总体规划》一张蓝图绘到底，用三年时间完成党中央、国务院和四川省委、省政府交给的重建任务，联合设计团队在芦山县域展开一系列的规划设计—建筑设计工作，并且要对不同阶段的重点工程项目施工进行现场协调工作。

围绕芦山县城、飞仙关镇、龙门乡场镇等三个重要节点，以灾后恢复重建建设规划为基础，确保项目实施过程中所有利益相关方能够充分沟通协商，作为乡村地区重建的主体力量，动员村集体及群众通过村两委、村组代表、自建委等基层组织参与具体设计工作。

构建“一张图”协调机制，全面系统地把控好规划设计、建筑设计和施工现场协调三方面的工作质量，一竿子插到底，确保重点项目设计不变形、施工不走样、品质不降低，形成“一事一漏斗，多项目协同”的技术服务新模式，探索以地方为主体、群众广泛参与灾后重建背景下的规划工作模式。

根据新情况新问题，发挥规划的协调平台作用，及时研究调整工作机制，一方面配合县委县政府重建的整体工作，协调国土、住建、旅游、水务、交通、农业、林业等部门实施建议，另一方面与四川省规划院、四川省建筑院、西建大建筑院、哈工大建筑院、重庆大学规划院、中节能建筑院等建筑设计团队无缝对接，将服务重建工作的重心下移到公共服务、社区营建的乡镇和群众层面。同时，规划与建设同时发力，与中国华西集团等施工单位有效衔接，以高质量去建设工程，见图3.2-6。

③ 探索“五总”式规划实施技术统筹模式。

灾后重建时间紧、项目多、责任重，如何及时有效解决县乡规划建设管理问题是项目组工程实施过程的社会难点。芦山县全域灾后重建大项

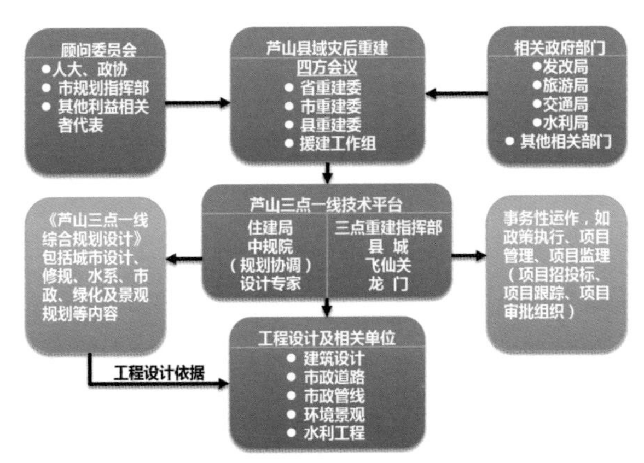

图3.2-6 中规院全方位统筹工作机制

目374个，子项目约1100个，涵盖民房、民生、市政、道路、灾害、生态各方面，涉及省、市、县、乡四级政府及省市、军民、社会各类企事业团体等各类业主部门。上级要求2014年4月开工50%，2014年7月全面开工，2016年7月20日中央验收。在此背景下，全过程多专业的技术服务尤为重要，既要为地方各类团体提供智库咨询服务，如规划咨询、设计审查、施工组织等，又要为各业主提供专业技术服务，如新兴理念宣讲、示范项目设计、施工难题解析等。特别是重建项目全面开工后，规划及设计驻场服务人员通过及时发现问题，给后方技术团队反馈问题，迅速协助重建指挥部及各项目业主形成调整实施策略。

为此，芦山县探索建立规划设计总负责、建筑施工总承包、项目建设总管理、规划建设总督查、组织领导总指挥的“五总”协调办法，有效统筹推进了灾后重建工作，整体提升了灾后重建规划成果和项目总体水平。专门成立了“五总协调会”统筹机制，半月一例会，解决已有问题、统筹未来矛盾、平衡各方诉求，自2014年12月至2016年5月从未间断，中规院负责规划问题应急处理及协调重大交叉设计问题，西建大负责龙门乡镇的设计及施工协调。为灾后重建项目的有序实施和高质量、不走样实施提供了重要的技术支撑。

规划设计总负责：由中规院和四川省建筑设计院、西建大建筑设计院、四川省城乡规划设计院形成“1+3”的规划设计联合体，负责三点一线地区的规划设计总牵头工作，统筹施工总承包项目设计工作，并做好与总体规划、单体建筑设计、周边规划以及施工设计等方面的衔接，全面完成了汉姜古城等重点区域重点项目设计工作。

建筑施工总承包：在严格执行相关法律法规和程序的前提下，将重点领域、重点项目打捆招标纳入施工总承包，由华西集团、成都建工负责实施，有效提升了项目建设进度、质量和水平。

项目建设总管理：由成都衡泰管理公司负责，实行项目建设专业化管理，分片区现场管理，及时协调解决规划设计、施工、质量安全等问题。开展质量和安全监管督查2863次，发现问题2264个，签发质量、安全督查记录457份。

规划建设总督查：由省住建厅负责灾后恢复重建重点区域、重点项目规划建设总督导工作，省住建厅督导组已下发督导报告43期，及时发现了规划设计、建设管理等方面存在的问题，切实督促相关单位采取措施解决。

组织领导总指挥：在县重建委的领导下，成立由县长任指挥长，县级相关领导任副指挥长，县级相关部门、乡镇为成员的施工总承包指挥部，召开施工总承包“五总”协调推进会议33次，有效统筹推进了施工总承包工作，整体提升了重建项目总体水平。

三、支撑芦山模式的规划实施机制

1. 工作原则理念

中规院过去出色完成了汶川、玉树、舟曲的灾后恢复重建规划工作，但这次地震特点及重建模式与以往不同，“5·12”汶川灾后重建的“举国体制”，一省援建一个受灾县，“4·14”玉树灾后重建是中央6大企业分片包干，而“4·20”芦山灾后重建采取的是“地方负责制”常态化救灾模式，中规院在汲取前几次经验基础上，又积极探索新的常态化灾后恢复重建一般规律和模式，主要体现在以下几个方面。

（1）提高规划编制及审查水平

芦山县地处四川盆地周边山区，经济发展水平较低。规划管理力量与水平更是严重匮乏，这次没有像汶川、玉树那样有国内顶级院士、大师领衔团队参与规划设计，绝大部分的规划设计项目都是中小型设计单位编制，成果水平更是千差万别。中规院利用自身资源优势，重点项目邀请了国内一流团队参与规划设计的编制，也邀请了一些专家亲临灾区现场技术指导，并协助地方建立规委会前的规划设计技术审查制度，协助地方出台《芦山县规划设计技术审查委员会工作框架》和《技术审查项目相关要求》两项规定，此项规定的出台与实施，大大提高了芦山县规划设计项目的编制水平和管理水平，目前该规定一直延续使用，中规院在重建后也会以多种方式参与芦山的规划设计技术支持工作，保证芦山县规划、建设、管理可持续下去。

（2）尊重地方特点及规律

芦山有着2300多年的建县历史，文化底蕴深厚，如：樊敏阙、青龙寺大殿、平襄楼等国家级文保单位。又地处四川边缘山区，龙门山断裂带上，亦有着丰富的自然资源，如围塔漏斗、龙门溶洞、西岭雪山等。在救灾阶段编制《芦山县灾后恢复重建建设规划》时，就对全县的重要资源进行了摸底调研，多次困入险境，最终克服重重困难编制完成该规划，该规划对芦山全县的规模、空间、结构进行了系统的梳理，为本次芦山灾后恢复重建打下了坚实的基础和成为城乡建设的重要依据。重建伊始对建筑风格风貌问题尚存分歧，某国内一流设计团队，建筑设计采用了欧式风格，之前也汇报过领导及咨询过当地群众，大家均对欧式建筑风格表示赞成，我院专业技术人员坚持反对欧式风格，遂邀请专家及省市领导一起专门研讨，最终以川西风格定调。

（3）重视资源的发掘、保护与利用

针对芦山县丰富的自然和人文资源，如何发掘、保护并合理利用，这是对一个规划技术团队深刻的考验。首先我院有先进的规划理念，但这种落后县城的现实情况更需要适应，中规院多次在重要资源保护与利用上提出中肯建议，并亲历指导实施。芦山老县城南端是汉代的郡城遗址，地震前住建管理部门就批出一栋超高层建筑，中规院进驻后紧急叫停，又派出我院建筑团队与四川省一流建筑团队联合设计，经过艰苦努力，最终将独具特色的“汉姜古城”展现给大家。飞仙关的茶马古道也是芦山重要的历史文化资源，重建过程中由于时间紧、赶工期，城市型的铺装、护栏、景观大量使用，越重建就越是在破坏珍贵的历史文化资源，中规院紧急协商县委县政府，立即联系总院历史名城所专家，组织业主、设计、施工、监理单位多次现场协调，最终将茶马古道重建既保持了历史的底蕴又满足了当地居民的生产生活，达到政府、社会、群众多方的一致共识。

（4）积极协同其他规划设计团队

救灾阶段中规院与同济大学规划院、清华大学规划院共同完成芦山、宝兴、天全三个重点县的《重建总规》，期间多次交流经验，对一些共性问题进行重点研究并提出解决方案。重建过程中又与四川省城乡规划设计研究院、西安建筑科技大学建筑设计研究院、哈尔滨工业大学建筑设计研究院、四川省建筑设计研究院等教授和专家共同协作，在解决其各自承担的编制设计任务同时，共同采取驻场服务、技术咨询等方式，及时研究解决重建过程中突然遇到的一些技术问题，特别是四川省城乡规划设计研究院与西安建筑科技大学建筑设计研究院联合建筑团队，他们团队与驻地规划工作组驻场相邻办公、并肩作战，为建筑、景观等设计方面提供了有力的技术支持，四川省建筑院与我院的建筑团队联合设计的汉姜古城建筑设计也得到了社会各界的好评。

（5）完善周全的后勤保障机制

中规院在芦山县人民政府临时办公楼会议室设立了驻地规划工作办公室，购置安装了工作站、服务器、投影仪、打印机、视频会议系统、光纤网络等硬件设备。该办公室是有史以来芦山县最高效、最现代化的办公场所，几百次的技术协调审查会及与北京、重庆、深圳共同连线的视频会议均在此召开，同时义务为参与芦山重建的其他设计单位提供方便服务。中规院从两个分院调配了两辆性能优良的越野车及专职司机全程驻场服务于地震灾区工作，又针对灾区现实情况制定了相对灵活的财务制度，联系了定点旅馆饭店，购置了洗衣机、户外工具、餐具等生活用品，一系列的措施为灾区一线工作人员提供了完善周全的后勤保障。

2. 工作组织架构

张兵总规划师受李晓江院长及院班子指派全面负责中规院芦山援建工作，统筹协调组织深圳分院、西部分院及各专业研究所，制定规划编制组和驻地服务组，形成“总院统筹—分院保障—规划编制—驻地服务”四级联动的工作组织框架。

（1）总院统筹

总院由全程指挥了北川重建、玉树重建规划工作的原院长李晓江（2016 年 1 月退休）牵头、总规划师张兵全面负责，晓江院长多次深入灾区一线指导工作，为很多重大关键问题做了周全思考和果断决策。总规划师张兵多次往返芦山、深圳、重庆等地，把控规划技术难点问题和两个分院的协作事宜，为中规院灾后重建的全过程参与发挥了积极的作用。恢复重建过程中遇到总院各技术部门专长内容，也多次派人现场参与技术支持，比如历史文化保护，风景名胜区规划、建筑设计等方面。总院为本次灾后重建工作提供了坚强的后盾。

（2）分院保障

分院由深圳分院主要负责县城、飞仙关镇的规划编制和实施管理，派出规划师王广鹏挂职芦山县人民政府副县长兼雅安市重建规划指挥部副总规划师。西部分院主要负责龙门乡的规划编制和实施管理，派出规划师李东曙挂职芦山县住建局副局长兼龙门乡副乡长。两个分院既有分工又有协作，《芦山县龙门乡水系综合规划》由深圳分院负责编制及管理实施。深圳分院的航拍人员三年期间在不同节点时间拍摄了龙门乡、县城、飞仙关镇灾后恢复重建的建设过程，丰富的影像资料记录了芦山翻天覆地的变化。此次援建工作是有史以来两个分院协作规模最大、时间最长、交流最多的一次。

（3）规划编制

规划编制项目组由深圳分院与西部分院抽调技术骨干负责组织编制规划和协助驻地工作组解决规划实施过程中的一般技术问题。同时为驻地规划工作组提供技术人员保障。两个分院共抽调出近百人参与此次灾后恢复重建规划工作，为驻地规划工作组提供了强大的技术支撑。编制完成了《芦山县县城综合规划设计》《芦山县飞仙关镇综合规划设计》《芦山县龙门乡综合规划设计》与《芦山县龙门乡水系综合规划》四个综合规划，其中包括《芦山县新县城城市设计》《芦山县城老城区修建性详细规划》《芦山河与西川河两河四岸景观设计》《省道 210 县城段沿线景观整治设计（县城段）》《飞仙关镇飞仙驿修建性详细规划》《飞仙关镇北场镇修建性详细规划》《飞仙关镇茶马古道沿线景观整治设计》《省道 210 沿线景观整治设计（飞仙关段）》《龙门乡场镇修建性详细规划（含古城坪）》《县道 073 沿线景观整治设计（龙门乡段）》《芦山县龙门乡水系综合规划》共 11 个子规划。这些规划成为指导芦山灾后恢复重建城乡建设的重要依据。

同时，项目组还根据工作需要，编制了《雅安市灾后恢复重建行动大纲》《雅安市飞仙关—多功一体化发展规划》《飞仙关镇总体规划》《姜城往事特色街区建筑设计》等规划设计，见表 3.3-1。

规划编制项目一览表　　表 3.3-1

	规划名称	编制单位	
国家	国务院《芦山地震灾后恢复重建总体规划》	国家 12 部委及中规院	救灾阶段
四川省	芦山地震灾后恢复重建城乡住房建设等 11 个专项规划	四川省发展改革委及省直部门	
雅安市	《雅安市灾后恢复重建城镇体系规划》	四川省规划院	
	《雅安市灾后恢复重建行动大纲》	中规院深圳分院	
芦山县	《芦山县灾后恢复重建建设规划》	中规院六个研究所、深圳分院、西部分院	
	《芦山县“三点一线”灾后重建建设规划》		
三点一线	《芦山县“三点一线”旅游发展策划》	中规院文旅所	重建阶段
县城	《芦山县新县城城市设计》	中规院深圳分院	
	《芦山县城老城区修建性详细规划》	中规院深圳分院	
	《芦山河与西川河两河四岸景观设计》	中规院深圳分院	
	《省道 210 县城段沿线景观整治设计（县城段）》	中规院深圳分院	
飞仙关	《雅安市飞仙关—多功一体化发展规划》	中规院深圳分院	
	《芦山县飞仙关镇总体规划》	中规院深圳分院	
	《飞仙关镇飞仙驿修建性详细规划》	中规院深圳分院	
	《飞仙关镇北场镇修建性详细规划》	中规院深圳分院	
	《飞仙关镇茶马古道沿线景观整治设计》	中规院深圳分院	
	《省道 210 沿线景观整治设计（飞仙关段）》	中规院深圳分院	
龙门乡	《龙门乡场镇修建性详细规划》	中规院西部分院	
	《芦山县龙门乡水系综合规划》	中规院深圳分院	
	《县道 073 沿线景观整治设计（龙门乡段）》	中规院西部分院	

（4）驻地服务

驻地规划工作组由挂职人员负责，县城、飞仙关、龙门乡、市政工程各规划编制项目组至少一名技术人员，以及深圳分院、西部分院各调派一辆越野车跟司机师傅共同组成，长期驻守芦山灾区一线，在芦山县政府设立专门办公室，实时解决重建现场工作遇到的技术问题，驻地人员最长连续灾区工作 170 多天未回家中。多次向中央、省市领导汇报规划建设情况，受到多次表彰及奖励。在省委宣传部组织编排、成都锦城艺术宫上演的大型歌舞剧《大美雅安》中把规划师作为主角原型人物搬上舞台。

为充分发挥规划设计单位的专业技术资源优势，高水平推进灾后科学重建工作，雅安市委组织部和芦山县委组织部特请中规院选派城市规划师到芦山县挂职，指导和协调灾后恢复重建规划编制、实施等工作。中规院选派深圳分院王广鹏挂职芦山县人民政府副县长兼雅安市灾后恢复重建规划指挥部副总规划师，选派西部分院李东曙挂职芦山县住建局副局长、兼芦山县规划委员会办公室副主任、兼龙门乡副乡长、龙门乡灾后恢复重建指挥部委员。

① 挂职县长工作。

树立和维护《芦山县灾后恢复重建建设规划》的权威性，将其作为灾后重建所有规划项目管理和科学决策的直接依据，充分发挥规划的引领和统筹作用。主要负责规划设计管理工作，参与灾后重建过程县级行政决策会议，为县级决策提供技术咨询。

本项挂职工作责任之一——雅安市灾后恢复重建规划指挥部副总规划师，主要负责整个芦山地震雅安市域的规划设计技术支持工作，由四川省住建厅、雅安市委市政府领导共同组建的规划指挥部，充分发挥中规院、同济院、清华院的技术优势，对整个雅安灾区的重要规划设计项目进行审议、审查及指导实施，共提供技术支持项目近百个，通过规划指挥部的技术服务，不但对芦山地震灾后恢复重建产生了巨大社会效益，同时也获得较大的经济效益，如：国道 318 飞仙关段，指挥部建议减小跨度，降低标高与省道 210 平交，在交通组织更加合理基础上又节省较多投资。芦山县图书馆项目，指挥部建议用有保留价值的老建筑改造，不重新选址建设，也节省近千万投资。芦山县老县城市政管线设计，指挥部也建议仅对一些架空线路进行下地实施，不适宜进行大规模开挖全部推倒重来，采纳后也节约较多资金。

本项挂职工作责任之二——芦山县人民政府副县长，主要负责芦山县的规划设计编制及行政管理工作，芦山县地处四川盆地边缘山区，经济发展水平较低，规划管理力量与水平更是严重匮乏。挂职后快速协助地方出台了《芦山县规划设计技术审查委员会工作框架》和《技术审查项目相关要求》两项规定，该规定对规划设计审查的工作框架及具体要求给予了明确，细化具体参数并提供模板等内容，此项规定的出台与实施，大大提高了芦山县规划设计项目的编制水平和管理水平。同时利用中规院资源优势，邀请国内一流团队参与规划设计的编制，邀请知名专家亲临灾区现场技术指导，并协调多家规划设计团队在芦山县驻场服务。同时参与灾后重建过程县级行政决策会议，为决策提供规划设计技术支持。

② 挂职局长工作。

本项挂职工作主要是规划编制和规划实施两部分，保障高水平编制规划项目，保证重建项目按时按质量推进，发挥规划的引领和统筹职能。落实规划要求，贯通从规划设计到工程落地之间的各个环节，包括项目选址、出具设计条件、详细设计、施工图设计、现场施工、竣工验收等，保证重建项目按时按质量推进，确保规划实施不走样。

规划编制相关工作主要是负责城镇乡村规划编制、组织召开技术审查会审议项目设计方案，梳理县规委会上会项目并组织专家参会，监督县规委会评审项目的深化设计。具体工作有，组织编制三镇两园重点片区的修建性详细规划设计和八个幸福美丽新村规划，协调参与旅游规划、水利规划、农业产业化布局规划、县“十三五”规划等其他部门的规划。

规划实施相关工作主要是落实县委县政府制定的重建实施计划，参与县城指挥部重建实施决策，协助县政府构建具有建设性的政策设计，确定重建项目选址、划定红线并制定规划设计条件、协调地块间交叉设计和交叉施工。具体工作包括：重建项目启动前，协助局班子参与龙门乡 31 个重点项目的选址和红线划定；参与芦阳镇约30个重点项目的选址和红线划定；组织城区地下管网探测，协调两个安置区和六个还迁区城房建设与周边市政、交通项目的设计和施工，特别是设计标高、雨污水气电衔接、施工建材、施工便道及施工顺序协调。

③ 挂职乡长工作。

本项挂职工作主要是决策参与、规划协调和建设管理，为乡村两级基层组织提供技术支撑。扎根基层，向群众宣传解释规划，使群众充分认识规划，更深入地参与到灾后恢复重建中来。在实施乡的重建项目中，和各个方面一起动脑筋，想办法使项目建设能更经济，避免不必要的浪费。

指挥部决策工作方面，挂职人员作为乡政府城乡规划建设领域技术型干部，全程参与乡场镇的规划建设管理工作，为指挥部提供规划设计技术咨询。比如宏观层面，落实县委县政府的重建实施计划，协助指挥部制定龙门乡场镇分期实施、总体提升细则，细则包括项目分布、资金构成、人员组织、措施保障。具体实施层面，从技术角度提出老街改造项目“围魏救赵”的实施策略，保证项目顺利推进。

规划协调方面，充分运用中规院“一张图”平台的工作机制，融合国土、住建、旅游、水务、交通、农业、林业等部门重建项目设计、施工图纸，协调各方利益诉求，促成各方在空间内达成共识，推动重建工作按时按质实施。以乡场镇的现场工作为主，重在服务援建方、政府方、设计方、施工方和群众五大主体，充当技术翻译角色。特别是协助成都市援建河心组，协助什邡市援建汉风街，促成县政府保留“5·12”小学操场，促成省政府资助实施青龙关大桥，协助乡政府预先放线征地，引进西安建筑科技大学设计团队促成龙门古镇示范建设，协助村民自建委促成白伙旅游新村建设，指导原址自建散户现场放线施工，引导群众参与房屋布局和户型设计，协调群众和设计方施工方技术争议等。

建设管理方面，主要是巡查、督导、监管职责。对接省市县城乡规划建设部门，巡查辖区内的施工项目，及时准确掌握重建进度和难点，掌握各方信息撰写材料帮助省市县做出更好的决策；协助乡指挥部为各工地提供水泥、砂石、水电等要素保障；督导设计公司和施工单位在重点项目的进度，协同设计方和监理方监督施工建设时序、建设标准、用材用料。

④ 现场技术服务。

我院在芦山县成立驻地规划工作组，派驻大量技术人员轮流驻场工作，三年重建期间保证每天至少两名规划技术人员在现场服务，随时解决施工中的技术问题，并在三个方面发挥作用：

一是定期评估中规院编制的规划设计的实施效果、并根据实施情况对规划进行动态维护。对各类工程设计工作进行指导和信息汇总反馈，发挥技术协调平台作用，现场协同西建大、哈工大、重大、中节能、四川省规划院、四川省建筑院、江苏省规划院等上百家大大小小规划设计团队，灵活应对千变万化的建设进展情况和局势。

二是为芦山县日常规划管理提供技术支持服务，参加芦山县规委会、县技审会、现场办公会、规划协调会等工作会议，就规划、交通、市政、建筑、景观等内容提出规划技术意见，保证了总体层面的规划得以有效实施，协调了规划实施管理，保障规划实施不走样。

三是多次向中央、省市领导及灾区群众汇报规划，日常的流动服务也促进了不同层面的信息沟通。为芦山县日常规划管理提供技术支持服务，直接或间接指导协管项目方案设计，包括布局、交通、风貌及市政工程等内容，大大增强了规划的科学性、指导性和可操作性。

3. 工作机制总结

中规院作为党中央、国务院、中央军委授予的“全国抗震救灾英雄集体”，曾经在北川地震灾后恢复重建过程中做出杰出贡献，在玉树和舟曲灾后重建中发挥重要作用，先后参加了2008年汶川特大地震、2010年玉树强烈地震的救灾及恢复重建全过程。本次地震灾后恢复重建与以往有所不同也有所相同，中规院在汲取前两次地震灾后恢复重建的成功经验基础上又摸索出一条新常态下救灾重建规划工作的新路子。

“5·12”汶川地震中规院主要负责北川新县城的规划工作，当时北川成立三个指挥部统筹指导灾后恢复重建，即北川新县城工程建设指挥部、山东援建北川工作前线指挥部、中规院北川新县城规划工作前线指挥部。3个指挥部通过建立一系列工作制度，密切配合，形成合力，共同推动新县城建设。中规院不仅亲自承担从总体规划到专项规划和详细规划设计，而且统筹协调多家设计机构，形成完整系统的规划成果体系，为地方政府和灾后重建提供了一揽子的技术解决方案，地方形象地称之为“一个漏斗”。“三位一体”和“一个漏斗”的北川灾后恢复重建工作机制为北川新县城灾后恢复重建发挥了强有力的作用。

“4・14”玉树地震中规院主要负责震中玉树县结古镇的规划工作，虽然地域范围不大，但是高原地区、民族地区、落后地区的外部环境条件影响，规划工作的难度极大。主要的工作方式采取“五个手印”的模式，让公众全程参与、重建顺利实施。第一个手印是现状确权手印，在现状产权确认时，群众在最终产权地籍图上按手印加以确认；第二个手印是公摊确认手印，群众对必要的设施布局后的大公摊比例予以确认，设施布局是在群众需求调研基础上，将社区必需的安全、基本配套设施以及提升型设施空间落位，明确大公摊比例；第三个手印是院落确定手印，在院子划分时，居民在规划的院子划分图上按手印表示认可；第四个手印是户型选择手印，在院落划分完毕选择户型时，群众对自己选择的户型按手印加以确认；第五个手印是施工确认手印，在开始施工建设前，群众在施工单位即将建设的户型施工方案上按手印，表明对施工方案的认可。

“4・20”芦山地震中规院在北川“一个漏斗”、玉树“五个手印”的经验基础上，又根据芦山现实情况，探索此次重建有别于以前的工作模式，协助地方管理部门搭建一个技术服务平台，在这个开放的、灵活应变的平台上，以中规院为核心，在不同阶段，协同近百家大大小小规划设计团队，灵活应变千变万化的建设进展情况和局势，可称之为“动态规划”。

通过规划编制、规划实施和驻地服务工作，围绕“规划－建设－管理”三板块，构建“一张图”控制平台，探索出灾区重建规划编制和实施的范式，使得灾区重建的规划工作规范化、常态化、可持续化。

三年灾后重建过程中，中规院全体职工认真学习领会习近平总书记的有关重要指示精神，在住房和城乡建设部的强有力领导部署、省住建厅的具体组织、市县党委政府的充分信任和全力支持以及兄弟规划设计部门的通力合作之下，全面深入灾区，在恢复和重建两阶段积极参与包括国务院《芦山地震灾后恢复重建总体规划》在内的所有重要规划的编制和实施工作，把规划设计服务送到乡村、送到工地、送到田头，在“4・20”芦山强烈地震灾后恢复重建中再次书写了“为人民服务”的规划篇章。

不同于北川的跨省对口援建和玉树的央企援建，芦山灾后恢复重建是在中央统筹指导下，以省、市、县、地方作为主体，充分动员灾区群众广泛参与的创新实践过程。县、镇、乡、是芦山灾后恢复重建管理的核心力量，在日常过程中发挥计划、组织、领导、控制作用，而村集体及群众是乡村地区重建的主体力量，通过村两委、村组代表、自建委等基层组织参与具体工作。根据新情况新问题，中规院及时研究调整工作机制，一方面配合县委县政府重建的整体工作，另一方面全面将服务重建工作的重心下移到镇、乡和群众层面。三年多的实践成果证明，扎根乡镇、扎根群众的工作路线是正确的、有效的。

四、战略引领、底线把控

中规院始终坚持先进理念引领和底线资源管控。以批准的《芦山县灾后恢复重建建设规划》和《芦山县城总体规划（2007—2020）》为依据，识别“三点一线”灾后恢复重建的重点地区和重点项目，确保重建工作科学合理和有序开展。强化青龙寺大殿、樊敏阙及石刻等 13 处各级文物保护单位的保护，提出三山两河等重要的生态资源的管控底线。明确实施中“重建选址统一指导、建筑风格统一管控、配套设施统一建设”等规划协商的底线，确保《芦山县灾后恢复重建建设规划》的有效实施。

1. 尊重自然、发掘人文

中规院始终秉承尊重自然、安全第一的原则，依据本土经济、社会和人文资源禀赋，科学合理编制各层次规划，引导灾后重建方向科学有序。严格控制县域北部地形相对复杂和地震断裂带相对密集的太平、大川等城镇规模。深入发掘和保护汉姜古城、姜维祠、青龙寺等历史文化资源。重点建设对县域城镇化发展具有重要引领作用的芦山县城、飞仙关镇和龙门乡场镇。遵循灌溉水系自然肌理塑造乡镇田园水乡空间特色。顺应乡村社会治理模式，尊重和引导群众重建意愿，不断制定和完善具有可操作性的规划设计方案。

2. 扎根基层，服务社会

坚持扎根基层，在工作中摸索出一套与乡镇群众、各级政府、设计单位、施工单位多方协作的机制和方法，确保从规划到设计到施工不走样。规划编制坚持实地调研和群众参与，确保了规划成为引领城乡发展的纲领和准则。协调衔接多家不同资质的建筑设计单位，确保规划意图贯彻到位。通过施工现场讲解和协助放线等多种现场服务，满足项目建设需要。做好与群众的现场沟通工作，及时反馈汇总意见并形成修改方案，把技术人员的规划转变为群众的规划。

3. 突出重点，一竿到底

中规院围绕恢复重建重点地区、重点项目，全面系统地把控好规划设计、建筑设计和施工现场协调三方面的工作质量，一竿子插到底，确保项目实施过程中所有利益相关方能够充分沟通协商，确保重点项目设计不变形、施工不走样、品质不降低，形成不同于北川和玉树的“一事一漏斗，多项目协同”的技术服务新模式，探索了以地方为主体、群众广泛参与灾后重建背景下的规划工作模式。

总之，在住房和城乡建设部领导下，中规院全体职工齐心协力，相互支撑，相互配合，以“求实的精神、活跃的思想、严谨的作风”，克服种种困难，不仅顺利完成了恢复重建规划的编制和现场服务工作，而且在新的历史阶段积极探索形成了规划师现场服务工作的“芦山模式”。

第四章　芦山县灾后恢复重建上位规划分析

一、国务院《芦山地震灾后恢复重建总体规划》

1. 总规生成过程

通常情况下，地震发生后前三个月内是抢险救灾时期，此时期余震频繁、次生灾害频发、地质疏松、建筑物及基础设施不稳定，工作重点是开展救人、送物资、抢险、疏通道路和整治次生灾害等公共事务。震后三个月才逐步开展灾后恢复重建，包括经济社会秩序的恢复和灾损环境、民居房屋、设施设备等重建事务。因此，灾后恢复重建总体规划的编制审批主要在前三个月的空档期内，从完成调研、研讨、汇编、征求意见、再汇编及审批发布等至少六道程序，毫不耽搁和反复的情况下，每步最多有两周工作时间，这期间最难的就是调研阶段，与抢险救灾最初最紧张的时间段重合。

国务院《芦山地震灾后恢复重建总体规划》（下文简称“芦山地震总规”）成文批复于2013年7月6日，发布于2013年7月15日，距离地震发生近三个月，相比于汶川地震总规是地震后四个月发布，已经大幅提前。在此总规编制期间，2013年4月28日，住房和城乡建设部在地震抢险救灾黄金期后的第一时间，在四川省召开了芦山地震灾后恢复重建城乡规划动员会，明确中国城市规划设计研究院、上海同济城市规划设计研究院和北京清华同衡规划设计研究院三家规划院分别对口支援芦山县、宝兴和天全县三个灾区开展重建规划工作。中规院在会后第二天立即进驻震中芦山现场，发挥中央部委公益类事业单位的担当精神，快速开展灾损情况和经济社会情况调研，为总规编制准备了翔实的一手资料，见图4.1-1～图4.1-3。

负责总体规划编制的是国务院抗震救灾指挥部下属的工作组，汶川地震是重建规划组，玉树地震是重建组，芦山地震是重建指导协调小组，从工作组名称的变化反映了中央对重建工作事务下放，重在统筹协调而非替代地方管理具体事务。芦山地震负责重建规划事务的工作组组长单位是国家发展改革委，副组长单位是四川省政府、财政部和住房和城乡建设部，其中，发展改革委负责总协调，四川省负责实施，财政部负责资金支撑，住房和城乡建设部负责技术支持，而中规院作为住房和城乡建设部直属事业单位，自汶川地震以来，一直负责为住房和城乡建设部、地方政府提供重建规划技术支撑。自2013年5月24日国家发展改革委组织八部委抵达四川，《芦山地震灾后恢复重建总体规划》编制工作正

图4.1-1　2013-04-28 省规划动员会

图4.1-2　2013-04-29 首批住房和城乡建设部中规院恢复重建工作赶赴灾区

图4.1-3　2013-04-30 现场工作对接会

式开始，中规院派驻技术团队全程参与总体规划编制，直到总规批复，见图 4.1–4。

纵观汶川、玉树和芦山地震三个重建总体规划的生成过程，操作主体基本是国务院抗震救灾指挥部的重建工作组负责，由组长单位牵头统筹，以前的组长单位是国家发展改革委，未来可能是应急管理部（详见 2018 年 11 月的国办发〔2018〕106 号文件关于指挥部组成人员的调整通知），而副组长单位主要是负责具体工作，其中城乡规划部门主要负责空间布局规划，而各大规划院在此过程提供了重要的基础调研、人才支撑和技术支撑。整个编制周期不足三个月时间，掐头去尾的实际工作时间通常是两个月，过程难点在于余震中的现场调研、央省市县四级意见征集和党政军民学各界大研讨三大环节。调研之后的编制工作主要是在国家发展改革委集中办公而形成，夜以继日的历经多轮磨合之后，最终成稿上报国务院开展审批发布流程。

2. 总规内容解读

相比汶川地震和玉树地震的重建总体规划，芦山地震的重建总体规划内容精简了很多，前两者分别是 15 章 57 节和 10 章 37 节内容，而芦山的总规仅有 9 章 31 节，主要减少的内容是非物质空间的精神家园建设、重建资金和规划实施内容等具体要求，内容更加聚焦于对物质空间的恢复重建，规划内容主要包括空间布局、住房建设、公共服务、基础设施、产业发展、生态空间和政策保障等七大要素，与汶川地震和玉树地震的总规内容基本一脉相承。

关于空间布局，基本上是发改部门的主体功能区规划、住房和城乡建设部门的城乡规划和国土部门的国土规划三合一的集成。规划根据资源环境承载能力综合评价，按照主体功能区规划思路，科学进行重建分区，划分出人口集聚区、农业发展区、生态保护区和灾害避让区四大分区。规划要求优化城乡布局，坚持城乡统筹、协调发展的原则，切实保护生态空间，集约整合生活空间，优化拓展生产空间，形成“中心带动、轴线集聚、县城提升、整体推进”的城乡发展格局。规划要求节约集约利用土地，严格保护耕地、林地，充分利用原有建设用地进行恢复重建，优先保障城乡居民住房重建用地，推进土地整治，做好耕地修复。

关于住房建设，在建设方式上给予了极大的政策自由度，后来的棚户区改造和回购商品房等政策均提前应用在灾区。居民住房恢复重建要充分尊重居民意愿，注重节地、安全、经济、实用，突出地域特色和民族传统风貌。根据房屋受损程度鉴定结果，对能够维修加固的居民住房，尽可能维修加固，不推倒重建。对于农村住房建设，采取统规统建、统规联建、统规自建等方式统筹推进。对于城镇住房建设，新建住房采取保障性住房、商品房等多种途径建设，创新重建机制，坚持政策支持与市场运作相结合，吸引民间资本和社会资金参与城镇住房恢复重建，允许居民按照统一规划自主联建。老城区住房恢复重建与老城区改造，特别是与棚户区、城中村改造结合起来，采取保障性住房、商品房、商业服务、配套设施整体开发模式进行建设。对自愿到其他市县落户的群众，按相同补助政策给予现金补助。

关于公共服务设施，整体推进设施建设、能力提升和管理体系建设。优先安排学校和医疗卫生机构、就业保障设施、文化体育设施及宗教活动场所建设，特别是恢复重建各类学校 301 所、各类医疗卫生机构 65 个、各类文化场馆 121 个，这些极大地提升了灾区的公共服务能级。规划对灾区教育科技、医疗卫生、就业保障、公共文化产品和城乡公共服务等方面提出一些鼓励措施。规划还对加强和完善基层社会管理和服务体系，健全社会治安防控体系和应急管理体制，壮大社区工作专业人才队伍等方面做出了重要指导。

关于基础设施建设，规划优先恢复交通、水利、能源、通信等基础设施功能，改善基础设施条件，强化保障能力，提升安全可靠性，为灾区经济社会发展提供有力支撑。交通方面，以恢复现有公路功能为主要目标，尽可能利用原有设施，修复受损路段，加固受损桥涵，完善排水防护和交通安全等设施。邮政方面，恢复重建邮政设施，完善乡镇邮政网点，加强农村邮政服务体系建设。通信方面，恢复重建公众通信网络和通信枢纽及其配套设施，推进三网融合，开展“智慧城市”建设。水利方面，推进中小河流综合治理，清除河道淤堵，恢复重建堤防工程，修复受损灌溉设施和小微型水利设施，恢复重建和完善水文、水资源监测设施。能源方面，加强电力骨

中华人民共和国国家发展和改革委员会

感　谢　信

中国城市规划设计院:

“4.20”芦山强烈地震发生后，按照党中央、国务院的决策部署，国务院芦山地震灾后恢复重建指导协调小组组织编制芦山地震灾后恢复重建总体规划。根据工作安排，贵单位委派王广鹏同志参加规划工作组。在近两个多月的时间里，该同志带着对灾区人民的一片深情，深入灾区调研，认真研究有关重大问题，加班加点参加规划起草工作，为按时完成《芦山地震灾后恢复重建总体规划》编制任务发挥了重要作用。

在此，对贵单位对灾后恢复重建工作的大力支持表示衷心感谢，对王广鹏同志在规划编制工作期间的无私奉献表示衷心感谢！

国务院芦山地震灾后恢复重建
指导协调小组办公室
（代章）
2013 年 7 月 11 日

图 4.1–4　发展改革委感谢信

干网架建设，修复水电站受损厂房、设备和送出工程，推进煤矿企业兼并重组，修复气井、输气管线、油库、加油（气）站及其保护设施。

关于产业发展，在生态环境保护的基础上，加强企业恢复和产业重建，大力发展特色优势产业，积极促进产业结构调整，加快构建以文化旅游业为主导，以特色农林业、加工业和服务业为支撑的产业体系。以恢复重建旅游设施、开发旅游产品、提升发展层次等举措为支撑，大力发展文化旅游产业。规划提升建设农林业生产设施、培育特色生产基地和服务支撑体系，支持区县合作发展飞地产业园区，作为产业转移和发展的载体。

关于生态空间，以生态保护区为重点，以地质灾害防治为“生命任务”，加快自然生态系统修复，保护好大熊猫等珍稀濒危物种，加大环境治理力度，构建生活空间宜居适度、生态空间山清水秀的自然生态格局。规划重点开展地质灾害综合整治、地质灾害监测预警与应急能力建设、避让搬迁和灾害防治长效机制建设，重点推进自然生态系统修复、保护区设施恢复和生态监测设施重建等生态修复措施，重点加强大熊猫等珍稀濒危野生动物保护和珍稀濒危野生植物保护工作。规划建立完善的综合减灾救灾应急体系，推进硬件建设和软件机制的统筹实施。同时，规划对水和大气污染防治、固体废物污染防治、农村面源污染防治等方面做了要求。

关于政策保障，规划在财政、税费、金融、土地、产业、地灾防治和生态修复方面提出了具体的政策措施。财政方面，中央财政统筹现有各类资金，实行总量包干，分年安排，支持灾区恢复重建 860 亿元。税费方面，减轻灾区企业和农村信用社的税收负担。对灾区个人和抗震救灾的一线人员取得的与抗震救灾有关的收入，免征个人所得税。率先建立和完善生态公益林等补偿机制，实行公益林补偿。同时，规划对交通、物资和援建保障提出了明确要求，对规划实施过程的组织领导、规划管理、监督检查等工作作出了详细部署。

芦山地震的重建总体规划内容虽然比汶川和玉树精简，但是在核心问题的解决策略方面做出了不少有益创新，这些创新工作对后来全国范围的规划建设管理工作以及房地产、财税、生态文明建设等国家治理工作，均做出了先行先试的国家实验，通过短短三年的灾后恢复重建及两次中期评估，使得中央和省市各级政府及研究单位开拓了诸多创新举措。

3. 总规回顾及展望

地震灾后恢复重建规划主要依据1998年3月实施的《防震减灾法》第六章相关条文，该法赋予了重建规划的合法性，而实际操作主要依据2008 年 1 月实施的《城乡规划法》的编制要求和规划实施要求，后者赋予了重建规划技术支撑和合法实施程序，保证了重建规划实施活动在正常的城乡规划建设管理流程下进行。但是重建规划确实又是一种新型规划，其兼顾了主体功能区规划和国土规划，甚至是电力通信、教育卫生等专项规划的内容，所有需要在重建期内实施见效的空间建设事务和治理活动都要在重建规划中予以落实。因而，地震灾后恢复重建规划兼顾两大上位法律特性，属于实施导向型“多规合一”的规划，值得当下的国土空间规划改革借鉴应用。

芦山地震重建总体规划作为灾区重建空间活动的“基本法”，在三年集中重建和后续重建过程中，得到很好的落实。在空间布局方面，主体功能区规划得到落实，通过生态转移和产业集聚，使得人口和经济社会要素向“三点一线”城镇集中发展轴上集聚，既缓解了深山和自然保护区的重建压力，又提升了城乡居民生活质量和生产能力。在住房建设方面，统建、联建和自建方式深入人心并灵活运用，极大地提升了农村及小城镇居民的基层自治能力和重建参与度，降低了政府大包大揽统筹资源的难度和压力。在设施建设和产业发展方面，基本得到高质量实施，这些灾区群众获得感最强的也是备受全国其他地区群众羡慕的重建实物。

然而，在城市住房建设、生态修复和政策运用这些方面，规划的实施也存在一些不足。以城市住房建设为例，居民统规联建、政府保障房建设和企业商品房建设未能统筹兼顾，导致城市住房供给过大，影响了城市房地产市场的健康发展。对于生态修复，在重建过程中，有些重建项目未能落实土地整治和生态修复理念，采用较多城市景观设计理念，对山水林田等自然环境人工干预过多，造成了一定得资金浪费和生态破坏。对于重建配套政策，如财政、税费、金融等方面，也存在应操作细则不明而导致的实施难问题。

纵观汶川地震、玉树地震和芦山地震等特别重大地震的灾后恢复重建规划，在国省级层面包括总体规划和专项规划两类，在市县级层面主要是总体建设规划和详细规划，但目前尚未形成完整的规划体系。展望未来，伴随着国家行政体制改革，尤其是国土空间规划和应急管理事权改革，地震类灾后恢复重建规划应该统筹研究，制定出符合空间规划治理需求和应急管理事权需求的规划体系及规划内容。对此，需要统筹规划建设和应急管理事权，统一《城乡规划法》和《防震减灾法》的规划编制和实施要求。

对于国务院主导的重建规划，建议对接国土空间规划的“五级三类”编制审批体系，制定新的重建规划体系。主要包括一个总体规划和多个专项规划，总体规划定事权定政策定行动计划，专项规划定主体定事务定实施细则；对于县域层级，主要是指一个总体建设规划和多个详细规划，建设规划既要落实上位总体规划和专项规划要求，还要明确县域建设内容、建设范围和建设计划，并指导重点地区详细规划和一般地区工程设计，而详细规划主要是针对县域内重点地区的谋划、策划、规划、计划以及工程设计指引、社区设计指引、驻场设计指引等全过程技术统筹服务。同时，为保障重建规划时效性和操作可行性，总体规划和专项规划需相辅相成、同步开展，建设规划和详细规划也要上下联动、统筹实施。

二、四川省专项规划

国务院总体规划发布于 2013 年 7 月 15 日，同一周的 7 月 20 日，四川省正式对外发布芦山地震灾后恢复重建的 11 个专项规划，涵盖城镇体系、城乡住房建设、农村建设、基础设施、公共服务设施、产业重建、文化旅游、生态环境修复、土地利用、防灾减灾和地质灾害防治等方面。自此，地震灾后重建工作正式开始，直到 2016 年 7 月 20 日完成三年重建计划。

芦山地震重建的专项规划编制工作基本与重建总体规划同步，责任单位则主要是灾区所在的四川省政府。因为 2008 年刚经历过汶川地震，所以在本次芦山地震的专项规划编制过程，四川省各部门都比较有经验，专项规划编制成果精炼实用，集众多经验为一体，部分专项规划堪称重建实施规范导则，灾区各县主要干部基本人手一册。但也有部分专项规划内容基本与总体规划专章雷同，并没有很好地发挥专项规划的细化落实作用。

总体上，四川省政府发布的 11 个专项规划与国务院发布的总体规划，共同指导着芦山县的重建建设规划和详细规划。对芦山县提出不同程度通则性和针对性要求。

1. 专项规划主要通则性要求

① 城镇体系建设。

该专项一共十五章三十四小节，规划对灾区城镇空间发展模式、城镇化策略、人口安置、城镇空间结构、总体布局、用地规模、分县规划指引、分项建设内容及规划实施提出具体要求。

规划对城镇空间发展模式提出“四区五统筹”，四区是人口集聚区、农业发展区、生态保护区、灾害避让区，五统筹分别是通过“区域统筹”促进区域交通、产业、防灾一体化协调发展，通过“城城统筹”构建半小时经济圈和产城一体的分地产业园，通过“城镇统筹”发展城市近郊卫星镇或县域副中心城镇，通过“镇镇统筹”培育县域特色旅游镇，通过“镇村统筹”促进城乡统筹，推进城镇及其临近乡村景城一体发展并打造“新村综合体”。

规划提出在灾区打造“中心带动、轴线集聚、县城提升、整体推进”的城乡发展格局，形成“中心城市、县城、重点镇、一般镇”四级城镇体系，并对所有城镇人口及产业提出了重点扩大规模、适度扩大规模、原地调整功能、原地所见规模的重建要求。规划对支撑城镇体系建设的重要设施配置、交通建设、生态保护等内容提出了原则性的要求，并对重大设施提出了具体布局要求。

② 城乡住房建设。

该专项一共六章十七小节，核心规划内容是确定灾后恢复重建的标准和要求，包括灾后住房处置标准、住房重建用地标准、住房建设标准和配套设施建设标准及要求等。

关于灾后住房处置标准，规划明确根据建筑

地震破坏等级划分为重建、加固和维修三类住房，并分别提出了应对措施。关于住房重建用地标准，一是确定城镇住房的人均建设用地指标是30平方米，二是确定农村住房的人均宅基地是30平方米，加上室外配套设施用地后达到人均65平方米。关于住房建设标准，城镇重建住房以安居房为主，采用划拨土地，户型面积为85平方米左右，建成后居民按成本价回购，农村住房建设面积根据居民意愿和经济实力自主设定。关于配套设施标准，城镇住房参照国家《居住区规划设计规范》，农村住房按照四川省系农村建设标准，村庄内公共建筑配套是0.5平方米/人、宅前屋后庭院晒场是16平方米/人。

规划要求城镇住房坚持政府组织和市场运作相结合，形成以安居住房、公共租赁住房和商品房供应，以及二手房交易等方式构成的、多渠道供应的城镇住房供应体系。农村住房采用分散自建和统规统建、统规联建、统规自建等方式。

③ 农村建设。

该专项一共七章三十四小节，规划对集镇村庄生活区、农业生产设施、现代农业生产力建设及贫困村建设提出了全面而细致的建设导则要求。规划内容详细具体，涉及具体建设面积、道路宽度、工程类型及数量等内容。

关于乡集镇和村庄生活空间，规划对公共服务社会、道路、供水、排水、环卫设施、生态绿地、场地平整、农村能源、清洁工程等提出要求。关于农业生产设施，规划对农业生产基础谁和谁、良种繁育体系、农业综合服务体系等提出要求。关于现代农业生产力，规划对农业、畜牧业、林业、水产业、农产品加工、休闲农业与乡村旅游、品牌打造与市场开拓、新型农业经营主体培育及农业社会化服务等提出要求。关于贫困村建设，规划对贫困户的补助政策和参照标准作出了指引要求。

④ 基础设施。

该专项一共六章十四小节，规划对交通工程、通信工程、水利工程、能源工程等内容作出了指引性建设要求，包括项目数量、建设里程及其组织实施的措施办法等内容。

⑤ 公共服务设施。

该专项一共四章十八小节，规划对教育科技、医疗卫生、就业保障、广播电视、体育、社会福利和社会管理等内容作出了指引性建设要求，包括项目数量、建设总规模、配置依据及其组织实施的措施办法等内容。

⑥ 产业重建。

该专项一共五章十二小节，规划对工业及服务业的发展重点、发展方向、项目类型、园区分布及配套设施做出了指引性要求。规划原则上要求灾区产业发展要优化布局、统筹发展，要求转型升级、绿色发展，要求创新驱动、提质发展，要求市场导向、开放发展。规划对工业发展要求产业集聚，统筹发展飞地园区。服务业方面，一是要求重点发展小商品、服装、电子产品、家装建材及农产品批发市场等商贸服务业，重点构建商品零售及生活服务网络设施，打造“一刻钟”便民服务圈；二是要求完善粮食流通体系，建立粮油储备、应急、军供、质量检验检测体系等。

⑦ 文化旅游。

该专项一共五章十二小节，规划对文旅体系空间布局、服务支撑、遗产保护、产业发展、旅游复兴和国家生态文化旅游融合发展试验区发展做出了详尽的建设指引和实施要求。规划以落实国家生态文化旅游融合发展试验区、打造生态休闲度假旅游目的地为目标，构建“一区三带多极”的社会空间结构，一区是大熊猫生态旅游区，三带是茶马古道历史文化旅游带、川西民宿文化旅游带、高山峡谷自然风光旅游带，统筹打造12个服务集群大本营和42个旅游景区，见图4.2-1。

⑧ 生态环境修复。

该专项一共五章二十八小节，规划对生态修复、珍稀濒危物种保护、人居环境整治三个方面提出了建设要求。生态修复方面，规划对自然生态系统、自然保护区、森林公园、生态基础设施、生态监测设施等数量和总规模做出了要求。珍稀濒危物种保护方面，规划对大熊猫栖息地、基因交流走廊、放归集地、展示中心、珍稀濒危动植物保护名录及分布区、遗产地保护设施建设等做出了要求。人居环境方面，规划对农村饮用水源地、农村连片整治、畜禽养殖污染整治、分散农户污水处理、医疗及危险废弃物处置、生态跟踪观测、环境监管能力等内容，提出设施配置、规模数量、操作措施等建设要求。

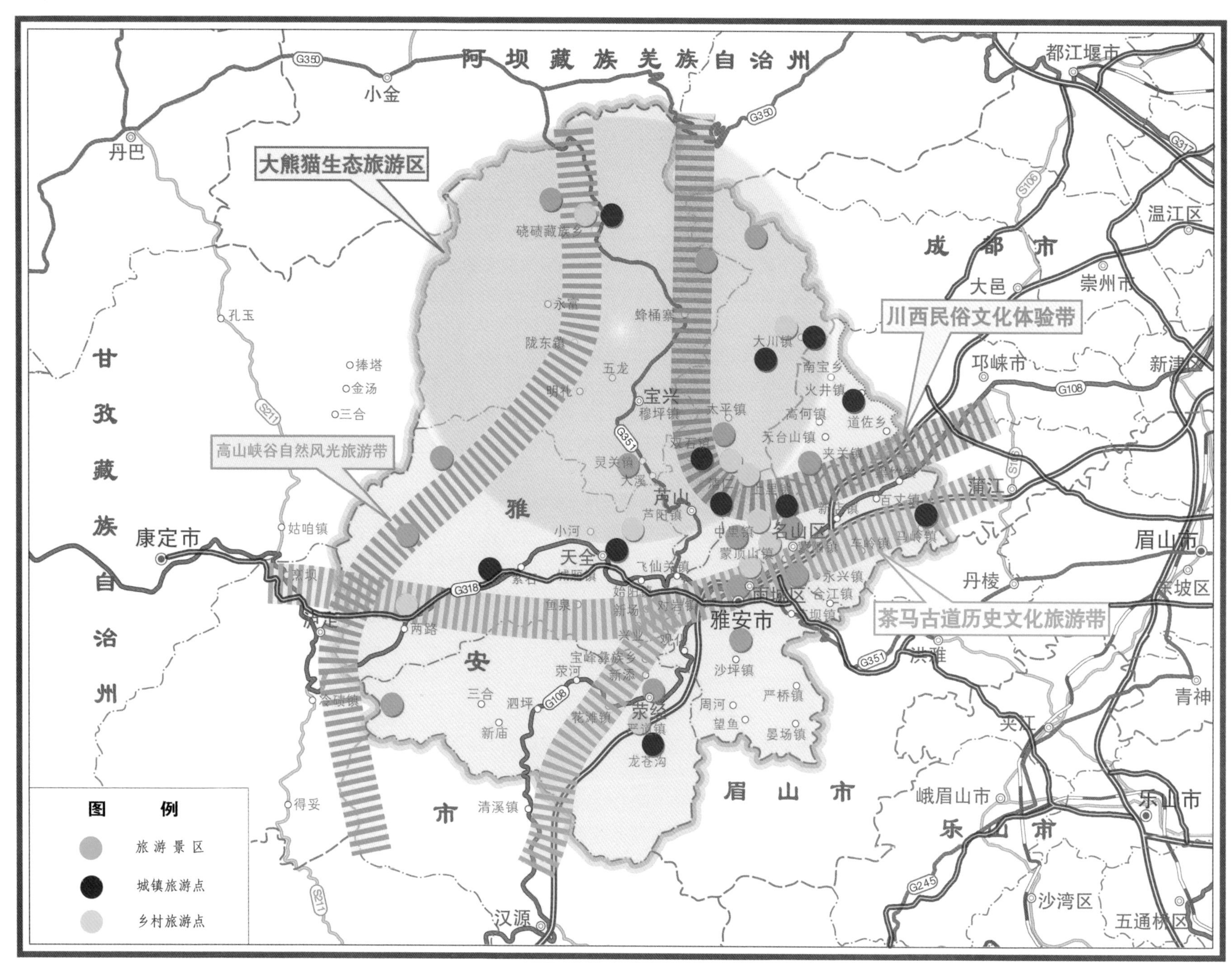

图 4.2-1 “一区三带多极”旅游布局示意图

⑨ 土地利用。

该专项一共六章十八小节，规划重点对重建土地利用分区及布局、用地指标安排、临时用地及新增用地规模、国土综合整治和环境影响评价提出了要求。规划对灾区土地利用划分为重点重建区、适度重建区、生态重建区等，规划对各类建设用地以及产业发展园区配置了明确建设用地指标支撑。

⑩ 防灾减灾。

该专项一共四章十六小节，规划重点对减灾救灾综合能力、灾情管理指挥平台、灾害监测预警预报能力三方面做出建设指引。规划要求完善自然灾害监测预警预报和自然灾害应急管理技术平台，要求统筹建设具有独立供电系统、应急消防措施、应急避难疏散区、应急供水等功能的应急避难场所。规划还确立了综合减灾救灾重点工程项目、指挥平台项目、监测预警预报等项目的规模、数量及属地。

⑪ 地质灾害防治。

该专项一共六章二十小节，规划重点对地质灾害的预防、整治、动态防治、年度计划、环境评估和保障措施提出了要求。对于地质灾害预防，重点开展监测预警工程、避让搬迁工程、能力建设工程、调查评价工程和科技支撑工程建设。对于地质灾害整治，重点开展修复工程、排危除险工程、治理工程、综合整治工程建设。

2. 涉及芦山县的针对性要求

专项规划主要是各行政系统自下而上研究汇编，规划内容相对全面，实施可行性强，规划实施主要也是各行政系统的基层部门执行，比如学校由县教育局负责实施，其业主代表基本都是校长，医院由县卫生局实施，业主代表基本是院长。基于此规划编制路径和操作机制，使得专项规划一旦明确具体建设内容，只要涉及地方部门的，基本都有资金有政策予以实施。因此，为更好地编制芦山县级单元内的总体建设规划，需要系统地梳理各专项规划对芦山的针对性详细要求，其大致内容如下所述。

城镇体系专项规划确定芦山县的芦阳镇、龙门镇和大川镇为旅游特色镇，其中县城所在地芦阳镇为县域中心城市，飞仙关和龙门为市级重点镇，要求飞仙关、龙门、大川三个镇吸引人口适度集聚，形成川西风情人居环境。规划要求双石镇、太平镇和宝盛乡缩减镇区建设规模，调整私延乡和清仁乡城镇功能定位，适度扩大芦阳镇、龙门乡、飞仙关镇和大川镇的人口规模。提升芦山县城的人口和产业转移的承载力，推进老城区重建改造试点，把芦山县城建设成为中国山水文化旅游名城。土地利用专项规划，确定芦山县全县新增城乡建设用地700公顷（其中产业园区发展用地500公顷），新增基础设施及其他建设用地317公顷。

城乡住房专项规划要求，2013年完成40%~50%的农村住房，2014年完成80%的农村住房，全面开工并完成50%的城镇住房，2015年底全面完成城乡住房重建工作。农村建设专项规划，明确芦山的特色经济作物是茶叶、猕猴桃和中药材，建设以雅鱼为主的冷水鱼养殖基地。基础设施专项规划，明确芦山重点恢复建设G351和G318两条国道，建设天全至芦山、邛崃至芦山、灵关至龙门三条县级公路。完成玉溪河灌区的渠道、渠系建筑物修复重建。产业重建专项规划，规划芦山县产业集中区一个，以农产品加工和纺织为主，建设工业项目10个。文化旅游专项规划，恢复芦山乌木根雕艺术城，打造芦山县城和龙门—围塔旅游区，建设芦阳、大川旅游镇和青龙场旅游村等内容。

3. 专项规划实施回顾及展望

通过对专项规划的落实和梳理，由芦山县政府各部门及乡镇村分头研究申报的重建项目，结合芦山县重建总体建设规划的谋划，确定的灾后恢复重建项目大类有375项，全部汇编成册，标注项目名称、建设内容、资金预算、责任单位、计划完成时间。相对于常规建设规划所奉行的自上而下、层层分解、分级分类立项的操作模式，这种操作方式看似简单、貌似不缜密，但是对于灾后重建这种时间紧、任务重、程序严格的突发事件，如此操作反而比较科学合理、有很高可操作性。专项规划汇编到重建项目的大类，而后的建设规划根据空间布局和规划需要，在小类层面可以再做分解和微调，如此既能保证重建项目建设程序的有序推进，又能保证项目建设过程的合规。

从三年多的灾后重建规划实施来看，住房和城乡建设部门在重建初期的主要事务就是给各业主部门的重建项目发选址、红线、设计条件等，比如学校、医院、气象站、客运站、干休所、就业保障中心、社区服务中心等，这些项目由各系统上级主管部门负责实施和验收，地方基层部门负责配合和落实。甚至，在国务院发布的重建总体规划汇总，部分章节内容基本都是从专项规划中提炼汇总而成，尤其是公共服务设施、基础设施、地灾防治等内容。可见，专项规划对重建实施有较强的指导作用。

因此，对于专项规划的编制，应该得到基层人民政府和规划编制单位的高度重视，一方面作为规划空间布局的上位依据，深入落实项目选址位置、红线边界、建设标准和要求；另一方面还需第一时间统筹各行政部门，由规划设计技术人员全过程参与专项规划的编制工作，对于后续建设规划制定和建设项目落地的科学性和可操作性极其重要。

回顾芦山地震重建专项规划的制定和实施过程，也存在一定的资源配置矛盾与冲突。主要还是信息不对称、规划体系不完善、实施机制不清晰的原因。因此，未来再应对灾后恢复重建的专项规划时，需要把理清重建规划体系，明确各层级规划之间的权责义务关系，明确编制重点、提升多源数据集成整合能力和资源配置统筹能力。省级政府可以创新编制机制，充分调动灾区对口支援规划设计单位的积极性，而各对口规划编制单位也应积极参与专项规划编制，做到全程参与和全程谋划，如此才能一以贯之地落实专项规划的内容和精髓，并很好地指导各实施业主单位及详细规划和工程设计的落地。

三、雅安市重建规划实施方案

自7月芦山地震的国家总体规划和四川省专项规划发布后，历时三个月，雅安市委市政府于2013年10月11日发布了《雅安市芦山地震灾后恢复重建总体规划实施方案》，该方案旨在落实国省两级重建规划的相关要求，确保灾后恢复重建有力有序有效推进。该方案是此后三年灾后重建各类工程建设活动的纲领性文件，明确了实施主体、实施内容和实施规则，对灾区恢复重建影响深远。

1. 重建规划实施方案主要内容

实施方案涉及范围为雅安市8个县（区）。其中芦山县、天全县、宝兴县、雨城区、名山区、荥经县6个县（区）属于芦山地震重灾区，纳入芦山地震灾后恢复重建总体规划实施范围，石棉县、汉源县属于一般灾区，纳入城乡住房建设专项和地质灾害防治专项实施范围。

实施方案按照民生优先、分类实施的原则进行编制，优先恢复重建城乡居民住房、学校、卫生、市政公用设施、交通、水利等公共设施和基础设施项目。雅安市各灾区的恢复重建项目按项目隶属关系组织实施，县（区）项目以县（区）政府为主体组织实施，市本级、部分跨区域的交通、水利项目以及市经济开发区基础设施等项目由市政府组织实施，央属、省属项目按管理权限由相应实施主体组织实施。

实施方案编制工作主要是群策群力的动员工作，发动了大量的央省市县乡各级政府组成部门和国营企事业单位，按11个专项、41个子项对重建任务进行细化落实，汇总制定了四川芦山地震灾后恢复重建重点任务表，明确实施项目共计2527个（含雅安境内央属、省属项目），估算总投资801.1亿元，并按照分行业分实施主体的分类原则，明确各专项领域和各主体的任务内容。

实施方案明确了项目实施管理、实施保障、督查追责三大保障措施。在实施管理措施方面，为加快项目前期工作，实施方案明确下放各类项目审核事权到县级政府，并制定了简化审批程序的三个流程图，分别是“施工总承包管理模式实施流程图”“实行审批管理的政府投资项目前期工作流程图”和“实行核准管理的企业投资项目前期工作流程图”，项目业主对重建工程免费或按国家规定的收费标准或审定的预算控制价减免50%以上的勘察设计单位，可直接确定为承包人；为加强项目工程管理，实施方案明确实行施工总承包模式，实行勘察设计单位驻场服务模式，实行重建项目资金“专户存储、专账管理、专款专用、封闭运行”。在项目实施保障方面，结合雅安多雨气候及高山峡谷地形条件，明确了满足施工条件的征地拆迁保障、大批量开工建设的建材保障、全面开工建设的物资和道路管控运输保障等措施。在督查追责制度保障方面，明确了项目责任主体、制定了协同性的督查管理和问责制度。

2. 市级实施方案与县级建设规划的关系

常规思路下，重建规划实施方案所确定的实施项目要基于县级建设规划来制定，但实际情况是县级建设规划编制周期长、协调事务和部门多，在国家总规和省级专规发布后短时间内难以满足实施方案制定需求，因此市级实施方案和县级建设规划是动态协同制定的。

市级规划实施方案的制定是按照“中央资金牵总、专项行业分类、实施主体上报”的逻辑开展，各类实施项目通过现行国家治理系统的各级实施主体按照11个专项、41个子行业逐级上报到市级重建办，然后汇总入省级重建办，最后接入国家总规确定的中央援建资金渠道，从而保障重建实施项目形成从资金配置到监管系统到责任主体的立项实施路径。在此路径下，实施主体如何制定科学合理的灾后恢复重建实施项目就至关重要。实施项目通常分为既有恢复型和需求新建型，各级政府部门和国有企事业单位对既有恢复型项目最清楚，按照灾损状况和提升建设需求即可制定项目建设位置、内容、规模、资金和实施计划，而对于满足未来发展需求的新建型实施项目，就需要协调用地选址、明确建设内容、研究建设规模、估算建设资金等一系列事务，这些是县级建设规划最擅长和发挥作用最大的领域。

县级建设规划制定逻辑是以空间为抓手，以空间灾损情况、自然地理本底和经济社会发展趋势为基础，通过与各类各级实施主体的座谈调研和讨论，制定出可供各实施主体集体研讨的空间布局和实施计划列表，最后明确各类实施项目的建设用地红线边界、建设内容、空间风貌形态等。县级建设规划的制定重点处理三类关系，一是现状恢复与未来发展需求的关系，二是分行业分主体分时序分散建设与总体管控的关系，三是各级政府实施主体与市场多元主体协同建设的关系。

对于现状与未来的关系，市级规划更注重于对现状民生类公共服务设施的恢复提升项目进行管控，而县级规划的优势在于对未来发展需求的新建型项目进行预判和落实。比如在城镇民房聚集点建设项目、规划的路桥隧及市政基础设施项目、规划的工业园和农业园区建设项目、生态修复区建设项目等，都需要通过县级建设规划的公众参与和多方协调最终确定在图纸上，并明确建设边界、规模、资金等要素，甚至统筹协调建设时序，以便市级重建规划的实施方案更好推进。

对于分散建设和总体管控的关系，市级规划重点是对各系统各主体的组织管控，对口援建资金和援建组织采用点式要素治理，难以掌控全局、难以发现不同项目之间的冲突，而县级规划重点是对建设实施落地项目的空间管控，对应用地需求采用直接式空间治理，能够快速响应不同项目不同主体之间的实施问题，能够掌控总体建设格局和效果。

对于政府和社会协同建设的关系，市级规划对于社会援建项目和群众自筹投资项目则缺少及时对应的机制。县级规划则可以及时响应市场投资项目的落实工作，芦山县灾后恢复重建期间，中规院的驻场规划师团队协调了多个社会团体援建项目和本地归乡创业人士的投资项目，包括壹基金的民房建设项目、台湾慈济会的中小学建设项目、本地人的冷水鱼冷链基地建设项目，以及成都市整村推进援建的一桥一路一村一园一堤等建设项目。

总体上，市级规划负责立项定资金定主体，县级建设规划负责落空间定边界定形态，同时为县级实施主体提供技术支撑和可行性决策，也为市级规划的优化提供空间支撑和审核决策，在市级规划实施方案实施近一年后的 2014 年 9 月 10 日，雅安市委市政府再次发布《雅安市芦山地震灾后恢复重建总体规划实施项目（调整版）年度投资计划编制说明》，特别强调突出重点空间，集中重建资金，高水平建设重要节点和重点项目，从而保证市级规划项目与县级规划的项目全面衔接，贯通资金、主体、时序等实施要素。

3. 实施方案编制思路的优化与反思

市级重建规划的实施方案目的是有效有序管控主体、项目和资金三要素，但是通过三年的实施发现实施过程依然存在一些问题。一是实施项目在具体操作过程中的建设内容、规模和选址方面变数较大，尤其是分系统上报项目的建设内容部分有重复，选址有冲突，以及社会援建项目与政府规划项目有重复。二是实施主体、项目和资金三要素错位配置，导致程序性实施效率不高，尤其是责任重工期紧的建设项目实施主体单位多数不熟悉规划建设管理流程，导致后续建设审批程序操作困难，进而导致资金拨付和工程推进受阻。三是空间资源和实施方案脱节，导致建设规划实施过程动态调整较多等问题。

虽然市级规划实施方案每年进行优化调整，但仍不足以高效保障重建项目的执行。因而，县级规划在此实施方案和实施项目的执行过程发挥了很好的调节作用，主要体现在项目立项科学性、实施主体参与多元性和促进实施程序规范性三方面。

在提升项目立项科学性方面，芦山县在震后第一时间启动了灾后恢复重建建设规划，中规院规划工作组全程参与国、省、市、县、乡五级政府对于灾后重建的建设思路、建设重点和重大建设项目的制定，辅助发改、住建、交通、林业、旅游、财政等多个系统相关部门完善重建项目立项、选址、估价和建台账工作，有效完善了实施项目上报的可信性和准确性。

在实施主体参与多元性方面，中规院规划工作组不仅对各级政府和国营企事业机构提供技术服务，还积极对接各类社会援建主体，如成都市政府、德阳市政府、“台湾慈济会”、红十字会、壹基金、归乡创业者、成都军区某部、世界银行、法国开发署等外来组织或个人，对于市级重建规划实施方案和县级重建项目尚未立项的援建项目进行沟通协调并提供用地选址、投资估算和设计咨询服务，有效保障了各类社会援建组织的积极性和高效性。以成都市援建龙门想河心村为例，在中规院驻地工作组的支持下，成都市从援建对象选址、援建内容策划、群众工作宣传、规划设计研讨、施工建设组织、项目竣工验收等全过程的操作，仅用10个月即高效高质量完成，为成都市高质量完成省委交办任务，为灾区村庄重建开创“小、组、微、生”建设模式塑造了样板工程。

在促进实施程序规范性方面，中规院全程参与的芦山县灾后恢复重建工作，在传承北川重建时“一个漏斗”模式和玉树重建时“五个手印”模式基础上，秉持全过程技术统筹服务的工作原则，并积极参与到“五总协调会”决策机制中，有效为芦山县乡两级政府提供决策咨询服务，参与到县规委会和专家委员会的规划设计技术审查工作中，为各类社会援建主体提供技术咨询服务，参与到各地规划协会和勘察设计协会的调研工作，为规划设计行业同行现场考察交流，大大促进了一些问题的纠正和宣传，促进了各类实施主体在决策、规划、设计、施工、监理等工作规范性。

第五章　建设规划定空间

一、现场工作思路的形成与整理

《芦山县灾后恢复重建建设规划》既是第一阶段的应急规划，也是中规院整个芦山灾后恢复重建系列规划的总纲。从震后四川省重建委审查通过建设规划，在很短的 3 个月时间里，需要充分考虑到产业、生态、文化、景观、交通、市政等多方面因素，为此，中规院总院和深圳分院、西部分院调动了参加过北川、玉树灾后重建规划的相关专业技术人员，充分利用各自经验，迅速形成建设规划的思路和成果。

面临时刻出现余震的危险，工作组第一梯队在到达雅安驻地后，连夜召开会议，讨论明确了以下三点现场工作思路：

（1）马上开展现场踏勘调研，一方面了解城镇、乡村、道路、市政等重点受灾地区的现状和毁坏情况；另一方面，芦山是省级历史文化名城，需要重点调查历史文化资源受损情况。

（2）梳理雅安市和芦山县现有规划信息，详列清单，尽快了解地方的特色，为下一步明确灾后恢复重建规划重点提供支撑。

（3）发挥北川、玉树灾后重建规划中的技术积累，尽快形成芦山灾后重建规划的工作思路。

经讨论，会上明确工作组需要尽快形成一个综合调研报告，内容包括概述（全县受损基本情况、已有规划情况、已有政府设想、历史文化基底、存在主要问题等）、城区和各乡镇情况（人口经济、受损情况、乡镇已有规划设想、未来发展思路等）。同时，先期开展城镇体系规划的方案编制，为后续工作打好基础。

在多次讨论工作思路的过程中，大家都结合各自经验提出了很好的意见，翻阅当时的会议记录，仍有很多值得深思的观点：

（1）通过“5·12”地震的经验，一般以两个规划作为依据，一个是灾后重建规划，主要负责算账；一个是城镇体系规划，主要负责空间安排。“5·12”地震后建设的大量学校、医院都空着，所以资金调配上要学习玉树的经验，这次地震中央财政不可能给这么多钱，难点在于怎么满足老百姓的心理预期，对于政府回应与解释可能有抵触情绪。芦山还有大量纯砖结构的房屋，土木结构的改造需要看得更长远一些，这次灾后重建规划要把当前重建和长远发展结合起来，为村民发展提供空间。村镇居民点不要随便搬迁，现在的村庄选址是几千年前选出来的，具有一定的历史特点，异地安置要十分谨慎，灾后重建要研究历史。农房建设的资金使用、城区私房怎么重建都要有制度安排，对农民的就业培训很重要。建议这次灾后重建不编总体规划，就编灾后重建规划，直接到修规，出设计任务书。市政基础设施的恢复是重点，尽快恢复供水供电。利用突发事件来解决历史遗留问题，地方政府和规划院要紧密配合。——李晓江院长

（2）要注重“当前和长远、恢复和提升、重建和发展”三对关系，把北川、玉树的经验融合进去；全县 9 个乡镇、40 多个村全部要在规划中考虑，乡镇的功能分工一定不要受原来规划的束缚；芦山是四川公认的历史文化底蕴深厚的地区，汉代石刻、金丝楠木、根雕等文化元素丰富；芦山必须要有高快速通道，不管是经济发展还是应急抢险都需要；飞仙关到县城沿路村庄景观风貌很好，可以作为景观改造的重点；老城区的重建方案要明确老县城在全县的作用，整个芦山县才 10 来万人，县城的规模不要做得太大；对于现有老城城墙外围和新区的建设，要有独立的判断，不是政治家的决策过程，哪些好的可以保留，哪些要留白，不能满铺开的去建设；要加强社会调查，顾及当地人的感受，以当地人生活、就业便利的原则开展规划，要做好弹性预留，规划理念上坚持公共生活优先；重要节点设计要加强对本土川西建筑风貌的研究。——张兵总规划师

（3）对受灾情况要分类、分层次进行摸查，找出发力点。整个灾后重建规划要形成“体系+总体+重要节点+项目库”的体系。前期要给地方政府泼点冷水，避免头脑发热，后期实干，把欠账补回来。灾后重建规划是填补型规划，要探索一条不同于北川、玉树的灾后重建规划和实施路径，有三个重点：一是留下特色亮点；二是完善保障设施；三是注重自然文化。关注五个方面：一是县域规划是重点，乡镇规划要量力而为；二是要摆正位置，提供技术支撑，不要陷入事务性工作；三是突出重点，重要节点的设计很关键，看得准的，先介入，看不准的，有个度；四是强调基础设施的恢复重建，不建议大包大揽，做实用性的规划；五是村庄农房的重建，北川、玉树都有对口援建，这次可能是自建，要探索自建方式，村庄规划做不做可以再说，可以有一些选址，新建选址要慎重，需要尊重村民意愿。第一阶段的工作要做的深入、细致，不要有漏项，群众意愿、当地政府意愿综合起来考虑。灾后重建要尊重产权，不同产权的应对方式不一样，政府产权很容易落位，对于私人产权，新的规划要有应对措施。历史格局、风貌标准、公共设施要作为重点，强调文化、生态理念贯彻到建设中。——深圳分院蔡震院长

（4）先理项目，哪些是急需的，比如农村新布点地区，和项目打包要落地，确定新建地区、加固修复地区和环境整治地区。这次规划不是常规规划，充分体现的是应急的抗震救灾规划，要关注急需解决的问题。四川省在编的“1＋11”是一个统筹的规划，最后建设规划的内容要落到发展改革委的项目库中。要区分传统的城市建设规划，哪些是我们规划院做，哪些是其他设计院做。现阶段的重点是重建项目怎么设定，要关注五件事：道路和市政基础设施、历史文化名城名村和历史村落（哪些需要恢复，要和未来可持续发展、旅游结合）、风景区和自然文化遗产、农村农房建设、城市住房建设，通过灾后重建，同步达到小康社会标准。——深圳分院范钟铭副院长

（5）对灾损情况的调查，要先看老城的基础设施和公共服务设施，不仅看地面，还要看地下。交通通道必须融入国家大通道和区域通道，交通通道关系的不仅是交通问题，同时也是安全问题。供水解决以后，震后的污水和垃圾处理是最敏感的问题，要结合当地实际情况解决。资源环境承载力分析是灾后重建规划编制的基础，要尽快拿出来。污水处理厂整体搬迁可能不合适，关键看受损原因，现阶段县城层面污水回用不会很多。拦河坝对防洪起到的作用要评估，河面和地面的高差很大，要多留一些绿地。——深圳分院徐建杰总工程师

（6）这次救灾以地方政府为主，不是对口援建和央企援建，原来的模式把建设单价提高很多，这次要充分尊重市、县意见，安排重建项目库的时候要留有余地。从整个灾后重建的分工来看，发展改革委定重建总盘子，住房和城乡建设部定建设标准，国土资源部定地质灾害防控和土地指标，重建资金的流向要以人为本，避免出现“夹皮沟”现象。灾后重建要关注村庄改造、文化保护、城市风貌和建筑改造，芦山也经历过2008年“5·12”地震，要对“5·12”地震后新建建筑进行评估，为这次的新建做好准备。这次地震灾损和“5·12”不一样，没有出现大面积地面破裂和塌陷，农村是受灾重点，但没有出现整村倒塌的情况，农村民房关键还是提出抗震标准的指导意见，农村居民点单独做规划可能意义不大。——研究中心主任殷会良（曾挂职北川县副县长）。

二、节奏紧张的建设规划编制过程

从2013年4月28日住房和城乡建设部和省住建厅共同主持召开芦山“4·20”地震灾后恢复重建规划动员大会开始，标志着本次灾后恢复重建规划正式启动，整个建设规划的工作过程分为两个阶段：

第一阶段：4月27日到5月16日，应急评估和体系规划。

1．第一时间，赶到灾区

4月27日，李晓江院长和四川省住建厅总规划师邱健等多位同志一同赶赴震中芦山县考察灾情；28日，深圳分院第一批成员在刚刚调来分院不到一个月的蔡震院长带领下从深圳出发赶赴成都，总院信息中心、西部分院的同事也同时抵达。下午，四川省住建厅召开了“4·20”芦山7.0级地震灾后恢复重建城乡规划动员会，会后与雅安、芦山规划管理部门接头，见图5.2-1。

图5.2-1 4月27日动员会后成都心族宾馆连夜讨论

29日上午，张兵总规划师、深圳分院范钟铭

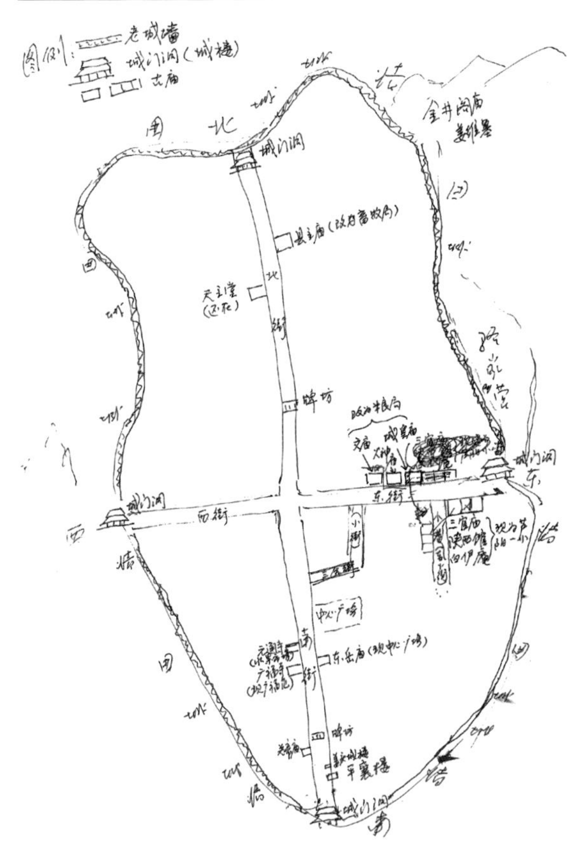

图 5.2-2　芦山当地老同志手绘芦山老城复原图

副院长、徐建杰副总带领第二批 6 名成员和西部分院司机抵达成都。大部队在简单准备后到达雅安，当天晚上立即组织第一次工作组内部会议，会上做了分工安排，集体学习、讨论雅安总规和芦山总规，为重建规划做好基础准备。

2. 深入灾区，不畏危险

4 月 30 日至 5 月 6 日，冒着余震和次生灾害的危险，工作组深入芦山县城乡的各个角落，深入了解灾区受损情况和资源特点。期间，县内几位 80 多岁的老同志冒着烈日带领工作组对老县城进行现场踏勘，并根据回忆手绘了老城的复原图，令人十分感动，也让工作组对芦山的厚重历史文化有了更深的感受。同时，根据省住建厅统一安排，通过分发表格形式调查灾区灾损情况，充分了解灾民恢复重建意愿，见图 5.2-2。

5月4日至6日，根据实际工作需要，深圳分院包括市政、交通、规划、历史文化保护、地理信息等专业在内的第三批和第四批队伍共 9 人到达灾区驻地，总院风景所也派人到达灾区，至此，一个较为完整的城镇体系规划项目组形成。

3. 克服困难，高强度高效率工作

5 月 7 日至 15 日，工作组在继续深入灾区调研了解情况的同时，在驻地现场开始了灾后重建城乡体系规划和县城规划初步方案的编制，期间，蔡震院长向工作组传达了仇保兴副部长、李晓江院长、杨保军副院长、李迅副院长等领导同志对重建工作的关心和指示，深圳分院专门从深圳调派一辆越野车千里驱车赶到雅安，支持工作组的交通出行需要。克服种种工作和生活条件上的不利，经过连续多日通宵达旦的工作，工作组已基本形成灾后重建规划的初步工作成果。

期间，住房和城乡建设部、省建设厅、雅安市、芦山县的领导多次到工作组驻地看望大家，对工作组废寝忘食、认真负责的工作精神所感动，住房和城乡建设部村镇司赵晖司长在深夜看到工作组仍在加班后，非常感慨地说，只要是有危险的地方，就有中规院的身影，部委一直为中规院感到骄傲。驻地当地老百姓也被工作组忘我的态度所感动，5 月 12 日，北川“5・12”地震五周年纪念当天，雅安老百姓民间传言将有大的余震，纷纷在户外帐篷过夜，工作组考虑到时间紧迫，仍坚持在驻地办公室工作到深夜。

4. 科学论证，迅速形成规划成果

第一阶段的灾后重建规划作为应急规划，需要在短时间内充分考虑到自然、生态、文化、交通、市政等多方面的因素，深圳分院调动了全院各个所相关专业的人员，力争在短时间内充分利用各自经验迅速形成应急规划成果。

按照四川省委省政府统一安排，5 月 16 日，黄彦蓉副省长听取了灾区几个受灾县的灾后恢复重建规划初步成果，黄省长对我院的成果表示满意，符合芦山地方特点，并对工作组在如此短时间内形成全面、科学、完善的规划成果表示感谢。

第二阶段从 5 月 17 日到 7 月 31 日，灾后重建规划完善和深化。

1. 总院总工支持

灾后重建规划初步成果获得省、市、县地方领导认可之后，工作组开始对规划成果进行完善和深化，并明确芦山县城、飞仙关、龙门以及飞仙关至龙门沿线作为芦山县灾后重建的重点。期间，李晓江院长和总院其他老总都亲临灾区，对工作组进行现场指导。6 月 2 日，李晓江院长、国务院参事王静霞老院长、张兵总规划师、刘仁根顾问总工、戴月副总规划师、官大雨副总规划师、杨明松副总工程师、朱子瑜副总规划师、孔令斌副总工程师、张菁副总规划师等到达灾区驻地，在实地考察灾区情况后，听取了工作组前期灾后重建规划成果，并提出了修改和完善意见。

2. 驻地留人，分院前后方联动

进入灾后重建第二阶段后，部分工作组返回总院和分院休整，为保证对灾区情况第一时间的了解和提高工作效率，工作组在雅安驻地留驻 6~7 人的基础上，在深圳分院调动城市设计、景观设计、交通工程等专业人员参与第二阶段灾后重建规划的深化，实现前后方有机互动。同时，总院建筑所也派出两位同事至工作组驻地，协助对芦山地方建筑风貌特点的研究。灾区工作组深有感触：“通过不断收到从院内传来的关于恢复重建规划的研究与实际案例资料，极大拓展了一线工作同志们的工作思路。身在前线的工作组并不是孤立的单兵作战，身后是全院、分院近百名同仁的全力支撑和无私奉献。”

3. 为灾区提供多方位服务

在灾后重建规划整体思路基本确定后，当地政府要求工作组在芦山灾区有了更多的角色。为此工作组很快调整工作思路和机制，提高应变能力，为地方提供综合的多方面服务，包括参加历次芦山县规委会会议，帮助芦山县审查除我院负责重点地区以外的规划设计，并对紧急的选址、建设标准等提供参考意见，同时帮助地方政府为中央、省市领导来芦山视察提供展板和汇报材料。

在重建规划继续编制和为芦山县全方位服务的同时，我院还派人参加国家发展改革委编制的灾后重建总体规划工作，该规划涉及灾后重建项目和资金的安排，对灾后重建实施具有重要意义。在近 1 个月的时间内，结合灾后重建规划内容、院领导意见、芦山县意见，为芦山争取灾后重建项目尽责尽力。

4. 连续奋战，圆满完成各层面规划审查和相关会议

6 月到 7 月底，住房和城乡建设部、四川省、住建厅、雅安市、芦山县组织了大大小小几十次规划汇报或讨论，期间连续向部、省、市领导汇报，并在北京参加了住房和城乡建设部和四川省联合组织的专家咨询会，其中，几次重要的会议如下：

5 月 30 日，工作组参加省建设厅城乡规划布局调整专题会议；

6 月 21 日，工作组向黄彦蓉副省长汇报了芦山县灾后重建规划工作情况，工作汇报得到了黄彦蓉副省长的肯定与表扬；

7 月 4 日，在成都参加了芦山县、宝兴县灾后重建城乡规划审查会，各省级部门依次对规划初步成果发表意见；

7 月 10 日，参加在住房和城乡建设部五楼礼堂召开的“四川芦山地震灾后重建城乡规划专家咨询会”；

7 月 14 日，工作组与芦山县领导及各部门领导一起参加了项目库协调会；

7 月 16 日，工作组给雅安市委常委会汇报了芦山灾后重建规划。同日，国务院公布了《国务院关于印发芦山地震灾后恢复重建总体规划的通知》（国发〔2013〕26 号）；

7 月 19 日，参加在省政府召开的雅安市芦山县、宝兴县、天全县灾后恢复重建规划专题会议。会议由省长魏宏主持，省委常委、副省长钟勉，副省长黄彦蓉、王宁出席会议。

7 月 24 日，参加王东明书记主持的灾后重建规划省重建委审查会议。会议开始前，分院蔡院长在会议大厅向王东明书记讲解了规划设计方案。会上，李晓江院长汇报了芦山县灾后重建规划的主要内容，得到了参会领导的一致认可，会后，王东明书记与工作组成员亲切握手。

7 月 28 日，四川省重建正式对外宣布，芦山地震进入灾后重建实施阶段，工作组灾后应急规划也告一段落，准备告别辛勤奋战三个月的雅安驻地，进入芦山县城办公，开展更为具体的修详和建设设计协调工作。

三、作为空间政策依据的城镇体系规划

1. 科学评估灾损，快速响应进行应急抢险

为引导灾后恢复重建快速推进，地震后在住房和城乡建设部的统一部署下，中规院立即成立灾后恢复重建建设规划项目组，在张兵总规划师的带领下深入一线调研，及时准确地了解第一手的基础设施灾损情况以及人口、社会、经济等相对全面的基础资料，为随后进行的救灾应急抢修以及《芦山地震灾后恢复重建总体规划》《芦山县灾后恢复重建建设规划》等重大规划的编制奠定了坚实基础。

（1）紧急抢险保障灾区基本生活需求

① 快速响应。

芦山地震发生不到 24 小时，中规院快速展开救灾部署工作。受住房和城乡建设部指派，院供水水质检测中心与沈阳水务集团迅速组建供水应急抢险分队，准备奔赴现场，如图 5.3-1 所示。我院综合办、水务院、科技处等多部门连夜展开救灾准备工作，对现场工作重点进行研究，快速确定供水应急抢险所需仪器与试剂清单，并积极联络北京自来水公司、清华大学、哈希公司等单位，完成救灾所需水质监测设备与试剂的准备工作。同时，水质所与水务所同志快速联系灾区地方监测站同志，获取现场第一手资料，为快速制定救灾方案提供支持。地震发生第二天，供水应

急抢险分队27人携1台水质监测车（图5.3-2）、2台净水车、13套水质监测设备及10万片消毒剂出发，经过52小时的日夜兼程，抵达救灾现场，迅速展开工作，如图5.3-3所示。

② 全面监测水质

地震发生后，我院技术人员连夜拟定《应急供水工作建议方案》和《震后应急监测工作建议方案》，并由具备汶川地震抗灾经验的同事不断完善。在工作方案的指导下，供水应急抢险分队得以在抵达灾区的第一时间迅速展开供水情况调研，确定水质监测方案。分队所携带的水质监测仪器可对水中余氯、二氧化氯等消毒剂指标，大肠杆菌等微生物指标，浑浊度、色度、硝酸盐、亚硝酸盐以及有机物等指标进行全面检测，从而对应急供水工作提供有效指导。分队先后对芦山县城及周边村镇各水井、河道水、泉水、水厂水源水等多个水源点和可能制水点展开全面的取样工作，通过水质实验、仪器检测等技术手段进行水质检测，确定各供水点消毒剂投加量，监控消毒剂余量。救灾期间，分队克服余震频发、交通不便、设备物资条件限制等影响，每天多次奔波于全县各供水点采样，不间断进行水质检测实验，并不断尝试拓展检测指标，实时监控水质变化，指导制定消毒方案，保障供水安全。

③ 供水代表进村

在对芦山县城各供水点进行水质检测监控的同时，供水应急抢险分队还深入芦阳镇黎明村、芦溪村等村镇，对各村镇水源进行采样检测，协

图5.3-1　中规院供水应急抢险分队出发

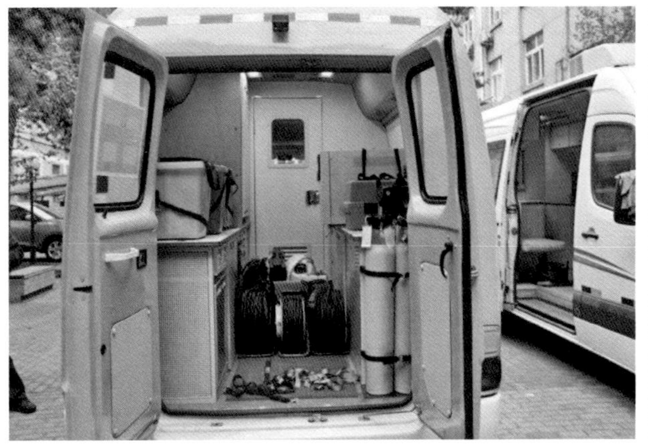

图5.3-2　水质监测车

助投加消毒剂，保证村镇居民的用水安全。同时，分队还协助芦山各个水厂对地震中受损设施进行修复改造，研究了一体化水厂进驻、更换部分工艺等多个方案，并提出沉淀池、滤池改造、加大混凝剂投加或添加助凝剂等建议，以实现水厂出水浊度尽快达标。

④ 驻场应急供水

为使受灾群众尽快用上放心水，分队在靠近灾民安置点的芦山老城东街路中及新城体育场设立两处紧急供水点。分队协助供水公司铺设从二水厂水源至两个供水点之间的管线，利用带来的两台净水车进行原水净化，水质监测车同步进行水源水质检测。驻场供水期间，保持每 4 小时对供水点净水车出水水质进行取样检测，检测确认净水车出水水质可以达到纯净水标准。直到 5 月 3 日芦山二水厂临时管网完成铺设并通水，出水水质达标，分队驻场应急供水任务圆满完成。驻场应急供水期间，分队克服了场地停电、暴雨积水导致净水车难以运转的困难，昼夜连续工作，为灾民供水超过 200 小时，保证了芦山受灾群众的饮水安全。

（2）全面灾损评估，为规划重建提供技术支持

地震导致全县 9 乡镇 12.5 万人整体受灾，其中需紧急转移安置 12.28 万人，初步统计直接经济损失 655.7 亿元，见表 5.3-1。

建筑受损方面，大致可以分为五个类型。①“5・12”地震以后建设的公共配套设施的建筑，包括警务、医院、学校、乡村便民服务中心、乡镇政府等，质量比较牢固，大部分建筑较为完好，基本上都成为地震后的指挥中心、物质运输、医疗急救的应急场所；②“5・12”以后建设的民房，由于建设标准的差异导致地震中受到的损伤不尽相同，大部分损伤严重的房屋是由于其没有按照国家抗震标准进行建设；③“5・12”地震以前建成的砖混结构建筑，施工技术比较差，破坏比较严重；④“5・12”地震受损后没有维修的建筑，损坏比较严重；⑤ 有价值的木结构的历史建筑，当年用料、工艺比较过硬，且大多经历过“5・12”震后的修复，结构上完整，建筑损失比较小，如：太平镇穿斗式结构建筑；⑥ 简易的木结构建筑或者木结构砖墙混搭建筑，破坏非常厉害，倒塌比重非常高。

图 5.3-3 抵达芦山展开救援工作

分类受灾情况　表 5.3-1

受灾分类	主要受损情况
人员伤亡（数据来源：芦山县上报数据）	初步统计死亡 120 人，受伤 6699 人，其中重伤 581 人，轻伤 6118 人
房屋损失（单位：平方米）（数据来源：芦山县上报数据）	农房：损毁 28900 户 638.79 万平方米，其中倒塌或损毁 27405 户 602.91 万平方米，严重破坏 1495 户 35.88 万平方米； 城镇居民住房（含经济适用房、廉租房）：损毁 10425 套 150.47 万平方米，其中倒塌或损毁 9604 套 146.27 万平方米，严重破坏 529 套 2.49 万平方米，一般破坏 292 套 1.71 万平方米
地质灾害点	新增 368 处（总计 512 处）（数据来源：芦山县上报数据）
受损企业	263 户企业停产，受损厂房 68 万平方米，其中：规上企业受灾 43 户，受损厂房面积 56.5 万平方米，机器设备 2565 台（套）；规下企业受灾 220 户，受损厂房面积 11.5 万平方米，机器设备 3347 台（套）（数据来源：芦山县上报数据）
农业	农田受损5万亩，农机提灌站43座，养殖场损毁209万平方米（数据来源：芦山县上报数据）
商贸旅游	景区公共设施损毁 1340 处，龙门洞景区、大川河景区、根雕艺术城等景区已失去基本接待能力。地震造成全县商业网点受损 4720 家（数据来源：芦山县上报数据）
公共服务	教育系统倒塌校舍面积 3616 平方米，医疗机构受损面积 9.87 万平方米（数据来源：芦山县上报数据）

统计资料来源于《芦山地震灾后恢复重建资源环境承载能力评价报告（技术报告）》。

自然文化遗产方面，青龙寺、平襄楼、樊敏碑阙等国保单位相对完好，受损不太严重，部分甚至成为地震灾害应急避难临时场所；部分省级保护单位，比如佛图寺损失比较严重，座像和结构都有损失；而有潜力可以成为历史文化街区的传统民居由于没有受到重视，损害较大，比如太平镇和双石镇的老街。大雪峰和灵鹫山省级风景名胜区的旅游基础设施受到一定的损失，但核心资源基本保持完好。

“4·20”地震烈度 9 度区在本县乡镇包括：龙门、宝盛、太平、双石、清仁；烈度 8 度区包括芦阳、思延、飞仙关；烈度 7 度区为大川。

县域内受灾损失与地震烈度成正相关，也与县域人口密度、经济密度、交通网络、工程建设质量情况相关，基本可分为三大区。中部的龙门、宝盛、太平、双石和清仁等乡镇，受损相对严重，房屋倒塌和严重受损比重较大，基础设施受损相对较重，道路受地质灾害威胁较大，常因泥石流和崩塌中断交通；南部的芦阳、思延、飞仙关等乡镇，砖石结构房屋、年代较久的老建筑受损严重，大部分房屋受损较轻，道路基本畅通；北部的大川相对独立，震损不太严重，生活、生产井井有条。

针对应急阶段灾区人民最迫切的基础设施困境及需求，项目组基于一手资料和政府部门全面系统的灾情数据，重点对最影响人民生产生活的道路交通、市政基础设施和地质灾害情况进行评估，并及时统筹整合向政府部门反馈，为其应急抢险救灾和灾后重建决策提供技术支持，加快恢复灾民基本生活保障。

① 道路交通设施灾损评估

a. 震前道路交通设施概况

截至 2012 年，根据芦山县交通运输局的统计，公路总里程 461.8 公里（统计口径不含未纳入系统的各村内部级低等级道路）。其中国道 1.9 公里，省道 36.2 公里，县道 100.5 公里，乡道 37.0 公里，村道 246.4 公里，专用道路 39.8 公里，连接全县 9 个乡镇和 40 个行政村公路按国土面积计算，每百平方公里密度为 33.7 公里；按人口计算，每万人当量密度为 42.4 公里。

在 461.8 公里中，三级以上公路仅 36.8 公里，占总里程的 8%，四级公路 396.3 公里，等级外公路 27.7 公里。由于大量的四级公路及等级外公路存在，公路总体通行能力低，服务水平不高，应对灾害的综合能力弱。从公路的硬化铺装看，有铺装公路 132.3 公里，简易铺装 51.9 公里，其中柔性路面仅 7.8 公里，占总里程的 1.7%。此外，未铺装公路达 264.4 公里，见表 5.3-2。根据交通局 2012 年统计数据，县域公路晴雨通车里程 387.4 公里，其余 74.4 公里公路适应雨季能力差。现有养护道班 10 个，设置路政管理中队 1 个，管理人员 11 人；现有公路管理养护段 1 个，管理人员 20 人，养护工人 52 人，养护路程 212.3 公里，人均养护里程约 4 公里，超出公路养护定额 1.3 公里 / 人，见表 5.3-2。

综上所述，现状芦山的公路总体建设标准低，养护水平较差，安全保障性不强，交通服务水平有待提高。

芦山县城现有客运站 1 处，位于东风大桥东侧，占地 5668 平方米，为三级汽车站，已在地震中受损。该汽车站占用滨江路及其绿化用地，又紧邻城中心东门大桥，出入大客车对城市交通干扰大。此外，各乡镇尚有农村客运站或停靠点 8 处。

芦山县交通运输全部依靠公路运输。2012 年完成客运量 121 万人、客运周转量 5229 万人・公里，分别比 2011 年增长 2.5%、16%；完成货运量 138 万吨、货运周转量 14530 万吨・公里，分别比 2011 年增长 18.5%、8.1%，见表 5.3-3。根据芦山县旅游局提供的数据，2012 年芦山县域旅游交通约 90 万人次，与县域公路客运量基本接近。

b. 震后公路受损概况

地震造成公路设施损坏及灾害点 345 处，主要灾害类型包括滑坡、崩塌飞石、道路塌陷、路基下沉等。各公路设施均已抢通，但进入宝盛乡、双石镇的峡谷路段仍时有落石、塌方等地质灾害发生，通行可靠性差，存在较大的安全隐患，见图 5.3-4。

此外，在地震中，各客运站站房及停车场地均受到不同程度的破坏，已停止使用。目前，客运交通逐步恢复，临时利用城市道路停放客运车辆及对外发车。

总体地形地貌对交通建设影响大，对外交通不畅。全县山势起伏，深谷陡壁多，可建设公路的通道少。邛崃山系、天台山、石仙山及蒙顶山等四周山体高耸，使道路向外跨越成本巨大，造成长期以来对外交通主要依靠省道 210。其余对外公路设计、建设标准低，排水工程和防护设施不足，加之雨水多，地质结构复杂，每遇洪水等自然灾害，则造成高岩垮塌、路阻经常发生，对外交通不畅且安全保障性低。

现状公路技术等级及路面类型构成一览表　表 5.3-2

合计（公里）	按技术等级分（公里）			
	等级公路			等外公路
	二级	三级	四级	
461.8	9.7	27.1	396.3	27.4

按路面类型分（公里）				
有铺装路面			简易铺装	未铺装
合计	沥青混凝土	水泥混凝土		
132.3	7.8	124.5	51.9	264.4

芦山客货运输发展情况统计表（2010—2012）　表 5.3-3

年份	客运量（万人）	增长率（%）	货运量（万吨）	增长率（%）
2010	108	—	143	—
2011	118	9.3	108	-24.5
2012	121	2.5	138	18.5

图 5.3-4　部分公路和桥梁受损照片

建设标准低，县域路网安全可靠性不高。在地震中，充分暴露出芦阳县域内各级公路安全可靠性低。通往双石镇、宝盛乡及大川镇的公路均存在极其险峻的路段，通行能力低，极端天气存在安全隐患，在地震灾害中成为阻隔交通的瓶颈。除国道318、省道210以外，其余公路主要依靠县里统筹资金建设，由于自身综合实力不强、财力有限，造成大部分县、乡道路建设标准偏低，缺乏安全防护设施。此外，由于村庄较为分散，且部分村庄位于高海拔的山坡，造成通村公路线路长、建设条件恶劣，在全面铺开村村通路工程建设的过程中，资金缺口大，只能满足基本的低标准通行要求。

资金不足，公路建设及维护欠账多。2008年以来公路建设增多，养护成本增幅较大，县道补助经费偏低，低等级路面公路仅能保持通而不畅。乡道和村道主要依靠各乡镇自筹资金和人力养护，道路维护水平低下。

② 市政设施灾损评估

“4·20”地震对芦山县供水、供电、燃气、排水、通信等市政基础设施造成了不同程度的损坏。各类设施受损程度和震源距离成正相关性，距离越近，损坏越严重。地面市政设施部分受损，地下市政管线受损情况复杂，初步判断，主干管线受损较轻，入户管线受损严重。经专业部门排查抢修，飞仙关镇、思延乡和大川镇的主干市政管线已抢通。各乡镇均采取了临时措施，保证灾区应急的供水和供电。

a. 供排水系统

芦山县自2008年“5·12”地震后新建一批供水设施，提高了全县的供水水平。除县城外，其余8个乡镇的排水体制均为雨污合流制。“4·20”地震造成芦山县给排水设施一度瘫痪，现状仍处于排查抢修状态。芦阳镇（县城）：3个供水厂不同程度受损，一水厂在建，受损较轻；二水厂围墙坍塌，主体水处理构筑物经抢修后能够维持运行；三水厂受损较轻，应急抢修后能够正常运行，但供水量仅为1000吨/日。污水处理厂、污泥脱水间等构筑物受损严重，主体处理构筑物氧化沟能维持运行。

b. 电力系统

芦山县水力资源丰富，全县建成水电站83座，全县电源以区域电网供应为主，小水电自供为辅。“4·20”地震造成芦山县电力网络全线崩溃。水电站、各等级变电站和输电线路均不同程度受损。其中受损水电站78座，110千伏变电站2座，35千伏变电站5座，110千伏线路70公里，35千伏线路94公里，10千伏线路289公里，低压配电线路506公里。

c. 通信系统

芦山县建成电信中心局机楼2座，新、老县城各一座。全县共有邮件处理中心1座，邮政支局3座、邮政所4座。县城设置有1座有线电视中心，通信主干线路已覆盖每个乡镇。“4·20”地震对芦山县的通信设施造成严重破坏，电信公司受损局房29个、受损基站69个，移动公司受损基站72个，联通公司受损基站25个，有线电视受损局房1000平方米。邮政受损邮件处理中心1座、邮政支局3座、邮政所4座。

d. 燃气系统

芦山县城、清仁乡和双石镇已使用管道天然气，飞仙关镇管道刚建成，尚未入户通气，其余乡镇大部分采用瓶装液化石油气。“4·20”地震对芦山县的天然气及液化石油气设施造成严重的破坏。天然气方面，受损燃气计量站1座、调压站1座、低压调压装置90个液化石油气方面，受损充装站1座。

e. 环卫系统

芦山县已建成生活垃圾处理场1座，县城及大部分乡镇生活垃圾经过简单处理实行全部清运，少部分边远乡镇垃圾进行简易处理或就地填埋。垃圾收运及处理设施建设滞后，垃圾无害化处理率偏低，少部分边远乡镇垃圾进行简易处理或就地填埋，存在安全隐患。“4·20”地震后县城芦阳镇何家湾生活垃圾处理场部分受损，各乡镇公厕、垃圾收集点等环卫设施不同程度受损。

2. 基于生态优先、绿色发展的环境承载力分析

人类生存和城镇发展的物质空间载体是整个国土空间，城市的无序扩张带来了许多的生态环境问题，了解这片土地的特征、问题、价值、脆弱性成为土地规划前的必备步骤。本底的分析往往局限于文字资料和现场调研带来的感性认识，若要对空间提供参考，定量分析是常用的工具。

芦山县自然环境优良、生态系统类型丰富，灾后重建面临诸多挑战：复杂的地质条件、众多地质灾害隐患点、次生灾害频发、生态产业薄弱。感性认识上，芦山县作为典型的山地城市兼具生态重要性及生态脆弱性，有重要的生态保护价值；多发地质灾害和次生灾害使得能够避免灾害影响的城市规划尤为重要。然而感性的定性分析并不能从空间上为规划布局提供参考。

本次灾后重建规划中将采用资源环境承载能力评价和生态敏感性评价结合地质灾害评估，在理性分析层面提供空间参考。

资源承载力分析是指基于现状和规划情况，以水资源、土地资源和生态承载力为约束评价可承载人口和城镇建设的最大规模。水资源承载能力考虑因子为现状水资源量和现状人均用水量；土地资源承载能力基于土地利用总体规划及现状人均用地计算得到；生态承载能力基于生态足迹分析得到。

生态敏感性评价是指评价将采用 3S 技术并通过现场踏勘和现状资料收集，深入了解“4・20”地震前、后芦山县的自然环境、生态资源和社会经济等现状与主要问题。通过分析生态敏感性因子的空间分异规律，进行生态敏感性综合评价，识别出适宜生态保护或城镇建设的区域，并将芦山县划分为不同的生态功能区，提出发展指引，优化调整原有人口、产业及空间结构等城乡空间发展方案，从而科学指导芦山县灾后恢复重建工作。

（1）环境承载力

① 水资源承载力分析

根据芦山县各乡镇主要河道的可利用水资源量，基于现状各乡镇人均用水量（县域平均为 247 立方米 / 人），预计芦山县水资源可承载人口约 67 万人。

② 土地资源承载力

基于《芦山县土地利用总体规划（2006—2020）》，考虑震后恢复重建及土地资源利用政策变化，芦山县土地利用总体规划中的建设用地控制目标将有所变化，所承载的人口数量也会发生相应改变。根据对芦山县灾后适宜于建设用地统计分析可知，县域适于恢复重建的土地面积约为 10900 公顷，扣除基本农田（6700 公顷）、必须避开的地质灾害点（137 公顷）和河流及水利设施用地（2613 公顷），余下约 1450 公顷土地资源可承载人口将超过 12 万人。

③ 生态承载力

在生态承载力的计算中，不同地区同类生物生产面积不能直接对比，需要进行标准化处理。不同国家和地区的某类生物生产面积类型所代表的局地产量与世界平均产量的差异用“产量因子”表示。同时，在生态承载力计算中扣除 12% 的生物多样性保护面积。现状芦山县人均生态承载力 1.34 公顷，鉴于地质灾害破坏与城镇恢复重建影响，县域范围内部分土地利用类型将会发生转变，同时考虑远期生态修复与土地利用效率提高，预计远期芦山县人均生态承载力维持至雅安市 2011 年平均水平（约 1.01 公顷）。据此可知，规划期末芦山县生态承载力可承载的人口总量约为 14 万人。

④ 综合承载力分析

为了实现芦山县“生态立县”目标，促进芦山县“自然—社会—经济”的可持续发展，基于水资源承载力、土地资源承载力、生态承载力综合分析，芦山县可承载的人口不宜超过 14 万人。

（2）生态敏感性评估

山地城市在灾后恢复重建过程中，应特别注重对生态环境基础和生态安全的研究。事实上不论是灾后或是一般的情况，山地城市的建设与发展都需要以生态文明理念为指导进行深入的研究、慎重的决策，充分考虑生态环境的敏感性和重要性，降低自然灾害对城市的威胁。

① 评估技术方法及结论

本次芦山灾后重建在识别环境特征、生态问题的基础上选择评价指标，利用 3S 技术进行生态敏感性评价。识别适宜保护或城镇建设的区域，并将芦山县划分为不同的生态功能区，提出发展指引，优化调整国土空间结构与布局，从而科学指导芦山县灾后重建工作。

评估之后，发现断裂带及水系近、坡度大、海拔高、土地利用生态价值高、自然保护等级越高的区域生态敏感性越高，越适宜进行生态保护，反之生态敏感性低的区域可以进行城镇建设。最后根据全区生态环境现状、特征，将芦山县生态敏感性综合评价结果划分为生态低敏感区、中等敏感区和高敏感区，见图 5.3-5。

② 生态功能区划

以生态敏感性综合评价结果为基础，以促进“社会—经济—自然”复合生态系统协调发展为目标，将芦山县划分为北部中高山地生态保护与复育

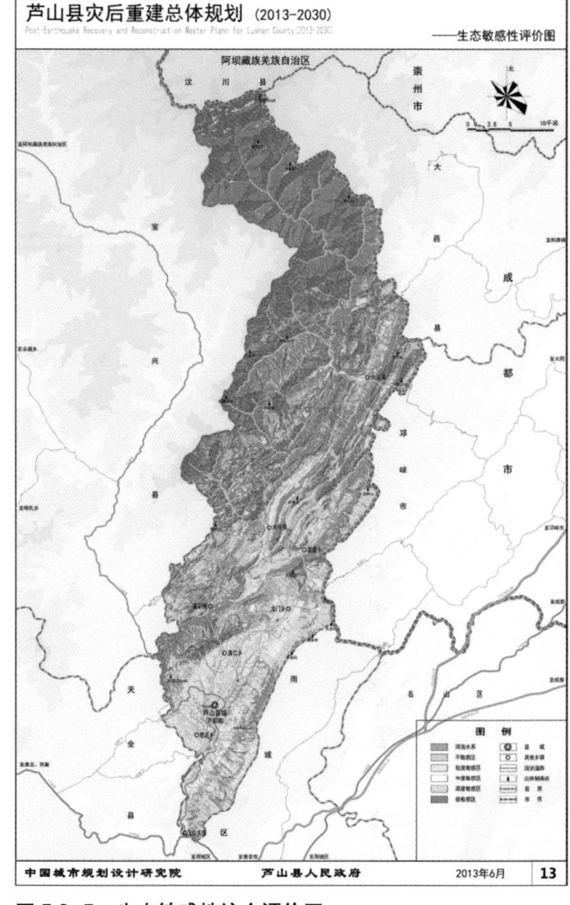

图 5.3-5　生态敏感性综合评价图

区、中部低山丘陵生态修复与建设区和南部浅丘平坝优化开发与建设区三个生态功能区，并根据不同生态功能区的主要特征与现状存在的问题，提出相应的主导生态功能和发展指引，见图 5.3-6。

（3）“双评价”技术方法的早期实践

① “双评价”技术方法实践。

综上所述，《芦山县灾后恢复重建总体规划》的工作过程中，首先对灾前灾后的生态环境进行分析，接着开展了生态敏感性分析和资源承载能力分析，在分析结果基础上划分北部中高山地生态保护与复育区、中部低山丘陵生态修复与建设区、南部浅丘平坝优化开发与建设区，并提出了修复与建设指引，其中城市发展规模和发展空间指引为后续的城乡空间结构确定提供了参考。

在如今的国土空间规划体系中，资源环境承载能力和国土空间开发适宜性评价已成为规划开展的重要基础，它是对自然资源禀赋与环境条件及国土空间的综合评价。《资源环境承载能力和国土空间开发适宜性评价技术指南》是在既有的承载能力和适宜性评价上的继承与发展，注重资源环境的分析、风险识别、农业生产、城镇建设及生态保护空间识别。

在芦山灾后恢复重建的承载能力和生态敏感性评价的实践是当时的新尝试，在经受地震后的山地城市规划中充分考虑地质灾害的影响和芦山的生态重要性，评价先行并与生态功能区划、人口空间布局、产业发展及城乡空间结构紧密结合。

相对于这次在芦山的“双评价”实践，最新的“双评价”理念和方法体现了全要素通盘考虑，增加了农业生产的考虑，结合既有的评价方法完善了生态保护重要性方面的评价内容和方法。芦山“双评价”实践在当时的情况下体现了生态文明的理念，其与规划的结合如今仍有值得思考的地方。

② 山地城市生态文明建设路径探索

山地城市的空间发展，尤其是在灾后恢复重建过程中，应特别注重对生态环境基础和生态安全的研究。我国城镇布局讲究依山傍水、因地制宜、尊重自然、利用自然。这就需要通过综合分析自然环境、地质灾害和地形条件等特定生态敏感性因子的空间分异特征，识别出适宜城镇建设或生态保护的区域，从而合理布局，科学选址，以有效避让活动断裂带、地质灾害隐患点和蓄滞洪区等潜在风险区域，确保选址安全。

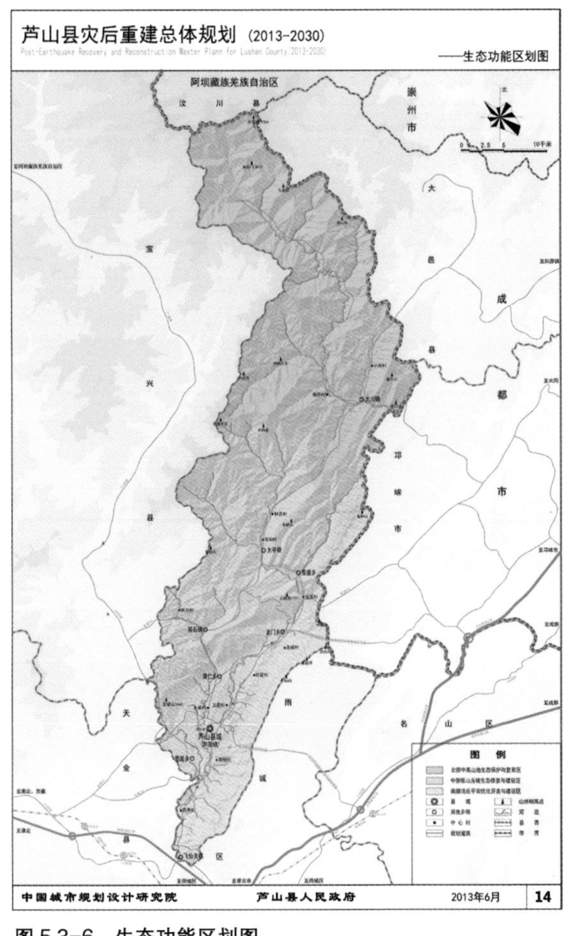

图 5.3-6　生态功能区划图

我国山地城市多数还处于城镇化初始阶段，灾后恢复重建面临着加快经济发展与保护生态环境的矛盾。要在保障安全和保护生态的前提下，实现转型升级和绿色发展，就必须以生态文明理念为指导，走新型城镇化道路。通过充分考虑地区的资源环境承载力，以生态功能引导人口分布、产业选择及城镇布局等，形成合理的城乡总体布局形态，让城市融入大自然，同时全面提高城镇化质量，加快转变城镇化发展方式，保障城镇的发展不超出生态环境阈值，从而促进区域的可持续发展。

山地城市往往承担着重要的生态功能，分布有较大面积的生态敏感区或生态脆弱区，在进行城镇开发时应减少对生态环境的干扰。经统筹考虑灾区的建设现状、灾损情况和灾后发展方向后，在建设过程中应落实生态文明理念，加强治理水土流失，加快修复自然生态系统，大力保护森林、湿地及草地等自然生态要素，高度重视城镇生态安全，改善人居环境，降低自然灾害风险，使生态建设取得明显成效。

3. 科学确定灾后恢复重建规划目标与空间战略

从进入现场开始，工作组意识到本次灾后恢复重建规划不仅要尽快恢复生产生活，还要兼顾芦山的长远发展，因此，对于芦山的战略性思考一直是规划的重要内容，在保证生态安全的前提下，突出绿色发展、可持续发展理念。工作组经过与地方各级政府、城乡基层百姓的座谈后，按照灾后中央、省、市对芦山灾后恢复重建的要求，结合北川、玉树的救灾经验，经过几轮头脑风暴，大家集思广益，提出了“区域联动、城乡统筹、生态立县、文化强县”的四大空间战略，依托主体功能区规划对雅安的要求，规划将芦山县的人口、产业的集聚重心进一步向县城及中南部山前河谷和平坝地区转移，逐步迁移县域中北部灾害威胁较大的高山深谷地区人口，提倡生态农业、乡村旅游发展。

（1）重建目标

① 总体目标

在保证生态安全的前提下，芦山的灾后重建应突出绿色发展、可持续发展理念，统筹社会事业、经济发展、基础设施、公共设施建设，担当“4·20 特大地震灾害恢复重建的示范区”。最终的目标是要实现经济、社会和环境相协调，建设经济发达、社会和谐、资源节约、环境友好、生态宜居、具有地方文化特色的生态特色县。

按照“创新、协调、绿色、开放、共享”的五大发展理念，规划提出应调动广大人民群众参与灾后恢复重建的积极性，把芦山县建设成为“山水芦山、文化芦山、幸福芦山、美丽芦山”。

② 近期目标

a. 恢复生产生活

本次灾后重建规划近期最重要的目标是完成受损城乡居民点、公共服务设施、交通和市政基础设施的恢复重建，以及受损历史文化名城、名镇、名村和风景名胜资源的修复重建，启动因受严重地震灾害及严重次生地质灾害威胁而需要进行布局和功能调整的城镇搬迁工作。

b. 兼顾长远发展

灾后重建的最终目标是以资源环境承载力为前提，在恢复重建的基础上，兼顾长远发展需求。规划提出芦山应走集中、差异发展的城镇化道路，科学引导人口和产业分布，特别是要提高城镇化质量，以产业的长远发展提高城镇吸纳就业和辐射带动能力，以基础设施和公共服务设施的保障与服务能力的建设，提高抗御自然灾害和突发性公共事件的能力。

（2）战略一：区域联动

规划提出芦山应多通道融入成渝经济区，构建川藏通道的重要服务节点，打造川西特色重点旅游目的地，建设雅安市西北部地区重要的旅游与服务功能集中区。特别是要强化与成都、雅安的联系，促进交通互联、产业互动和要素流动，为芦山县灾后重建和实现小康社会提供持续的发展动力。重点提升应急保障能力，通过建设芦山至雅安市区、邛崃等多条对外通道，改变芦山与周边地区通而不畅的单通道格局，强化芦山与成都平原的交通联系，以更好地承接成都平原经济辐射。为了更好地实施区域联动战略，规划提出以下路径：

① 多通道融入成渝经济区

成渝经济区是国家西部大开发战略重点打造的增长极，芦山位于成渝经济区的边缘，目前与成渝经济区主要联系通道仅有国道318线。通过建设芦山至雅安市区、邛崃等多条对外通道，改变芦山与成渝经济区核心区联系单通道局面，在提升应急保障能力的同时，强化芦山与成都平原的交通联系，融入成都2小时都市圈，更好地承接成都平原的经济辐射，见图5.3-7。

② 构建川藏通道的重要服务节点

成都－雅安－康定是国家对藏的综合交通通道，现状国道318线经过芦山县飞仙关、规划成康铁路天全站与芦山距离仅30公里。规划提出应充分发挥芦山县在国道318线上交通节点作用，强化芦山县城与成康铁路天全站的交通联系，打造川藏综合通道上的重要服务节点，成为雅安对藏服务基地的重要组成部分，见图5.3-8。

③ 打造川西特色重点旅游目的地

芦山地处成都平原西部重要龙门山生态旅游带，与环贡嘎生态旅游区，九寨沟环线旅游区相邻。未来通过强化芦山与周边区域旅游基础设施对接，将芦山丰富的人文和自然旅游资源融入龙门山生态旅游带，并与环贡嘎生态旅游区和九寨沟环线旅游区实现联动发展，融入大川西旅游体系，成为川西旅游环线和大香格里拉旅游环线的重要节点，打造川西地区地域特色浓厚的重点旅游目的地。

④ 建设雅安西北部的旅游服务中心

芦山县城位于雅安市优化发展区西侧的平坝区域，以旅游为主导功能。规划提出打通与雅安市雨城区和名山区的交通通道，与碧峰峡、蒙顶山等旅游景区联动发展，建设雅安市西北部旅游服务中心。

（3）战略二：城乡统筹

考虑芦山的环境承载力特征，规划提出应进一步突出中心极化，引导人口和产业要素向县城和场镇集中，实施乡村振兴战略，改变芦山的乡村贫困局面，通过城乡互促，构建契合芦山本地资源禀赋的产业体系，推动城乡基本公共服务水平的提升，统筹城乡防灾减灾设施体系建设，构筑城乡公共安全格局，见图5.3-9。为了更好地实施城乡统筹战略，规划提出以下具体实施路径：

① 中心极化，引导要素向县城和场镇集中

统筹城乡要素流动，调整芦山县域的城乡空间布局。增强县城综合服务能力和要素集聚能力，提升全县城乡统筹能力；壮大龙门、飞仙关等平坝场镇，吸引人口、产业等各要素向这些场镇流动；引导太平、大川等山区场镇特色发展，推动生产要素的合理配置。最终形成以县城为核心，中心镇带动一般镇，平坝镇带动山区镇，乡镇带动乡村发展的县域城乡空间结构。

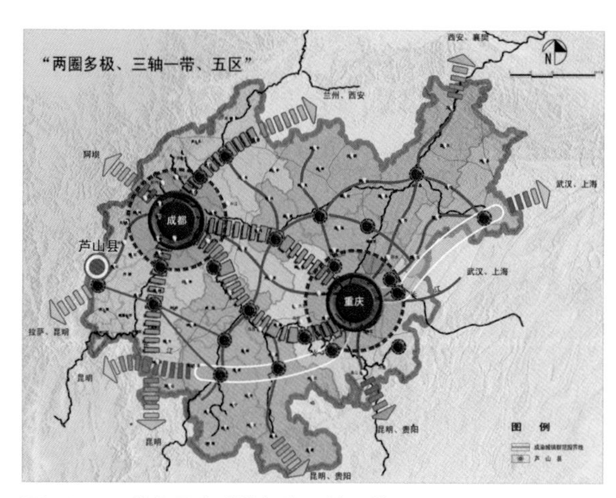

图 5.3-7　芦山县在成渝经济区的区位图

图 5.3-8　芦山县在四川省的区位图

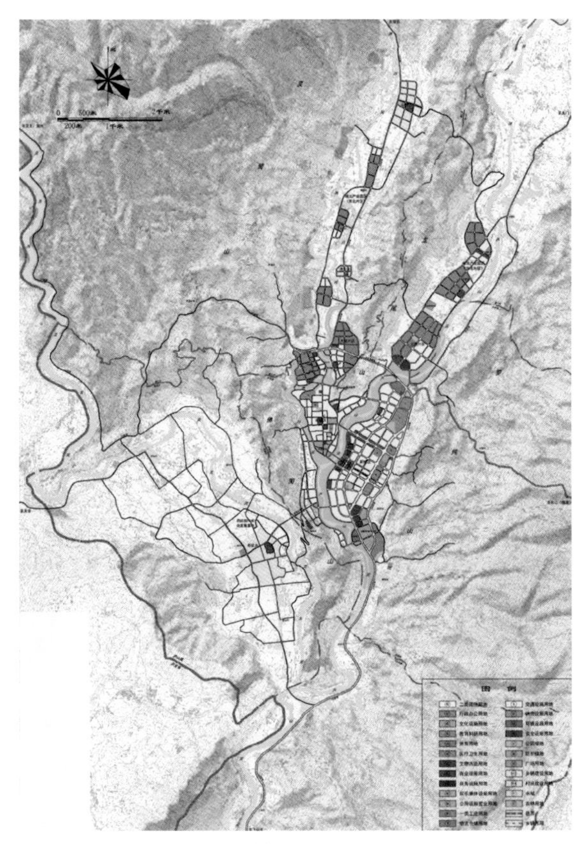

图 5.3-9　芦山县城城乡统筹规划图

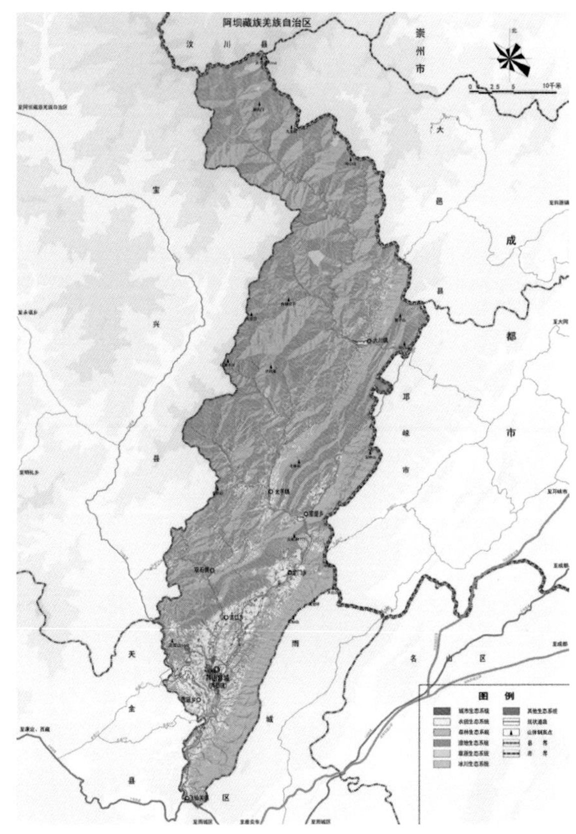

图 5.3-10　芦山县生态系统现状图

② 城乡互促，构建契合本地资源禀赋的产业体系

契合芦山县丰富的人文与自然资源特征，规划提出应加大培养旅游和文化产业，引领城乡经济转型发展，通过推进一、二产业垂直整合，加速芦山的农业产业化进程，促进一、三产业互动发展，基础设施城乡对接、资源组合使用、服务有效整合，从而推动乡村旅游的发展。

③ 合理布局，推动城乡基本公共服务均等化

规划提出芦山县城的公共服务设施应向周边乡村延伸，在县城的城市规划区范围内实现城乡一体化发展。同时要提升各个场镇公共服务设施和市政基础设施的配套标准和服务水平，促进乡村人口向场镇集中。并且充分尊重农民意愿，逐步引导村庄建设，提升乡村基础设施和公共服务水平。

④ 统筹防灾减灾设施体系建设，构筑城乡公共安全格局

通过加强防灾减灾体系和综合减灾能力建设，提高县域灾害防御和紧急救援能力。特别是要提升县域范围内农房的建设标准，达到防震抗灾要求，还要提高生命线工程的设防等级，建设多条对外生命通道，提升全县的综合抗灾能力。

（4）战略三：生态立县

优越的生态环境是芦山县最大的优势资源，以生态立县、走绿色崛起的道路也是芦山必然的选择。规划提出芦山的发展需要顺应生态格局，引导城乡建设合理布局，探索产业绿色发展道路，建设适宜本地特点的绿色基础设施，见图 5.3-10。为了更好地实施生态立县战略，规划提出以下具体路径：

① 保护生态环境，加强灾后生态修复

结合本次灾后重建规划，应加强地质灾害点及影响地区的生态修复，同时加强县域北部中高山地区的生态环境保护，恢复和提升大熊猫栖息地生态安全。严格控制中小型矿产和小水电无序开发建设，降低对生态环境的破坏。

② 顺应生态格局，引导城乡建设合理布局

规划提出以地质灾害、土地承载力和生态敏感性为基础，在全县范围进行城乡建设的统筹布局，促使新增建设用地向生态相对安全的南部河谷平坝地区集中，以人居环境相对适宜的县城、龙门、飞仙关等区域的相对集聚建设的“大密”，来支撑生态敏感、安全度低地区的“大疏”，最大限度地保护生态基底和保障城乡安全。

③ 契合区域比较优势，探索产业绿色发展道路

芦山县的生态和历史文化资源优势明显。一方面，结合灾后重建，整合无序的水电超负荷开发，引导严重受损企业向园区集中，降低污染型工业发展对生态基底的影响；另一方面，以生态和旅游发展为导向，深入挖掘本地丰富的历史文化资源，以汉姜古城恢复为发力点，寻求在文化产业和旅游产业的突破，形成具有“芦山”特征的文化核心竞争力，促进芦山实现绿色崛起。

④ 适宜本地特征的绿色基础设施

考虑到芦山的交通廊道有限、土地资源稀缺、生态环境脆弱等特征，应首先提高道路系统的综合防灾能力，推广使用低排放和清洁能源的交通工具。同时建议芦山加快调整优化能源结构，降低煤炭消费比重，结合芦山相对丰富的水利资源和生物质能条件，合理发展水电和乡镇沼气工程、积极发展清洁能源项目。未来芦山也应尽快采用智慧城市系统，从交通监控、资源利用和环境检测等多方面提升政府的精细化管理水平，实现灾害监控，节能减排和持续改善环境。

⑤ 倡导本土适用技术，建设绿色建筑示范工程

本次灾后重建提倡建筑造价及运行成本较低、适于本地环境特征的绿色建筑技术，点线面相结合，在公共设施和市政设施、安置集中区、绿色工业园区等方面打造一批绿色建筑示范工程。

（5）战略四：文化强县

芦山是有着 2000 多年历史的省级历史文化名城，悠久的历史和人文传统是芦山未来发展重要而独特的宝贵资源。规划提出抢救和再现“汉姜古城”的历史风韵，创建具有芦山地域特色的优势文化品牌，见图 5.3-11。同时，挖掘川西建筑风貌特征，利用文化资源优势，建设具有特色的城镇和乡村。为了更好地实施文化强县战略，规划提出以下具体实施路径：

① 深入挖掘历史文化资源，建立历史文化保护体系

深入挖掘其丰富的历史文化内涵，尽快构建历史文化遗产保护的体系，使灾后重建和长远发展更好地传承本土文化特色，让历史文化名城在芦山立足生根。

② 创建本土文化品牌，促进文化产业发展

打造“汉姜古城”文化品牌，彰显芦山文化

魅力，大力繁荣文化艺术创作，尤其是利用汉文化、根雕文化、红色文化和茶文化，开发特色文化旅游体验项目，以文化促产业。同时，通过打造地方节庆文化，挖掘民俗特点和本地风情，传承和发扬芦山的民间传统特色文化。

③ 利用文化资源优势，建设独具特色的城镇和乡村

芦山的乡镇和村庄具有典型的川西建筑风貌特征，结合灾后重建工作，规划提出应加强重建城镇建筑和农房建筑的形态与风貌控制，同时注重对重点地段包括芦山县城、S210 沿线重建示范场镇、村的整体风貌整治，使人工环境和自然环境相和谐。

④ 加强文化基础设施建设，推进文化事业发展

本次灾后重建把文化设施建设同城乡基础设施建设结合起来，一方面，抓好城乡文化基础设施建设，满足城乡居民文化基本需求，另一方面，挖掘本地重要文化遗产和优秀民间艺术，因地制宜地创造活跃城乡居民业余生活的文化空间。

⑤ 加强文化宣传，提升文化影响力和知名度

规划提出在本次灾后重建和未来发展中，应全方位的加大芦山的文化宣传，推陈出新文化产品，精心筹划各类有影响的对外文化交流活动，编辑出版反映芦山文化、提高芦山知名度的画册，并认真组织好各种形式的文化艺术展览、专题研讨会议等，提升文化影响力和知名度。

4. 合理调整优化县域城镇体系和城乡空间布局

结合灾后恢复重建的目标和战略，对城乡人口布局、城镇等级规模结构和空间结构进行调整，对道路交通设施、公共服务设施和市政基础设施进行调校，保障灾后重建工作科学合理，并推动芦山县域经济的长远发展。同时，对于原规划没有进行深入分析的生态功能区划、城乡产业发展、城乡住房建设、旅游发展、防灾与生命线工程建设进行优化，以契合芦山长远发展需求。

（1）适应生态安全格局，调整城乡人口布局

震前芦山呈现县域人口净减少、但县城人口净增加的特征，人口净流出趋势显著加强。同时，人口分布与生态敏感性格局存在一定冲突，“4·20”地震造成的人员死亡主要集中在双石、宝盛等乡镇，大都位于生态敏感区和地质灾害易发区，生产生活安全性受到一定的威胁。

因此，规划提出统筹转移受地质灾害点威胁地区、地震断裂带附近、中高山地区、地质条件不稳定地区人口，确保人口空间分布与县域生态安全评价相吻合。一方面，引导灾后房屋损毁和受地质灾害点威胁人口向场镇集中，另一方面，引导中高山地区人口向平坝地区转移。为实现这一目标，规划提出工业和旅游双轮驱动，加速人口本地城镇化进程，充分利用国家政策支持，加速推进工业园区建设，以现代工业发展带动非农就业增长。同时，规划也提出可以探索以产业飞地带动推动异地城镇化发展的模式，例如通过与雅安市工业园区和成雅工业园进行“产业飞地”合作，促进人口异地城镇化。

（2）模式转型，保障就业，调整产业发展空间布局

“4·20”地震对农业农村造成重大损失，对农业基础设施造成重大破坏，对农村居民生产、生活造成严重影响。全县农田及田间工程受损 5 万亩，尤其是重灾乡镇龙门乡、宝盛乡、太平镇的农田及田间工程基本全毁，“4·20”地震对工业生产影响也较大，全县 263 户企业受损，受损厂房 68 万平方米，尤其是支柱产业纺织业受损严重，产值损失 75% 以上。芦山县远离成都平原群，工业发展基础薄弱，区位相对偏远，交通相对闭塞，唯一具有竞争力的是电力能源成本优势。但是随着电力并网，能源成本优势不再显著，工业发展竞争力降低，依托传统工业发展难以推动芦山崛起。

灾后重建要实现引导人口向南部河谷平坝地区的县城和场镇转移的目标，新增的安置人口要求短期内提供相应的非农就业岗位，以保证灾后社会经济的稳定，这就要求需要大力发展劳动密集型产业。同时，芦山的生态资源、历史文化资源和风景名胜资源仍拥有相当部分的独特性，应该积极探索契合本地资源特征的旅游业，芦山的产业结构才能具有区域竞争力。

基于以上思路，规划提出将全县划分北部、中部、南部三片综合经济分区，引导产业分区发展；集中打造县城产业集中区，推动产城融合发展；整合乡镇产业园区；根据气候垂直差异发展特色农业。近期应首先整合北部和中部经济区与主导功能不相符的产业，以工业园区建设为异地安置提供就业保障，见图 5.3-12。

（3）战略导向，契合实际，优化城乡空间布局结构

芦山原有总规的城镇空间发展格局为“一条轴线、三个支撑点”。“一条轴线”是指芦山县域城镇呈轴线分布，从南至北串联着飞仙、芦阳、龙门、宝盛、太平、大川 6 个城镇。“三个支撑点”是指南部的县城、中部的太平和北部的大川，带动县域南、北、中三个片区发展。

立足区域联动、城乡统筹、生态立县、文化强县战略，规划建议将人口、产业的集聚重心转移至县城及中南部山前河谷和平坝地区，保留中南部平坝地区乡镇旅游、农贸、区域社会公共服务功能，逐步压缩中北部高山深谷乡镇人口和产业规模，提倡生态农业、生态旅游产业的发展，规划县域形成“一轴、四带、三板块”的空间格局，见图 5.3-13。一轴：指贯穿县域南北的城镇联系轴。四带：指依托东西向的四条对外通道形成的空间发展带，自南向北包括 318 国道沿线发展带、名山—芦阳—宝兴城镇发展带、灵川—龙门—天台山文化旅游发展带（含龙门文化旅游发展环）、大川—邛崃生态旅游发展带。三板块：指特色鲜明的三个功能分区，分别为中心城区板块、龙门板块和大川板块。随着灾后恢复重建的推进，芦山县各个功能区也将结合县域空间格局的优化进行调整，为适应芦山县灾后恢复重建和长远发展格局，规划建议时机成熟时，对全县行政区划和乡镇建制进行适当调整。

（4）尊重居民意愿，注重实效，加快城乡住房恢复重建

“4·20”地震给芦山县的城乡住房造成了重大损失，全县城乡房屋 100% 受损，当地政府参照《建筑地震破坏等级划分标准》的规定对损坏住房进行鉴定分类，分为倒塌、严重损毁、一般受损三种类型，对所辖 9 个乡镇的 40 个村、6 个社区进行了详细的摸底调研，通过调查问卷反馈的信息来看，受灾户数 34681 户，受灾人口 130941 人，其中，农业人口 97240 人，非农业人口 33701 人。房屋受损共 34681 户，其中，倒塌 12449 户，占 35.9%；严重损毁 19309 户，占 55.7%；一般受损 2923 户，占 8.4%。

在充分掌握城乡住房灾损情况的基础上，从灾区实际出发，规划坚持尊重民意，注重实效的原则，重点解决房屋倒塌或严重损坏、无房可住群众的居住问题，逐步提高灾区人居环境水平。

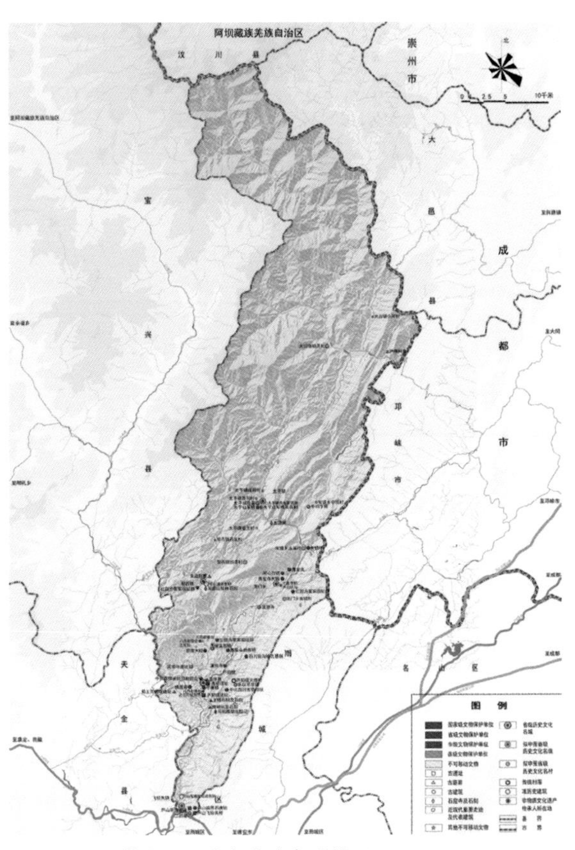

图 5.3-11　芦山县历史文化遗存现状图

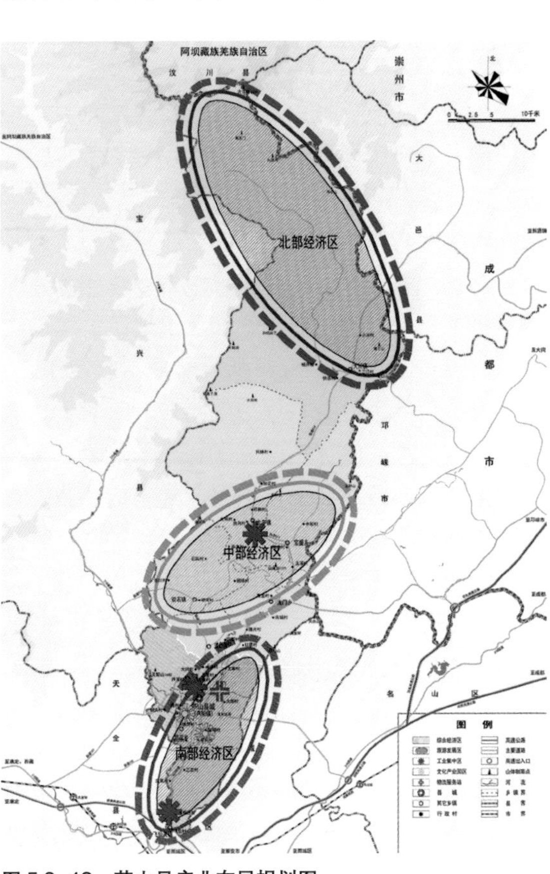

图 5.3-12　芦山县产业布局规划图

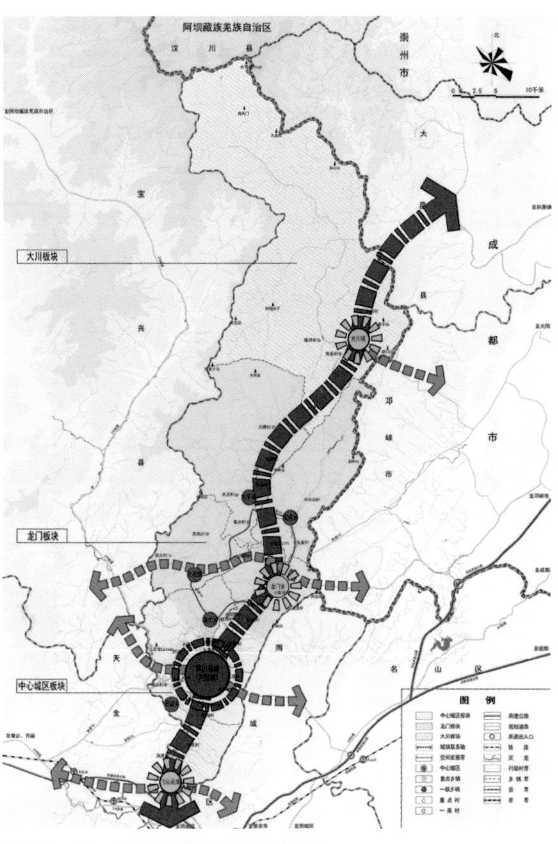

图 5.3-13　芦山县城乡空间结构图

按照统筹规划、分类指导的方式，城镇住房重建按照政府引导、市场运作、政策支持的原则，抓紧建设安居房、廉租住房和普通商品住房，满足受灾城镇居民多层次的住房需求；农村住房重建采取农户自建、政府补助、对口支援、社会帮扶相结合的方式。同时，规划也坚持修复加固和原址重建为主，合理控制建设成本的原则。对于通过加固能够满足居住安全要求的，原则上不得拆除重建；对于无法原址重建的（到县城或场镇集中），应考虑就近方便。

在充分尊重城镇和乡村居民恢复重建意愿的基础上，参照汶川地震灾后重建经验，分为加固维修、原址重建和异地新建三种类型，以加固维修、原址重建为主，适度考虑异地新建。对于新建住房、加固住房的建设标准，规划在第一时间都提出了具体的要求。同时，新建住房避开地震活动断层、生态脆弱和可能发生重大工程灾害、水文地质灾害的区域，以及有污染源、有害物质等各类环境敏感的区域；农村聚居点选址宜选在水源充足，水质良好，便于排水，通风向阳和地质条件适宜的地段；农村新建住房选址应避让市政基础设施通道、易燃易爆等危险区、高压输电线路穿越区等原则，工作组也提前预备了一些异地新建住房的选址，为有条件实现异地搬迁的新建住房做好技术支撑，后续虽然由于村民意愿、赔偿资金等原因，有些选址没有用上，但为将来条件成熟时，实现住房布局优化提供了基础。

（5）城乡均等，补齐短板，完善城乡公共设施

在“4·20”地震发生前，芦山县抓住了2008年“5·12”地震灾后重建与西部大开发的机遇，已经大大加强了城乡公共服务设施建设。“4·20”地震后，经现场调研与初步判断，“5·12”地震后新建的各类公共服务设施大部分灾损较小，属于可修复范围，基本无需异地重建，尤其是“5·12”地震以后各乡镇新建的便民服务中心在“4·20”地震的抗震救灾过程中起到了至关重要的作用。便民服务中心的建筑结构在震后基本完整，成为抗震救灾的指挥中心，同时承担了物资储备等功能。

芦山县域各乡镇的公共服务设施经过“5·12”汶川大地震之后的恢复重建，已形成整体水平较高的公共服务设施体系，因此，本次公共服务设施规划的首要目标是恢复“4·20”地震的震前标准，其次根据各乡镇农村地区存在的缺项情况进行查缺补漏，以实现县域整体的公共服务设施布局均等化。最后，在此基础上提出面向长远且更为全面的公共服务设施配建标准，见表5.3-4。规划特别强调对农村地区基本公共服务水平的提升，建立标准模块化的公共服务设施，以行政村为单位全面布局，在各行政村建立农村社区服务中心，作为农村地区的基本公共服务中心，同时承担应急救灾服务功能。

（6）保护与恢复并重，加强历史人文资源挖掘活化

芦山县是四川省第二批省级历史文化名城。“4·20”震后，芦山古城传统格局基本未因地震改变，受损较小，古城周边的自然与景观环境（山川形胜）也未因地震改变。灾损主要表现为历史风貌受损：建筑与场地历史风貌由于震前已经多次破坏而不完整，传统商业、生活、民俗文化等人文活动景观近期因空间场所受损而受到巨大影响，建筑体量与院落空间尺度以及街巷和公共（开放）空间场地尺度因地震造成的垮塌和废墟的影响发生变化（变小）。国家级和省级文物保护单位在“5·12”地震后大多开展了保护工程，虽然灾损较重，但总体可控；市县级文物保护单位受灾较为严重，由于灾前缺乏全面和系统的保护工程干预，部分文保单位遭受毁灭性损失，出现垮塌等极重灾情；未核定为文物保护单位的文物总体灾损情况估计比市县级文物保护单位更为严重。

本次地震造成古城文物和传统建筑与场地和整体历史风貌受损，加重了相关方面保护和恢复的任务。但是，由于非文物和历史建筑的其他建筑与场地受损，灾后需要恢复重建和修复整治，如果对灾后重建进行合理引导与控制，对于古城的街道格局和明清城墙格局的保护与恢复、建筑与场地历史风貌与传统空间尺度关系的恢复、古城职能的调整均是有利的机会。

另外，由于灾后恢复重建时间紧迫、任务繁重，传统村落格局和历史风貌如果未受足够重视，很可能在村落重建中遭到破坏，造成二次受损，并且可能是永久性、难以恢复的受损。因此，在恢复重建中必须重视研究传统村落的生产、生活方式与村落格局、风貌之间的关系，在重建中既做到恢复和改善村落生产生活条件，也能兼顾村落传统格局和历史风貌的保护，做到发展和保护的协调。

基本公共服务设施配建标准 **表 5.3-4**

类别	项目	中心城区	重点镇			一般镇					行政村	一般村
		芦阳镇	飞仙关镇	大川镇	龙门乡	双石镇	太平镇	思延乡	清仁乡	宝盛乡		
		一	中型	中型	大型	大型	大型	大型	大型	大型		
行政管理	乡镇政府	●	●	●	●	●	●	●	●	●	—	—
	公安派出所	●	●	●	●	●	●	●	●	●	—	—
	居委会	●	●	—	—	—	—	—	—	—	—	—
	村委会	●	●	●	●	●	●	●	●	●	●	●
教育设施	幼儿园	●	●	●	●	●	●	●	●	●	●	○
	小学	●	●	●	●	●	●	●	●	●	●	—
	中学	●	●	●	●	●	●	●	●	●	—	—
	职业中学	●	●	○	●	○	○	○	○	○	—	—
文体设施	文化活动站	●	●	●	●	●	●	●	●	●	—	—
	体育场	●	○	○	●	○	○	○	○	○	—	—
医疗卫生设施	医院	●	—	—	—	—	—	—	—	—	—	—
	疾病预防控制中心	●	—	—	—	—	—	—	—	—	—	—
	卫生院	—	●	●	●	●	●	●	●	●	—	—
社会福利设施	敬老院、福利院	●	○	○	○	—	—	—	—	—	—	—
	残疾人康复中心	●	—	—	—	—	—	—	—	—	—	—
旅游设施	游客咨询服务中心	●	●	●	●	—	●	—	—	—	—	—
综合设施	农村社区服务中心	—	—	—	—	—	—	—	—	—	●	●

注：●必须配置；○可以配置；一不必要配置。

从历史的角度来看，本次地震作为发生在芦山的重大事件，必将载入史册。在地震后的抗震救灾过程中，大批建筑和场地承担了抢救与援助、组织与安置的场所，其中发生了大量抗震救灾英雄故事和重要事件，成为有纪念意义和保护价值的建筑和场地。

（7）近远期结合，促进风景区恢复与旅游发展

芦山县县域范围内布有灵鹫山—大雪峰省级风景名胜区、大川河（黑水河）省级自然保护区，其中部分区域还涉及有大熊猫栖息地世界自然遗产地、西岭雪山国家级风景名胜区。工作组实地调研了灵鹫山—大雪峰风景区内的主要景区，通过人员走访、座谈了解、资料收集等现场工作，判断风景区最具代表性的自然和文化遗产资源、最典型的自然景观资源基本保存完好，风景区在芦山县域旅游产业中的核心资源支撑作用没有改变。地震对风景区造成的破坏突出表现在次生地质灾害、风景资源受损、旅游服务设施受损、基础设施受损、道路交通受损、植被及生态环境受损等6个方面。灾损严重的地段集中于峡谷景区和高陡边坡、深切河谷、软弱岩组、断裂带等不稳定地质环境区。灾损类别主要是因地震引发的山体崩塌、落石、滑坡、泥石流等地质灾害，以及因地质灾害引起的风景资源和游览道路等相关设施的损坏，这些灾损威胁到风景区的游览安全，影响风景区对外开放。

规划认为要发挥风景区在灾后重建中的生态环境恢复、历史文明传承、精神家园建设和对旅游产业的支撑作用，坚持科学合理实施灾后恢复重建与保护本地环境工作，发掘潜在资源与提升景观品质并重，尊重自然规律，对风景区自然景观与生态恢复采取自然修复与人工培育相结合的方式，人文风景资源尤其是文物古迹，通过抢救、保护、维修、清理和重建，尽量维护其真实性和完整性，风景区基础设施的恢复与重建应满足未来发展的需求，统筹布局，近远结合。特别是要重视结合游览道路确定避难通道，在地震发生时作为引导疏散游客至避难场所的路径，沿避险通道设置避难场所。结合风景区标志标牌系统建设，设立风景区地震避难场所和避难路径的指示系统，旅游服务设施建筑物和构筑物都应加强抗震能力。

（8）构建安全、易修复、抗灾能力强的道路体系，保障生命通道

公路是震后救灾的重要通道，芦山县道路体系充分考虑区域地形地貌特征和生态敏感性，构建可靠、安全、绿色的道路体系。

① 构建对外多通道、可达性强的复合道路体系

构建对外多通道的道路体系。芦山全县山势起伏，可建设公路的通道少，道路向外跨越成本巨大，长期以来对外交通主要依靠省道210。其余对外公路设计、建设标准低，遇自然灾害常发生路阻，对外交通不畅且安全保障性低。因此，道路规划注重加强区域交通联系，增加对外区域交通通道，提高综合抗灾能力，外联内优，完善系统。规划道路向东打通与大邑县、邛崃市、名山县方向的进出通道，增强进出保障能力，融入区域交通体系。同时加强与宝兴县、天全县的交通联系，为东向对外交通组织提供便捷、可靠的衔接通道，提升雅安市域交通服务水平和综合抗灾能力。论证新增通道缓解国道318压力的可行性，提高进藏方向的交通能力和可靠性，形成“一纵四横两环”的县域公路网主骨架，见图5.3-14。

加强道路的通达性。提高路网通达性，科学设计路网结构，有利于车流的合理组织与分配，在地震多发区灾害频发的极端条件下，更保证了救灾行动的及时性。芦山县的每个乡镇应至少保证两个以上的出入口，且等级不低于三级公路。县道以上公路达到三级以上技术标准，选用高级路面建设。县城到达县域所有乡镇区应不超过两小时。各村应设置村道连接公路骨架通道。

提倡复合用途通道。芦山县公路规划在线位选择上不仅要考虑其作为救灾通道的便利性和可靠性，更要起到联系主要人口聚居地、促进当地产业发展的作用。规划主干道芦名路既是芦山、宝兴和天全方向的生命线通道，交通上起到了衔接其他次一级的现状公路的功能，更将上里古镇、碧峰峡风景区与芦山的旅游资源串联起来，支撑区域旅游发展。芦山县域地形复杂、山势起伏，符合道路交通和市政廊道的用地紧张。提高道路的复合功能，将道路作为通信、供水、供电和供气等设施的廊道，适当预留空间布置市政管线，能集约利用有限的土地资源。

② 道路选线注重安全性及生态性

芦山县重建综合考虑地质条件与灾害危险性、水土资源条件、生态环境等，对芦山地震灾后重建地区土地资源安全性进行了评价和分级，指导灾后恢复重建工作的开展。道路规划避开生态敏感的中高山地区、活动断裂带和地质灾害隐患点，引导人口向平坝地区转移。公路设计车速宜选取设计规范规定的低限值，其中二级公路平坝路段道路设计车速不大于60公里/小时，山岭区道路设计车速按40公里/小时控制，三级公路设计车速不大于40公里/小时。

道路体系应融入防灾体系规划。对外道路应有能力抵抗大灾害的侵袭，使外界的救援人员和救灾物资能快速运送到灾区，灾区中的受伤群众能通过对外通道运往大医院进行救治。各个方向尽可能有两条防灾通道。内部道路应保证医院、消防站、供水点间道路的通行能力，构建防救灾主干网。防救灾主干网必须在灾害发生后第一时间经过简单整理便可修复，能以最快的速度投入运行。芦山县利用“一纵四横两环”的县域公路网主骨架作为应急救灾通道。在道路选线中充分考虑了“生命线”工程中供水厂、供电通信、防洪堤主通道的选址，保证基础设施的抗震能力，避让不安全因素。

构建符合生态规律的道路体系。道路建设应重视生态环境保护，减少对自然山体、水体和植被的破坏，建设尺度合理而非大容量、快速性的交通通道。芦山县道路规划构建适应灾区交通廊道有限、土地资源稀缺、生态环境脆弱等特征的公路网络系统，提高道路系统的综合防灾能力，推广使用低排放和清洁能源的交通工具。芦阳至名山的新建对外通道线位避让碧峰峡风景区及大熊猫保护中心，保护了当地生态的敏感性和脆弱性。道路的改建注重保护沿线的道路景观，避免破坏原有的行道树景观。

③ 提高道路建设标准

芦山县内部主要通道应逐步改建成规划等级公路，增加高级、次高级路面，全面提高地方公

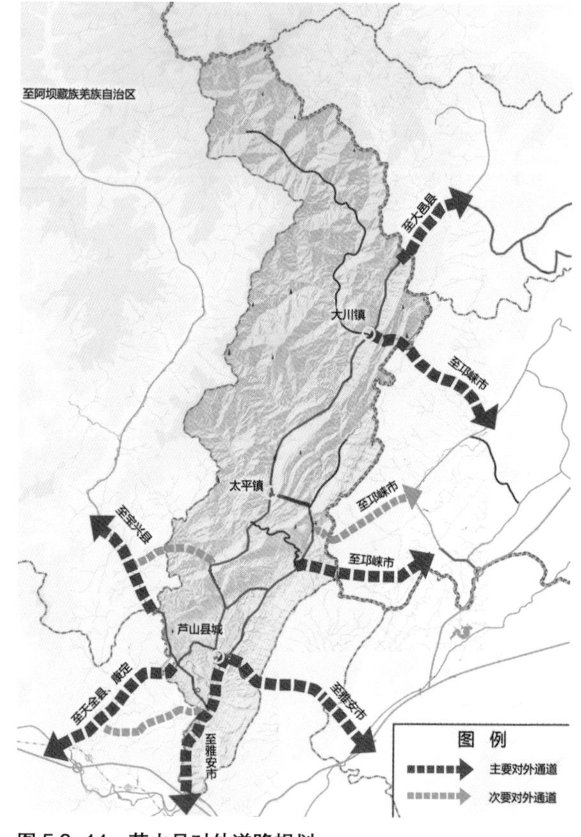

图5.3-14　芦山县对外道路规划

路主通道的服务水平。山谷地区较多采用的半挖半填式路基，易被水渗透侵蚀，在地震作用下易发生路面下沉、开裂和错台等严重破坏。灾区道路建设应避免半挖半填式路基。极险峻路段采用隧道方式穿越，以提高路线的安全可靠性。隧道虽然造价成本高，但抗震性能优于桥梁等地表构造物。隧道等地下工程结构相比地表构造物来说，其抗震性能更优。地下结构不但不存在地震放大效应，而且是减震结构，通过合理设计，地下结构所受的地震力小于地面结构所受的地震力。对芦山县震后路段损毁程度进行分级发现，极易受损路段大多是因崩塌飞石、滑坡等地质灾害造成交通阻断的桥梁路段，因此建议易受损路段的桥梁和地形陡峭处的道路改为隧道建设，提升路段的可靠程度，见图 5.3-15。

④ 完善交通疏解指引

芦山县道路分区采用不同的交通疏解模式。对外交通主通道采用“橄榄型”交通疏解模式，省道 S210 交通采用过境、镇村和旅游三种路线分离的模式，避免镇村与旅游观光车辆对主线交通的干扰。村组之间的险要路段采用混合组织的模式，以便快速通过，见图 5.3-16。

重点建设区按照城乡规划标准，合理规划机动车出入组织，主要交叉口进行渠化设计并设置人行横道。规划完善的区内道路系统，利用区内支路进行内部交通组织。地块交通出入口沿各支路设置，省道严禁随意增加机动车交通出入口，见图 5.3-17。优化治理区，综合整治旧村沿路交通开口，合理规划并适度保留交通出入口，交叉口间应保持合理间距，出入口设置指示标志、标线、标牌、人行横道。有条件的村庄可设置辅助村道，减少对省道直接开口数量，保障交通安全，见图 5.3-18。控制建设区应增设减速带，并适当增加公路交通指示标志、标线和标牌，布设过街人行横道，引导居民过街行为，预防和降低公路交通事故的发生，见图 5.3-19。

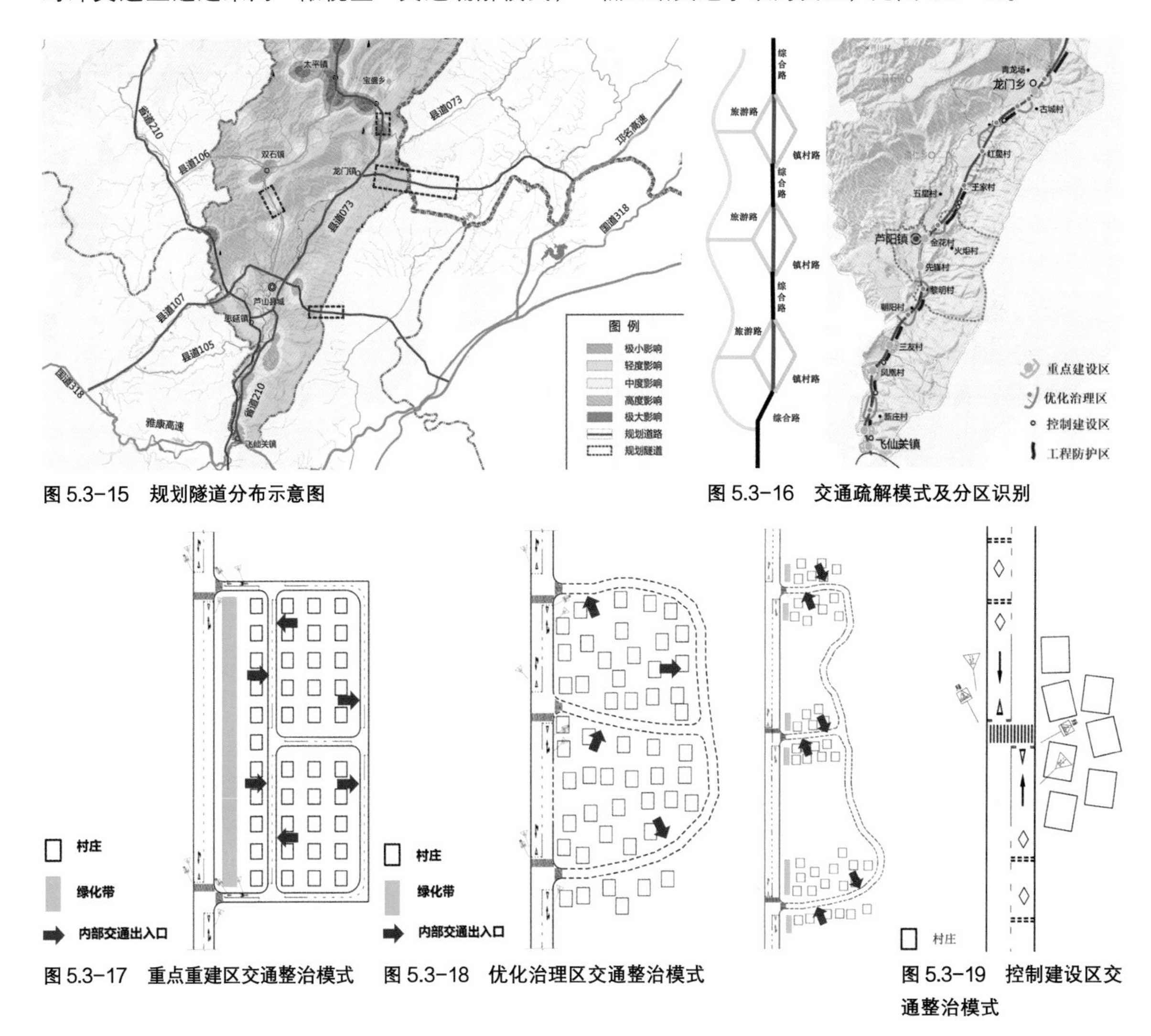

图 5.3-15　规划隧道分布示意图

图 5.3-16　交通疏解模式及分区识别

图 5.3-17　重点重建区交通整治模式

图 5.3-18　优化治理区交通整治模式

图 5.3-19　控制建设区交通整治模式

⑤ 加强交通安全防护

芦山县地质灾害类型主要有滑坡、崩塌、不稳定斜坡和泥石流四种类型。据统计，芦山县共发现地灾隐患点512处，其中崩塌201处(39.3%)、滑坡173处(占33.8%)、不稳定斜坡118处(23.0%)，地面塌陷2处(0.4%)、泥石流18处(3.5%)。芦山道路交通规划针对山区急弯、陡坡等险要路段进行了安全防护设计，见图5.3-20，主要措施包括：

a. 落石防护网：在边坡陡峭公路段，合理设置落石防护网，拦阻边坡落石、飞石，提高公路通行安全性。

b. 边坡围网：在边坡覆盖层易风化、坍塌公路段设置围网，增强坡体表层稳定性，提高公路通行可靠性。

c. 植物围网：在边坡植物遮挡路段，合理设置植物围网，保证行车视距要求，消除交通安全隐患。

d. 挡土墙及栅格：结合公路沿线边坡的类型、高度、地质条件等因素，合理设置挡土墙，增强道路边坡稳定性，提高道路应对自然灾害的能力，保障道路运行的安全性。

相关部门应依靠先进的科学手段，对地质灾害点实施监测预警。地质灾害易发区道路两侧设置防护栏及防护网，配合限速及警告标志，减轻地质灾害对道路的损坏，见图5.3-21。

⑥ 实施成效

a. 隧道建成通车

地处芦山、天全、雅安三地交界的飞仙关，被誉为川藏线陆地“第一咽喉”。飞仙关是西出成都，茶马古道上第一道关口。飞仙关隧道是国道318线灾后恢复重建项目中的一个重点工程，见图5.3-22。设计新建飞仙关隧道主要是为了避开原有道路上的多个地质灾害隐患点，使道路行车更顺畅，有效提高道路的通行能力，确保交通安全、畅通。飞仙关地区采用隧道方式穿越，以提高路线的安全可靠性，见图5.3-23。

b. 国道351作为芦山县对外的主通道

国道351线总长154.13公里，以雅安市天全县多功乡为起点，经芦山飞仙、思延穿灵关峡谷至宝兴，止于阿坝州夹金山垭口。2013年12月25日正式开工建设，2016年10月初完工并试通行，见图5.3-24。

国道351建成后，向北通往国道317线和省道303线，向南连接国道318线，与省道210共同形成宝兴、芦山通往雅安的安全快速的双向抗震生命通道，见图5.3-25。

c. 建成芦山交通环路，提高县域交通运行保障能力

利用国道351及省道210，形成环绕芦阳县城的外环路，分流过境交通，提高应急救灾保障能力，见图5.3-26、图5.3-27。

(9)构建安全韧性的市政体系，分阶段实施指导灾后工作

① 提升设施建设标准，构筑城乡公共安全格局

根据“4·20”地震后四川省地震动峰值加速度区划，如图5.3-28所示，提升县域市政设施标准，达到防震抗灾要求；提高生命线工程设防等级，建设多条对外生命通道，提升全县的综合抗灾能力；加强防灾减灾体系和综合减灾能力建设，提高县域灾害防御和紧急救援能力。

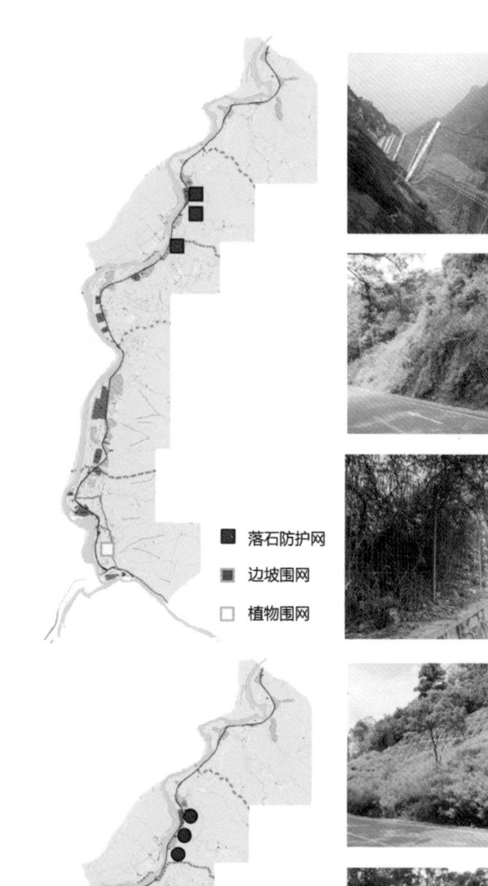

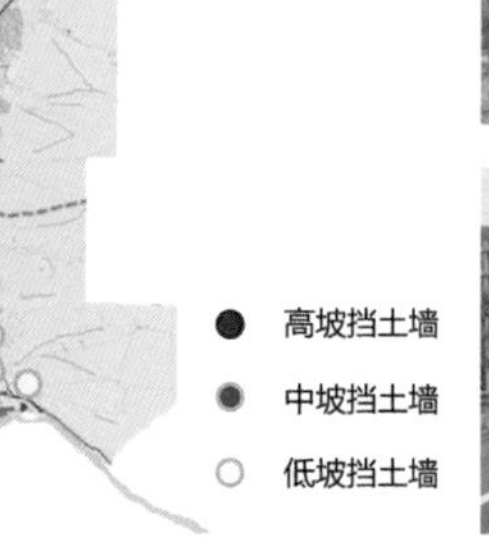

图5.3-20　道路防护点分布图

图5.3-21　安全防护区效果图

图5.3-22　飞仙关隧道线位

图5.3-23　飞仙关隧道实景

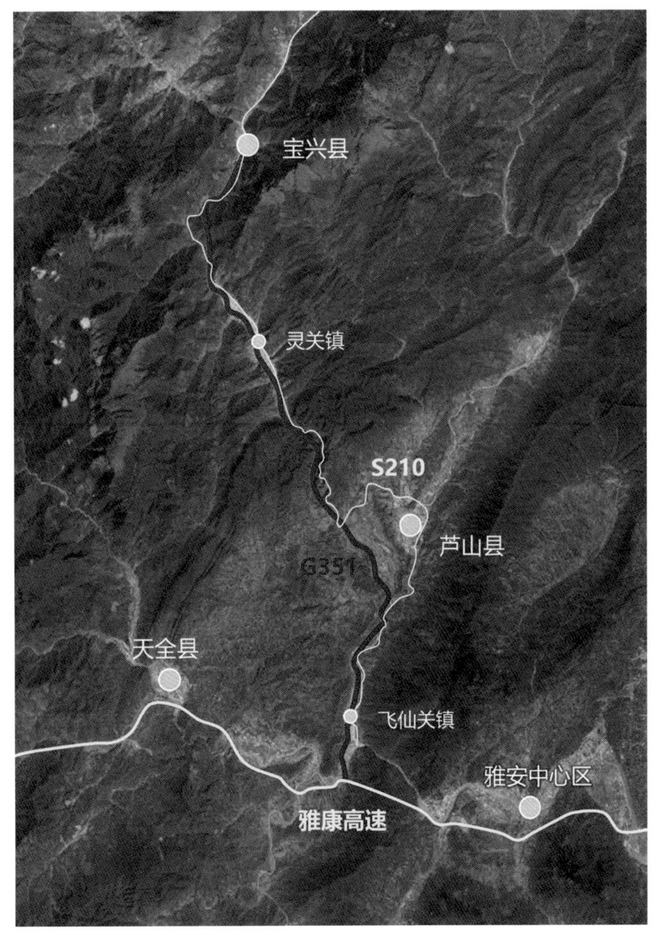

图 5.3-24　国道 351 线位图

图 5.3-25　国道 351 实景图

图 5.3-26　芦山交通环线位图

图 5.3-27　芦山交通外环实景图

对市政设施的灾害损毁情况进行评估分析，确定需要修复或重建的市政设施，按抗震要求进行修复、加固和重建，并达到灾前设施水平。新建设施系统分布根据城镇需求设置，设施系统选址应选择在地势平坦、开阔的地段，并避开断裂带、滑坡带等地质灾害易发地段以及易受雷击、洪水威胁的地区。中部和南部乡镇的设施按 8 度地震抗震烈度要求建设；北部大川镇风景名胜区设施按 9 度地震抗震烈度要求建设。

芦山县老城区的避震场所建设应纳入到老城区恢复重建的绿地系统规划、公共设施布局规划中。结合芦山县各乡镇公共设施建设（学校、体育场馆、文化场馆），不断完善芦山各乡镇的避震场地建设。芦山县各村应依托农村社会服务中心设置相应的应急避难场地。避震场所建设还须考虑场地条件、生活设施配置、生活物资储备和安全防护等技术要求。

利用“一纵四横两环”的县域公路网主骨架作为应急救灾通道。一纵为由省道 S210—县道 X073—县道 X074 组成的南北主通道。四横为省道 S210、芦名路、芦夹路和芦邑路。省道 S210、芦名路也是天全、宝兴县方向的应急救灾通道。每个乡镇至少保证两个以上的公路出入口，且等级不低于三级公路；县道以上公路达到三级以上技术标准，采用高级路面；县城到达县域所有乡镇区不超过 2 小时。各村设置村道连接公路主骨架通道。

② 抓住重建契机，补足灾前市政设施欠账

a. 供排水工程

芦山县各乡镇新建水源需与农业用水充分协调，逐步取消季节性变化较大、水源保障率低的山溪水水源，以水质良好、水量充沛的河流作为供水水源。根据山区地形的变化及村落分散的特点酌情选取备用水源，划定水源保护区，落实水源保护相关标准，建立水源监测体系，各乡镇建立水质监测中心，在线监测水源水质。整合乡镇水厂，实行集中供水，提高建设管理水平。根据不同水源水质，选取切实可行、运行稳定的制水工艺，配备符合相关规定的水质检测设备，确保出厂水质可知、可控，全面达标。供排水设施布局如图 5.3-29、图 5.3-30 所示。

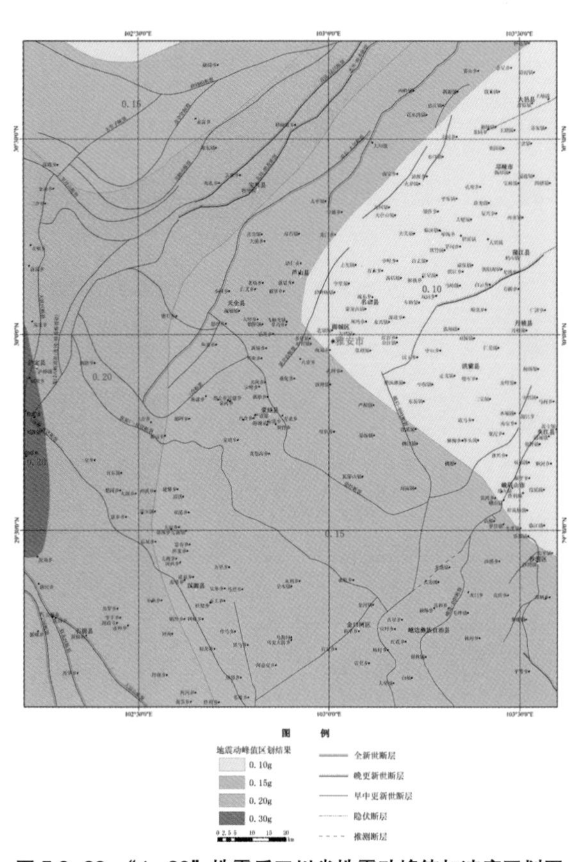

图 5.3-28 “4·20”地震后四川省地震动峰值加速度区划图

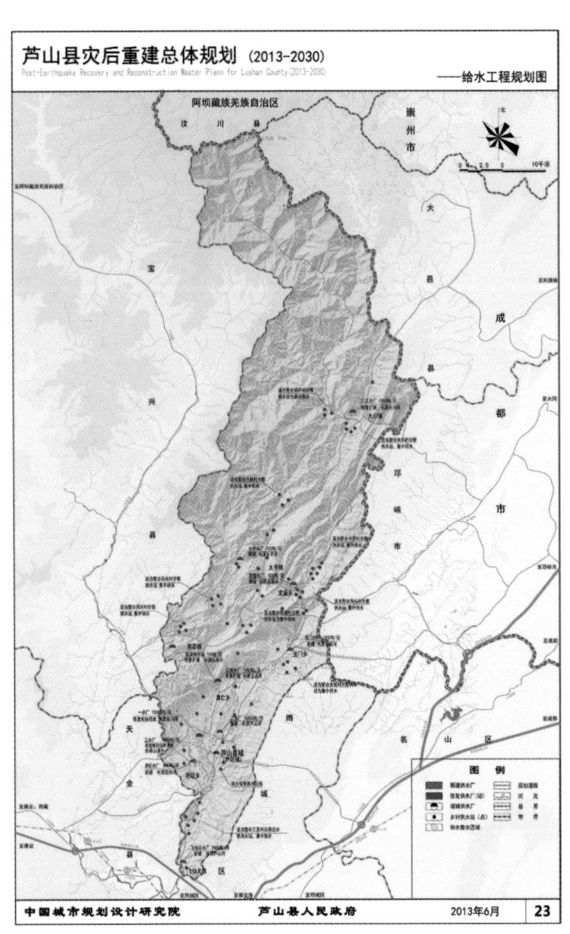

图 5.3-29 给水工程规划

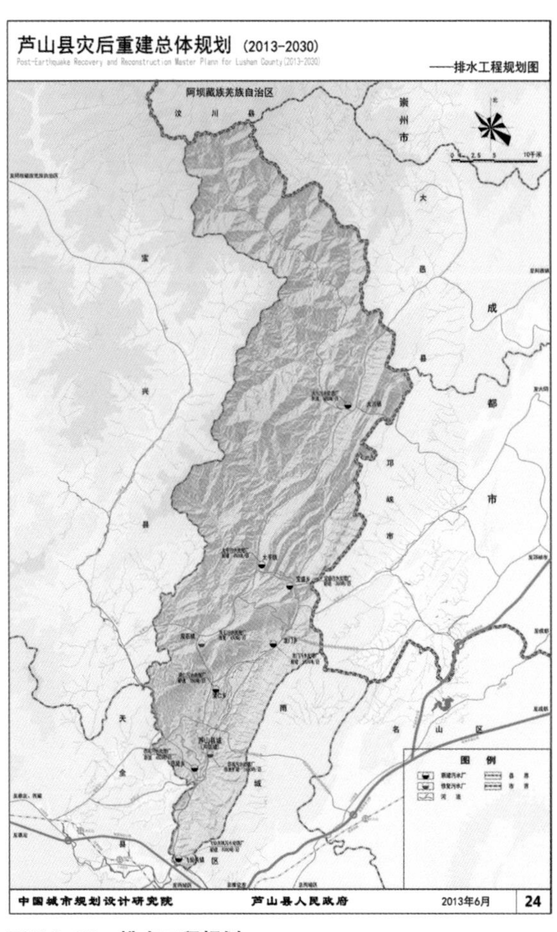

图 5.3-30 排水工程规划

b. 电力工程

规划建议新建1座220千伏芦山变电站、1座110千伏大川和1座棕树坪站，满足对大川、太平、龙门以及双石等乡镇小水电自供区的电网全覆盖。原定于龙门乡设置1座1000千伏雅安变电站。鉴于芦山县地质条件复杂，建议有关部门从雅安市域空间层面重新考虑，对该站另行选址，并对新选站址进行前期灾害评估论证工作，电力设施布局如图5.3-31所示。

c. 通信工程

规划建议根据雅安市现有通信资源，综合未来通信技术应用发展，结合雅安市政府“智慧城市”规划蓝图，按照高起点、安全高效的原则进行恢复建设。结合新县城电信中心局机楼的加固修复，重建完全损毁的老县城电信中心局。新建移动通信机楼、联通通信机楼，进一步提升受灾地区无线通信能力水平，对现状受损移动基站进行修复或异地重建，通信设施布局如图5.3-32所示。

d. 燃气工程

规划建议县城、飞仙关镇、清仁乡、龙门乡、思延乡、双石镇积极推广使用天然气，其他一般乡镇采用瓶装液化石油气、电能和煤炭等相结合的燃料供应方式，农村地区大力发展沼气。

e. 环卫工程

在对需要处置的地震建筑废墟数量进行评估基础上，规划提出建筑废墟清理处置方案。优先考虑建筑垃圾的资源化利用，如可用作回填土、混凝土填料、铺设道路。非资源化利用的建筑废墟处置场所选址要求对环境和生态不造成重大影响，可采用填埋或者堆山处理建筑废墟，堆放地点尽量选择山沟、低洼荒坡等对环境影响小的地段。生活垃圾收运按照“户集、村收、乡运输、县处理”的模式，实行转运为主，直运为辅的方式，燃气及环卫设施布局如图5.3-33所示。

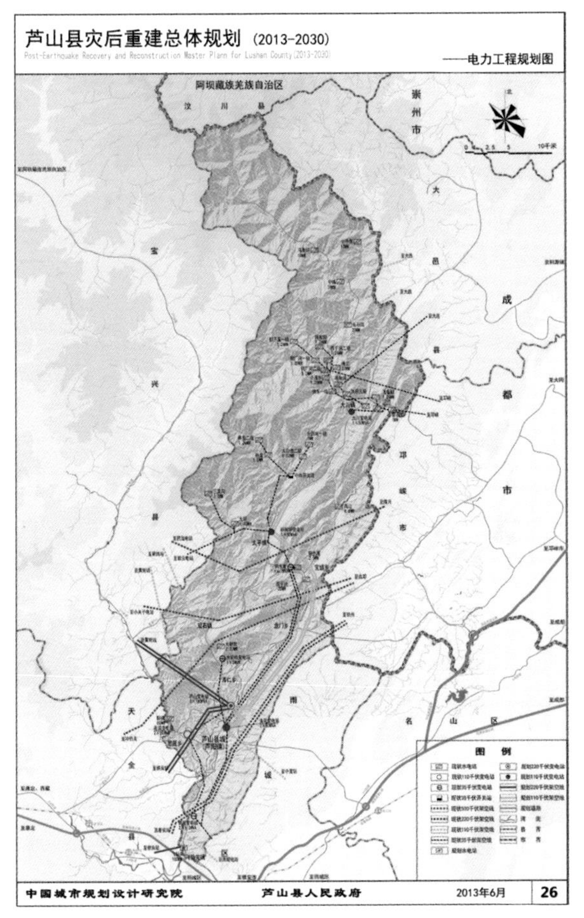

图5.3-31　电力工程规划

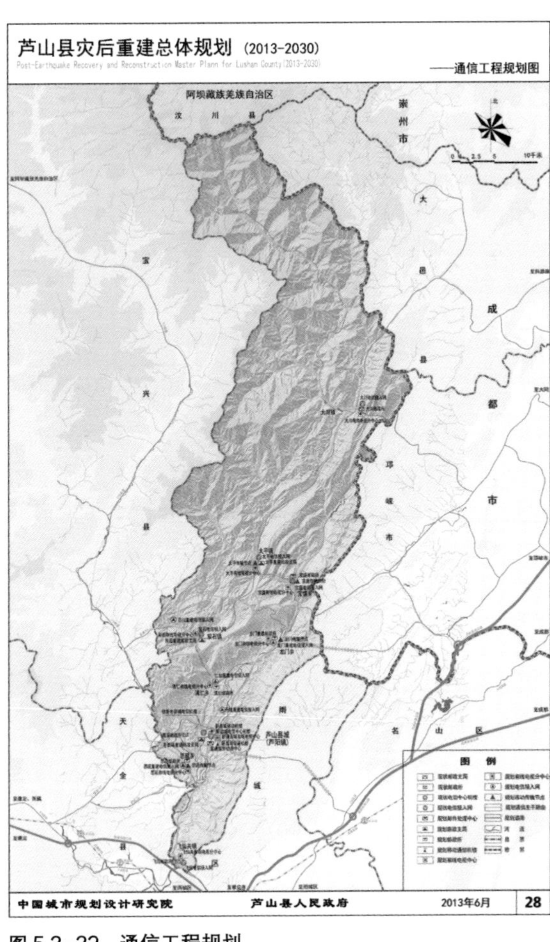

图5.3-32　通信工程规划

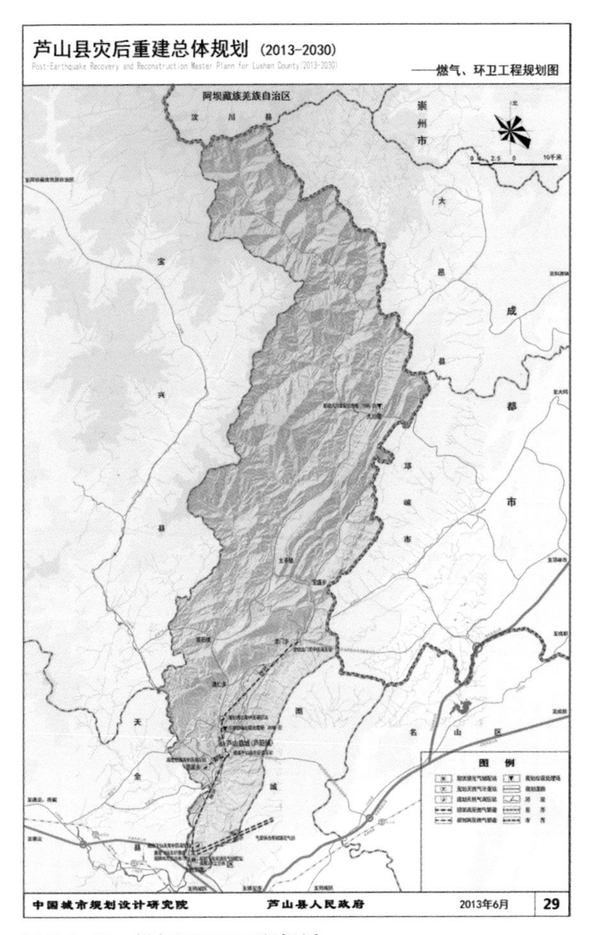

图5.3-33　燃气及环卫工程规划

③ 近远期结合，近期修复受损设施，远期提升服务水平

a. 供排水工程

按照近远期相结合原则，近期恢复损坏的供水设施及管网，远期提高标准建设供水设施。

恢复阶段通过维修修复、重建受损的设施，同时填补建设空白。各场镇水厂集中供水系统，水质检测常规 42 项，场镇水质达标率 100%；完善飞仙关镇、大川镇、太平镇、宝盛乡、龙门乡、清仁乡、太平镇 7 个场镇的污水处理设施，县城及乡镇污水处理率分别达 70%、50%。

结合长远发展，在市政设施灾后恢复的基础上完善、整合，提高建设标准，提升服务能力和运行管理的整体水平。适当整合相对分散的村级供水设施。各水厂建设水质监控室，以场镇为单位建立水质检测中心，建立供水应急抢险队伍，全县域供水水平全部达到国家标准。各村及分散的点源污染建设小型污水处理设施，县城及乡镇污水处理率分别达 95%、70%。

b. 电力工程

近期以修复受损电力设施及网络为主，远期优化电网结构，提高供电可靠性和安全性。合理控制开发水电站，除在建的飞仙关和张家嘴两座水电站外，其余区域应控制水电开发。地震中、轻微受损电站，宜加固维修；受损严重的水电站，宜进行经济和环境影响比较分析后，再确定是否重建。

重建阶段全面恢复灾区电力建设，提高电力供电可靠性，充分满足乡镇用电的需求，提高电网的抗灾能力，重点完成以下工作：重建 110 千伏金花站、35 千伏大岩石变电站；更换 35 千伏棕树坪和响水滩站的所有受损设备，恢复供电保障能力至震前水平；完成 10 千伏备用变配电所、线路等基础设施的建设，加固变配电设备基础构筑物、杆线，提高抗震能力；进一步加强农网改造，提高小水电自供区百姓用电。

提升阶段根据灾后城乡建设和产业布局规划，进一步完善电力设施，提升电网供电能力，满足经济社会恢复重建的用电需求，重点完成以下工作：新建110千伏大川站和棕树坪站，全面完成对小水电自供区的农网改造；新建 220 千伏芦山变电站输送线路，提升全县 110 千伏电源支撑能力；完善中压系统建设，县城、场镇实现环网供电。

c. 通信工程

重建阶段全面恢复灾区有线、无线、有线电视、邮政设施的建设，充分满足人民群众通信的需求，提高通信网络的抗灾能力，重点完成以下工作：重建老县城电信机楼，改为核心接入网；重建龙门、仁加、升隆、思延以及西川等 5 座户内电信核心接入网机房；重建龙门、宝盛、太平等 3 座有线电视二级机房；新建龙门、宝盛、太平、思延等 4 座移动传输中心节点机房；重建太平、双石和北街 3 座邮政支局，以及龙门邮政所；新建思延、清仁、宝盛等 3 座邮政所；完成各运营网络备用机房、管道基础设施的建设，加固机房，提高抗震能力。

提升阶段根据灾后城乡建设和产业布局规划，进一步完善通信设施，网络趋于完善，满足经济社会恢复重建的通信需求。重点完成以下工作：优化调整本地传输网络结构，提升传输网络的抗灾能力及安全性，各乡镇网络均多路由接入，重点站点成环建设；新建移动通信机楼、联通通信机楼，进一步提升受灾地区无线通信能力水平；新建县城有线电视中心，并于各乡镇新建 1 座有线电视分中心，全面完成广播电视数字化，实现全县广播电视节目高清播出；建设移动应急广播播出系统和城市公共应急电视信息发布系统，全面提升广播电视应急能力；重建沫东邮件处理中心，加强全县邮件处理能力。

d. 燃气工程

近期以修复受损燃气管网设施为主，远期优化管网结构，进一步提高天然气气化率，提高管道燃气可靠性和安全性。为提高城镇环境质量，减轻大气污染，节约高效利用能源，统筹考虑县域城乡燃料结构，全面使用清洁环保燃料，大力发展天然气、液化石油气和沼气等高效、清洁能源。

重建阶段全面恢复县城、双石、清仁管道用气，开通飞仙关管道用气，进一步提高管道燃气抗灾能力，重点完成以下工作：重建县城天然气门站和飞仙关至县城门站的高压燃气长输管线；完成县城、清仁、双石镇的中压燃气管道和入户管道设施的建设，加固燃气调压装置，提高抗震能力；续建飞仙关调压站及其中压管网系统。

提升阶段根据灾后城乡建设和产业布局规划，进一步完善燃气设施，满足经济社会恢复重建的用气需求。重点完成以下工作：重建飞仙关

计量站，新建雨城莲花气田至飞仙关计量站复线，进一步保障天然气气源供应；新建清仁、龙门、思延等3座调压站及其中压管网系统，进一步扩大全县天然气气化率；进一步完善中压管网，保障居民的用气安全。

e. 环卫工程

近期根据损坏程度，何家湾生活垃圾处理场可以通过措施进行修复，继续正常使用，公厕等环卫设施需及时抢修重建，垃圾桶、环卫车辆等环卫设备需及时补充。同时建设各乡镇的垃圾转运站，完善环卫设施。

根据远期发展规划和预测结果，修复并扩建何家湾生活垃圾处理场，使其满足芦山县生活垃圾处理需求。大川镇距离县城较远，规划新建大川生活垃圾处理场，满足大川镇垃圾处理需求。

四、“三点一线”——深入人心的蓝图

按照国务院重建总体规划和四川省重建专项规划等要求，依据芦山地震灾区地灾评估、资源承载力评价相关成果，针对灾后暴露出的问题，芦山的灾后恢复重建在县域层面重点强调了城乡人口布局调整、产业布局优化、空间结构调整、交通基础设施完善等内容，搭建了芦山县灾后重建的基本骨架。在县域城乡体系规划调整的基础上，结合交通区位、资源本底等发展条件，与灾后重建项目安排紧密衔接，明确提出灾后重建的重点。

在研究县域空间布局调整的过程中，工作组发现灾后重建的资金是有限的，如何在近期为芦山的灾后重建和发展提供快速有效的途径，需要识别出更为突出的重点空间。在全县城乡空间体系中，见图5.4-1。依据资源承载力、生态文化本底、区位条件、恢复重建系统要求和地方发展意愿，规划筛选出“三点一线”（县城、飞仙关镇、龙门乡和飞仙关－县城－龙门道路沿线）作为灾后恢复重建工作的重点。自此，指导芦山县灾后重建工作的建设规划体系基本形成，见图5.4-2。

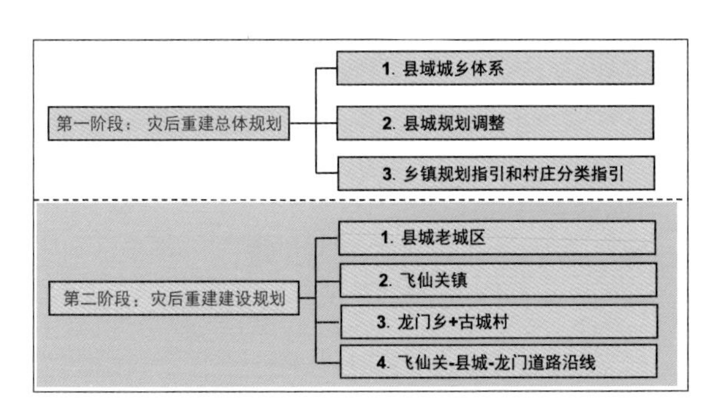

城乡体系、总体规划 + 三点（一城、一镇、一乡）、一线

图5.4-1　芦山县灾后恢复重建建设规划体系示意图

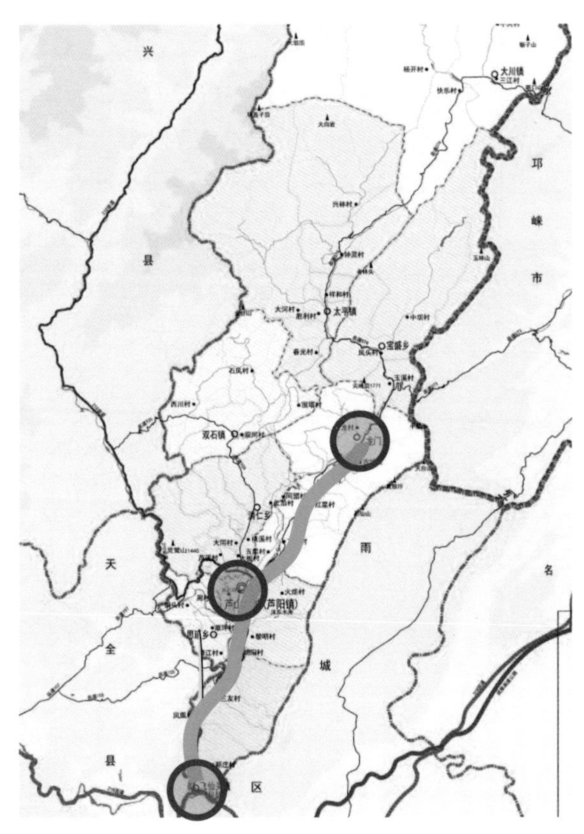

图5.4-2　“三点一线”位置示意图

1. 三点一线的由来

“三点一线”的选择是系统思考而形成的，最早是在“4·20”地震刚发生时，中规院李晓江院长和四川省住建厅邱健总规划师在第一时间进入灾区调研后首次提出的，当时还是靠着李院长和邱总多年的规划直觉，初步识别出灾后重建的重点，随着芦山历史文化、生态本底、灾损评估、民意调查等一系列工作的展开，这一思路在项目组内逐渐清晰明确，如图5.4-3所示。

在芦山县地震发生之前的规划中，除了县城、龙门、飞仙关，同时也将北部的大川镇作为发展的重点，通过现场的踏勘调研，工作组发现一方面大川镇的生态旅游资源虽然很丰富，但交通条件较为困难，缺少高等级的对外联系通道，北部虽然有小路直接联系成都平原，但很难形成大的通道，需要绕道飞仙关或龙门才能联系雅安，经过工作组与地方各级政府的多次讨论，将大川镇从近期灾后重建的重点中移出，远期条件成熟时再进行旅游开发。

在2014年7月10日住房和城乡建设部召开的芦山灾后重建规划全国专家咨询会，以及7月24日四川省重建委的会议上，工作组将“三点一线”的初步规划成果和芦山县灾后恢复重建建设规划一起进行了汇报，专家和领导都一致认为将“三点一线”作为灾后重建的重点是科学合理的，工作组也对选择将“三点”和“一线”作为重建重点的理由进行了系统化总结。

（1）三点

三点包括县城、飞仙关镇和龙门乡，是整个芦山县历史最为悠久、现状建设相对密集、产业相对发达的地区，同时也是经过地质灾害评估，未来灾害发生可能性相对较小、较为适宜建设的地区，因此，从芦山全县的历史传承和整体发展考虑，规划建议将全县人口尽量往三点进行集中布局。

县城：从芦山的发展历史脉络来看，县城一直是芦山的政治、经济、文化等服务中心，也是县域内人口规模最大、服务功能最完善、辐射功能最强的城镇，甚至可以辐射到整个雅安北部地区。在整个芦山县域灾后重建规划体系中，芦山县城是县域灾后重建公共服务、原材料配送、基础设施保障等重建工程系统服务基地，同时也是整个芦山县中南部平坝地区城乡统筹的核心和城镇化的主战场。

飞仙关镇：飞仙关镇自古就是西南地区进藏通道和雅安进入芦山宝兴地区的重要门户和枢纽，被誉为“西出成都，茶马古道第一关”，历史上是“茶马互市”的重要集散地。飞仙峡也一直以

险要闻名于世，沿线的318国道也经常因为滑坡、落石等原因而断道，交通廊道的“蜂腰”特征十分明显。在雅安市灾后重建规划体系中，飞仙关镇是整个天芦宝地区的重要“约束点”，和对岸的天全县多功镇形成一体化的整体发展格局。

龙门乡：龙门乡是本次芦山“4·20”地震的震中所在地，也是本次灾后恢复重建中乡村重建的代表，相比于其他重点镇，龙门乡的场镇驻地较小，更多以乡村聚落的形态存在，而且由于紧邻震中，村庄破坏程度较大，因此，加固维修、就地重建、异地新建等形式都存在，成为其他受灾地区乡村重建的学习样板。

（2）一线

在县域“一轴四带”的空间骨架中，能够有效兼顾交通、功能、景观等方面的，只有飞仙关镇至县城至龙门乡一线的发展主轴，其他轴带的复合功能相对较弱，而且在近期仍以完善交通功能为主。飞仙关至县城至龙门沿线既是规划的芦山县域发展主轴的一部分，也是贯穿县域南北的唯一通道，全县人口集中的城镇、主要的历史文化资源、相对平坦的可建设用地都集中在这一线地区，将成为体现芦山灾后重建城乡风貌与交通整治的最大亮点。

第一，芦山县主要的产业均沿一线道路的两侧布局，包括3个工业集中区、2个文化产业园区和1个物流服务站，也是历史文化资源最为集中的区段，是发展旅游产业的重要空间。

第二，芦山全县山势起伏，深谷陡壁多，可建设道路的通道少，造成长期以来对外交通主要依靠省道S210，而县域内部南北方向的联系则主要依靠一线的省道210、县道X073和X074。

第三，飞仙关至县城至龙门沿线串联一系列人工景观与自然景观，道路两侧在20世纪80年代开始还种植了大量的水杉、银杏等行道树，沿线山体、水系、农田、林地交汇，形成典型的山水田园风貌与城镇风貌相间的特征。

2. 三点一线的意义

将“三点一线”作为重点地区进行规划、设计和建设，其他地区重点考虑民生设施建设，经过灾后恢复重建的实施和检验，证明是科学合理的，其最大的意义是避免灾后恢复重建出现四处开花、缺乏特色的局面，也是坚持“以人为本、尊重自然、统筹兼顾、立足当前、着眼长远”灾后恢复重建指导思想的重要体现，为提升芦山的高质量发展和高品质生活奠定了基础。

（1）有效保障了灾后恢复重建项目库的实施

面对纷繁庞杂的灾后重建项目库，工作组通过对“三点一线”重点地区的建设项目进行识别和深化，协助芦山县灾后重建委员会对各种途径报上来的重建项目区分轻重缓急，并及时反馈到四川省重建委，对灾后重建资金的使用提供了有效的建议和参考。

同时，工作组在现场驻地服务的过程中，协助当地政府制定了“三点一线”的重点项目战略布局图，见图5.4-4。侧重城乡住房、公共设施、道路交通、市政设施与防灾减灾，同时兼顾历史文化与产业发展。这种项目库+布局图的“一图一表”模式，为灾后重建的快速实施提供了保障。

（2）强化了灾后重建规划建设过程的协调管理

政府各部门之间的协同、各级地方政府之间的协同是灾区恢复重建规划的重要方面，实施过程中碰到的大量的矛盾和问题，当地政府和驻地工作组都要以“三点一线”恢复重建规划为基本依据，按照一定的程序加以处理解决，在坚持维护公共利益的同时，切实保护相关利益主体的合法权利，使规划建设工程建立在各方利益充分协商协调的基础上，加快推进，特别是保障住房、学校、医院等重大民生设施的落地和施工，使灾区百姓感受到党和政府的担当。

芦山县坚持规划引领的原则指导恢复重建。在灾后恢复重建过程中，先后聘请中国城市建设规划设计院、四川省城乡规划设计研究院、四川省建筑设计院、西安建筑科技大学、哈尔滨工业大学、重庆大学等多家国内一流规划设计团队。按照创新、协调、绿色、开放、共享的发展理念，将新技术、新材料、新标准融入规划设计，大到全县的城镇体系规划，小到一个聚居点的详细蓝图，都经过反复论证修改，最终完成县城和9个乡镇、40个聚居点以及中国乌木根雕艺术城、芦山产业集中区、现代生态农业示范园和旅游发展总体规划等各类专项规划。

（3）保障了芦山灾后重建之后的长远可持续发展

“三点一线”是芦山县人口最为集中的地区，同时也是民生设施和产业发展的重点，在芦山灾

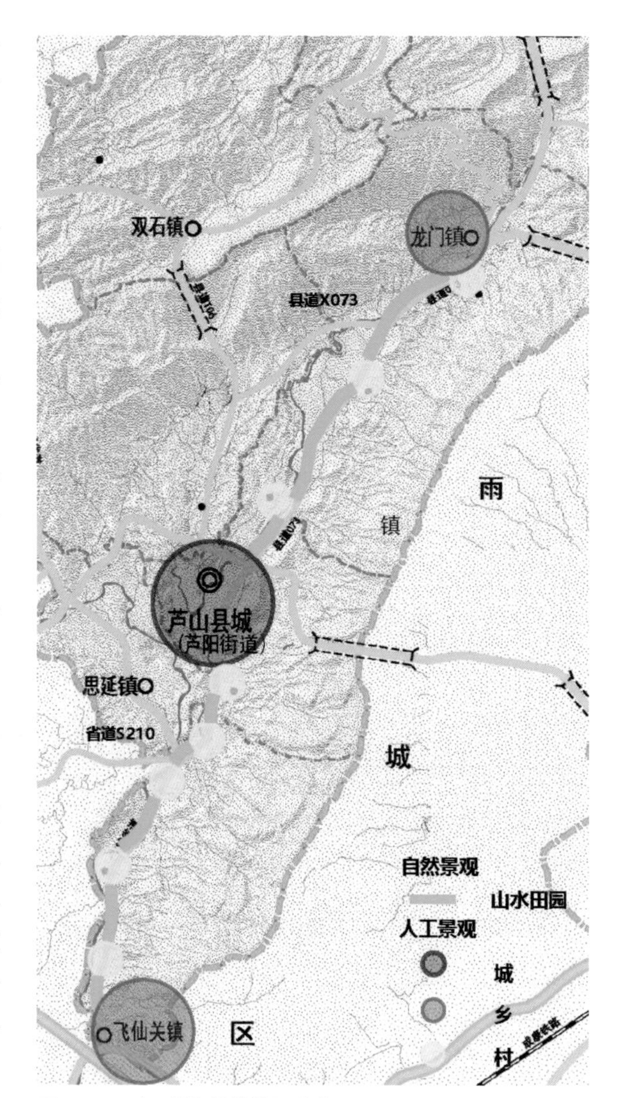

图5.4-3 “一线”沿线资源分布图

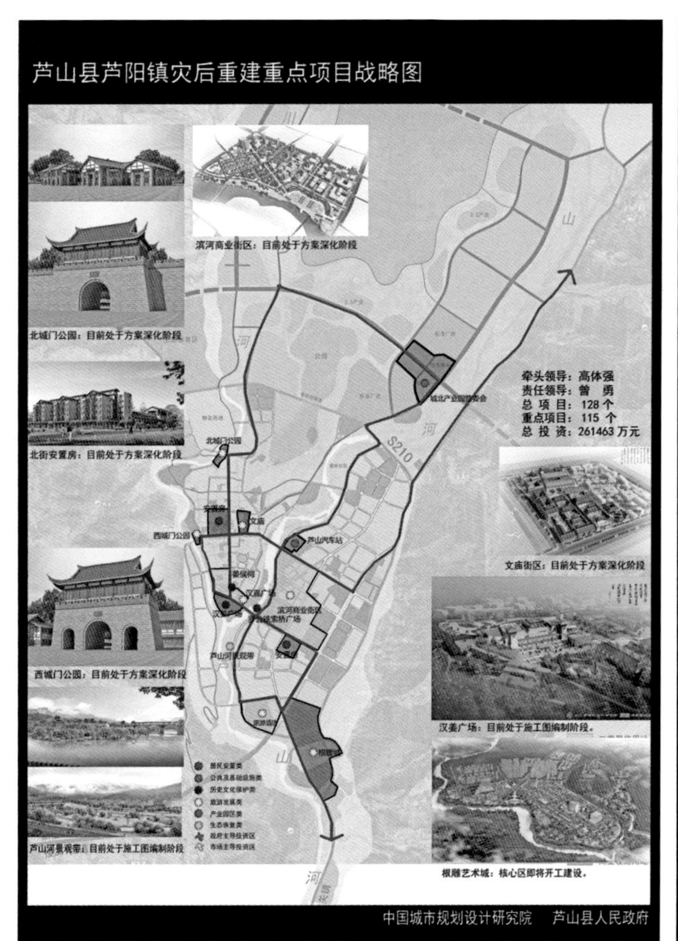

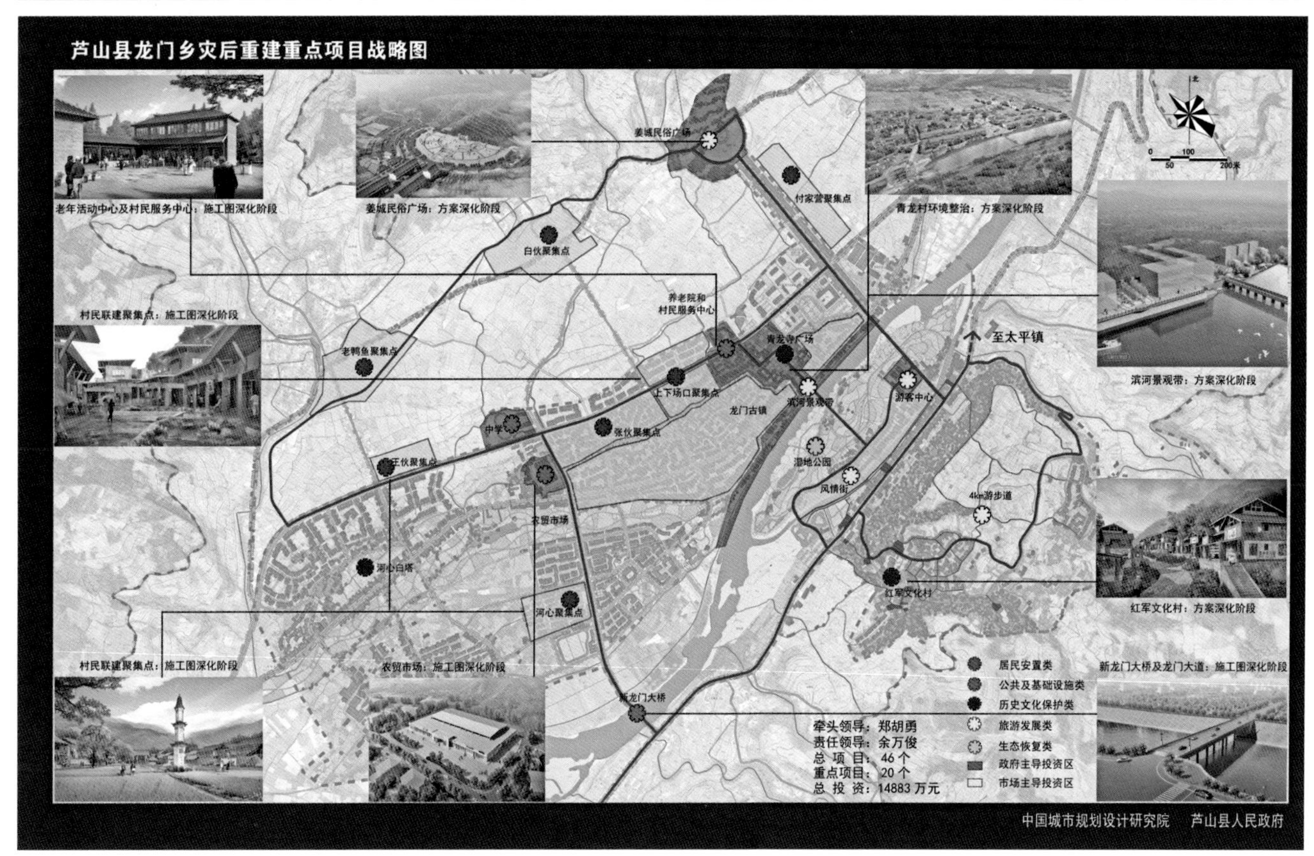

图 5.4-4 “三点一线”重点项目战略布局图

后重建的过程中，始终将保障和改善民生作为恢复重建的根本出发点，最大限度集中资源推进民生项目建设，城乡居民住房、公共服务体系恢复重建进度始终快于灾后重建平均进度，让灾区群众尽快享受到了灾后重建成果，民生事业的发展，安定了人心，稳定了社会，种下了希望，为灾后重建顺利推进营造了和谐环境。

与此同时，产业发展是灾后恢复重建的重点，是灾区化危为机、发展振兴的关键，考虑到芦山的生态敏感条件，规划结合灾后恢复重建工作，引导现有受损分布零散的重建企业向园区集中，并逐步提高产业准入门槛和环保控制要求，推动了芦山的产业转型发展。以农产品加工推动农业规模化经营，以特色农业推动品牌建设，通过一、二产业链的垂直整合，以市场导向、技术指导、风险分担、利益分享等联动机制，提升农业发展的稳定性和技术性，推动农业现代化发展。同时，在明确旅游业的先导和主导产业定位基础上，对芦山的经济发展模式相应作出重大调整，摆脱传统旅游业的发展模式，从旅游业的纵向延伸和横向融合，从自身旅游发展条件来寻求未来可能的产业发展潜力区，扩大产业面、延伸产业链，形成产业群，强调旅游富民功能的带动，大力发展特色种植养殖业、传统手工业、地方餐饮、演艺娱乐和特色旅游住宿产业（家庭旅馆）等重点关联性产业。

最后，结合灾后恢复重建居民安置工作，在“三点一线”地区还加大针对劳动力密集产业的招商引资工作力度，满足灾后安置就业需求。

3.“三点一线”的重建要求

（1）三点

县城：从长远来看，芦山县城不仅是芦阳镇驻地的扩展，还将是整个芦山县中南部平坝地区城乡统筹的核心，因此，考虑到县城山水环境的整体控制要求，规划建议适度扩大了县城的规划区范围，保证县城周边可建设用地和山体景观资源的统一规划管理。同时，对县城内的老县城、新城区、城北产业园等不同特征的发展组团提出了差异化的发展指引，见图 5.4–5。从长远发展的意义来看，县城的灾后恢复重建首先应以建设具有小康生活品质的宜居城市为主要目标，同时兼顾旅游产业的发展。

首先，在恢复原有商业街道的基础上，营造更多高品质的商业空间，包括传统院落和街巷的恢复、市政设施的完善与提质、穿城交通的疏解和控制；其次，加大了县城老城区公共配套设施的建设力度，结合拆迁改造项目，在发展旅游设施的同时，兼容布置部分居民生活配套设施；再次，结合拆迁改造，完善市政设施布局，建立集中的垃圾、污水处理系统，同时也将促进老城旅游品质的提升。同时，县城的灾后重建构筑了满足本地生活和旅游发展的兼容型空间环境，将本地居民生活与旅游发展结合起来，使居民就成为旅游资源的一部分，构建了承载历史传承、凸显地域特色的文化氛围，形成具有芦山地方特色的旅游休闲空间。芦山县城的旅游发展将与周边成都、雅安等已经具有一定基础和影响力的旅游景区结合起来，随着交通条件的改善，组织成一体化的旅游线路。

飞仙关镇：在规划的其他进入芦山通道没有打通之前，飞仙关镇是整个芦山灾后重建体系的难点。既要解决当前进出芦山的交通问题，又要兼顾改善区域交通（318 国道部分改线、新增 351 国道）的责任，既要解决灾后村民安置和飞仙关库区移民的双重问题，作为进入灾区门户，又要展现灾后重建效果的形象。因此，规划近期以实现交通完善、功能提升及文化保护的整体联动为重点，不仅改善居民的生活条件，而且赋予门户场镇新的旅游价值，成为重建中最具特色的“明星小镇”。

通过高效整合现有工业入园、重点发展现代工业和旅游业、扶持特色农业、促进商贸物流和农副产品加工业等产业发展调整措施，突出飞仙关镇历史文化名镇整体打造，发掘茶马古道的保护意义，飞仙关镇将成为芦山县域南部经济板块的重要节点，以旅游、工业、商贸为主的二级城镇，也是川藏线茶马古道文化体验旅游地。北部的老君溪南北两翼发展镇中心，南部充分发挥其地理位置优势，重点突出该区的旅游接待功能，打造飞仙关驿旅游风情区，见图 5.4–6。

龙门乡：龙门乡是芦山县域中北部的中心和南北发展主轴上的重要节点，同时，依托龙门山区旅游环路和规划的龙门—天台山快速交通走廊，与邛名高速相连，可以融入环成都的旅游体系中。近期重点围绕场镇功能的提升，在“5·12”汶川地震重建成果的基础上，整合周边

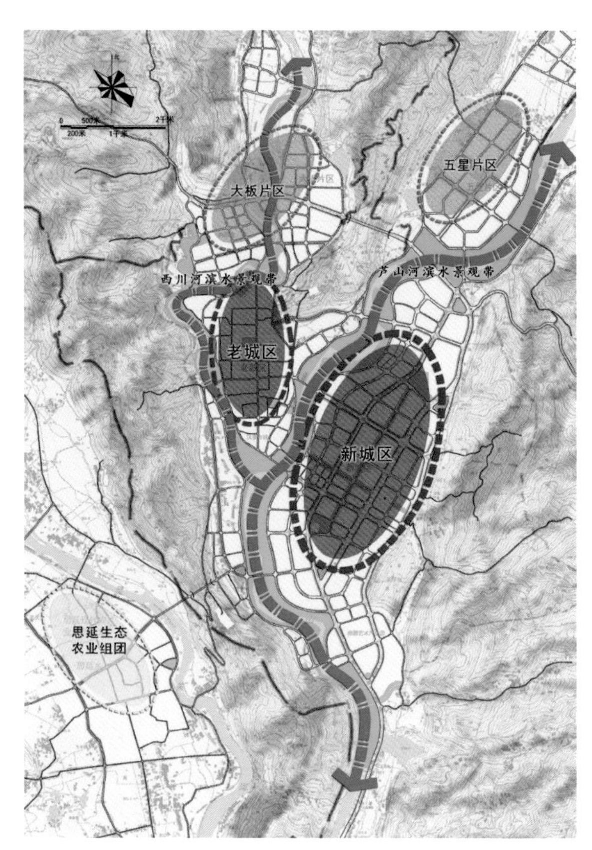

图 5.4–5　芦山县城规划布局结构图

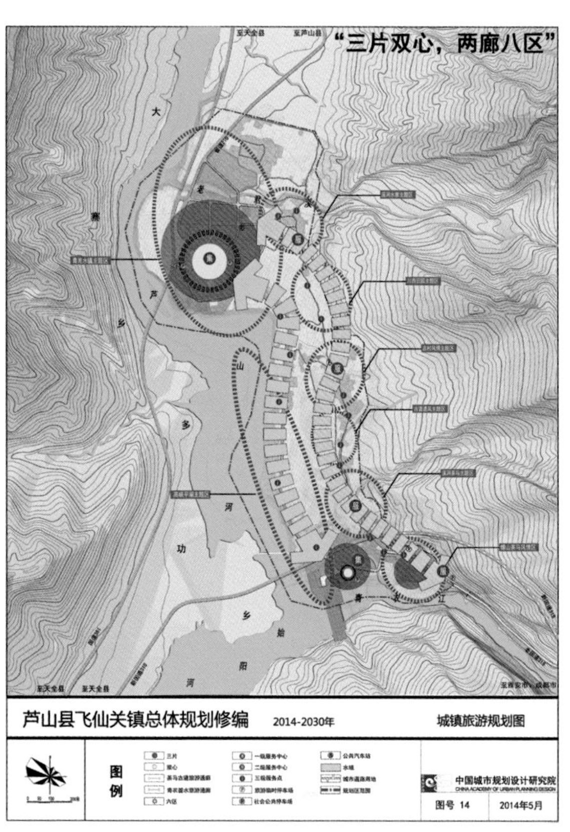

图 5.4–6　飞仙关城镇旅游规划图

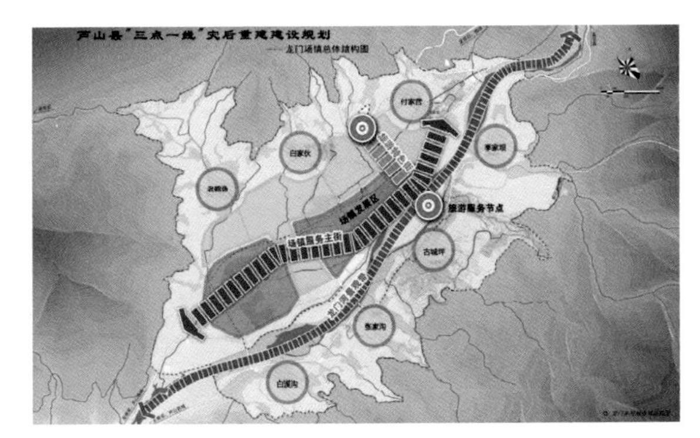

图 5.4-7　龙门乡场镇规划结构图

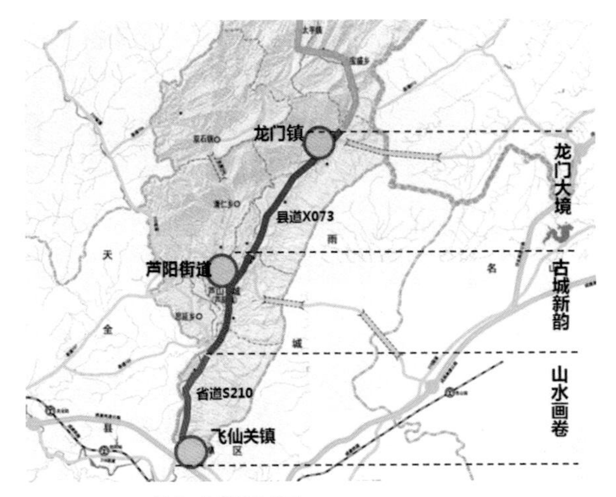

图 5.4-8　一线"分段指引图

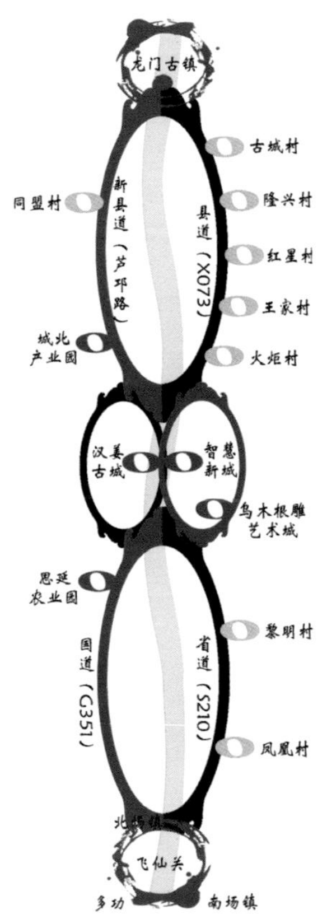

图 5.4-9　重建实施方案"1328"工程分布图

乡村居民点，挖掘人文资源，提升服务功能和环境品质，全面带动县域北部地区发展。

龙门场镇作为芦山县重要的城镇化空间载体，为吸纳周边农村人口进入城镇提供空间，从长远来看，龙门乡将成为中国灾后恢复重建典范小镇、龙门山生态旅游带的南部支点、芦山中部经济区的发展中心、宜居宜业的综合型场镇、社会主义新农村示范区，见图 5.4-7。

（2）一线

一线包含了城镇联系、旅游通道、产业集聚、景观廊道等多种功能。通过道路交通的重新组织和重点环境整治，推动基础设施完善，引导旅游和产业发展，成为芦山县域重要的景观和旅游走廊，见图 5.4-8。

飞仙关至龙门段位于县域城镇联系轴的南段，直接串联县域南部最为主要的三条空间发展带。该段是联系南部历史文化风貌旅游发展区和中部地质地貌科考及文化旅游发展区的重要通道，北端直接延伸至雪山林地生态旅游发展区，是区域重要的旅游通道，同时也是芦山县重要的产业发展廊道。

4."三点一线"的实施效果

回过头来看，规划当时提出的四大战略和城乡空间结构调整目前虽然并未完全得到实施，例如加快山区村庄人口向县城和场镇转移的要求，在实施过程中由于村民意愿、搬迁经费等原因，没有达成共识，需要结合城镇化进程逐步实现。但灾后重建重点"三点一线"的提出和有效实施，在短时间内取得了良好效果，为灾民重建家园迅速恢复了信心，在后续灾后恢复重建的过程中，"三点一线"逐渐转变成了一个个具体的实施项目，灾后重建建设规划阶段提出的这一重点工作纲领，对保障灾后恢复重建的顺利进行，起到了至关重要的作用。

在具体的实施过程中，芦山县委、县政府依托规划中提出"三点一线"战略，提出全县重建实施方案，概括来说就是"1328"工程，即"一线三镇两园八村"。其中一线是飞仙关至龙门的芦山河两岸环线公路，三镇是飞仙关镇、芦阳镇和龙门乡，两园是城北产业园区和思延农业园区，八村是飞仙关至龙门场镇沿线的八个幸福美丽新村，见图 5.4-9。

（1）芦阳镇（县城）

整治两河、拓展两道、建设三山、打造五区（包括城北产业园和思南农业园），建成生态文化旅游融合发展示范区。

① 两河——芦山河、西川河。

如图 5.4-10、图 5.4-11 所示，整治芦山河、西川河，目的建成以芦山人文特征为主题的城市亲水生态廊道。采用人工岸线与自然岸线相结合的方式，保护生态湿地，增加滨江公共开放空间，统一沿江建筑与滨河两岸风格，重点布局河流及沿岸生态建设，打造成为风景宜人的"生态景观轴"。

② 两道——芦山路（S210 城区段）和芦滨路（滨江大道）。

两道建设之一是，改造城区外环路为一级公路附带完整的截洪沟。借助道路改造和截洪沟建设，把芦山路打造成为省道 210 线上标志性景观大道和门户大道。二是，结合芦山河的亲水生态廊道建设，建设一条滨水休闲的景观大道，提升滨水空间活力和商业价值，吸引更多居民和公建依托滨江大道布局，见图 5.4-12、图 5.4-13。

③ 三山——罗纯山、龙尾山、佛图山。

利用罗纯山、龙尾山、佛图山风景名胜旅游资源和山川、溪流等良好生态资源，把"三山"建设成游客观光旅游、市民休闲健身的重要场所，营造风景生态林地，分别打造成各具特色的森林运动休闲公园、姜维文化休闲公园和宗教文化休闲公园，见图 5.4-14～图 5.4-16。

④ 五区

汉姜古城——通过综合馆、姜城往事、台地商业街区等项目建设，以文化旅游产业为基础，培育一个文化精品、打造一个旅游景区、建设一个 0.25 平方公里的特色小城。然后依托汉姜古城的引领带动效应，推进改造 1.2 平方公里的芦山老城，按照规划疏通新建 5 条街巷，改造提升 6 条道路，涵盖地表绿化照明、地下综合管网以及街道立面风貌和屋顶违建整治，见图 5.4-17～图 5.4-21。

智慧新城——强化信息系统建设，以"数字化、智能化、网络化"理念引领，推进四个安置区、一个中学、一个小学、一个幼儿园、一个市场、两个星级酒店、一个滨江公园、一个活动中心建设，构建一个完善的涵盖"衣食住行游"的微型社区，探索"智慧芦山"建设，营造安全、和谐、便捷、宜居的社区环境，见图 5.4-22、图 5.4-23。

图 5.4-10　芦山河、西川河震后实景照片

图 5.4-11　芦山河、西川河重建实景照片

滨江大道 2015.04.10

图 5.4-12　S210 城区段震后实景照片和重建实景照片

图 5.4-13　滨江大道震后实景照片和重建实景照片

图 5.4-14　罗纯山入口震后实景照片和重建实景照片

图 5.4-15　金花公园震后实景照片和重建实景照片

图 5.4-16　佛图寺震后实景照片和重建实景照片

图 5.4-17　汉姜古城震后重建实景照片

图 5.4-18　汉姜老城—芦阳小学震后重建实景照片

图 5.4-19　汉姜古城综合馆、姜城往事震后重建实景照片

图 5.4-20　汉姜古城台地商业街区震后重建实景照片

图 5.4-21　汉姜老城—图书馆与工人文化宫震后重建实景照片

图 5.4-22　智慧新城重建实景照片（中学、小学）

图 5.4-23　智慧新城重建实景照片

乌木根雕艺术城——依托“中国乌木根雕艺术之都”品牌，建设根雕加工园、金丝楠原料市场和根雕艺术品交易市场，通过“筑巢引凤”方式，整合公路沿线分散的加工作坊，见图 5.4-24～图 5.4-26。

城北产业园——重点建设“两区一心”园区空间，东区重点发展新材料、电子信息、汽车配件等产业。西区重点发展与现代轻纺、实木家具、根雕相融的产业。“一心”：主要布局研发中心，见图 5.4-27。

思延农业园——按照“127”功能布局，打造国家山区型现代生态农业示范地。建设 1 平方公里的农副产品及食品加工区，打造 2 平方公里的现代生态农业示范核心区，建好 7 平方公里的现代生态农业辐射带动区，见图 5.4-28。

（2）飞仙关镇

围绕一体两翼，以茶马古道和滨湖景观带为主体，以南场镇、北场镇为两翼打造茶马古镇生态文化旅游融合发展区。

① 南场镇。

重建一关：重修飞仙关关门。在原关门处重建，采用仿古建筑，以厥的形式建成，符合历史文化特色，以最直观的形式展示古镇关口形象。关门附近两侧高坎以浮雕、文化墙的形式，良好展示厚重的汉文化、茶马文化、红军文化，初现飞仙印象。修缮古城门、南界牌坊、红军石刻等，见图 5.4-29。

提升一庙：维修重建二郎庙。深度挖掘宗教文化，打造二郎庙风景区。修缮文物二郎庙相关设施，挖掘历史文化，修建大千写生台、云水茶坊、飞仙渡、古栈道、朝天梯、观景台，见图 5.4-30。

重修一阁：重修飞仙标志性建筑飞仙阁。挖掘大禹治水传说，重修“神禹漏阁”——飞仙阁，作为旅游接待中心，单体仿古四层建筑，高 22 米，气势宏伟，为飞仙关景区标志性最高建筑。登阁凭栏，远眺飞仙峡，近品飞仙湖，见图 5.4-31。

打造一驿：结合农房重建、移民安置、拆迁安置，突出川西民居仿古风格。建设工程分三期，分别由三家知名公司设计。一期由四川省建筑设计研究院设计，二期由西安建筑科技大学建筑设计研究院设计、三期由中节能建筑工程设计院设计，见图 5.4-32、图 5.4-33。

提升一桥：围绕“川藏第一桥”飞仙关吊桥的修缮，建设一座集休闲、游憩、商业服务为一体的三桥广场，见图 5.4-34、图 5.4-35。

② 北场镇。

青羌水寨：结合镇政府和滨湖环境，转移安置公共设施、南场镇无临街铺面的居民、山上地灾移民以及本村倒房重建户，目标建设成为富有地方特色的青羌水寨。突出古青衣羌族风格，魅力独具，见图 5.4-36。

古道木韵：规划选址镇政府旁边建设框架结构安置区一处，村民自建委商议后决定改框架结构为木结构，既有特色又节省成本。由镇政府和自建委共同主导建设 90 栋木结构房屋，配套建设景观渠、石板路、凉亭、牌坊和游客中心，见图 5.4-37。

滨湖栈道：依托飞仙关水电站的库区建设，保障南北场镇之间的慢行交通，通过林木、花草、栈道、小桥流水等要素，新建亲水码头、亲水平台，新建水上项目服务接待中心，新建滨湖栈道，见图 5.4-38。

茶马古道：深度挖掘茶马古道文化，充分利用现有古道遗存，丰富古道文化元素，以不同的主题打造茶马古道沿线的各类特色旅游项目，着力打造独具特色的茶马古道文化体验旅游带。用川西民居建筑风格，采取“旅居一体”“上住下商”的形式，对下关组、上关组茶马古道遗迹沿线的现存民居进行风貌改造，充分利用街巷狭窄的条件，在茶马古道两旁的民居一层开设各类商铺，打造一条古道上的商业街，还原“茶马互市”的繁荣景象，见图 5.4-39。

（3）龙门乡

以龙门古镇建设为核心，以新村建设为载体，以产业发展为支撑，构建“总体提升、农旅结合、镇村一体”的乡村重建示范地。工作重点是提升一镇、改造六村、新建两桥、打造一岛，目的是把龙门乡打造为灾后恢复重建特色小镇、“4·20”芦山地震震中纪念地。其中提升一镇，重在打造古镇三街，改建震中广场、培育现代农业园。

① 古镇三街——新街、老街、汉风街。

震后一年，基层政府在龙门老街推进拆危政策、拆迁政策相继失败后，我院从技术角度提出“围魏救赵”的实施策略。老街重建从两方面推进拆建工作，一方面通过改造现状汉风街，疏解

图 5.4-24　根雕街震后重建实景照片

图 5.4-25　根雕城震后重建实景照片

图 5.4-26　根雕广场震后重建实景照片

图 5.4-27　城北产业园震后重建实景照片

图 5.4-28　思延农业园震后重建实景照片

图 5.4-29　飞仙关关门震后重建实景照片

图 5.4-30　螺山震后重建实景照片

图 5.4-31　飞仙阁震后重建实景照片

并吸引老街商业门面向闲置的汉风街转移，另一方面通过先行先试建设一条比汉风街更有吸引力的新街来转移安置没有商业门面的背街居民。通过“一改一建、一堵一放”，逐步解决老街居民后顾之忧。因此，龙门场镇重建核心工作就是通过统规统建的方式，打造新街、重建老街、改造汉风街，见图 5.4-40 ~ 图 5.4-42。

新街建设本着筑巢引凤、示范引领、经验探索的目的，推进流程如下：

第一步，我院驻地工作组首先划定示范区红线范围，明确规划设计条件。

第二步，我院给县政府和乡指挥部推荐几家知名设计院和设计团队，通过各方协商后，最终委托西安建筑科技大学建筑设计研究院（以下简称西建大）开展施工图设计。

图 5.4-32　飞仙驿震后重建实景照片

图 5.4-33　飞仙驿雪景照片

图 5.4-34　飞仙关吊桥震后重建实景照片

图 5.4-35　三桥广场震后重建实景照片

图 5.4-36　北场镇—青羌水寨震后重建实景照片

图 5.4-37　古道木韵震后重建实景照片

图 5.4-38　滨湖栈道震后重建实景照片

图 5.4-39　茶马古道震后重建实景照片

图 5.4-40　龙门古镇新街震后重建实景照片

图 5.4-41　龙门古镇老街震后重建实景照片

第三步，在户型方案和布局方案初步成型后，依次通过村民代表、专家和规委会审议，最终确定先建 65 户民居。之后，在省政府主要领导视察龙门重建工作时，县政府委托西建大现场详细汇报设计方案、资金预案。最终争取省委省政府同意立项，获取示范区 3000 万启动资金（并非中央重建资金，因为此时的示范区并无倒房户报名入住）。

第四步，示范区房屋主体完工后，迅速展开群众工作，群众开始踊跃报名，半年内，新街规模逐步拓展，一期二期三期接连拔地而起，西建大在此期间派驻工作组现场服务两年。同时，老街危房拆除工作也顺利开展，老街重建终于提上日程。

老街重建的核心是 58 户原地重建（并非原址重建），在统一的规划设计下，分 5 个组团 10 栋楼共墙共基建设。重建户在设计之初就自左到右分好了户，西建大设计团队采用量身定制设计，每栋楼都要多次与群众详细沟通，解释并确认房屋位置、各户排列顺序、房间功能布局、各层层高、开间宽度、开窗高度大小等设计细节。

汉风街改造是“围魏救赵”实施策略的重要部分。震前的汉风街是一条 600 米长街道，大约 270 间临街铺面，建筑质量好但形态呆板、利用率低。改造目的是培育商业业态、转移安置老街商铺和打造古镇景区形象。因此，我院全程指导改造设计，提出“不动结构、只加不减”的设计原则，为乡指挥部提供详细可行的改造方案，并依次给县委县政府、市委市政府汇报，最终得以立项改造。项目实施比较顺利，建设速度快、效

图 5.4-42　龙门古镇汉风街震后重建实景照片

图 5.4-43　震中广场震后重建实景照片

图 5.4-44　龙门农业园震后重建实景照片

图 5.4-45　康源农业园震后重建实景照片

果突出，对建立群众的重建信心大有影响，为新街建设和老街改造做好了群众基础。

② 震中广场。

震前，广场是一个半圆形节庆广场兼晒谷场。震后，我院规划建议将广场改造为一个集四大功能为一体的震中纪念广场，四大功能分别是“4・20”强烈地震震中纪念功能、民俗节庆集会功能、预留龙门溶洞及围塔漏斗景区入口功能、满足当地居民日常休闲游憩活动功能。设计通过全国招标，并邀请四川省住建厅、雅安市、中规院、四川省规划院以及西建大、华南理工、同济三校建筑学院共 7 位专家，从 20 个投标方案中评选出北京海韵天成景观规划设计有限公司的设计方案进行深化设计施工。建成后的震中广场与汉风街改造交相呼应，极大地改善了村民居住品质，提升了商业氛围，见图 5.4-43。

③ 现代农业园——龙门农业园和成都援建的康源农业园。

农旅结合是龙门产业发展的主要途径，依托得天独厚的自然资源禀赋，突出特色生态优势，着力推进生态观光农业示范建设，大力发展乡村度假休闲旅游，繁荣带动乡村经济，实现一三产业互动发展，增强致富带动能力。因此，龙门大力推进现代农业园建设，一个是通过招商引资，结合古镇建设打造生态观光农业园，建设温室大棚、薄膜大棚、冷水鱼塘和高标准农田，培育千亩现代设施农业示范区；二是通过成都市对口援建机会，引进企业打造高标准设施农业技术和管理团队，培育由龙头企业带领的“公司 + 合作社 + 农户”模式的现代农业园，见图 5.4-44、图 5.4-45。

④ 六村。

六村即古镇外围六个村组，分别是张伙、王伙、白伙、付家营、河心和老鸭鱼。村组是农村最基本的集体组织，震后政府曾设想把外围村组的倒房户集中到场镇两个村组范围内集中重建，但是在资金、土地等问题上遭到场镇内外一致反对，最后不得不沿用传统观念，所有农户不跨村组建设，只能在村组集体土地内选址建设新村聚集点。因此，我院在规划之初通过实地调研摸清各村组的地界，在各村组内辅助村民选址新村位置，研究新村建设容量和村庄布局。而对于旧村，在倒房户转移安置之后，通过环境整治规划重新梳理整治村庄公共空间并配套基础设施，推行四改三建三清，即：改厨、改厕、改水、改庭院，建入户文明路、建清洁能源、建垃圾池(站、点)，清理沟渠、清理垃圾、清理杂物，见图 5.4-46～图 5.4-48。

龙门的六个新村建设采用了统规统建、统规联建和统规自建三种方式，其中河心组借助成都市对口援建采用统规统建的方式，白伙组根据群众意见采用统规自建的方式，而以付家营组为代表的其他四个村组则采用统规联建的方式。三种重建方式的主要区别就是政府和群众分别在选址、布局、户型、配套、施工和分户六个环节的主导性，统建时政府完全主导六个环节，联建时政府和群众分别主导部分环节，自建时群众完全主导五个环节，见表 5.4-1。

⑤ 两桥——新龙门大桥和青龙关大桥。

新建新龙门大桥支撑产业发展，新建青龙关大桥疏解过境交通。两桥建设提升了场镇内外联系，推动了古镇内部路网体系的完善，进一步丰富了古镇发展空间。其中，新龙门大桥是由德阳市捐助的1460万元党费援建而成，因此又叫“德阳大桥”，见图 5.4-49、图 5.4-50。

龙门新村三种建设方式　　表 5.4-1

		选址	布局	户型	配套	施工	分户
统规统建	政府	●	●	●	●	●	●
	群众	○		○			○
统规联建	政府	●		○	●	●	
	群众	○	●	●		○	●
统规自建	政府	○	○		●	○	
	群众	●	●	●		●	●
●：主导功能；○：辅助功能							

图 5.4-46　白伙新村震后重建实景照片

图 5.4-47　河心新村震后重建实景照片

图 5.4-48　付家营震后重建实景照片

图 5.4-49　新龙门大桥震后重建实景照片

⑥ 河心岛。

我院对河心岛的规划经历过两次重大调整，最终决定减少建设量，按照“打造生态田园观光农业、建成生态农耕文明景区”的目标定位，突出自然风光和生态景观打造，采取以生态修复和防洪避险安全整治相结合的方式，开展临岛岸边街道立面风貌整治，着力打造成生态农耕文明景点。关于这两次调整，第一次是鉴于行洪论证后需建 10 年一遇、20 年一遇防洪堤投资规模过大，以及岛的上下游紧邻砂石场搬迁难度、岛上居民拆迁难度过大，规划取消在岛上建设风情商业街和游客中心及光景平台的计划；第二次是鉴于龙门老桥改造计划难以实施以及青龙寺正门难以拆迁，规划取消连接岛与寺的铁索桥、取消连接龙门老桥和古城村千年古树之间的骑游道。回想起来，可见规划设计根据实施情况做出及时明确调整是灾后重建的重要特征，见图 5.4-51。

（4）一线的幸福美丽新村

幸福美丽新村建设的总体思路是以川西山地风情为特质、以农耕文化为灵魂，以点带面、连片发展休闲农业和乡村旅游，建设小组团、田园化的幸福美丽新村。建设目的有三方面，一是探索以政府为代表的外部力量介入的村庄建设管理经验，二是探索不同类型的村庄重建和扶贫致富经验，三是示范带动其他村庄建设。全县重建计划的幸福美丽新村有八个，而政府主导并重点实施的有三个，一是以整村推进为代表的火炬村，二是以民居建设为代表的黎明村，三是以产业培育为代表的红星村。三个村各具特色，代表三种类型村庄重建特征。

① 火炬村。

火炬村有三大优势，一是区位好，紧邻县城，交通便捷；二是资源丰富，自然风景优美，山水林田资源丰富，农家乐和特色种植业已初具雏形；三是人力资源好，基层村两委威信高，村民团结。火炬村可以说是占据“天时地利人和”，对于其他村庄示范带动效果突出，见图 5.4-52。

② 黎明村。

地理特征是背山面水的山地村庄，具备全县大部分山地村庄的空间形态，而且地震前便列入新农村建设示范点，规划设计等前期工作充分，便于快速推进重建，发挥时效性，探索民房重建的规划建设管理经验。同时，借助新村建设，培养一批本地建设施工的技术性人力资源，见图 5.4-53。

③ 红星村。

地理特征是水田环绕的平坝村庄，地势平坦、交通便捷，地震前便有各类涉农企业意向来投资建设扶贫产业。因此，重建过程中，县委县政府充分利用重建政策，招商引资龙头企业建设自动化养鸡场和规模化猕猴桃种植，通过引进新理念、新技术、大公司带领本地农户增收小康。

图 5.4-50　青龙关大桥震后重建实景照片

图 5.4-51　河心岛震后重建实景照片

图 5.4-52　火炬村震后重建实景照片

图 5.4-53　黎明村震后重建实景照片

第六章　城——芦山县城，文化复兴与城市提升

芦山县位于雅安市的北部，芦阳镇是其县城驻地。县城由新、老县城构成，总面积约7.15平方公里，其中老县城面积约1.27平方公里。经“4·20”地震后灾损评估，新、老县城建筑普遍受损，特别是老县城内的建筑百分之百受损，民宅灾后重建和加固工作量大而面广，严重影响老城居民的日常生活。芦山县历史悠久，具有“外三山环绕，内两河交汇”的天然形胜特征和“蜀汉姜城”的历史文化资源，灾后部分文物古迹受损严重，生态敏感性及地质灾害隐患突出，对重新建设生态、文化、宜居的县城具有一定的挑战。兼顾县城重建的时效性与长远性，在时间与质量之间寻求建设的平衡，成为规划方案决策的重要限制性条件。

为了进一步落实《芦山地震灾后恢复重建总体规划》和《芦山县灾后恢复重建建设规划》，从全县域的城乡空间资源统筹发展角度出发，2013年7月，芦山县人民政府将芦山“三点一线”作为规划管理与建设的重点管控区域，围绕“三点一线”集中力量展开相关的实施规划编制。其中，“芦山县城综合规划设计”从新老县城城市设计、老城修建性详细规划以及芦山河与西川河两河四岸景观设计等层面，协调并指导县城灾后建设的实施工作，探索了在“地方负责制”下，重大自然灾害重建规划转型实践的新模式和新思路。

一、摸清重建基础，理清新老县城重建重点

在历史悠久的芦山县城开展重建规划编制，我们需要怀着敬畏之心，在尊重自然的同时，也需要尊重这座县城的发展历史。因此，我们高度重视新、老县城在震前和灾后城市建设状况、人文资源以及社会经济的综合评估，从而准确判断新、老县城的突出问题和发展短板，明确新、老县城的重建重点并引导灾后恢复重建有序推进。

1. 芦山县城的建设历程与新、老县城并置的格局

据考证，远在新石器时代芦山县就有氐族部落在此生息繁衍，从事狩猎和农耕。在夏为梁州之域，商为氐羌地，周属雍州，后为青衣羌国地（或说蜀国地）。自公元前316年建县以来，芦山县至今已有2300余年历史。县名历经青衣、汉嘉、阳嘉、始阳、卢山、泸山、芦山更替。县府驻地的芦阳镇，历为西部都尉、蜀郡属国都尉、汉嘉郡、县的治地，亦是红军建立的川康边革命根据地的中心，又因系三国时蜀汉大将姜维屯兵时所筑，故又称“姜城”。

自1949年新中国成立后，县城建设经历四个阶段，分别是中华人民共和国成立后初步发展时期、20世纪90年代跨河发展时期、21世纪初旧城改造时期和2008年汶川“5·12”地震灾后重建时期。在中华人民共和国成立后初步发展时期，由于缺乏对历史文化的正确认识及文物保护的观念，开始逐渐拆除明清时期留存下来的城墙及文物建筑。20世纪90年代起，芦山县老县城发展空间趋近饱和，县城逐渐开始跨芦山河向原沫东镇驻地发展，逐渐将县城建成区向罗纯山脚扩展。进入21世纪后，芦山县开展了旧城改造建设，老城区范围内的文物建筑及文物环境又遭受了一次严重的拆除破坏，取而代之的是现代化的水泥路面与大量砖混建筑。这个时期的城市建设几乎将“姜城”原有的文物建筑与文物环境拆除殆尽。其中，包括老县城十字街的青石板路面、明清时期的城墙与大量的传统民居，仅有部分传统建筑通过改变使用功能幸而保留下来。2008年“5·12”汶川地震后，通过国家、省市及对口单位援建，芦山县在罗纯山脚、向阳坝和寇家坝等地集中大量建设资金，开展高标准的城市建设，基本形成了芦山县新城区的城市发展框架，这其中主要是以城市公共服务设施、行政办公设施及工业厂房建设为主。

2. 新、老县城重建各有侧重，老城成为主战场

在芦山这样一个较为贫困和偏僻的县城，我们需要充分利用灾后重建机遇，培育和布局具有“发展引擎”作用的功能节点。相比芦山门户的飞仙关镇和震中的龙门乡，芦山县城一直是芦山县的政治、经济、文化中心，是县域人口的核心承载地，它的重建质量直接关系到整个灾区建设的成败。在新、老县城并置的发展格局下，新城在汶川大地震灾后重建中，得到了充足的资金投入，开展了大规模的建设。因此，新城在“4·20”地震中损失较轻，而老城则成为县城重建的关键。

芦山老县城密度高、建筑量大、基础设施历史欠账多、加之产权复杂，城市更新难度大，亟需找寻疏解和更新提升的途径。在“4·20”地震之前，新、老县城发展已经极不均衡，老城区人口密度偏大（据统计，达 2 万人 / 平方公里），基础设施欠账较多，且建成度较高。据统计，2013 年芦山县城现状建筑总量 223 万平方米，其中“5·12”地震之后新建建筑面积约 15.7 万平方米，占县城总建筑量的 7.04%，主要集中在新城区，包括新建公共建筑约 5 万平方米，商品房约 8.7 万平方米，私宅 2 万平方米。而“5·12”地震之前集中在老城区的建筑量约 207.3 万平方米，占到县城总建筑量的 92.96%。

老城是本次灾损的严重区域，面临极大的灾后重建任务。“4·20”地震后芦山县城受灾建筑占灾前建筑总量的 90%。其中，“5·12”之后新建建筑共计受损 2 万平方米，只占受损总量的 1%。新建公共建筑标准较高，本次地震受损较轻，主体结构未破坏。“5·12”之前的老建筑受损面积 197.82 万平方米，占受损建筑的 99%。房屋严重受损直接威胁到芦山人民的生命安全。据统计，芦山县城 2013 年现状常住人口约 2.3 万人，在“4·20”地震中芦阳镇共死亡 13 人，受伤 3000 余人。

如图 6.1 所示，老城的房屋全部受损，虽未倒伏，但结构已不再安全，成为站立的废墟。地震之后，国家住房和城乡建设部与省住建厅对县城房屋受损情况进行了鉴定，按照《危险房屋鉴定标准》规定，危险房屋是指房屋主体结构已严重损坏，或重要构件已属危险构件，随时可能丧失稳定和承载能力，不能保证居住和使用安全的房屋。从房屋地基基础、主体承重结构、围护结构的危险程度，结合环境影响以及发展趋势，经安全性鉴定和评估，可将房屋评定为 A、B、C、D 四个等级，其中 C、D 级就是通常说的危房。从鉴定结果来看，老县城绝大部分属于 C 级和 D 级，受损情况较为严重，新县城内与老城临近的区域受损也较为严重，而新建的公共建筑和向阳坝地区的厂房受损较轻。

相较于灾损较轻、城市活力不足的新城，老城才是芦山历史文化的核心承载地和真正的城市活力中心。经过客观的基础评估，规划建立清晰的工作思路，新城应顺势而为，以充足的发展空间疏解老城，培育产业功能，并建设高品质的公共服务设施弥补县城的发展短板，通过开展“三山两河”的生态修复提升城市环境品质，从而进一步提升县城的综合承载能力。而老城是此次灾后重建工作的真正“硬骨头”，是我们规划工作的主战场，我们着重思考应该如何让它重新焕发新的活力。

二、文化溯源理脉，延续县城的历史文化

芦山县老城就是一部活的历史，千年的沉积不但形成了不同时期建筑空间的分层叠加，也形成了依托其上的社会空间网络，这一网络一直未曾断裂。这可见的空间以及不可见的网络给我们以启迪，老城的灾后重建路径还是需要在历史中找寻答案。

芦山县历史遗存十分丰富，尤以汉代文物著名，有“汉魂”和“汉代文物之乡”之称，是四川省第二批省级“历史文化名城”（四川省人民政府办公厅 1992 年 9 月公布）。芦山文化底蕴深厚，县域文化特征主要有璀璨的汉代文化、独特的民俗文化、神奇的根雕艺术和富饶的红色文化。同时，县域历史文化资源丰富，包括古城（县城的老城区）、大量有历史文化价值的村镇（乡）、文物古迹和非物质文化遗产。

如图 6.2 所示，古城形胜依旧、格局犹存、风貌依稀。古城位于芦山县治所在芦阳镇内，其地处青衣江上游的芦山河、清源河汇合处，东、西、南三面环水，北有龙尾山，形成一处北高南低、依山傍水的台地。此山川形胜，至今依旧。芦阳镇始置县时在今下南街建城。三国蜀汉，姜维在此筑城，位于现镇区南端。唐宋时，县城向北扩展到今十字街的四周。明正德年间，筑石城墙。清初，形

图 6.1　芦山县城房屋受损情况

图 6.2　芦山县舆图

成四条大街。民国时期，城垣与街道依旧。1958年，撤毁石卷城门，城墙也先后撤除，城垣格局被破坏。现古城城墙遗址尚存，城内4条正街“十”字形依旧，众多小街小巷犹在，古城街道依然保持了清晰可见的棋盘式历史格局。清末民初，县城四门建有二重檐城楼。城内有寺庙、庵堂、会馆20余座，大多建于明、清，少数建于宋、元。民国时期沿街民房多系木质穿榫结构，青瓦屋面。屋檐低矮，屋脊参差。中华人民共和国成立后，城乡住宅更新换代，机关单位单元式住宅楼鳞次栉比。1988年，县城仅剩的具有传统风貌的连片民居几乎被全部拆除。现今，古城城区只有少数建筑保持了传统形式，古城历史风貌所剩无几。在芦阳镇镇域范围内，目前有不可移动文物77处，其中全国重点文物保护单位2处（平襄楼、樊敏阙及石刻），省级文物保护单位4处（佛图寺、姜维墓、王晖石棺及石刻、中共四川省委旧址），市县级文物保护单位5处。以上文物保护单位多在古城内，或与古城同处两河交汇的河川谷地整体空间环境中。

芦山县非物质文化遗产项目共计19项，其中保护项目4项，非保护项目15项。涵盖民间文学（口头文学）、民间音乐、戏曲、民间手工技艺、民俗、游艺和传统体育与竞技六大类。4个非物质文化遗产保护项目分别是四川省非物质文化遗产保护项目“八月彩楼会（包括芦山花灯和芦山庆坛）”和“七里夺标”；雅安市非物质文化遗产保护项目“芦山花灯”和“芦山庆坛”。非物质文化遗产保护项目流传的中心区域和依托的主要空间场所为芦阳镇汉姜侯祠和龙门乡七里山七里亭。15个非保护项目为芦山庆坛坛词、传统芦山花灯词、芦山山歌歌词、芦山歇后语、芦山花灯音乐、山歌曲调、劳动号子、丧嫁歌、民间小调、道场锣鼓、芦山花灯舞蹈、芦山庆坛舞蹈、芦山根雕制作技艺、芦山棕榈叶编织工艺、芦山香包制作工艺等。

我们恰恰要反思过去芦山对历史文化的轻视，重新梳理走访、挖掘芦山的历史文化地图，借助灾后物质空间重建的契机，主动实现芦山老城文化空间的织补、再造和延续，并以此进一步推动芦山老城的有机更新。

三、确立价值取向，成为规划决策的灵魂

在规划新思路下，我们遵循“以人为本、尊重自然、统筹兼顾、立足当前、着眼长远”的要求，从科学重建、民生优先、地域特色、生态安全、群众参与等方面有序开展灾后重建规划的实施工作。

1. 理念一，科学重建

立足县城实际，全面准确科学评估，优化布局、科学规划，充分考虑资源环境承载能力，合理布局，科学选址，统筹当前与长远、生活与生产、经济发展与生态保护、城市重建与历史文化传承，促进芦山县城全面协调发展。

2. 理念二，民生优先

将民生放在灾后恢复重建规划的首要位置，坚持以保障和改善民生为基本立足点，加快恢复并完善公共服务体系和生产功能，促进灾区生活生产功能尽快恢复，提升新、老城区的生产、生活水平。

3. 理念三，地域特色

优先识别特色资源，尊重历史文化并凸显地域特色。芦山县城的山水格局是芦山的根本特征，应注重规划设计与地域根植性的结合，将县城与其赖以生存的山水环境和社会环境一体化设计。延续历史传统格局，逐步实现传统城区和地域建筑的现代化，在展现芦山新风貌的同时，保持并焕发县城的城市活力。

4. 理念四，生态安全

生态和安全是县城灾后建设的重要基石，规划基于安全性、生态性、文化性的复合设计，以景观安全性为出发点，采用工程结合景观的手法，突出芦山地区的自然山水环境，建立安全的活动场所与生物栖息地。

5. 理念五，群众参与

不同于北川的跨省对口援建和玉树的央企援建，芦山灾后恢复重建是在中央指导下，以省、市、县地方作为主体，充分动员灾区群众广泛参与的创新实践过程，就群众切身利益问题引导群众理解规划、参与决策、推动实施。

四、梳理一张总图，让重建工作挂图作战

结合县城空间不同的功能分布与发展时序，

规划形成“两心一轴，两带七片”空间结构，为芦山县城的重建工作挂图作战。

在查询古籍基础上，探访民间记忆，找寻历史脉络，我们确立了以老县城南端三国时期“姜城”范围为核心的文化空间。规划以“汉姜古城”与新城核心区作为县城的功能中心，主要集聚旅游服务、商业服务、创意设计、文化展示、休闲娱乐及地震纪念等多种功能，是芦山县文化旅游及商业的核心地区。通过姜侯祠——姜城城门——罗宫铁索桥——商业步行街这条空间序列，建立联系时空、功能与空间的轴线。并以芦山河、西川河、龙尾山及城市干道为边界，结合主要功能分区划定 7 个功能片区，如图 6.4−1、图 6.4−2 所示。

“两心”包括“汉姜古城”与新城核心。汉姜古城位于三国时期“姜城”的范围，通过恢复原汉代城邑的历史风貌，修缮姜侯祠等历史景观，建设川西文化特色主题旅游城，承担旅游集散、咨询、住宿、购物及休闲娱乐等综合旅游服务功能。新城核心则是以行政办公、旅游服务、商业零售和文化娱乐为主的城市综合服务中心。

“一轴”为芦山中轴。我们通过复原罗宫铁索桥，建立一条联系新老城区的步行空间轴线，将芦山县两个各具特色的城市中心连为一体。

“两带”包括西川河景观带和芦山河景观带。西川河景观带由于西川河河道较深，边坡陡峭，难以建设亲水设施。规划维持其自然景观，通过边坡治理，岸顶工程建设营造近河地区景观环境。芦山河景观带根据两岸不同的土地利用特征进行分段，通过增加步行系统及游憩场地提供市民亲水空间。通过河道景观营造、设施建设与环境整治建设具有芦山人文特征的城市亲水生态客厅。

“七片”包括新城核心片区、老城片区、新城北部片区、新城南部片区、根雕艺术片区、西江文化片区和向阳坝产业片区。新城核心片区是芦山县城行政、商业与旅游服务中心，也是芦山县未来重点建设片区之一，通过高品质的商业与旅游空间建设，形成未来辐射县域的旅游服务、接待、集散的游客服务中心；老城片区通过将原有行政办公职能向新县城转移，以商业及文化设施的建设激活老城区，以文化复兴带动老城区发展；新城北部片区、新城南部片区是新城区主要居住片区，主要功能为居住、教育配套以及部分行政办公；根雕艺术片区是以根雕艺术城、根雕一条街为核心，建设配套建设相关酒店与商业设施；西江文化片区结合佛图寺佛教文化，以西江村安置点建设为契机建设以文化为特色的旅游、安居片区；向阳坝产业片区是芦山县产业集中区辐射地区，承担产业集中区的仓储物流、专业市场及部分现代轻纺产业。

五、在地特色实践，县城重建规划新思路

“4・20”强烈地震后，面对芦山县城人民对美好生活、幸福家园的迫切需求，围绕“中央统筹指导、地方作为主体、灾区群众广泛参与”的恢复重建的原则，积极探索规划全程服务的工作方法，创新突出规划的社会、经济和文化的特点。

1. 创新实践一：坚持以人为本的重建家园工作主线

芦山县城的灾后重建工作，实质上是受灾地区整体性的“社会重建”。空间领域的灾后重建规划既是社会重建的一部分，也是社会重建的基础。在这一过程中，我们更加关注如何通过“物质空间的建设活动”，来实现“芦山的社会进步”。我们以“民生”“特色”“发展”“有效投资”为价值取向，以“芦山年轮、魅力姜城”为立意设计芦山县城新、老城区。围绕“安逸”“巴适”的生活品质目标，优先恢复和完善县城的公共服务及市政基础设施，保护自然山水格局、保护历史文化资源、保护原有的生活网络，大力提升县城的城市环境和生活质量。

规划强调“自上而下与自下而上”的结合，采用“采风”的方式进行地方营造，使用微博、走访的方式进行公众参与，如图 6.5−1 所示，我们走出设计室，拿着图纸进行现场设计，使规划更加可行、更加接地气。规划尽可能地保留私宅区，对于相对集中的民宅重建群体，我们建议政府引导形成“联建委员会”，使受灾群众有组织的参与民宅重建。对于近期重点建设地块，实行“就地返迁和鼓励外迁”两种选择，供原住民自主选择未来的生活方式。我们同时强调与社会经济发展相结合，兼顾发展旅游，在充分考虑老城居民生产生活的基础之上，设计落实旅游活动与本地居民生产生活融洽相处的复合空间，为实现特色主题旅游小镇创造可能性。

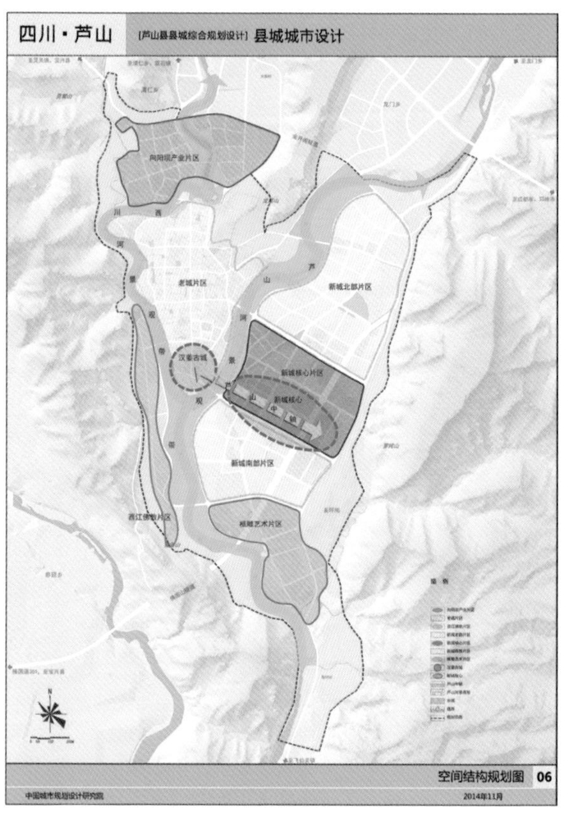

图 6.4−1　芦山县城空间规划结构示意图

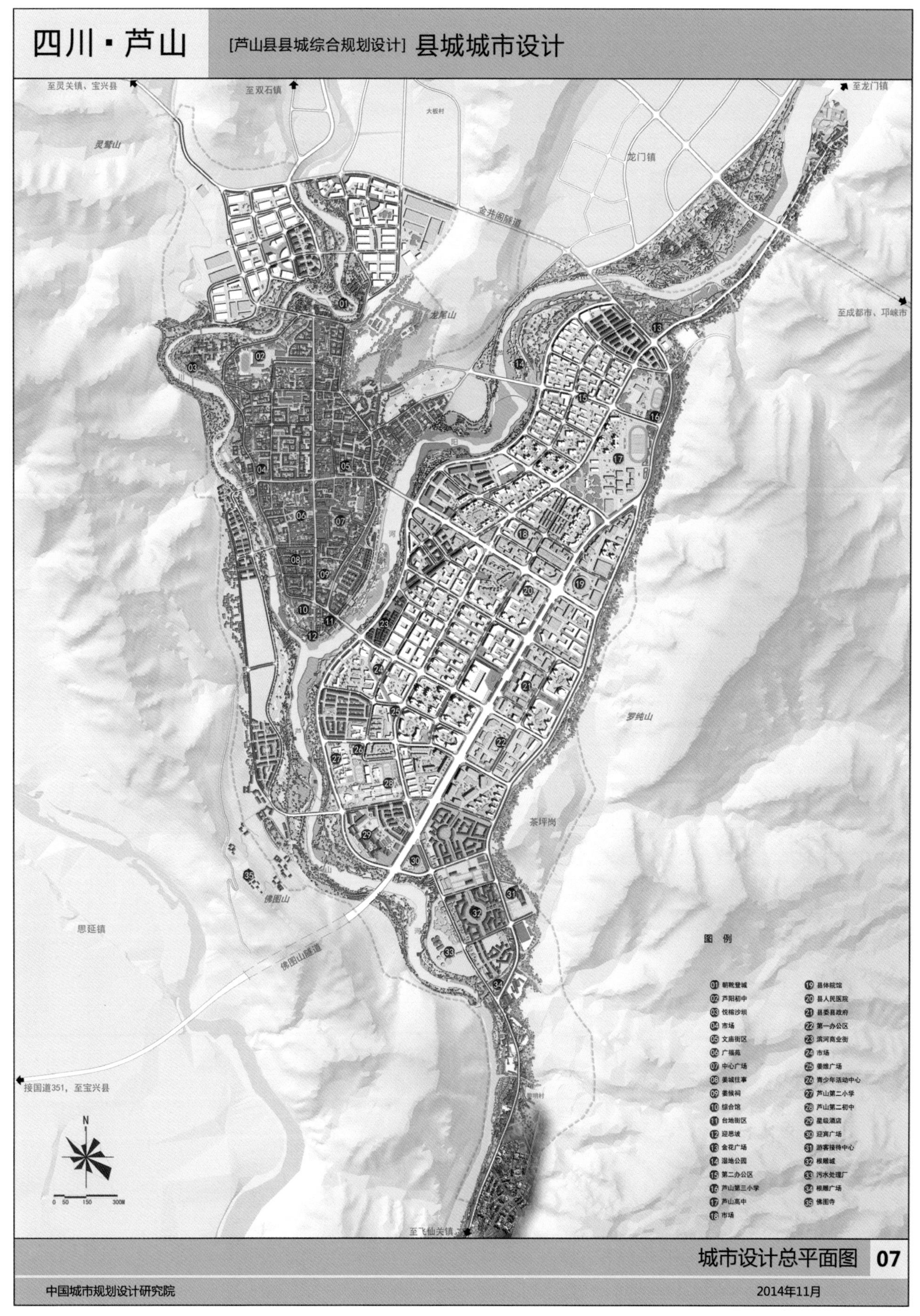

图 6.4-2 芦山县城城市设计总平面图

2. 创新实践二：采用可持续发展的生态与安全景观设计

经历了“5·12”和“4·20”两次强地震之后，芦山山体、河道两岸产生了崩塌、滑坡等次生地质灾害，山体及河道的生态安全问题逐渐显露，县城对抵御突发性灾害、维护生态系统以及实现健康可持续的人居环境的能力明显下降。

芦山河与西川河“两河四岸”的景观设计不是简单的景观营造，而是基于安全性、生态性、文化性的复合设计，如图6.5-2所示。以景观安全性为出发点，突出芦山地区两河交汇的历史文化内涵，建立安全的居民休闲活动场所与生物栖息地；在县城地质灾害综合防治设计方案基础上，从城市安全的角度提出了边坡改造内容，解决芦山新、老城市空间与水体的互动关系；以生态水泡与生态岛结合的空间形式，构建河滩湿地系统，化解雨洪灾害，形成生态保育的环境。在保障城市安全的前提下，使两河四岸地区成为生态、科普、休闲功能交织的重要场所空间，促进县城因水而生的可持续发展。

3. 创新实践三：营造和谐共生的山水融城特征

芦山县拥有2300多年的历史，虽古城风貌不在，但古城脉络尚存。其清晰的山水景观格局和悠久的文化积淀是建设特色芦山的重要本底。如图6.5-3所示，城市设计以“三山”为基底，“两河”为纽带，织补新老城区，塑造山水融城的空间秩序。在新城区，重点调整不和谐的城市建设，在现状的基础之上合理组织不同的密度空间，形成和谐的现代城市风貌；在老城区，规划识别山水景观单元，将“山水”与“老城”一体化设计，整体保护老城区和历史的分层信息、维护传统格局和传承不同时期的历史风貌，展现芦山“外三山环绕，内两河交汇”的历史画卷。

4. 创新实践四：因地制宜的文脉延续设计

芦山老县城拥有清晰的“山水＋古城＋文化”的发展脉络，是一个有机生长的生命体。如图6.5-4所示，规划以芦山年轮为概念，在老县城范围内形成“双城、十字街、九街区”的空间结构。以“院落＋街巷”的空间组织方式，阐述历史、演绎未来、支持芦山老县城新的业态与生活。未来，芦山老城将以汉姜古城为核心，以十字街区和街巷系统为串联，在四个景观单元中有机组织各发展要素促进老城有机更新，从而实现九大街区的特色化发展，最终形成丰富的“芦山年轮”的历史图景和“魅力姜城”的生活图景。

图6.5-1 芦山县城项目组现场设计工作

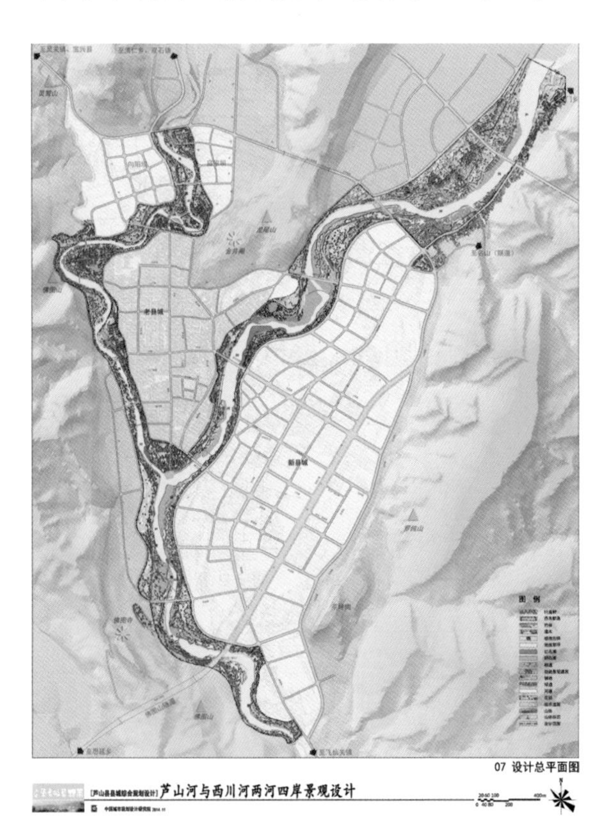

图6.5-2 芦山河与西川两河四岸景观设计总平面图

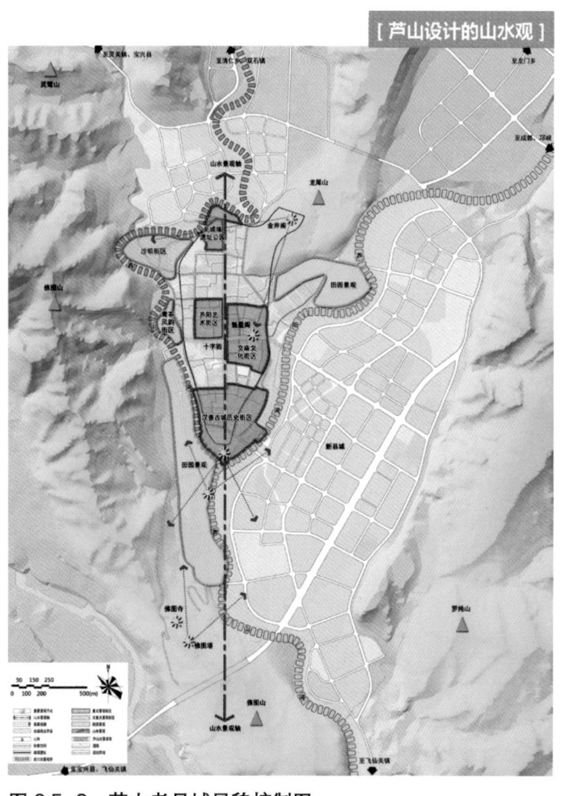

图6.5-3 芦山老县城风貌控制图

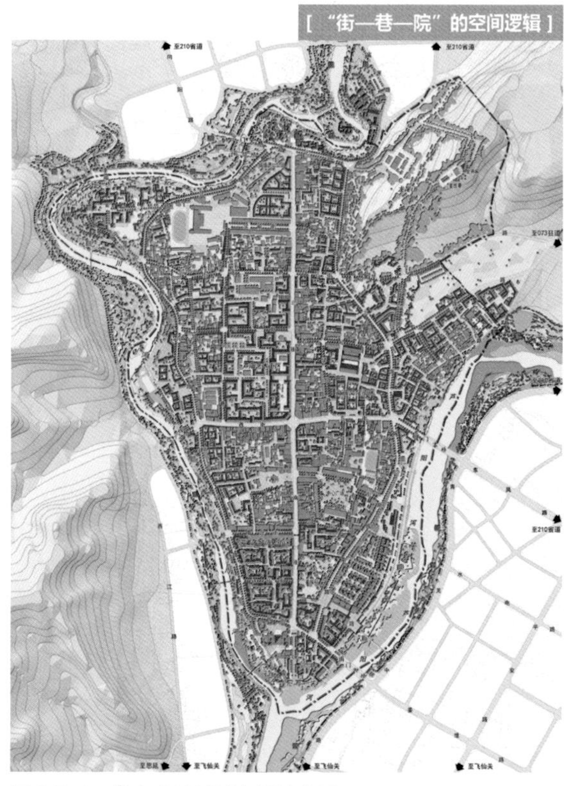

图6.5-4 芦山老县城城市设计总平面图

图 6.5-5　芦山老县城规划鸟瞰图

图 6.5-6　芦山老县城联合设计过程图

设计以特色和文化传承为导向。首先强调维护传统古城格局，突出川西地域特色和古朴的古城气质，凸显山水姜城特色，在色彩、材质、细节等方面控制整体空间形态与风貌，建设秀美姜城；其次，以山水资源特色组织城市功能，形成四个具有一定尺度规模、景观特色突出的城市核心功能单元和景观单元，采用“小尺度”“街—巷—院”的空间组织方式营造场所，稳妥地实现老城的重建计划，使其焕发城市活力。

5. 创新实践五：伴随性的动态规划设计的工作方式

芦山县城是灾后重建的重点区域之一，灾后重建工作异常复杂，相关政策、资金状况、利益关联者的相互博弈成为方案决策的重要限制性条件。

为兼顾县城重建的时效性与长远性，在时间与质量之间寻求平衡，规划采取面向实施的、伴随性的动态规划设计思路。在整体层面，充分发挥规划工作的协调平台作用，构建“一张图”协调机制，围绕“民生”“特色”“发展”“有效投资”的核心价值观，从“面”到“点”进行新、老县城的结构和系统设计，建立县城空间有机生长框架；在有明确政策、资金以及业主的条件下，对项目地块进行详细设计，结合具体实施方案，从“点”到“面”进行动态设计调整和优化，见图 6.5-5。

三年重建期间的现场服务，随时落实规划要求，贯通从规划设计到工程落地之间的各个环节，包括项目选址、出具设计条件、详细设计、施工图设计、现场施工、竣工验收等，保证重建项目按时按质量推进，确保规划实施不走样，形成不同于北川和玉树的“一事一漏斗，多项目协同”的技术服务新模式，探索以地方为主体、群众广泛参与灾后重建背景下的规划工作方式。

6. 创新实践六：保障规划有效实施的动态评估机制

紧密衔接实际投资情况，合理选择设计重点。一方面，在投资有限的条件下，县城设计的技术方案是基于更有效的投资，而不是理想的投资。项目建设舍弃全面投入方式，转向综合评估后的选择性投入。规划在实现基本保障的基础之上，重点搭建发展平台，形成触媒，培育新产业、新经济，为今后市场和社会资金投入提供必要条件。另一方面，在重建过程中，对项县城目进行定期评估并加以修正。

7. 创新实践七：多专业合作的设计互动与集成

“规划”是指导灾后重建工作的有力工具。一方面，它提供规划管理依据；另一方面，它指导下一步的详细设计，统筹各专业，成为业主、设计者和管理者等共同参与的工作平台。在重建过程中，我们为规划管理和重建项目的详细设计提供了大量的规划技术支持。在规划的实施过程中，中规院与包括四川省建筑设计研究院在内的设计单位组成联合设计团队，进行新、老城重点地区的详细设计，这是我们在设计集成和规划落地实施上的一次共同努力。建筑、景观、市政、水利等众多设计单位发挥着举足轻重的作用，他们以辛勤的工作为芦山的重建奉献自己的力量，见图 6.5-6。

六、实施成效

芦山灾后重建是一场遵循客观规律的灾区发展再建，是一场整体跨越提升的灾区机能再造，是一场复杂全面系统的灾区事业再兴，是一场迈向治理现代化的灾区社会再构，是一场提振信心力量的灾区人心再聚。现今的芦山早已重现秀美，灾区实现了跨越提升，处处展现着生机与活力。

1. 案例项目一：芦山县县城城市设计

2008 年汶川“5・12”特大地震后通过国家、省市及对口单位援建，芦山县在罗纯山脚、向阳坝和寇家坝等地进行了高标准的城市建设，并基本形成了芦山县新城区的城市框架。2013 年芦山“4・20”地震后，县城的城市设计工作贯穿三年灾后重建期，并结合灾后重建项目的实施进行阶段性的优化调整，为芦山地震的灾后重建提供持续的技术支持。

在国家灾后恢复重建要求之下，应对县城灾后恢复重建需求，结合县城自然山水格局与历史文化资源，整体设计和组织城市公共资源，塑造县城特色鲜明的空间特征与功能布局，形成可持续发展的城市空间秩序。

尊重自然，融入山水。立足于自身的资源禀赋与人地关系，以生态城市为发展目标，构建人与自然和谐共生的城市生态格局。基于现有生态本底，以河流、绿带及公园“织补”网络状生态格局。以三山为基底，两河为纽带，塑造山城水相融合的空间秩序。在强调对自然山水原始形态与自然特征的保护的基础上，以网络生态格局为路径建立慢行系统，使城市生活与自然山水有机融合。

振兴老城，建设新城。尊重与维护老城传统尺度与空间组织方式，通过置换与注入新功能提振老城活力。以历史与文化为载体，汉风古韵与姜城文化为特色，通过发展文化旅游业撬动老县城发展。建设县域旅游集散与服务中心。抓住灾后重建机遇，以人为本配置城市公共服务设施，提升县城公共服务水平。

控制风貌，塑造空间。针对县城不同地区的发展历史、城市肌理与功能组织，通过风貌分区控制总体风貌特征。建立城市总体空间秩序，满足不同开发需求；加密路网控制城市尺度，营造新城活力。跳出老城发展新区，在老城区延续传统街巷肌理与宅院空间，在新城区建设现代城市空间。对城市街道根据其主要承担功能进行细分，同时对城市街道临街界面、绿化景观、街道家具等各方面进行区别控制，见图 6.6-1。

县城城市设计在灾后重建过程中对规划管理与实施项目的方案设计提供了大量的技术服务，主要包括建设项目选址、建设项目设计条件制定、道路选线、安置房设计、绿化景观设计等。三年重建期内，城南根雕产业园、城北产业集中区、思延乡现代生态农业示范园区、教育园区（慈济中学、芦阳二小、青少年活动中心）、北入口广场、南入口广场、沿江路、省道 210、惠民路沿线公建（烟草公司、法院、就业培训中心）、气象局、环卫站、芦山汽车站、安置点（多处），安居房，街道风貌整治，芦阳派出所地块，芦山规划馆，芦阳市场等项目陆续建成。

2. 案例项目二：芦山县城老城区修建性详细规划

芦山县老城区有2000多年的历史，至今，虽古城风貌不在，但古城脉络尚存。“4·20”地震后，老城区普遍受损，灾后重建工作量大面广，急需一个面向实施的规划设计指导灾后重建工作的有序开展，见图 6.6-2。

图 6.6-1　芦山新老县城规划鸟瞰图

图 6.6-2　芦山老县城汉姜古城建设过程

芦山县老城区作为“三点一线”中规划管控和灾后重建的重点区域，其修建性详细规划将对老城区范围内的灾后重建项目提出具体的安排与设计，用以直接指导建筑设计与各项工程施工设计。

以促进民生发展为基础。规划积极完善老城的基本公共服务，优先安排现状民生工程的恢复与重建，建设幸福姜城。在老城区尽可能地保留私宅区和原有生活网络，完善生活配套，延续原住民生活方式，鼓励就地重建和维修加固。同时，加强对未利用地的整理，利用空地和部分机关事业单位用地，选址落实多处集中的古城集中安置区。

以特色和文化传承为设计导向。首先强调维护传统古城格局，凸显山水姜城特色，在色彩、材质、细节等方面控制整体空间形态与风貌，建设秀美姜城；其次，以山水资源特色组织城市功能，形成四个具有一定尺度规模、景观特色突出的城市核心功能单元和景观单元。

以“芦山年轮”为概念，在老县城范围内形成“双城、十字街、九街区”的空间结构。芦山老县城拥有清晰的“山水＋古城＋文化”的发展脉络，是一个有机生长的生命体。规划以“院落＋街巷”的空间组织方式，阐述历史、演绎未来、支持芦山老县城新的业态与生活。未来，芦山老城将以汉姜古城为核心，以十字街区和街巷系统为串联，在四个景观单元中有机组织各发展要素促进老城有机更新，从而实现九大街区的特色化发展，最终形成“芦山年轮”的历史图景和“魅力姜城”的生活图景。

本规划在老城区重建过程中对规划管理和重建项目的详细设计提供了大量的规划技术支持，包括项目选址、项目规划设计条件的制定、与其他设计单位的设计对接和协调以及重点项目的联合设计等。至今，包括汉姜古城、文化宫、芦阳小学、十字街环境改造、文庙片区、妇幼保健院、阳光幼儿园、北门城墙遗址公园、重要道路（乐以琴路、学坝巷、玉门巷、建设路）、安置房、红军广场、图书馆等项目都已建成。

3. 案例项目三：芦山河与西川河两河四岸景观设计

芦山河与西川河自北而南流经佛图山、龙尾山、罗纯山三山，连系芦山县新、老县城，为青衣江主要支流，是芦山县城内主要河流。千年来，芦山河与西川河作为天然的护城河守卫并哺育着芦山城池内的居民，见证历史文化的变迁。

经历“4·20”地震之后，河道两岸发生了崩塌、滑坡等次生地质灾害，河道的景观安全问题逐渐显露，河流驳岸与河滩间较大的高差阻隔减弱了县城与河流亲密性，处于闻水不见水，近水不亲水的状态。两河四岸景观设计以解决景观安全问题为基础，将其设计成为城市与河流融合的纽带和重现城市特征的重要场所。

两河四岸景观设计凭借良好的自然地貌条件与深厚的历史文化底蕴，依托河流两岸不同区段的自然、城市与生态环境，形成山、城、河相互渗透的景观空间。设计基于安全性、亲水性、文化性三大原则，以景观安全性为出发点，突出芦山地区的历史文化内涵，建立安全的活动场所与生物栖息地；以工程结合景观的手法，解决芦山新、老城市空间与水体的互动关系；并通过现状植物、建筑风格与市民活动等内容，构建芦山特有的精神场所。设计同时强调交通与视线的可通达、场所的可活动、文化与空间的可识别与水域的可控制等设计策略，以增强设计的操作性与实施性。设计从芦山孕育的蜀汉文化和特征性要素出发，形成青衣风韵、玉溪猗猗、红阳古意、姜城月夜、浮绿叠翠等不同氛围特色的五大景观区段，并设计 32 处主题景观区分别映射五个区段的景观内涵与主体功能，为新、老县城的户外活动与旅游提供主题性场所。

4. 实施建设成果

三年重建期内，县城围绕“山水芦山、文化芦山、幸福芦山、美丽芦山”的发展目标，完成“两道、三山、五区、一村”的建设。

省道 210，借助道路提升和截洪沟改造，把芦山路建设成为包含道路系统、文化传承、城市风貌、绿化景观、休闲旅游等功能的“复合线”；滨江大道，结合芦山河改造工程，建设滨水特色路，成为县城新的滨水景观长廊。

利用罗纯山、龙尾山、佛图山的山川、溪流、文保资源，把“三山”建设成郊野休闲健身的重要场所，保护城市山水格局，分别建设成各具特色的森林运动休闲公园、姜维文化休闲公园和宗教文化休闲公园。

汉姜古城通过芦山综合馆、姜城往事、台地商业街区等项目建设，培育文化旅游产业，形成一个0.25平方公里的生活与旅游融合的特色文化街区；依托汉姜古城的引领带动效应，稳步推进1.2平方公里的芦山老城城市更新，并疏通新建5条街巷，改造提升6条道路，涵盖地表绿化照明、地下综合管网以及街道立面风貌和屋顶违建整治。至今，包括汉姜古城、文化宫、芦阳小学、十字街环境改造、文庙片区、妇幼保健院、阳光幼儿园、北门城墙遗址公园、主要道路（乐以琴路、学坝巷、玉门巷、建设路）、安置房、红军广场、图书馆等项目都已建成。智慧新城运用“数字化、智能化、网络化”理念建设微型社区。涵盖中小学幼儿园、滨江公园、活动中心各一座、安置区四个、市场酒店两个，探索“智慧城市”建设，营造安全、和谐、便捷、宜居的社区环境。乌木根雕艺术城依托“中国乌木根雕艺术之都”品牌，整合公路沿线分散的加工作坊，建设一座根雕交易市场、文化交流基地。城北产业园建设“两区一心”园区空间，促进芦山县城特色产业发展，增强芦山造血机能。思延农业园建设1平方公里农副产品及食品加工区，培育2平方公里的核心示范种植区，拉动7平方公里的散户种植区，形成现代生态农业示范基地。建设完成的黎明村，成为引导幸福美丽新村的村居建设样板。

“中央统筹指导、地方作为主体、灾区群众广泛参与”的芦山灾后重建模式是推进国家治理体系和治理能力现代化的制度创新，在三年重建期后，芦山县城的生产、生活条件和社会经济发展得以全面恢复，并超过了震前水平。随后，2017年3月，四川省印发《关于推进芦山地震灾区实现五年整体跨越七年同步小康目标的意见》，从巩固重建成果、培育壮大特色优势产业、补齐基础设施短板等方面出台18条举措，再为芦山崛起拓宽行路。被实践证明的“地方负责制”随后也在云南鲁甸地震、尼泊尔地震西藏灾区的恢复重建过程中得到推广。

第七章　镇——飞仙关镇，文化自信与跨界协同

地处芦山、天全、雅安三地交界的飞仙关，被誉为川藏线陆地“第一咽喉”。从成都出发到雅安，经过飞仙关到天全县、康定，最后抵达西藏，飞仙关是西出成都，茶马古道上第一个关。

在“4・20”芦山地震灾后重建中，规划深度挖掘飞仙关历史文化，结合地域特点和风土民情，以“场镇为龙头，村落为景区，民居为景点”的可持续发展理念，高起点规划，精心组织施工，攻坚克难，倾力重建地震灾区新大门。经过三年艰苦卓绝的重建，一个“村镇一体，景城一体，农旅结合，产村相融”的崭新飞仙关已出现在世人面前。

2016年4月24日，在清风雅雨的最好时节，李克强总理再次回到芦山，与灾区人民再相聚。在前往芦山县靠近351的一处平台，李克强总理走下汽车，考察灾后基础设施恢复重建情况。平台的对面成片的猕猴桃种植园、崭新的南天新镇、别具风情的飞仙关古镇。对这片废墟上重现的如画美景，总理连赞：“真漂亮！”

飞仙关，这个饱经沧桑的古关隘，曾经拥堵破败的弹丸之地，凤凰涅槃，精彩再现了茶马古道第一关的历史盛景。

一、飞仙关——茶马古道第一关

1. 三江交汇，神禹漏阁

飞仙关镇位于四川盆地西侧、芦山县南部，离雅安市区15公里，地处北纬28° 51′，东经101° 56′，为盆地到青藏高原的过渡地带。2004年芦山县完成行政区划和乡镇调整，把凤禾乡并入飞仙关镇，从而形成了芦山县5镇4乡的格局。

飞仙关镇北与芦山县城接壤，西邻天全县的新华、大寨乡，南与多功、多营相连，东与雅安市区、北郊、上里相接，整个镇域地处河谷平坝及浅丘山区的结合部。全镇东西宽9.1公里，南北长11.2公里，面积52.6平方公里。地势东北高、西南低，东部为浅丘山系，属丘陵中山地形，西部为平原微丘，青衣江、芦山河与始阳河在镇区南端交汇，三条江河环镇而过，水资源丰富，属河谷平坝，地质结构较复杂。

相传诗云“大禹斧劈水东流，神禹漏阁八年成，峭崖栈道人匐行，回头一望已千年，盛夏一雨路千瀑，神仙只能飞着过，雄关古道今犹在”。便是描绘了飞仙关独特的地貌环境。

飞仙关镇辖5个行政村，27个农业社，1个居民委员会，2014年全镇共有人口12470人。其中非农业人口223人，占总人口的1.8%；劳动力6888人，占总人口的55.2%。全乡共有耕地3645亩，人均0.29亩。

农业方面，粮食作物以水稻、小麦、玉米为主，杂粮有黄豆、豌豆等，水稻和小麦种植面积3720亩，总产量4200吨，是芦山县粮食主产区之一；经济作物以油菜、茶叶、蚕桑、生姜较为普遍；水果以柑橘、猕猴桃为主，已在三友、朝阳等村开发出柑橘园、猕猴桃种植基地。养殖业以小家禽及大牲畜养殖普遍，以长毛兔和雪花鹅养殖出名。

矿产资源较为丰富，以“中国红”系列红花岗石闻名，加之黑色、绿色花岗石和汉白玉大理石。此外，镇域内还富集较多的铝土矿，其中富矿占三分之一，煤炭储量1000万吨。

2. 茶马古道，人文荟萃

灾后重建，更为长远而艰巨的任务是如何建设一个精神家园，一个真正意义上的“家”，而非狭义的房子和物质意义上的家园，从而使当地村民得到安全感、归属感和认同感。因此，规划项目组通过对飞仙关镇当地传统文化、地形地貌的研究，深入了解当地川西建筑特色和原有乡镇

的文脉格局，将尊重地方特色和历史文化落实到规划定位、规划布局、空间景观与经济发展等各个层面，基于飞仙关丰厚的文化底蕴，营造独特鲜明的地域个性，见图7.1。

飞仙关作为“西出成都，茶马古道第一关”，在茶马古道文化长河中占有重要地位，属于雅安茶马古道川茶之源，是川藏茶马古道的重要组成部分。据史书记载，3000多年前，此地就是古蜀国通往世界的咽喉要地。到汉代，司马相如受汉武帝之命沿此路出使西南夷，把这条民间小道开辟为官方的商道。蜀锦、邛杖、铁器等从成都平原由此销往世界，见图7.1。

“从这里路过的马帮背夫主要是到西藏”。89岁高龄的姚和景老人还记得，在20世纪20至30年代，这里都相当繁华。“成都、邛崃来的大马帮，最多的时候有几百匹骡马”。当年的飞仙关夜晚特别热闹，整夜都有马帮和背夫经过。飞仙峡自然峡谷景区和茶马古道历史街区与芦山县的历史文化一脉相承，沿线至今还有较多保存完好的古村落。此外，飞仙关还有一处佛教圣地二郎庙历史悠久，香火旺盛。

同时，飞仙关镇处于山地少数民族文化区和盆地汉族文化区的交界地区，拥有独特的山形地貌和多民族文化交融的特色。在抗战刚结束时，画家叶浅予和夫人戴爱莲从飞仙关到康定，第一次看见“溜索”渡河的惊险场面。此行之后，叶浅予留下几十幅画作在雅安、康定两地，并在成都举办了一次专题画展。20世纪40年代，张大千到成都听说了叶浅予的画展，也引起采风的兴趣，便来到了飞仙关。于是乎一气呵成著名的《多功峡铁索桥》，并乘兴留下了“孤峰绝青天，断岩横漏阁，六时常是雨，闻有飞仙度”的百年佳话。

此外，飞仙关镇有“天芦一失，平原难保；解放军解放西藏、川康第一要隘”之称，其红色文化特征显著。因此，在镇区的规划设计过程中，不仅需要结合当地的形地貌特征，而且要充分识别和考虑川西地区的文化内涵和历史发展，体现因地制宜的规划特色。

3. 古往今来，川康要隘

自古以来，飞仙关地处交通要塞，是南方丝绸之路和川藏茶马古道的必经之地，“孤峰上绝于青天，湍波下走于长川；断崖横壁立之岸，飞溜溅千尺之泉”。飞仙关镇因飞仙关而闻名，有“惟天下之至险，有严道之漏阁焉”之说。飞仙关一直有着极为重要及特殊的历史作用，其所在的芦山县是我国著名的汉代文物之乡，汉代文化遗存丰富，有深厚的汉代文化底蕴。

据市文管所工作人员介绍，在三国时期，诸葛亮经此征战西南诸部落。“飞仙峡前有一个平坝，诸葛亮在此扎营，后来这个地方便叫作多营”。

飞仙峡有栈道的历史是从宋代开始的。所以出入飞仙关充满了艰辛，沿汹涌冰凉的青衣江起码要走两个多小时。

在近代，飞仙关红色文化丰厚。独特的地理位置，“交通要冲”让飞仙关人民自古就有“以路为市”的市场意识。据史料记载，红四方面军曾途经飞仙关，并在此活动了很长时间。“红军长征经过这里的时候，还在街两边的石墙上用錾子刻了许多标语，如‘反对奸商、怠业、闭市、高抬物价’等”。未修建飞仙关桥之前，所有经过西康省进藏的车辆和物资都要在飞仙关靠渡船过河。1950年11月，为解放西藏保证运输畅通，西南军区支援司令部工程处在飞仙关修建了钢索吊桥。后来，川藏公路上的车辆越来越多，1972年，当地政府在飞仙关桥下游几百米处，新修建了一座水泥路面的双车道飞仙关大桥，老飞仙关桥于1973年停止使用。

改革开放后，勤劳聪慧的飞仙关人民不仅在种养殖业能够根据市场的变化而调整产业结构，发展农业多种经营，而且还率先办起了乡镇企业。但由于缺乏整体规划，市政基础设施和公共服务设施建设投入不足，产业规模有限，难以形成产业优势。现在这里依然是交通“咽喉”地带，国道318线、351线、省道210线在此交汇，因此飞仙关成为国家灾后恢复重建的重要节点。

二、安全为先，科学选址新场镇

1. 科学评估，重建选址

芦山县域内受灾损失与地震烈度成正相关，也与县域人口密度、经济密度、交通网络、工

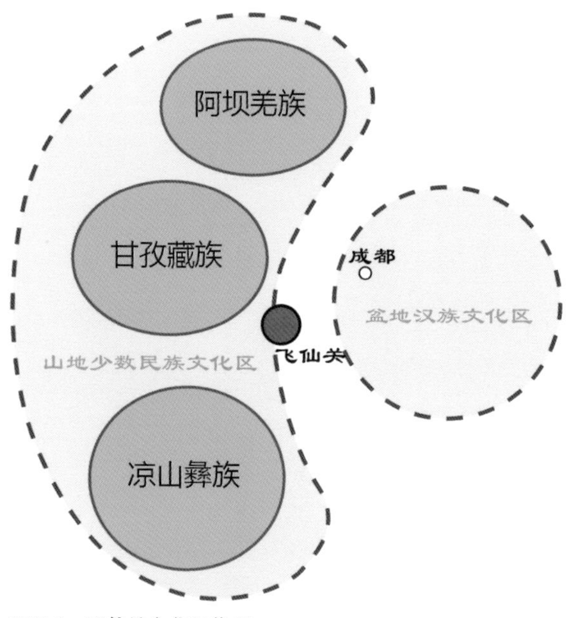

图7.1 飞仙关文化区位图

程建设质量情况相关。飞仙关镇处于“4·20”地震烈度8度区，受灾户数3725户，受灾人口12593人，其中农业人口11673人，非农业人口920人。与芦阳、思延等乡镇受灾情况类似，主要道路基本畅通，但砖石结构房屋、年代较久的老建筑受损较为严重，地震造成全镇90%的房屋基本不能居住，其中倒塌农村住房1869平方米、严重破坏41.32万平方米。地震导致国道318线沿线新增较多滑坡落石灾害点，地质灾害点由震前的18个新增到33个，见图7.2。

全镇约有近30%的受灾户要求异地搬迁，根据国家灾后恢复重建异地选址条件要求、相关灾后恢复重建人口安置政策综合判断，结合全镇可建设用地与社会经济发展的关系，规划初步判断，全镇重点应以原址重建为宜，少量异地重建主要集中在北场镇。

（1）飞仙关南场镇——交通要道，用地局促

场地特征：现状的飞仙关场镇用地紧张，东北侧以芦山山脉连绵的群山为界，东南以青衣江为限，西南紧临芦山河及省道210，场镇中部被国道318横贯，在国道、省道、河流和地势地貌的限制下，场镇恢复建设可供选择的用地十分有限，规划用地面积为11.92公顷。螺山山顶为规划区最高点，海拔高度为677米，山体高度约50米。飞仙关镇灾后恢复重建用地除下关、茶马古道的部分现状建成区外，主要局限在国道318南侧一小块台地上，原为飞仙关华能电站的临时施工堆场区，在规划工作开展时已完成场地平整，建设条件较好。

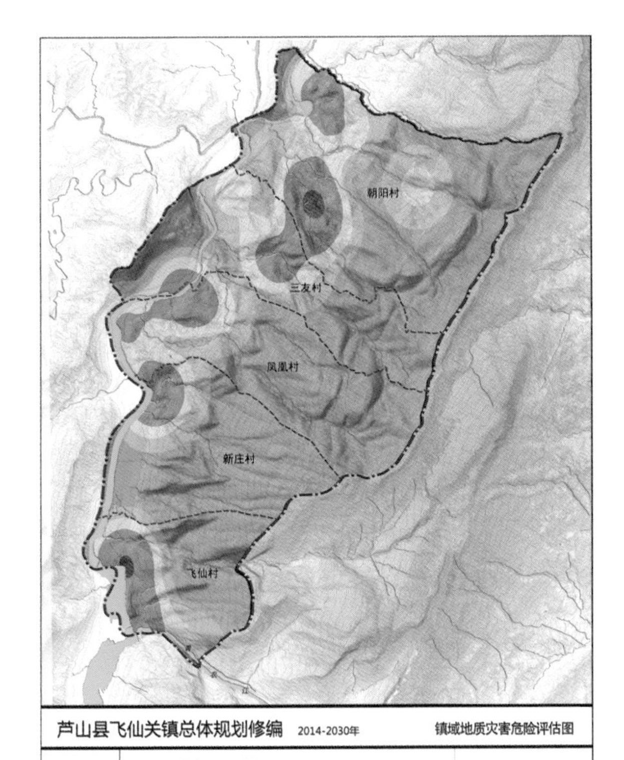

图7.2 飞仙关镇域地质灾害危险评估图

现状建设情况：场镇内有部分公共服务设施，现状建筑大部分为三层以下的砖房或棚屋、小面积的石头房和木房及砖房，三层以上砖混或框架建筑较少。作为县域体系规划中确定的旅游乡镇，现状建筑造型简单，建筑缺乏民族特色，现有形象难以体现地域特色，不能适应旅游业的发展。范围区内有地震倒房户约22户，因国道318隧道改线工程拟市政拆迁约36户，现状有较高历史价值民居约3户，其余传统风貌建筑约27户，现代风貌建筑约49户。现状人口约470人，建筑面积约11369平方米，人均建筑面积24平方米/人，现状居住用地紧张，人口密度较大。内部街道景观单调，绿化较少。茶马古道下关段由于国道318分割，整体性遭到破坏，文物古迹点不多，但等级较高，主要分布在国道318以南螺山上。两侧建筑翻建、改建、加建较多，其保存的真实性和完整性受到一定损害，风貌优势不明显，城市化快速发展给文化遗产保护带来挑战。基础设施不完善，污水随处排放，生活垃圾到处堆放，影响村镇形象。

受灾损失情况及需求：飞仙关镇场镇在“5·12”和“4·20”地震中，有部分居民住房和公共服务设施受灾比较严重，需要重建安置。茶马古道的完整性受到一定损坏，相当数量级别相对较低的文物古迹在地震中结构和材料受到一定程度损坏，急需采取保护措施。

（2）飞仙关北场镇——倚湖面山，场地平坦

场地特征：现状的飞仙关北场镇用地较为平坦，海拔高度在640米左右，腹地较大，北侧以老君溪为界，西侧以国道351为限，南部紧临芦山河，待飞仙关华能电站水库蓄水后，将形成较大的景观湖面飞仙湖，东部包括目前已建成的飞仙关镇政府。场镇内部被省道210纵贯，主要分成东西两部分，规划用地面积为13.92公顷。

现状建设情况：场镇内建筑以村民居住和工业厂房为主，还包括一处飞仙关镇政府和一个飞仙村村民服务中心等公共服务设施。现状村民住宅主要集中在规划区东北部由省道210进入茶马古道堰坎村组的村道两侧，共有村民39户，大部分为三层以下的砖房或棚屋、小面积的石头房和木房及砖房，三层以上砖混或框架建筑较少。工业厂房分布在省道210西侧芦山河沿岸，主要包括雅安久鸿商用混凝土、雅安永新合金有限公司、芦山县正红液化石油气有限公司等建筑，占地规模较大，建筑质量一般，此类工业对生态环境污染较重，政府近期已纳入拆迁计划。此外，需要拆迁的建筑还包括因国道351修建拟拆除的飞仙村便民服务中心。除镇政府办公楼外，其余建筑缺乏民族特色，现有形象难以体现地域特色，不能适应旅游业的发展。内部街道景观单调，基础设施不完善，污水随处排放，生活垃圾到处堆放，影响村镇形象。

受灾损失情况及需求：飞仙关镇场镇在“5·12”和“4·20”大地震中，有部分居民住房和公共服务设施受灾比较严重，需要重建安置。茶马古道的完整性受到一定损坏，急需采取保护措施。地方政府在北场镇有明确的建设需求，包括居民安置用房（地方政府拟在北场镇近期布置 100 户居民安置用房，其中 150 平方米 50 户、120 平方米 30 户、90 平方米 20 户，以仿古、旅游风格为主）、公共建筑（幼儿园、信用社、车站、邮政所、电信、联通、移动等）、游客接待中心（在车站旁设计一个游客接待中心）和商业开发（剩余面积部分预留作商业开发设计）。

2. 分区分级，定量分析

“4・20”芦山地震发生后，以中国科学院为牵头单位的项目组在不到一个半月的时间里完成了《芦山地震灾后恢复重建资源环境承载能力评价报告》，该报告中的芦山地震灾区地震地质条件适宜性评价结果显示，飞仙关镇为本次地震中的极重灾区。

报告中对于次生地质灾害的评价显示，在地震诱发次生泥石流灾害易发性中，飞仙关镇有大面积区域位于极高危险区。而根据地震诱发次生地质灾害危险性综合区划结果，在五个等级的危险区（极重度危险区、重度危险区、中度危险区、较轻度危险区、轻度危险区）中，自然单元重度危险区总面积为 0.083 万平方公里，占区域总面积的 1.9%，重度危险乡镇总面积 0.249 万平方公里，主要分布于 33 个乡镇，这其中就包括飞仙关镇。

根据研究区内崩塌、滑坡和泥石流等次生灾害定量分析结果，结合野外排查的地质灾害隐患点的数据和报告，结合崩塌、滑坡和泥石流的分区结果，考虑崩塌滑坡的位置、影响范围半径、活动强度等因素，同时对泥石流的速度、能量和降雨强度等信息进行计算分析，在此基础上划分次生地质灾害的避让区，得到评价区极重灾区和重灾区（四县两区六乡镇）在灾后重建过程中的次生地质灾害安全避让边界。次生地质灾害避让区划分为三个等级：高度避让区（严格避让区）、中度避让区（建议避让区）和低度避让区（相对安全区）。总体上，避让区受地质灾害易发度制约，地质灾害危险性越高的区域，其避让面积越大。其中，飞仙关镇的整体综合评价为中级，而对于国道 318 飞仙关段等极易发生崩塌、滑坡和泥石流等地质灾害的地区需要在暴雨期间进行监测，见表 7.2。

飞仙关镇的震后重建避让区分析结果 **表 7.2**

乡镇	总面积（km^2）	高度避让区		中度避让区		低度避让区		综合评价	
		面积（km^2）	比重（%）	面积（km^2）	比重（%）	面积（km^2）	比重（%）	得分	等级
飞仙关镇	52.13	0.35	0.66	2.21	4.25	49.57	95.09	1.111	中

3. 因地制宜，安全为先

对于受灾居民永久安置区的选址，实地调研和充足的基础资料成为保障选址安全的前提，而灾损评估及环境承载力的研究是其中的重点问题。规划项目组依据中国科学院为牵头单位的项目组通过实地踏勘等多种方式进行现场判断完成的《芦山地震灾后恢复重建资源环境承载能力评价报告》，在避开滑坡、崩塌、泥石流、不稳定斜坡等地质灾害隐患点的同时，通过对现状产业用地的搬迁腾挪，尽量选择地质条件良好的平坝地区展开飞仙关新场镇建设。最终确定南场镇按原址重建，北场镇在新址集中建设，科学评估，谨慎规划，确保选址的安全性。

三、区域统筹，旅游兴镇，重塑芦山南大门

1. 一湖两岸，飞仙多功一体化

飞仙关镇地处交通要冲，分别与天全、雨城、芦山交汇接壤，流域一体，鸡鸣三县，傍山依水，错落有致，距雅安市区 15 公里，距天全县城 25 公里，距芦山县城 17 公里，向西经天全县城可达甘孜、西藏，向南经荥经可达西昌，向西北经芦山县城到宝兴过夹金山可达阿坝州小金县，向东北经芦山县城可达邛崃、大邑，是全省 3 条旅游经济带之一的“雅攀旅游经济带”上的重要组成，是全省 5 条特色旅游环线的西环线

（大熊猫线）和西南环线（香格里拉线）上的重要节点，是世界自然遗产大熊猫栖息地和龙门山生态旅游带上的重要部分，旅游优势十分突出。而飞仙关镇与天全县的多功乡相邻，两地环绕飞仙湖四周，以桥相通、地缘相连、人缘相亲、文化相融，具有一体化发展的基础条件和资源优势。

中央、省、市、县高度重视飞仙关的发展重建，按照《芦山地震灾区后发展重建的整体规划》和“11个专规”，飞仙关镇场镇发展重建规划定位是：“打破行政区划，把飞仙关和多功全域作为一个旅游景区来规划、把三个场镇作为一个小城来设计、把每个村落作为一个旅游景点来打造、把农户民居作为一个文化小品来培育”的总体要求，努力把飞仙关镇和多功乡共同打造为“4·20”芦山强烈地震极重灾区南大门；国家生态文化旅游融合发展示范镇；南方丝绸之路、茶马古道第一关；川藏咽喉和“中国最美景观大道”旅游走廊第一镇。

规划以发展为主题，实施中心城镇带动周边村落战略，充分利用芦山门户区位和交通优势，培育和发展新的经济增长点，形成相应的错位经济和配套经济，促进区位优势向经济优势的转化；以生态环境建设为主线，实施可持续发展战略，实现人口、资源、环境、经济和社会的协调发展；以产业结构调整为重点，实施产业提升战略，发展区域特色经济，积极推进经济结构的战略调整；以市场为导向，实施区域开放合作战略，加快体制改革和招商引资的步伐；以富民强镇为目标，实施旅游兴镇、商贸富镇战略，加快文化创意产业的发展，实现全镇经济的跨越式发展。

2. 村镇一体，产城融合

农旅结合：依托芦山县飞仙关镇得天独厚的自然资源禀赋和区位优势，突出体现飞仙关古关隘、飞仙峡、下关古街、上关古村、堰坝古村、茶马古道、二郎庙、南界牌坊等历史文化资源优势，发展现代生态观光农业、体验农业和乡村休闲度假旅游，形成雅康高速公路、国道318、国道351和省道210线交汇处生态文化旅游融合发展重要节点和乡村旅游休闲体验中心，实现农旅结合、一、二、三产互动、连片发展，增强了受灾群众奔康致富带动能力。

村镇一体：从更大范围来考虑资源整合优化，提升村镇能级。将芦山县飞仙关镇与天全县多功乡进行整合，按照“一湖三区两园一道”组团式规划布局，共同完善公共服务设施，健全医疗卫生教育保障体系，提高应急避险能力，着力推进飞仙关镇和多功乡一体化发展，带动两镇（乡）九村连片建设幸福美丽新村，实现镇乡统筹、乡村一体发展，形成特色魅力乡镇、精品旅游村寨。

产城相融：着力推动以人为核心的城镇化建设，依托新场镇建设、新农村建设、新文化建设，调整产业结构，优化产业布局，提升石材、乌木（根雕）、竹编、农产品等加工能力，重点发展猕猴桃、茶叶、葡萄等现代生态观光农业，全力推进农商、文旅结合，全面提升震后群众奔康致富能力，努力实现产城相融、差异发展。

3. 双轴双组团，谋划新蓝图

现状的飞仙关城镇用地西南紧临芦山河及省道210，场镇中部被国道318横贯，东北侧以芦山山脉连绵的群山为界，东南以青衣江为限，占地面积4.25公顷，在国道、省道、河流和地势地貌的限制下，场镇很难在原地做进一步的拓展。飞仙关城镇北部是河谷平坝，是理想的建设发展用地；同时，飞仙工业集中区位于城镇的北侧，为借助工业集中区服务配套以及工业集中区的基础设施建设来启动城镇的发展，需尽量缩短城镇与集中区的距离。结合这两点，确定城区建设用地主要向北发展。

结合各种用地选择因素，最终将整体空间结构确定为“双轴双组团”的布局模式，即以省道210和茶马古道为城镇联系轴线，串接南场镇片区、北场镇片区两大组团。

南场镇片区组团：围绕电站移民安置区的建设，结合茶马古道和螺山景区的开发，树立芦山门户形象，构建镇域南部市场贸易、旅游体验功能区。

北场镇片区组团：依托良好的基地条件及优美的自然环境，按照“4·20”灾后安置点规划建立完善的生活服务设施体系，树立开发式重建理念，提升旅游服务品质，打造旅游服务的核心功能区；同时积极与北部新庄村产业联动发展，形成沿省道210的产业发展带。

茶马古道旅游轴：茶马古道以茶马文化为主

要线索，由南至北形成螺山茶马风情区、溪涧茶马文化区、古道遗风、古村风情、川西田园和溪涧水寨六大主题功能区段。“螺山茶马风情区”位于茶马古道最南端，是茶马古道的起点，也为芦山南界的第一历史场所；“溪涧茶马文化区”位于下关北，茶马古道的南段，是茶马古道与溪涧水系结合最为紧密的片区；“古道遗风”位于茶马古道中部，沿途较陡，以田园风光结合零散民居为特色；“古村风情”位于茶马古道中段，作为茶马古道最具川西古村特色的区段；“川西田园”位于上关古村与堰坎上村之间，沿途为大片辽阔的田园风光；“溪涧水寨”位于茶马古道最北段，依托优美的老君溪自然环境，西面与北场镇相连。

青衣碧水旅游轴（省道 210 景观廊道）：整个省道 210 景观廊道以山水画卷、美丽新田园为主题，是集交通、生态休闲、文化体验和新农村建设等多样功能于一体的景观走廊。飞仙关镇区段（北场镇以南）以飞仙峡及与水电站建成后形成高峡平湖为主题，北场镇以青羌水寨为主题。

4. 凸显蓝绿本底，传承古道文化

规划以“战略引领、底线把控；尊重自然、发掘人文；扎根基层，服务社会；突出重点，一竿到底”为技术纲领，基于文化线路视角，传承建筑、景观、格局、生活习性等地域文化特征，统筹旅游发展和城乡建设，实现保护与发展的共赢。

保护茶马古道，提升为体验人文、生态过程的历史文化遗产廊道和地域景观展示线路。设计以茶马文化为主要线索，形成茶马文化线、乡土文化线、生态田园线及修身康体线四条主题轴线，建设螺山茶马风情区、溪涧茶马文化区、古道遗风、古村风情、川西田园和溪涧水寨等六大主题功能区段，形成大景区的整体组织骨架。

建设飞仙驿旅游小镇，打造国家 4A 级旅游景区。设计上有效配置茶马古道沿线空间资源、合理布局旅游产品、有序安排建设项目，兼顾旅游开发、城镇建设、移民安置、就业保障、环境保护、游客市场、社区利益、文化传承、产业互动、区域发展等多方需求。

北场镇则规划突出本地的茶马历史文化、红军革命文化、青羌民俗文化、生态山水文化、老君养生文化等主题内涵，结合省道 210 飞仙湖沿线的景观整治，与茶马古道南端的飞仙驿旅游小镇形成“两点两线”的互动关系。

规划挖掘省道 210 飞仙关段沿线的山水景观资源和地域文化特色，统筹沿线景观和绿化种植特色，贯通飞仙湖沿湖栈道，提出沿线建筑立面改造指引，完善城乡公共服务设施，形成具有地域特征的整体景观秩序，提高公共活动环境品质。

四、飞仙湖畔飞仙驿，古道木韵青羌寨

1. 风情小镇飞仙驿

（1）古道新驿，风情小镇

独特的自然地貌环境和深厚的历史文化底蕴为“飞仙驿”旅游风情区提供了优良的景观条件和丰富的历史人文背景。本次飞仙驿片区修建性详细规划的设计构思基于文化线路概念及特征的视角，把旅游发展与地方经济可持续发展相结合，与城乡统筹、新农村建设相结合。通过对空间资源的有效配置、旅游产品的合理布局、建设项目的有序安排，处理好旅游开发与城镇建设、移民安置、环境保护、游客市场、社区利益、文化传承、产业互动、区域发展等的关系，以打造国家 4A 级旅游景区为标准，进行高品质的旅游区建设，完善旅游基础及配套服务设施，提高修建性详细规划的适应性、落地性和长效性，为飞仙驿片区规划、建设、经营、管理的良性动态循环做好铺垫。

飞仙驿片区由飞仙驿风情小镇、茶马古道、螺山景区、骑行驿站、集贸市场、三桥广场等六大功能组团组成。东部凭借螺山良好的自然生态条件和茶马古道深厚历史文化底蕴，成为以观赏、漫步为主的景区，尽量完整地保持和加强青衣江飞仙峡的自然生态环境，突出古意盎然的人文情怀。西部飞仙驿风情小镇则以混合多样的功能提供丰富的活动选择（如主题旅游、特色购物、广场音乐节等），营造“风情小镇”的氛围和主题。因而，形成西部以游乐体验为主、东部以自然怀古为主的总体动静分区，并组织飞仙湖东岸 S210 沿线自然山水景观轴、穿越 G318，沟通南北两端的茶马古道景观轴和小镇内部街道系组成的飞仙驿风情景观轴等三条重要景观轴线，见图 7.4-1。

（2）文旅结合保就业，另辟蹊径破瓶颈

通过对茶马古道的有效保护和合理利用，结合飞仙驿旅游小镇与螺山景区建设，提升村落基础设施配套水平和环境品质，提供就业机会，带动本地社会和社区和谐发展。规划有针对性地对飞仙驿片区内茶马古道、飞仙关口、飞仙驿风情小镇、螺山景区等分别提出修复、重塑、再造和整治四大策略。依托飞仙湖和飞仙关古关隘、二郎庙等历史文化资源，在飞仙关关口建古牌坊，在飞仙湖畔建环湖栈道，在飞仙制高点狮子山建观景平台，将二郎古庙拓展建成二郎庙公园，同步发展现代生态观光农业、体验农业和乡村休闲度假旅游业，为群众过上好日子打下基础。

“晴天灰满天，雨天烂泥湾”这是人们对过去国道 318 川藏线段雅安境内多营至飞仙关路段的印象。因此规划从安全、交通、景观等角度出发，重点优化了 318 国道飞仙关的线形，通过飞仙关隧道的设计，分流了主要的过境交通，绕过多个飞石、滑坡等地质灾害点，打开了曾经拥堵、危险的滴水崖路段山隘瓶颈，同时也更好地释放了滨水活力空间。

特别的是，对于飞仙驿风情小镇的场地竖向设计，由于周边国道改线工程导致场地与道路落差较大，因此其各类功能用地需要通过台地式竖向处理方式，形成层次丰富山地城市街道系统。大部分用建筑结构的方式将场地从海拔 625 米提高到 630 米左右，其提高的部分空间将作为地下停车场库，以满足安置移民和自驾旅游的服务需求。

（3）跨界协同，各司其职

芦山县与飞仙关镇两级政府作为实施主体，相关部门各司其职严格执行规划要求；我院作为该片区规划技术总协调，与四川省建筑设计研究院、哈工大研究生院等相关配合单位积极合作，对飞仙驿片区的规划实施起到了强有力的推动作用。飞仙关镇也成为当时芦山灾后重建推进最为顺利、进度最快的地区之一，见图 7.4-2 ~ 图 7.4-4。

场镇内规划新川式建筑包括移民安置用房、飞仙艺术中心、飞仙会馆、茶楼、旅游服务中心等。旨在融合传统的川西建筑元素与现代时尚的建筑语言，形成有别于茶马古道的别具一格的建筑形式，提供现代游客人群不同的旅游体验。目前在核心区提供移民安置用房 59 户，其中 150 平方米户型 16 户，120 平方米户型 21 户、90 平方米户型 22 户，满足原计划需求。

规划设计本身尊重山地特色，丰富竖向高差设计，采用上住下商的建筑设计模式，组织活力商业街道系统。整体循山顺势，基于景观类型学研究，突出川西传统建筑与景观风貌特色。规划、建筑、施工设计的良好沟通和无缝对接，保证了施工质量和整体风貌的统一，同时规划意图得以充分实现。

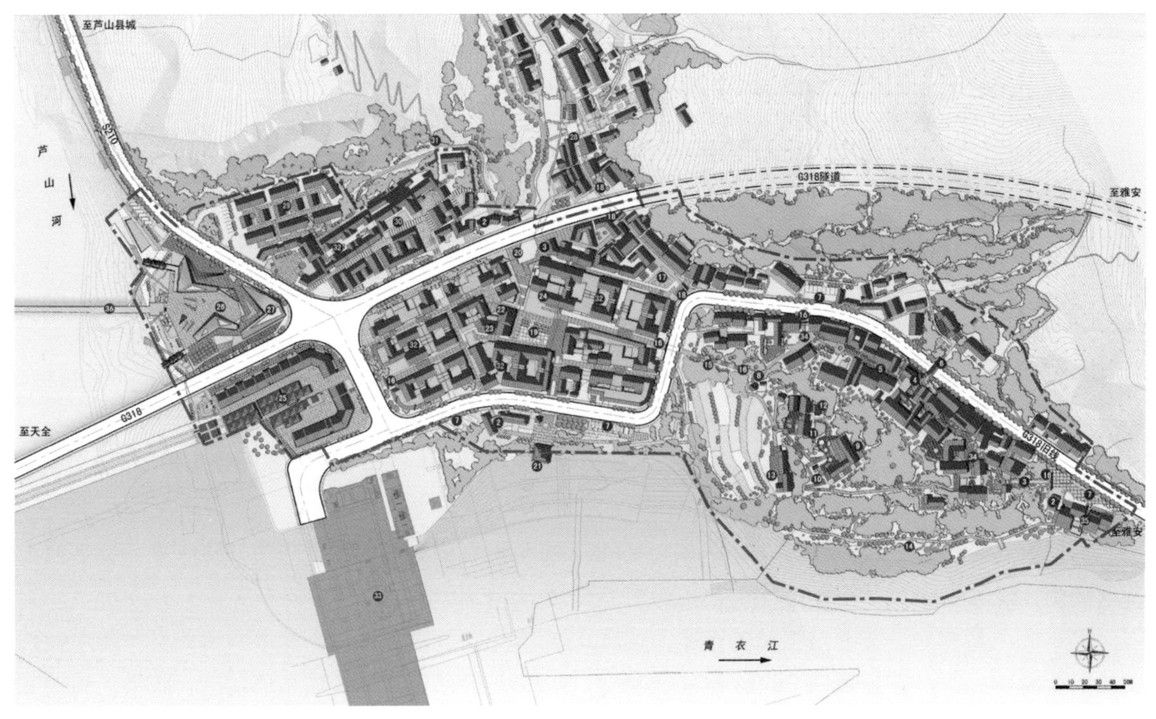

图 7.4-1　飞仙驿规划设计平面图

图 7.4–2　飞仙驿建设过程实景图

2013年规划设计鸟瞰图

图 7.4–3　飞仙驿最终建成实景与方案效果图对比

震后第三年，2016 年 4 月 18 日上午，芦山县飞仙关南场镇三期内，村民姚林敏家的院坝内围坐了不少街坊邻里。端着热腾腾的饭菜，姚林敏忙前忙后——这一天，他的“汉林苑”农家乐试营业。被誉为“茶马古道第一关”的飞仙关镇，在灾后重建中有了新的活力。特别是飞仙关镇与天全县多功乡共创 4A 级景区后，当地群众对未来有了新的期待。越来越多的群众在景美业兴的新家，开起超市、餐馆、理发店、茶楼、传统手工鞋店、十字绣装裱店等，吃上了“旅游饭”。

图 7.4-4　飞仙驿最终建成实景图

2. 古道木韵北场镇

（1）古道木韵，青羌水寨

本次飞仙关北场镇修建性详细规划的设计构思与飞仙驿同样基于多元文化融合概念及特征的视角，把旅游发展与地方经济可持续发展相结合，与城乡统筹、新农村建设相结合。

规划突出本地固有的茶马历史文化、红军革命文化、青羌民俗文化、生态山水文化、老君养生文化等主题内涵，通过飞仙关北场镇建设，与茶马古道南端的飞仙驿旅游小镇形成“两点一线”的互动关系，将更有利于茶马古道的有效保护和合理利用，提升村落基础设施配套水平和环境品质，提供就业机会，带动本地社会和社区和谐发展。

随着国道351方案的落定，北场镇规划范围调整至国道351以东区域，与南部飞仙驿旅游小镇共同打造“芦山南大门、川藏第一关”的旅游品牌，立足川康，辐射大西南，面向全国市场，把飞仙关北场镇建设成具有风貌特色鲜明，基础设施完善的城乡一体的空间形态；形成生态优良、空间舒适、景观宜人、具有高度物质文明与精神文明的特色旅游小城镇，实现可持续促进当地社会和经济效益发展。

规划区外围凭借芦山河、飞仙湖、老君溪良好的自然生态条件和茶马古道深厚历史文化底蕴，成为以观赏、漫步为主的景区，尽量完整地保持山水田园的自然生态环境，突出古意盎然的人文情怀。内部青羌水寨则以混合多样的功能提供丰富的活动选择，营造“民俗风情小镇”的氛围和主题。形成内部以游赏体验为主、外围以自然养身为主的“内动外静”总体动静分区。在内部的青羌水寨中则以中部南北向水岸商街为旅游主动线，沟通老君溪与飞仙湖，成为最精彩、最具人气的风情体验区域，见图7.4-5。

图7.4-5　北场镇规划设计平面图

（2）规划引领，村民自建，精准扶贫

将灾后重建、村民安置与地方旅游开发、生态环境保护相结合，整合南部飞仙驿旅游小镇、西部茶马古道等片区共同构成一个完整的芦山旅游经济增长极，促进当地经济可持续良性增长。通过新型城镇空间、生态维持空间和上住下商建筑模式的导入，延续当地居民的传统生活方式，并能兼顾延伸旅游服务产业。

我院作为该片区规划技术总协调，与四川东嘉建筑设计公司等相关单位积极合作，迅速组织完成南部片区的场地拆迁平整和施工图绘制，对北场镇青羌水寨片区的规划实施提供了有力保障。在规划设计时南部以青羌水寨为主题，采用政府统建安置模式，形成民族融合、古风新貌、特色鲜明、基础设施完善的城乡一体空间形态；北部凭借老君溪良好的生态资源，采用规划指引，村民自建模式，渠引水流，以“古道木韵”凸显古意盎然的人文情怀，成功使该片区成为S210沿线仙湖的青衣碧水景观带重要组成部分。除了注重空间营造，规划自始至终强调与地方旅游开发、生态环境保护相结合，精准扶贫，成为促进当地经济可持续增长的重要保障，真正让青山绿水变成金山银山，造福百姓。

（3）一步一景，一户一品

目前，场地内一栋栋仿古式建筑统一布局，黄砂石铺就的道路笔直平坦，雕花窗户、青瓦飞檐、仿古木质阳台，古色古香的景致，与小区名字“古道木韵”十分契合，见图7.4-6。

图7.4-6　北场镇建设实景鸟瞰图与方案鸟瞰效果图对比

有了风景，自然少不了前来看风景的人，飞仙关镇的群众也因此开始适应他们旅游服务从业者的新身份。居民尹明香和老伴坐在房门前，摇着蒲扇纳凉。原住在飞仙村上关组的尹明香，老房子在地震中受损严重。灾后重建启动时，听政府工作人员介绍“飞仙关镇要建成‘文旅结合、镇村一体、产城相融’的新城镇”，尹明香并不相信，她和家人一度对生计感到迷茫。但随着灾后重建的推进，尹明香信了。北场镇“古道木韵”渐渐成型，尹明香一家找到新的收入来源——开办客栈。2015 年 7 月，尹明香家的古镇客栈正式营业，成为北场镇第一家开张的客栈。外形是古朴的木质结构房屋，电视、空调、Wifi 等设施设备一应俱全，吸引了不少游客。

如今的飞仙关镇可谓一步一景，一户一品，配套南天新镇、青羌水寨、古道木韵等集餐饮、住宿、购物为一体的服务街区，已初步形成农旅结合的旅游接待体系。待周边公共服务设施及道路交通建设完善后，“中国最美景观大道”——川藏线上又将增添一颗璀璨明珠，见图 7.4-7。

图 7.4-7　北场镇建设实景图

第八章　乡——龙门乡，美丽乡村与乡村振兴

乡村灾后重建是本次芦山“4・20”灾后重建工作的重要组成部分，也是本次灾后重建规划主要探索的技术工作内容之一。乡村地区因其在治理模式、社会结构和建设方式上与城镇有所不同，在重建规划中也面临着与城镇重建规划截然不同的问题。本次地震震中龙门乡的灾后重建规划就集中体现了乡村重建规划的系列问题。

“4・20”芦山地震的灾后重建与“5・12”汶川地震灾后重建“举国援建”的模式不同，实行的是以地方政府为决策、实施和责任主体的灾后重建“地方负责制”。实践表明，“地方负责制”是我国灾后重建常态化转型的重要探索，不仅强化了地方主体和责任意识，也增强了地方重建自主权。在这一背景下，乡村重建没有了政府财政全包全揽，没有了大规模的对口援建，而是政府财政主要投入在乡村基础设施和公共服务设施的恢复重建上，村民的民房重建更多的依靠群众“自力更生”。因此，村民在重建规划中的参与就具有了独特而重要的作用，也给规划工作带来了新的挑战。

一、龙门乡重建规划概况

1. 地震震中——“站立废墟中”的乡村恢复重建

龙门乡是芦山“4・20”强烈地震的震中所在地。龙门乡行政区划位于雅安市芦山县东北部，乡场镇距芦山县城约 17 公里。东与雨城区、邛崃市交界；南与芦阳镇接壤；西与双石、太平镇相连；北与宝盛乡为邻。龙门乡辖区面积 104.6 平方公里，辖 6 个行政村和 42 个村民小组，有 6655 户居民，共计 21159 人（2012 年），是芦山县人口第一大乡镇，见图 8.1-1。

芦山县“4・20”地震灾后的情况与北川“5・12”特大地震的情况不同，北川是大部分房屋倒塌，而芦山县龙门乡是大部分的房屋没有倒塌，但是实际受到的损坏较为严重，整体印象仿佛是站立的废墟一般，有的房屋需要推倒重建，有的房屋需要维修加固，每家每户的情况都不相同，见图 8.1-2。与北川灾后在“一张白纸”上异地新建和玉树灾后基本推倒重建不同，此次龙门乡必须在现状乡村“站立的废墟”的基础上“插花”重建。这种重建方式对乡村空间和社会脉络的延续性大有好处，但也面临极为复杂的土地权属和民房重建“意愿”问题。加之乡村地区基础资料严重欠缺，没有地形图、土地权属图，人口和经济数据也不足，村民小组和宅基地边界均无可考资料，规划的基础条件难以具备，使得规划的复杂度和难度陡然增加，必须要制定更有针对性和特殊性的工作方案。

2. 美丽乡村——诗意山水下的人居环境修复

龙门乡地处平行山岭与河谷平坝地形自然交错地带，山水景观壮美奇特，田园风光旖旎动人。龙门乡场镇位于龙门山脉中部的环山河谷平坝地区，北望西岭雪山和天台山，东倚罗城山，西靠灵鹫山，如神山交汇处的龙穴，山水格局独特而鲜明，见图 8.1-3。场镇平坝地区大部分为灌区水田，田园地势平坦，大部分是需要严格保护的优质基本农田，河谷两侧森林植被十分茂盛，具有典型的川西乡村人居格局。同时，龙门乡历史悠久，场镇历史文化遗存丰富，具有健全的乡村社会网络关系，见图 8.1-4。

在这样一个山清水秀、美丽丰饶的乡村，汇聚着灿烂历史文化的风水宝地，古蜀青衣羌国生活的地区，茶马古道和古丝绸之路的交汇地带，工农红军曾经战斗过的地方，重建工作仿佛也增添了一些诗情画意。规划工作在这样的大美之境下，在这样一个独特的山水地域之中，要避免因

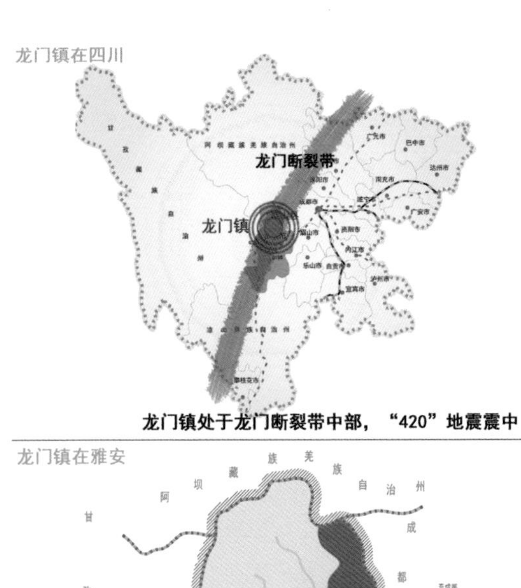

龙门镇在雅安

龙门镇

芦山县城

芦山县位于雅安市北部，龙门镇距离雅安中心城区50公里

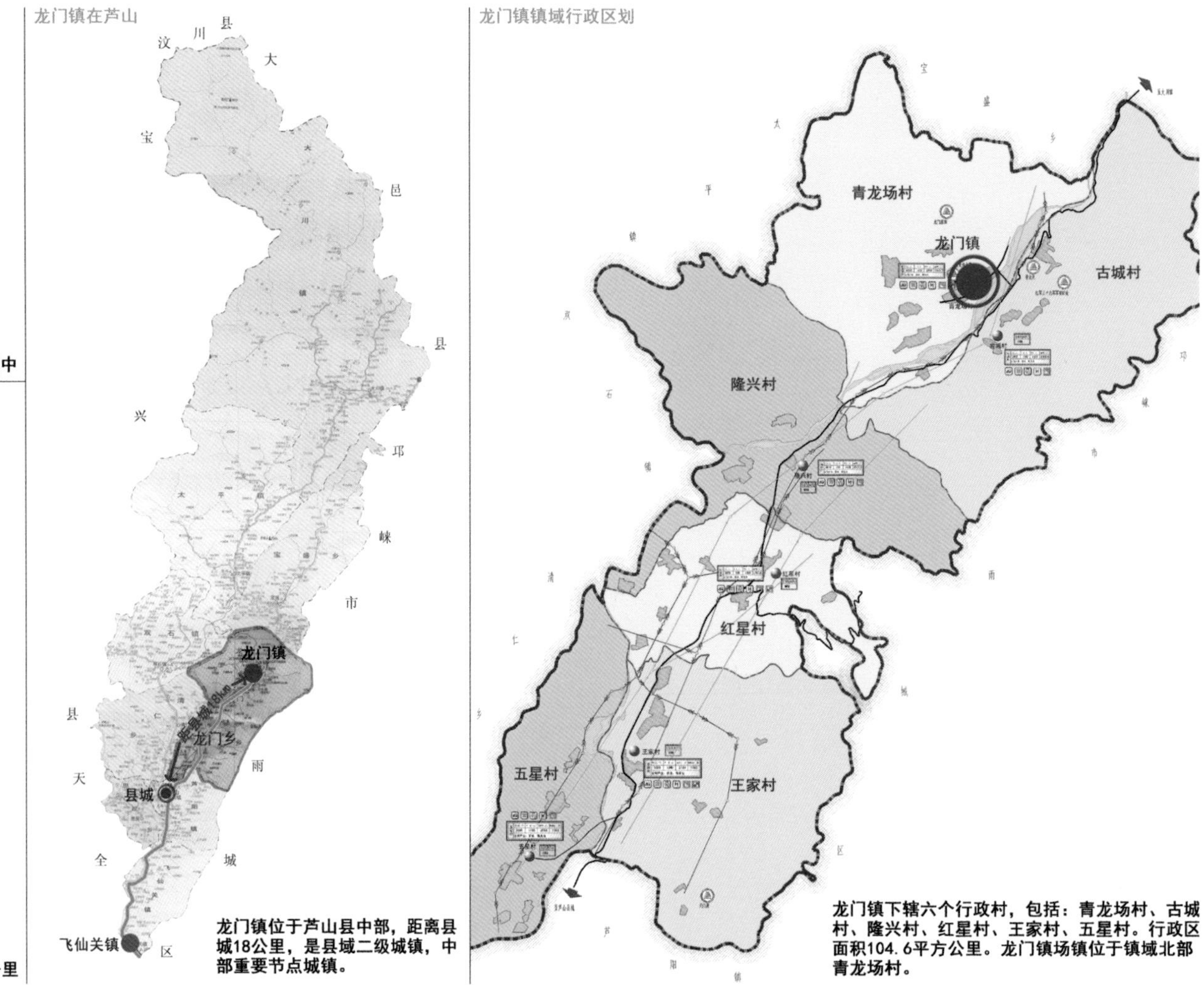

图 8.1-1　龙门乡区位图

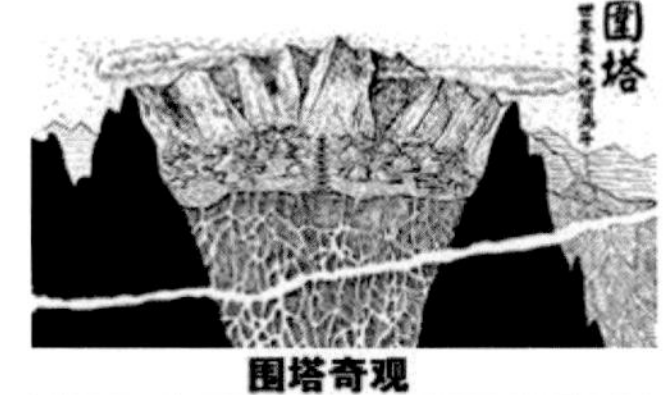

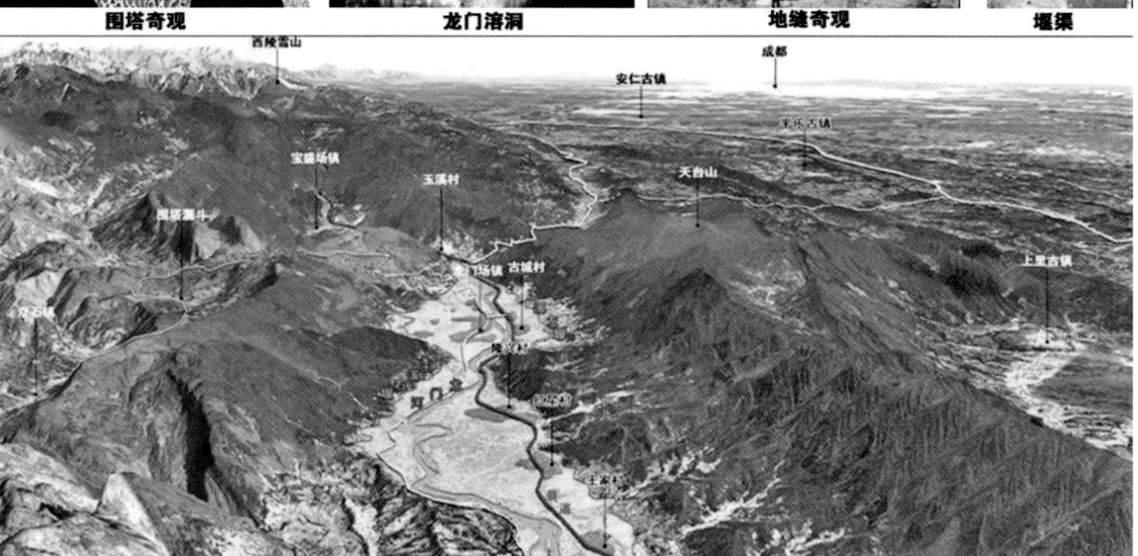

图 8.1-2　龙门乡场镇与村组住房建筑损而未倒的废墟图

图 8.1-3　龙门乡山水形胜示意图

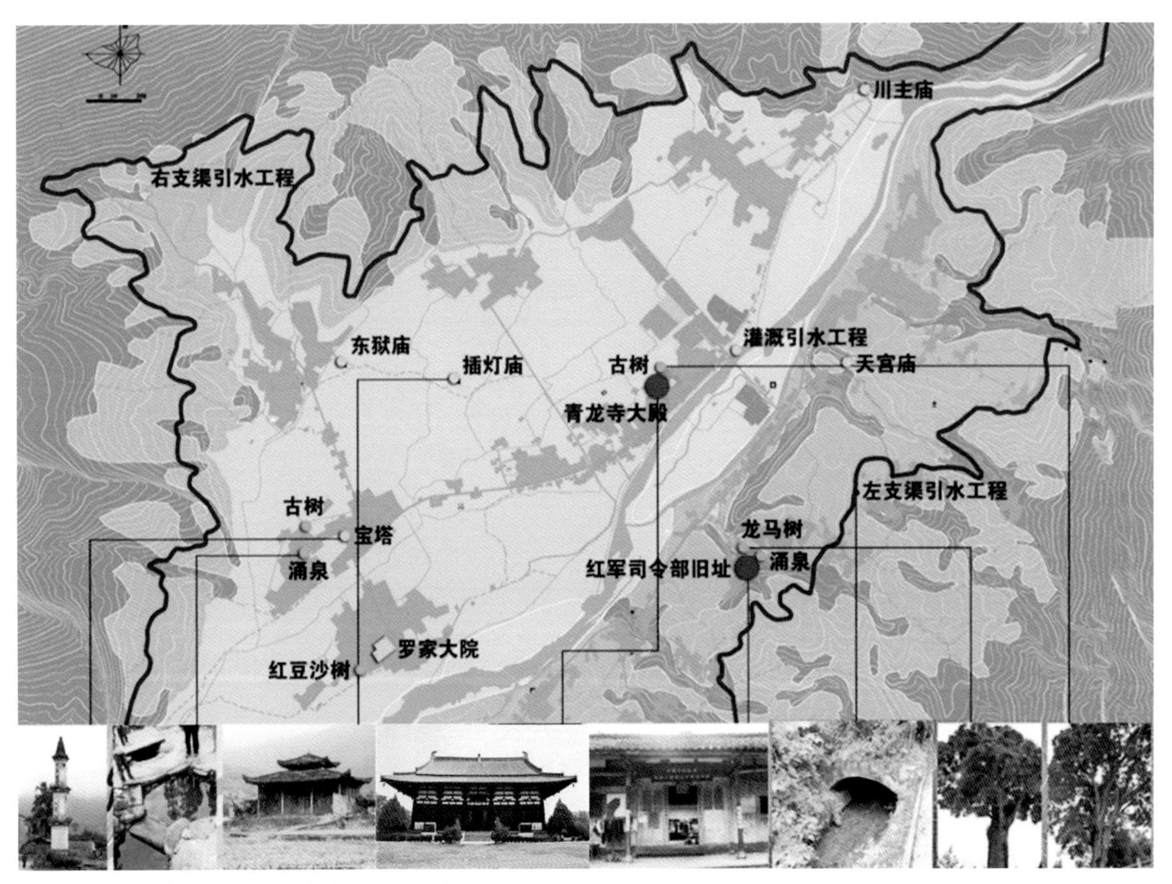

图 8.1-4　龙门乡历史遗产与文化资源现状分布图

为短期内大量的建设行为破坏原有的自然基底和人文环境。规划项目组在立意之初就在思考如何把重建的乡村轻轻地放在这片河谷平坝之上，融入山水格局之中，以更加精细的规划设计方法，创造诗意的栖居之所，修复大爱至美的龙门乡独特的人居环境，见图 8.1-5。

二、深入现场摸清规划“家底”

1. 安全优先，奠定乡建的基础

规划基础信息缺乏，成为阻碍工作推进的核心问题。规划组到灾区现场后发现本次灾后重建

图 8.1-5　龙门乡诗意的人居环境

项目与常规规划项目大为不同，当地规划信息极为缺失，人口分布、用地权属、地形条件等基础信息缺乏，灾损情况不清。在重建工作时间紧、任务重的情况下，规划项目组一时感到无从下手。同时，村民对这次重建工作都有很高的期待，当地政府有自己的重建想法，而村民也有各自的盘算，各方诉求交织，规划目标难以形成。初期的规划工作在合理的和不合理的诉求下显得无所适从。

以安全为切入点，展开规划的基础分析工作。在初期制定工作路线的过程中，首先确立了安全优先的原则。通过多方筹集数据开展用地适宜性评价；同时，走访当地相关人士了解当地地质和灾害情况，通过综合分析不适宜建设的地区和适宜建设发展的用地分布，迅速为龙门乡规划建设选址提供了基本的依据，保障了龙门乡规划出发点的科学性，并以此打破了规划工作的僵局。分析发现整个龙门大坝总体上位于适宜建设区域，只有大坝邻近四周山体的少数地方是不适宜建设区域，规划建设应注重避让此区域。同时，为了尽快启动规划设计工作，规划项目组决定深入现场农户，摸查记录基础信息（图 8.2-1）。项目组与雅安市专家团队共同展开入户建筑质量评价工作，通过入户调查与实地踏勘，了解每户民房的实际受灾情况。运用乡村工作的土办法，对受灾情况进行挨家挨户的登记调查，主要包括建筑面积（含院坝、乡村厕所）、房屋框架结构和墙体的受损程度、宅基地和自留地等土地权属的边界、村民修复的态度（包括期待搬迁还是原址重建的初步意向等），梳理出广大村民受灾后的“家底”清单。调查发现龙门乡倒塌的房屋只占总量的 22%，需要拆除的房屋占 17%，结构受到破坏的房屋占多数，占比 37%，在对村民的问询和确认中绘制地籍边界图。通过这一系列工作，拿到了第一手的规划基础资料，逐步形成了拆、修、改的初步认识，为规划设计奠定了坚实的基础，见图 8.2-2、图 8.2-3。

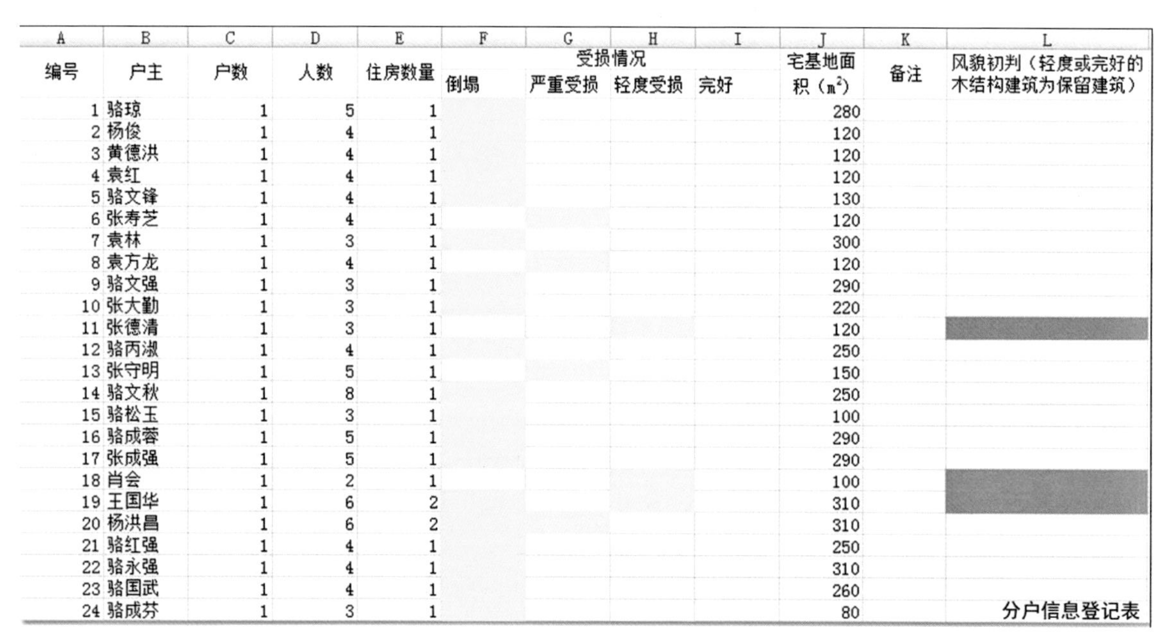

A	B	C	D	E	F	G	H	I	J	K	L
编号	户主	户数	人数	住房数量	受损情况				宅基地面积（㎡）	备注	风貌初判（轻度或完好的木结构建筑为保留建筑）
					倒塌	严重受损	轻度受损	完好			
1	骆琼	1	5	1					280		
2	杨俊	1	4	1					120		
3	黄德洪	1	4	1					120		
4	袁红	1	4	1					120		
5	骆文锋	1	4	1					130		
6	张寿芝	1	4	1					120		
7	袁林	1	3	1					300		
8	袁方龙	1	4	1					120		
9	骆文强	1	3	1					290		
10	张大勤	1	3	1					220		
11	张德清	1	3	1					120		
12	骆丙淑	1	4	1					250		
13	张守明	1	5	1					150		
14	骆文秋	1	8	1					250		
15	骆松玉	1	3	1					100		
16	骆成蓉	1	5	1					290		
17	张成强	1	5	1					290		
18	肖会	1	2	1					100		
19	王国华	1	6	2					310		
20	杨洪昌	1	6	2					310		
21	骆红强	1	4	1					250		
22	骆永强	1	4	1					310		
23	骆国武	1	4	1					260		
24	骆成芬	1	3	1					80		分户信息登记表

图 8.2-1　龙门乡灾损入户调查宅基地情况图

图 8.2-2　规划项目组现场调查统计与绘制图纸情况图

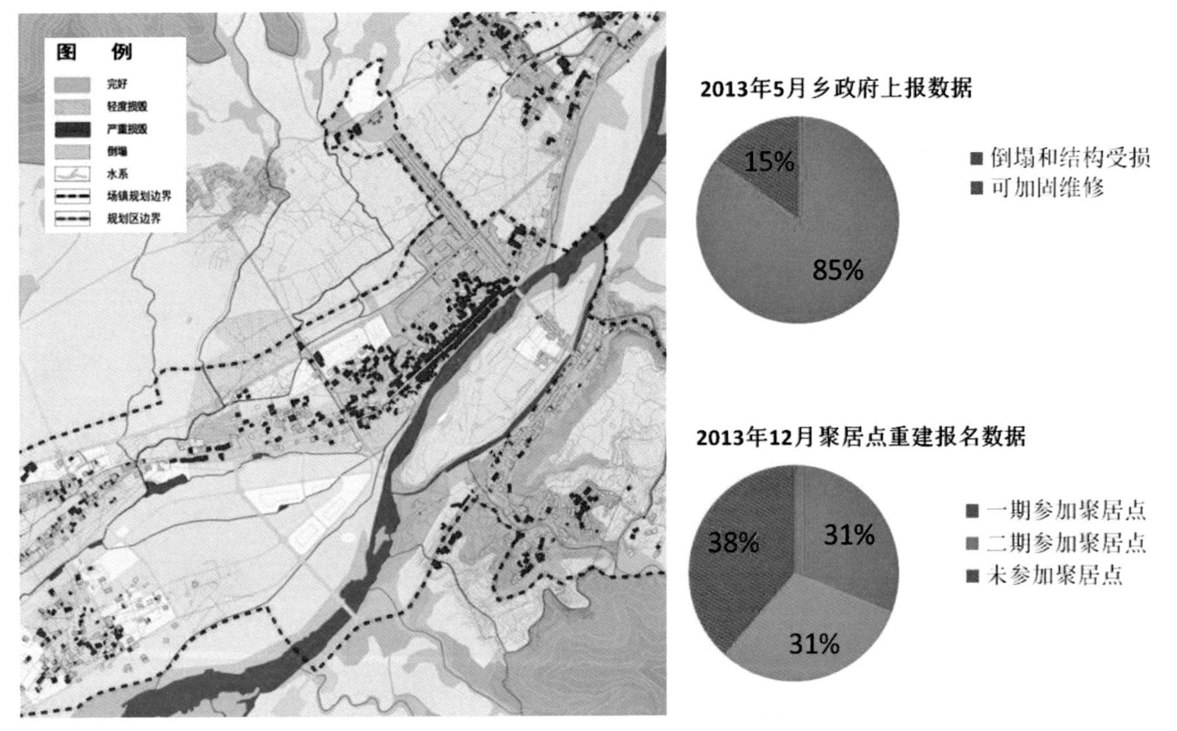

图 8.2-3 龙门乡宅基地灾损与村民意愿调查情况图

2. 上下互动，制定乡建的规则

自上而下的工作思路难以满足村民的多元诉求。乡村的建设管理方式与城市建设管理方式存在较大的差异，需要结合乡村建设的特点，搭建起适合地方重建实际的体制机制。规划重建初期，整个工作走了不少弯路，后来在逐步与广大村民互动的过程中，形成了自上而下和自下而上的互动，制定了人民群众认可而且可以实施的重建规划方案。规划初期阶段，最早提出了村组的村民集中到场镇重建新房的思路，目的是形成一个效率高、见效快、集中建设集中管理的大场镇。这种思路的优点有很多，比如可以节约建设的成本和管理的成本，做大场镇等优势，但是这样的规划初衷在征求广大村民意见的时候碰到了很多困难。

村组是整合村民意愿，实现上下互动的重要民意单元。经过村民意愿调查发现，当前村组的大部分村民不愿意搬迁到其他村组，也不想其他村组的村民搬迁到自己的村组，主要原因是龙门乡的几个生产村组现状都是分散簇群布局的特点，各个村组在各自的地域范围内保持与耕地的适度距离，更为重要的是当前的宅基地都有各自的土地产权，村民不希望其他村组的村民来占有本村组的产权土地或者集体土地。此外，有的村民的房屋倒塌或者严重受损需要重建，但有的村民的房屋只是轻微受损，不愿意搬迁，也给规划重建工作带来巨大的挑战。

形成“统一规划，村组决策，多种方式”的重建规则。因此，规划组结合村民多样化的诉求，提出了统一规划、村民自建、分散布局的规划思路。统一规划是指村组的建设管理都统一由政府统筹，统一规划建设的标准；村民自建是指村民组建自建委员会，以村民小组（生产队）为单元，由群众代表组成，发挥群众“自己家园自己建”的主体责任作用；分散布局是指各个村组的住宅不统一集中到场镇或附近的村组区域，而是依托现状组团化分散式的村组原址重建的布局模式，见图 8.2-4。以白伙新村为例，村民建立农房重建自建委员会，自建委成员主动协助村两委组织召开户主大会，经过大会选举，聚居点 81 名户主投票选出 7 名“自建委”成员。“自建委”全权负责统一抓好建房质量自我监管，由政府出资统一聘请四川标禾作为房建监理单位，针对专门结构住房制定质量技术标准，与“自建委”技术负责人一起，全程抓好建房技术把关和质量监管，并由县质安站对建房各个环节进行检查，切实做到村村有监理、户户有指导。

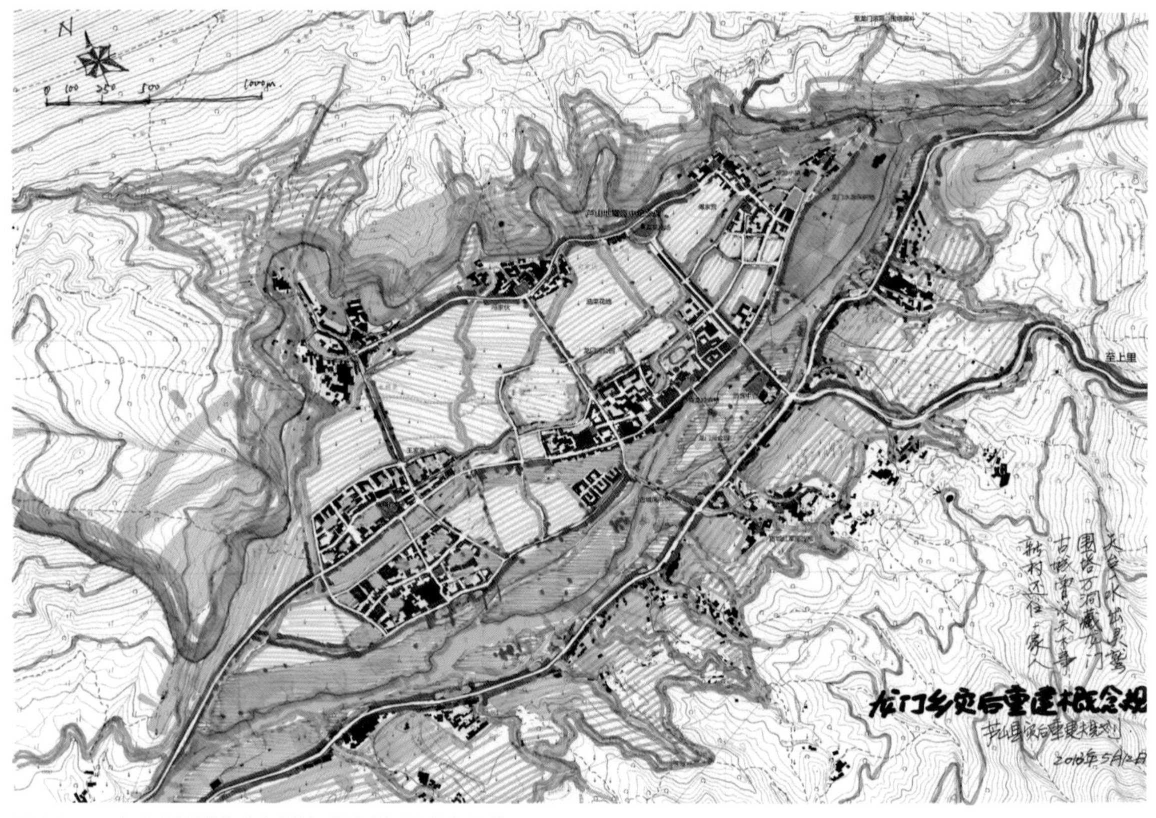

图 8.2-4　广大人民群众参与讨论后形成组团式布局草图

三、根植乡土的规划设计

1. 跋山涉水，理清规划空间脉络

规划项目组进场后十分注重现场踏勘，除了入户调查获取第一手的村民和住宅的现场资料外，也注重对龙门乡整体的环境格局进行调研，通过跋山涉水不断找寻规划设计的灵感。在整个山坝河流水系的踏勘过程中，逐步发现龙门乡的山水田园和水系具有十分独特的特点。

在踏勘中发现玉溪堰的水源质量好、水量充足、人工渠的建设基础好，玉溪堰从北向南分为左右两个支渠，而后分散成若干个小的灌溉渠相对均衡的流经龙门大坝，穿越场镇和田间小院，整个龙门乡的人居簇群仿佛是从这个水脉上结出的果实。

规划组逐渐认识到龙门乡场镇的自然水系和人工水利工程流经场镇造就了这里良好的农业基础，也孕育出这里悠久的农耕文明、诗意的农业文化和充满田园风光的人居环境以及区域的格局。因此，保护、恢复好水系统，结合水系的实际情况和特征给予不同的利用方式，建设丰富多彩的宜居水乡，成为本次龙门乡场镇灾后重建规划设计的核心空间脉络，见图 8.3-1、图 8.3-2。

2. 走街串巷，再造街镇空间魅力

龙门乡场镇建筑联排密集，在本次地震之后，有部分房屋受损严重，不易辨认用地性质，但摸清灾后现状用地情况对于重建规划工作至关重要，用地现状问题与特征是规划方案的重要依据。因此，规划组在街巷调查的基础上绘制出了龙门乡场镇的现状用地图，见图 8.3-3。初步调查发现龙门乡场镇目前的道路交通设施和公共空间严重不足，规划需要进一步提升道路交通设施的可达性和完整性，同时需要提升公共活动空间的数量和质量。

规划组在走街串巷的过程中，发现青龙寺大殿是整个场镇最为重要的开敞空间和精神文化空间。虽然大殿已经被列入国家级的文保单位得到有效的保护，但是其真正的精神价值还没有发挥出来。青龙寺大殿周边有很多民宅，缺乏公共空间，周边的民宅有几处倒塌，在这次规划中将青龙寺大殿周边倒塌的民宅整理和适度迁移，腾挪出相对较大的区域作为场镇公共活动主空间。同时，结合走访发现龙门乡的街巷空间很有特色：

一方面是笔直的主街，布置商业铺面的大空间；另一方面还有很多垂直于主街的有趣的小巷子空间。规划构思结合龙门乡丰富的水网系统，适度引入水系到场镇街巷中，提升场镇的步行环境品质，形成水街小巷子的特色印象。

基于走街串巷的灵感，最终场镇方案形成“一轴五街”的空间结构，也是以街道为依托的公共空间框架，见图 8.3-4。“一轴”是指从青龙寺大殿到河心岛形成的旅游中轴，是场镇重要的景观主轴线。“五街”是指青龙大街、青龙老街、古城坪街（县道 X073 古城坪段）、汉风街、龙门大道五条主要的服务型街道，共同形成场镇公共功能空间。并以青龙寺大殿为核心，组织龙门门户、姜城广场、河心岛、龙门古街、古城村等节点，共同形成龙门场镇的活力空间。

走街串巷调查发现居住用地中包含大量宅前屋后院落、空坝，大量场镇家庭兼有务工与务农两种就业方式，对生活居住空间要求较大，因此，人均居住用地指标较高。同时，考虑到龙门乡场镇作为县域中部就近城镇化的主要承载地，以及旅游功能发展空间要求，规划范围内人均建设用地适当高于城市建设用地标准。另外，在规划用地方面适度考虑弹性空间，提高人均居住用地规模，通过城市设计手法来指导控规的编制，作为龙门乡场镇各类建设的依据。与此同时，规划注重传导性，在总规的基础上对重要的片区编制控制性详细规划，对用地面积、容积率、建筑密度、绿地率、建筑限高、机动车位数等指标进行控制，保障规划的落地性，见图 8.3-5、图 8.3-6。

同时，场镇规划注重生活与旅游服务职能，包括青龙场村的上场口、下场口、张伙和付家营等村组，青龙寺大殿、姜城广场、青龙寺老街、青龙寺古街等旅游资源，学校、商业文化、行政办公、旅游接待中心、市场、汽车站等生活与旅游配套服务设施，是场镇各类公共服务功能的聚集区，见图 8.3-7。

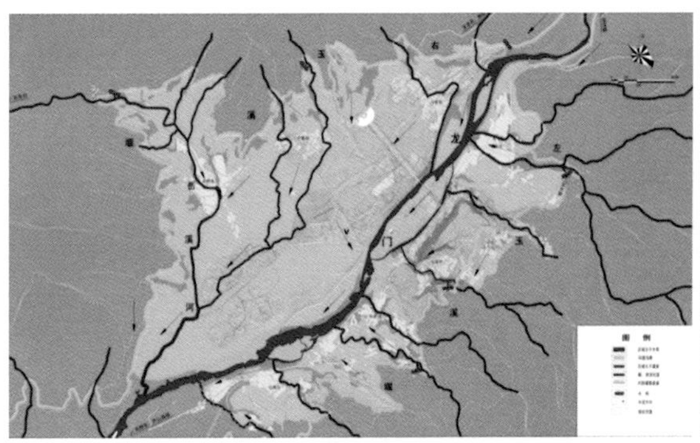

图 8.3-1　现状水系分布图以及水系统利用示意图

图 8.3-2　水系统利用概念构思图

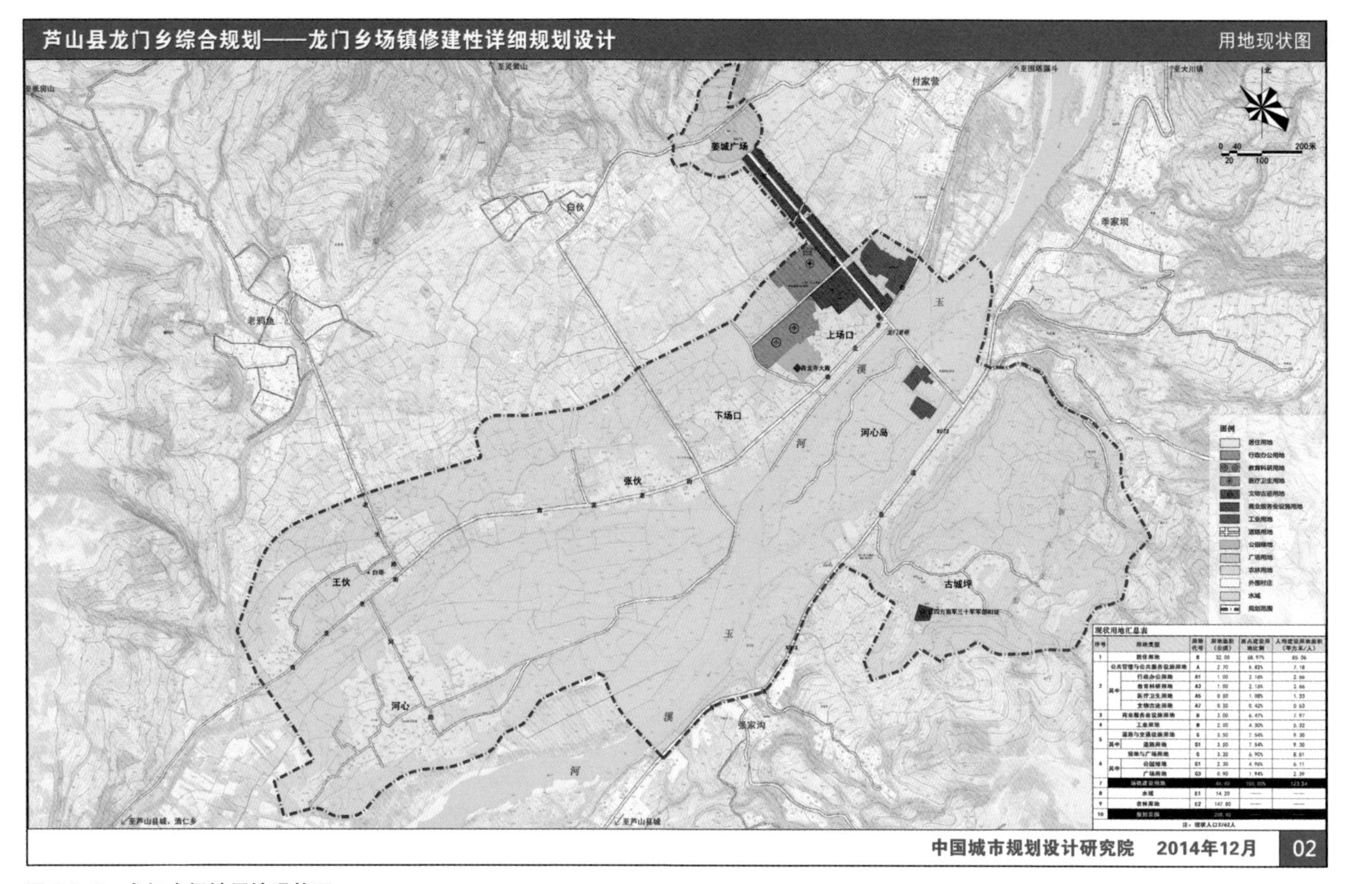

图 8.3-3 龙门乡场镇用地现状图

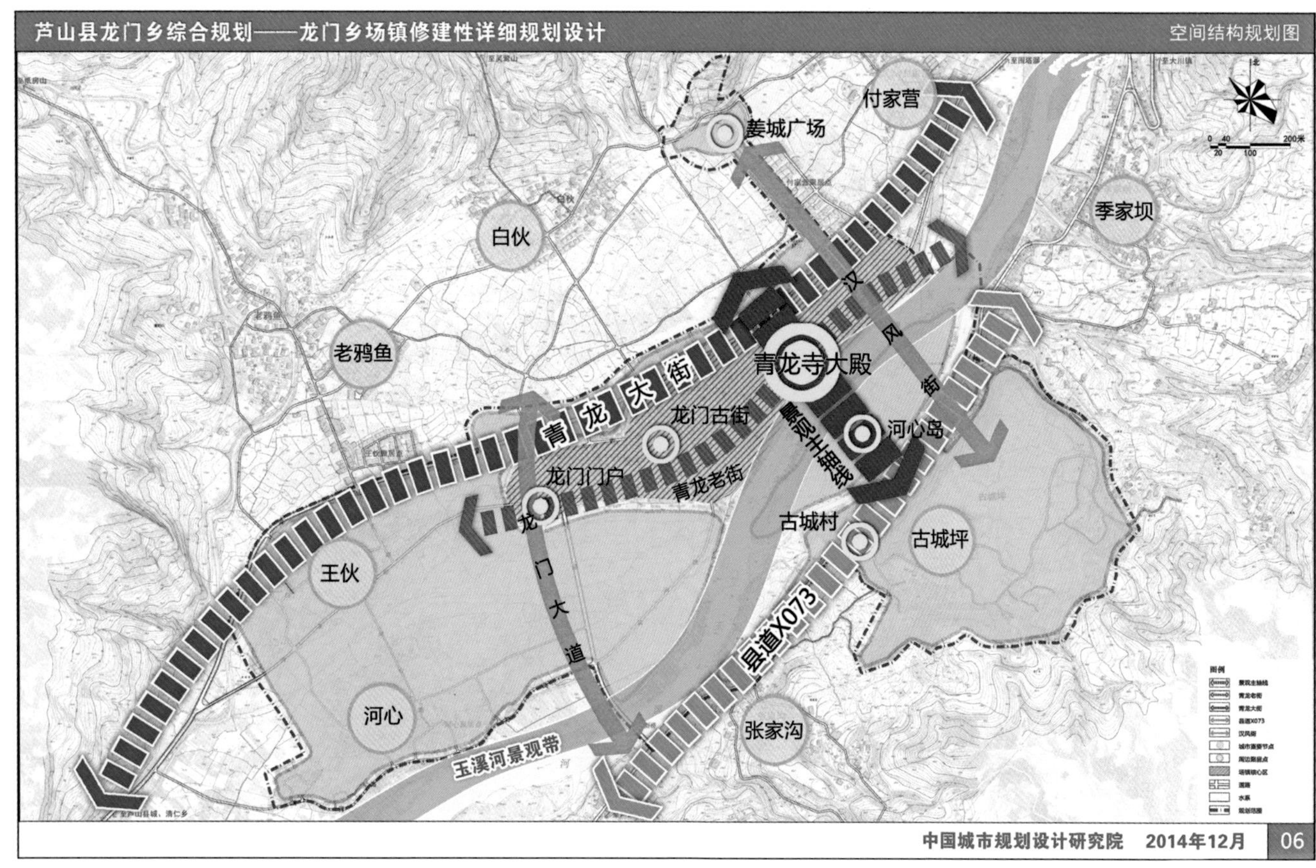

图 8.3-4 空间结构规划图

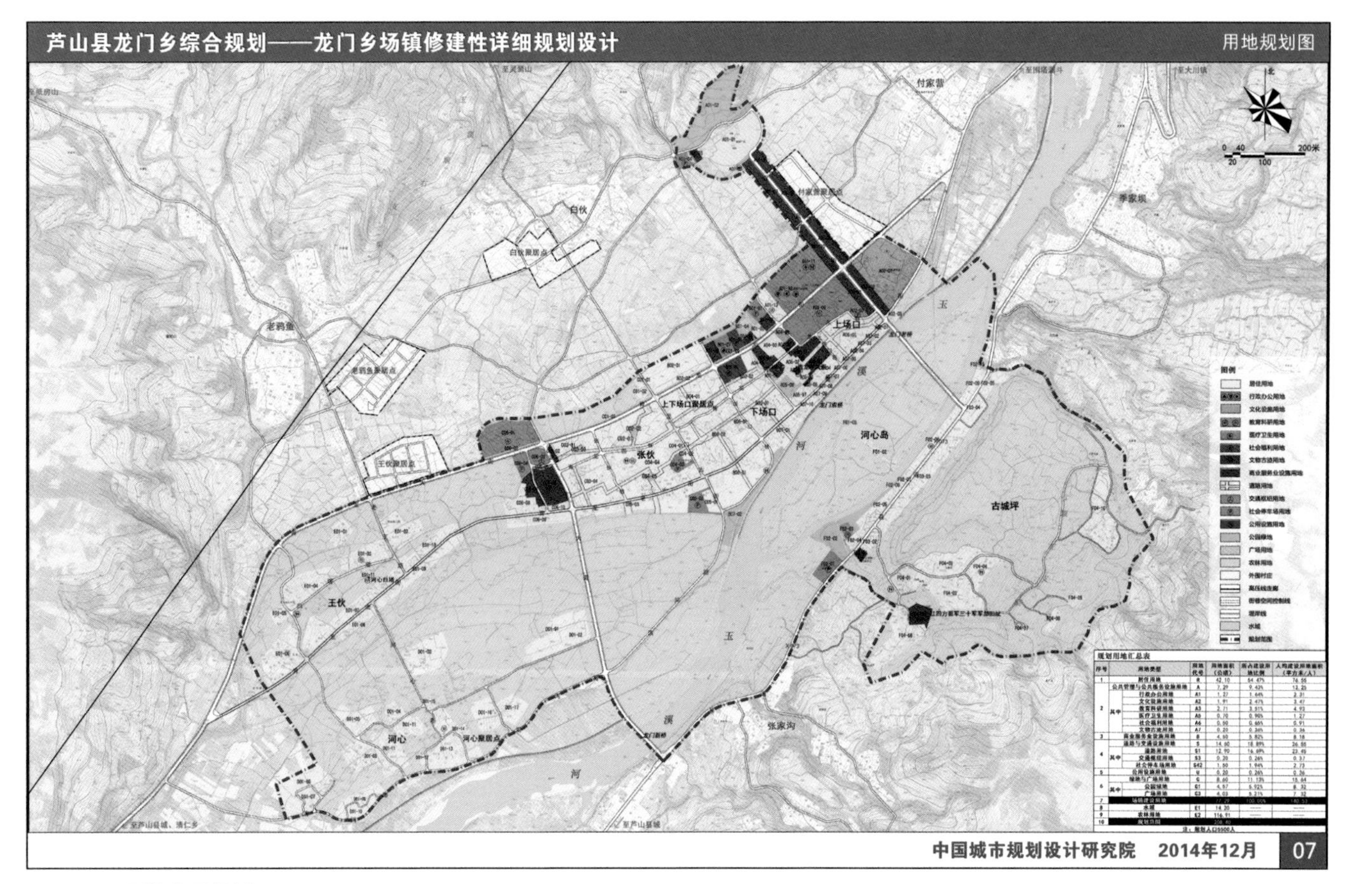

图 8.3-5 用地布局规划图

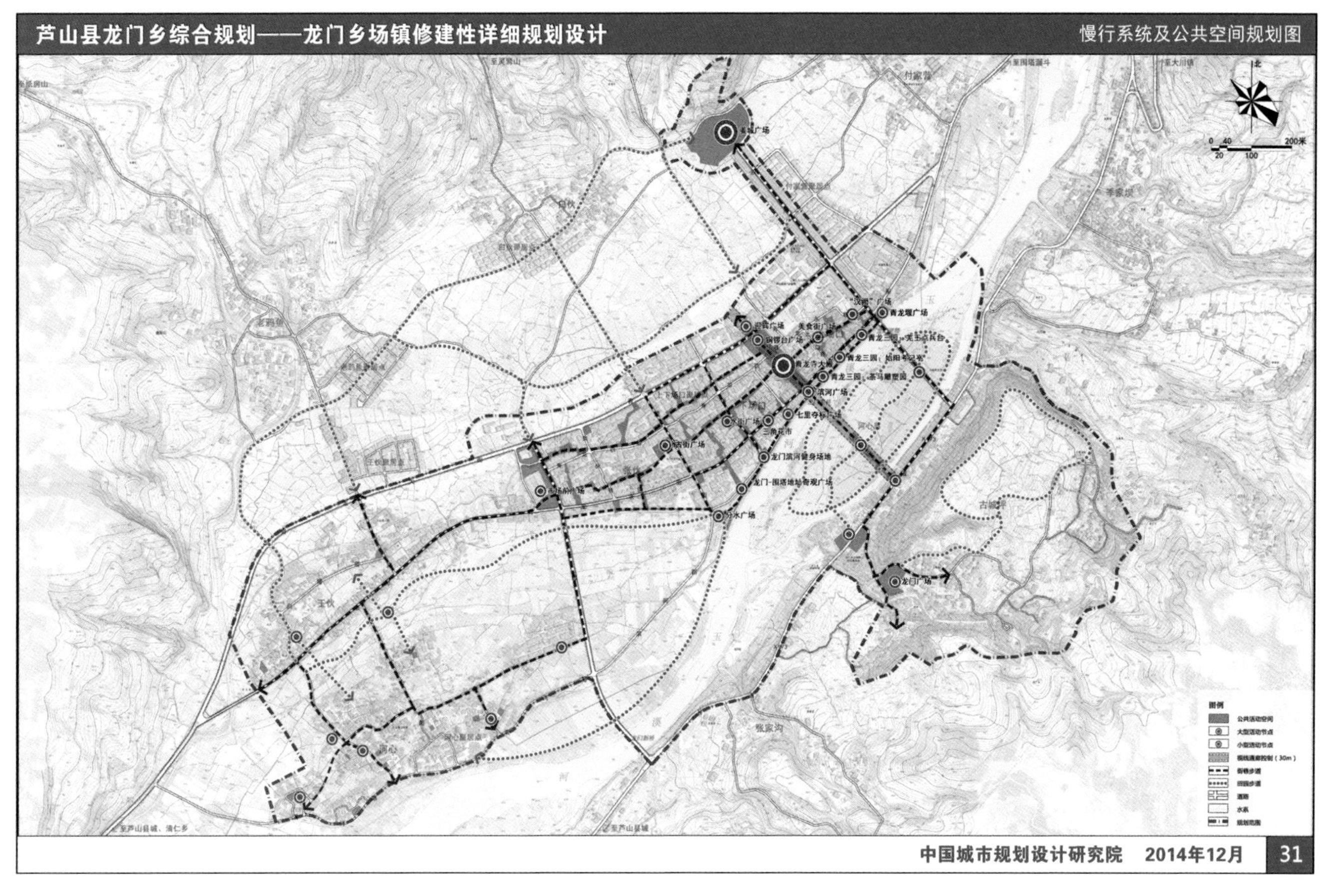

图 8.3-6 街巷空间规划图

图 8.3-7 龙门乡场镇规划平面图

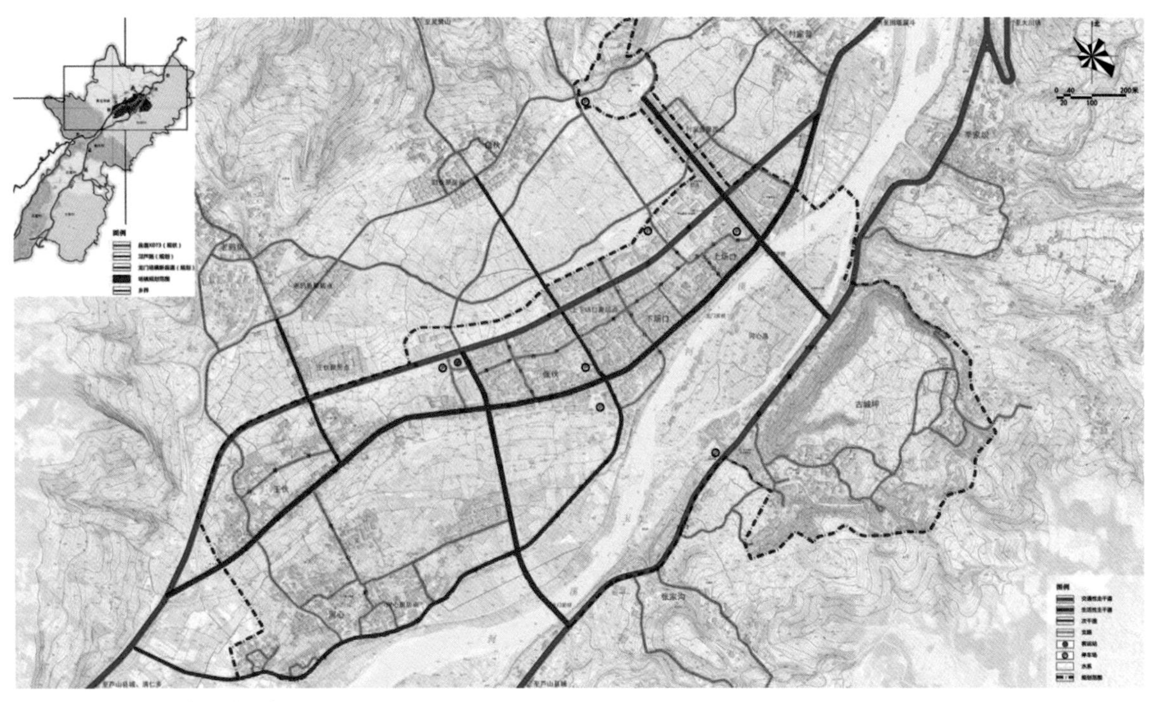

图 8.3-8 道路系统规划设计图

规划注重梳理龙门乡场镇灾后的路网特征，分析发现现状路网存在主次混杂、等级不清的问题，场镇的街巷肌理也缺乏灾害疏解的功能。规划通过构建相对完善的路网体系，同时保障交通通畅、灾害疏解、沿路服务等多方面综合效益的发挥，见图 8.3-8。

在青龙老街、汉风街、县道 X073 古城段的基础上，新增两条主要干道，形成“三横两纵”的主干路骨架。“三横”为青龙老街、县道 X073 古城段和新增的青龙大街三条主干道，“两纵”为汉风街和新增的龙门大道。青龙大街、县道 X073 古城段作为场镇对外联系的两条交通性主干道；汉风街、青龙老街、龙门大道作为场镇内部生活服务性主干道；次干道包括龙门古街、滨河路、老王路，是串联上下场口与白伙、王伙与老鸦鱼、河心与张伙组团之间的生活型联系通道。主干道通向场镇内部以巷道方式串联各生活区，形成各片区的街巷路网，规划重点打造青龙西巷、青龙东巷、张伙巷、下场口巷、上场口巷、白塔巷和河心路等支路，形成场镇内部通达便捷、舒适宜人的街巷网络。

3. 田园踏歌，重塑乡村人居格局

结合田园水乡踏勘，梳理外围村组空间格局多样的特征，规划研究总结四种布局模式来保护和传承乡村发展肌理，协调村庄与农田、灌渠的关系，既保证高品质的生活环境，又保证便捷高效的农业生产条件。四种模式分别是“街巷式、邻水式、围合式、群落式”。

“街巷式”主要位于张伙村组，居住与生活空间通过街巷组织，街巷成为居住组团内部的交通联系通道和公共活动空间；“邻水式”主要位于玉溪河两岸的街区，其中建筑邻水处重点在于处理建筑与水体的关系，公共空间邻水处重点在于塑造沿街建筑界面、打造滨水休闲空间；“围合式”主要位于王伙村组，民居围绕田园布局，中心建设河心白塔、牌坊等公共精神空间，形成了较好的向心性田园人居格局；“群落式”主要位于河心村组和古城坪，布局组团化，镶嵌在田园之中，林盘模式较为凸显，见图 8.3-9 ~ 图 8.3-12。

4. 敲门入户，设计村居生活方式

龙门乡场镇外围的自然村落为典型的川西传统村落，见图 8.3-9，其中王伙和河心村组位于场镇下游的农田中央，农房围绕河心白塔、田林、水塘或大宅院形成组团围合式布局；付家营、白伙、老鸦鱼和古城村的各村组位于灵鹫山前台地，背山面田、沿溪分台布局。规划重点保护以上两类传统村落布局方式，在灾后重建过程中减少对农田、水系的侵占。

在具体村民房屋重建的过程中，遇到很多需要协调的问题。比如，村民满意的农房设计，专家和政府觉得不行，政府和专家说好的，村民又不买账，在规划设计导则制定过程中遇到了很多困难。户型设计方面，为了体现新建农房立面的丰富性，一层楼房的房间设计分隔较丰富，经过广大村民的意见反馈，一楼的户型设计大多不满足村民的实际需要，村民有乡村劳作的务农工具，需要放在堂屋，还有乡村的生活习俗需要大家族团聚，需要有较大的聚餐空间。风貌设计导则方面，规划重建初期为了实现更加统一的传统

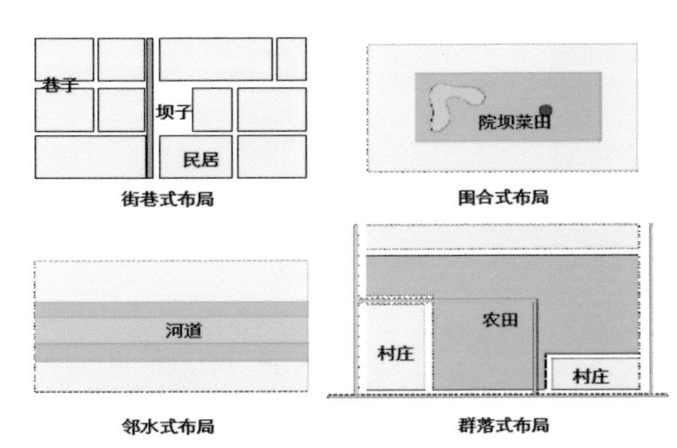

图 8.3-9　周边村组环境空间格局设计四种模式示意图

图 8.3-10　龙门田园水乡总体设计鸟瞰图

图 8.3-11 张伙“街巷式”田园村居

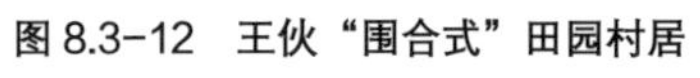
图 8.3-12 王伙“围合式”田园村居

风格，采用了大的坡屋顶的形式，但有的村民不太愿意用大的坡屋顶，因为部分农民家庭的屋顶有晾晒粮食的功能，有的家庭屋顶需要有水池和太阳能热水器等设施。

在这样的局面下，项目组成立多工种协同作战驻地协调组，逐一对接重建项目的实施主体，特别是深入村组对个体重建进行反复的规划协调。通过敲门入户访谈调研，与村民拉家常，观察村民生活方式和生产方式，探寻乡村规划设计的灵感，改变传统单纯的自上而下的规划方法。在这一过程中，找寻到如何指导农房建筑设计的方法，研究什么样的房屋既有乡土风貌又能满足村民的实际需求。

规划组按照龙门乡农房建筑特点和灾损情况，制定了更接地气的农房建筑形式和风格指引。其核心是按照建筑元素控制和引导自建建筑，对布局、朝向、结构形式、屋顶、底层、建材等进行入户调研，摸清实际需求，了解建设方式、建造价格等因素，最后逐项提出控制要求，并且和政府重建部门积极协调，合理优化重建政策，对农房建设给予更加积极的帮扶支持。例如，规划项目组顺应农民的需求，扩大一层堂房的空间，减少一楼的房间分隔数量，满足村民的户型需要（图 8.3-13）。

此外，在调研中发现有的农户民宅采用的是自然的竹篾泥墙，能起到冬暖夏凉的作用，符合生态环保的要求，规划过程中也在合适的情形下实时宣传和推广本土竹篾泥墙等建筑材料和元素。

图 8.3-13 农房户型设计图

四、以乡村治理方式推动规划实施

1. 政府牵头搭建协商平台

按照《城乡规划法》，乡政府没有核发乡村建设规划许可证的行政许可权限，也没有常设机构和专业技术力量进行乡村规划建设管理。庞大而复杂的灾后重建规划建设工作，依附的是薄弱的行政力量，集中且大量的重建规划管控工作在乡村地区难以执行。缺乏对农房自建选址和建设的管理，导致部分地区的无序建设。

此次灾后重建的资金主要由来自政府的公共设施建设资金和广大百姓的农房自建资金构成。公共设施建设资金分到各部门实施项目，农房自建资金则由村民小组为单位组成的“业主（自建）委员会”负责。北川新县城“一个漏斗”和玉树的“五个手指印”在龙门乡都没有条件推行。

规划项目组需要直接对接的工作平台是代表村民集体利益的村民小组。龙门乡有七个村民小组，农房灾后重建不允许跨村组用地，导致各自村组内不同的选址意向，使规划在空间上的聚集和统筹难度加大。为了应对村民重建的无序和混杂的状态，政府牵头搭建规划协商的平台，一方面帮忙组织村组的自建委员会，另一方面帮助规划宣传，让规划项目组能够在规划平台上发出声音。

2.“五老七贤”助力规划宣传

“五老七贤”作为本土的精英，主要有老校长、老支书、老会计、包工头、种田大户、乡村企业家等在乡村中有见识、有威望的长者及能人，凭借其自身的经济实力、知识背景、宗族势力、社会资源和经营手段等强大的社会网络掌握着公共生活的话语权，拥有成长为乡村发展带头人的潜力。

本次规划工作发挥乡贤的协商议事优势，规划组时常与“五老七贤”商议规划方案，他们也很容易理解规划的目的和思路，然后将这些思想传递给广大的村民。正是在规划过程中通过与“五老七贤”的协作共商，帮助监督规划的实施，才使得他们在后续规划中成为辅佐重建工作、乡村治理的重要力量，最终实现基层管理工作和谐发展，见图 8.4–1。

3. 能人带动乡村产业振兴

规划组在编制规划的过程中考虑到龙门乡不仅仅要注重灾后恢复重建，更要注重产业的培育和乡村能人对产业发展的带动，才能促进乡村的可持续发展。例如，在猕猴桃产业的发展中，龙门乡在能人的带动下，走土地流转，规模化经营，标准化、品牌化发展之路。农户将土地转让给村集体，村社土地由能人的乡村企业经营，做到统一土地整理、统一栽植、统一管理、统一采收、统一销售，确保农产品质量安全，同时实施阳光工程和农技基层服务人员培训工程，为产业发展提供技术支撑。

龙门乡隆兴村组建了占地 500 多亩的猕猴桃

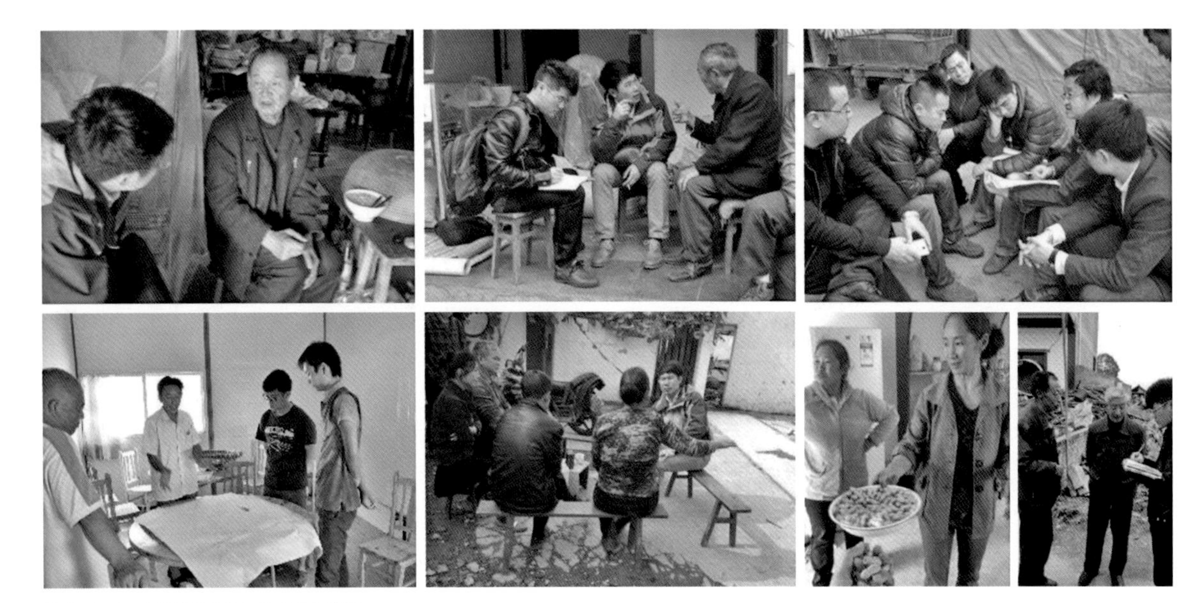

图 8.4–1 规划组走访“五老七贤”

图 8.4-2　龙门乡的优质红心猕猴桃、龙门乡的猕猴桃长势喜人

图 8.4-3　农业产业园建成实景图

产业园，通过土地流转和能人带动吸引外地商家。每年每亩土地的流转费用为 1400 元，待猕猴桃正式投产后，村民除了流转土地的费用外，还将获得公司 5% 的利润分红，而且这个利润分红每年按照 5% 的比例逐年递增，直到比例达到 30%。同时，猕猴桃产业园将优先安排当地村民务工，猕猴桃幼苗栽种、立水泥桩、拉钢丝的务工者都是隆兴村的村民，见图 8.4-2。

农房重建完成后，“自建委”逐步转型为“自管委”，“自管委”由村里的能人组成，成为灾区群众参与社会治理的长效保障。龙门乡自然环境优美，地理奇观众多，文化底蕴深厚，发展旅游产业是龙门乡人致富的最佳途径。为了形成合力，高效组织资源以及协调村民，自管委的能人商议成立了乡村旅游合作社，采取“统一协调、分散经营，统一整合、公平分配”的管理方式，“政府 + 公司 + 社区 + 农户”的合作模式。通过自管委组织农户参与乡村旅游发展，农户接受公司专业培训，合作社不仅提高了农户抵御风险的能力，还能拓宽农民的增收渠道，带动农村第三产业的发展和剩余劳动力的转移，见图 8.4-3。

五、经验启示

龙门乡场镇规划设计有三个方面的规划重建经验启示：一是建立“7 + 5”乡村灾后重建规划技术流程；二是突出 3 个协商式的工作办法；三是乡村治理群众参与，发挥政府平台重要作用。

1.“7 + 5”乡村灾后重建规划技术流程

“7 + 5”乡村灾后重建规划技术流程的“7”是指地形图、村集体土地权属、宅基地、人口、其他用地、灾损评估和农房重建意愿 7 个基础数据。龙门乡场镇地区基础资料严重欠缺，没有地形图和土地权属图，人口和经济数据也不足，村民小组和宅基地边界均无可考资料，规划的基础条件难以具备。而倒房户、拆房户等数据也随着重建工作不断更新，“动态现状”数据更进一步加大了规划设计的难度。结合危房区重建的特点，规划项目组与雅安市专家团队共同展开入户建筑质量评价工作，通过入户调查与实地探勘，了解每户民房的实际受灾情况，为规划设计奠定了 7 个基础数据，形成了拆、修、改的初步认识。

“5”是指空间管制、项目红线、设计条件、方案审查、技术人员派驻挂职 5 个规划建设管理要素。按照《城乡规划法》，乡政府没有核发乡村建设规划许可证的行政许可权限，也没有常设机构和专业技术力量进行乡村规划建设管理。庞大而复杂的灾后重建规划建设工作，依附的是薄弱的行政力量，管控在乡村地区难以执行，缺乏对农房自建选址和建设的管理，导致部分地区的无序建设。规划项目组帮助乡村搭建规划建设管理的基础工作平台，包括建立规划编制体系和乡村规划建设管理机制，具体包括对道路、河流、绿地等进行空间管制，避免乱搭乱建，同时对项目红线、设计条件以及方案审查方面加强人力的投入。另外，为了保障规划的技术支撑，中规院专门派出技术人员派驻龙门乡挂职规划工作，保障规划建设管理的要素齐备。

2. 3 个协商式的工作办法

3 个协商式的工作办法：一是定期召开村民小组会议；二是在平时的工作中争取“五老七贤”支持；三是针对特别的个案进行专项研究。与汶川地震灾后重建的“一张白纸”上异地新建和玉树的基本推倒重建模式不同，本次规划面临着龙门乡极为复杂的土地权属和民房重建“意愿”问题，这就需要规划一直伴随村民重建的整个过程，与村民不断协商规划设计方案，直到各方达成满意的协定为止。

组织召开村民小组会议可以广泛宣传规划的意图，有效收集村民的意愿，但是村民会议不能天天召开，需要在日常的重建工作中争取“五老七贤”的支持，通过“五老七贤”系统详细的传导规划方案和监督指导村民对规划设计导则的使用。除此之外对个别特殊的情况，规划会专门针对这样的事项进行特事特办。正是在协商式规划方法帮助下，规划组更加容易和深入的熟悉乡土人情，获取村民信任，帮助实施空间管制，更好把控建设质量，对更加完善规划管理和推进规划实施起到关键作用。

3. 乡村治理群众参与，发挥政府平台重要作用

乡村治理需要村民积极参与规划，需要政府搭建规划到实施的中间平台，形成政府统筹、规划编制、村民参与的互相协调机制。比如，重建

刚开始设想的统规联建方式，其中农户要求规划绝对公平，同村同户型、方格网、排排房；新建指标要占足、满足家庭兼副业需要，每户必有门面；对风貌设计的认识就是建筑穿衣戴帽；统规自建的只分宅基地，不做规划，独户不共墙；散户自建的在公路沿线抢先建房，布局随意，形态多样。

群众参与有利于规划掌握村民的需求，但是群众需求的多样化和部分不合理性使得农房重建存在自由度较大、容易失控的局面。因此，需要政府的平台协调和管控作用。在具体工作中，政府帮助乡村搭建规划建设的基础工作平台，包括建立规划编制体系和乡村规划建设管理机制、开展基础数据条件整理及村民意愿调查等。工作组在政府平台的支持下，更好地梳理灾后重建过程中面临的困难、新政策和村民意愿，更好地控制和引导空间布局、协调基础设施建设、支撑地方产业发展等。最后逐项提出控制要求，并且和政府重建部门积极协调，合理优化重建政策，对农房建设给予更加积极的帮扶支持，见图 8.5。

图 8.5　群众参与记录照片

第九章　一线——龙门至飞仙关道路沿线，人居环境与生态修复

在“4·20 ”芦山灾后发展重建中，规划将“一线”的内涵扩展为包含道路系统、文化传承、城市风貌、绿化景观、休闲旅游的功能“复合线”，实现多线路、多功能、多特色的珠联璧合。

经过灾后重建，“一线”通过特色营造、问题梳理出发，围绕交通整治、环境整治和建筑整治三个方面提出指引性的解决方案，并根据不同的地域景观风貌将“一线”分为三段，确定三个主题，引导下层次规划的特色展现。

一、背景认知

1. 自然资源

“一线”贯穿全域中间地带，历经三点的峡谷、台地、阶地以及平坝地貌，地形高差较大，地貌形态丰富。其中，芦山县多为河谷平坝地带，地势北高南低，县城境内最高山为南天门，海拔 3842 米，最低点为向阳坝，海拔 686 米。

沿“一线”河溪纵横密布，芦山河和西川河为青衣江主要支流，是芦山县城内主要河流，两河自北而南流经佛图山、龙尾山、罗纯山三山，与道路系统一起，串联起沿线的“三点”景观资源。

“一线”沿线旅游景区多，特色鲜明。涉及世界遗产、各类国家级及省级风景名胜区、森林公园、自然保护区、A 级景区、地质公园、文物保护单位等多处，其中世界级旅游品牌 1 处，国家级旅游品牌 76 处，省级旅游品牌 138 处。在 21 个县（市、区）383 个乡镇中，旅游发展极适宜区有 58 个乡镇、适宜区有 45 个乡镇、较适宜区有 139 个乡镇。这些优越的旅游资源为“一线”特色的旅游组织打下了坚实的基础。

2. 文化资源

“一线”上的飞仙关、芦山县、龙门乡，历史悠长。

飞仙关作为“西出成都，茶马古道第一关”，在茶马古道文化长河中占有重要地位，属于雅安茶马古道川茶之源，是川藏茶马古道的重要组成部分。沿线至今还有较多保存完好的古村落。同时，飞仙关镇处于山地少数民族文化区和盆地汉族文化区的交界地区，拥有多民族文化交融的特色。此外，飞仙关镇的红色文化特征显著。

芦山县历史悠长。自秦并巴蜀之际建县，距今已有 2300 多年的历史，积累了丰富厚重的历史文化。芦山县远在新石器时代即有氏族部落在此生息繁衍，从事狩猎和农耕活动。芦山县夏为梁州之域，商为氐羌地，周属雍州，后为青衣羌国地（或说蜀国地）。公元前 316 年建县以来，县名历经青衣、汉嘉、阳嘉战国后期，秦惠文王更、汉嘉、始阳、卢山、泸山、芦山更替。芦阳镇历为西部都尉、蜀郡属国都尉、汉嘉郡、县的治地。境域包括今芦山县全境和宝兴、邛崃、名山、雅安、天芦山县（市）的部分地域。芦山亦是红军建立的川康边革命根据地的中心，是红军长征翻越夹金山的补给站，也是南下红军从南下到北上的“转折之地”。

龙门乡历史悠久、文化遗存丰富。位于场镇上场口的青龙寺大殿为川西保存最为完好的元代建筑，这个国家级文物保护单位曾经是格局宏大的佛教建筑群主殿，证明了场镇青龙场在宋元时期已是繁荣兴旺的集镇。现存青龙老街建于明末清初，完整保留了具有川西特色的清代四合院、庙宇等建筑群落以及河心白塔（县级文保单位）、石棺牌坊等历史遗存。

“一线”中多处自然和人文遗存，一线相连、历史文化相融，具有一体化发展的基础条件和资源优势。

3. 旅游资源

从南到北、从西到东由于不同的自然和社会

条件，“一线”形成了十分丰富的旅游资源。“一线”的旅游资源在种类、形式、组合等方面都形成了独特的特点，可以概括为自然景观与历史人文景观相融合、城镇村风貌景观相融合两大方面。

特征一：自然景观与历史人文景观相融合

以乡镇统计，县域 387 处不可移动文物中 50% 以上分布在飞仙关镇、芦阳镇、龙门乡“一线”中脊地带。

飞仙关地势险要，历史上一直是交通要道和军事关隘，是芦山“一线”中脊的起点，也是南入芦山的门户所在。飞仙关镇历来是天、芦、雅、荥四县的重要货物集散地，古时曾是茶马古道的重要市镇，是当时“茶马互市”的重要历史见证。1935 年，红四方面军曾在芦山建立苏维埃政权，在飞仙境内刻有石刻标语 10 处，并留下飞仙关桥等遗迹。境内不可移动文物保护单位 111 处，其中，省级文物保护单位 2 处，包括芦山茶马古道以及芦山南界石牌坊等；县级文物保护单位 1 处，为二郎庙；镇街还保留了大量连片的传统建筑。

芦山县城位于“一线”中脊的中部，历史悠久，文物古迹遗址众多，分布于新、老县城各处。包括国家级重点文物 1 处，为王晖石棺；省级重点文物 3 处，为姜维墓、樊敏碑、北宋古建筑姜庆楼（原名“平襄楼”）；县级重点文物 3 处，为明代建汉姜候祠牌坊，清代建图佛寺古塔，四川省苏维埃政府驻地。三国时期，蜀汉大将军姜维以其忠肝义胆和悲壮的历史赋予了芦山“姜城”的别称。坐落于老县城南街的明代汉姜侯祠，以及祠内始建于北宋的姜庆楼均是为纪念姜维而修造，楼内陈列着大量出土文物和古碑碣。

姜侯祠也是芦山县城非物质文化遗产保护项目流传的中心区域和依托的主要空间场所。纪念姜维的地方民俗活动“八月彩楼会”、芦山庆坛、芦山花灯等非物质文化活动，均以姜侯祠为中心在老城开展进行。

芦山也被称作“汉文化之乡”，其石刻创作文化历史源远流长，自东汉时期起便有石像石刻、石景观、石工艺等技术流传于世。新县城有国内保存较完整的汉碑—樊敏碑阙、东汉时期大型圆雕石兽、杨君之铭碑首及石刻陈列、王晖石棺等，其做工精湛、气势磅礴，位居全国东汉文物之首。精湛的雕刻技艺文化也为芦山根雕文化的发源提供了基础，随着民间雕刻工艺蓬勃发展，目前已在芦山形成了全国乌木根雕第一、根雕第三的市场，芦山已成为闻名遐迩的雕刻文化之乡。

龙门乡位于“4·20”重大地震灾害的震中位置，是“一线”中脊的北端门户，其与宝盛乡交界处的青龙关，为古丝绸之路的重要关隘。龙门乡历史悠久，历史文化遗存丰富，其场镇青龙场街建于明末清初，场镇及周边村庄中有保存完好的国家级文物保护单位 1 处，为元代建筑青龙寺大殿；省级文物保护单位 1 处，为古城村红军三十军军部遗址，以及河心白塔和瓦窑沟遗址等其他文保单位。

此外，在周边村落中还散落着极具川西地域特色的四合院、庙宇等建筑群落，境内有千年古刹“蜀中净土”报国寺、圣灯寺、麻黄寺、龙王庙、金马寺等庙宇遍布全乡，历代在崖石上造佛像无数，据道光版《乐至县志》记载“多至百千万亿”，旅游资源极为丰富。

独特的地质条件赋予了龙门乡特殊的地貌景观。龙门乡围塔漏斗是世界迄今为止已发现的、最大的、有人类居住的地质漏斗，也是明代建太平县的地方，是当时茶马互市的太平驿站（茶马古道上的集市）。此外龙门溶洞、石刀溶洞均是白垩纪砾岩溶洞，具有独特的旅游价值。

龙门乡七里山七里亭是非物质文化遗产保护项目流传的中心区域和依托的主要空间场所。每年农历三月初三，芦山人民在此进行“中国民间竞技活动”之“七里夺标”，这是芦山人民独有的传统祭祀和竞技活动，将春社祭祀与踏青活动、竹崇拜演变结合。

特征二：城镇村风貌景观相融合

芦山的发展与地域、自然、历史文化环境有密不可分的关系。据清嘉庆《雅州府志》记载“前文峰插天，后来龙七里，左望罗城之朝瀑，右瞻佛图之夜灯。上包金井之阁，下联姜城之麓”，见图 9.1。芦山县城的自然山水形态呈现出“外三山环绕，内两河交汇”的特征。同时，芦山有着清晰的古城肌理，即双城、十字街、城墙、古城中心、城门以及周边的山水资源。其中，“双城”是指蜀汉姜城与明清县城；“十字街”则指

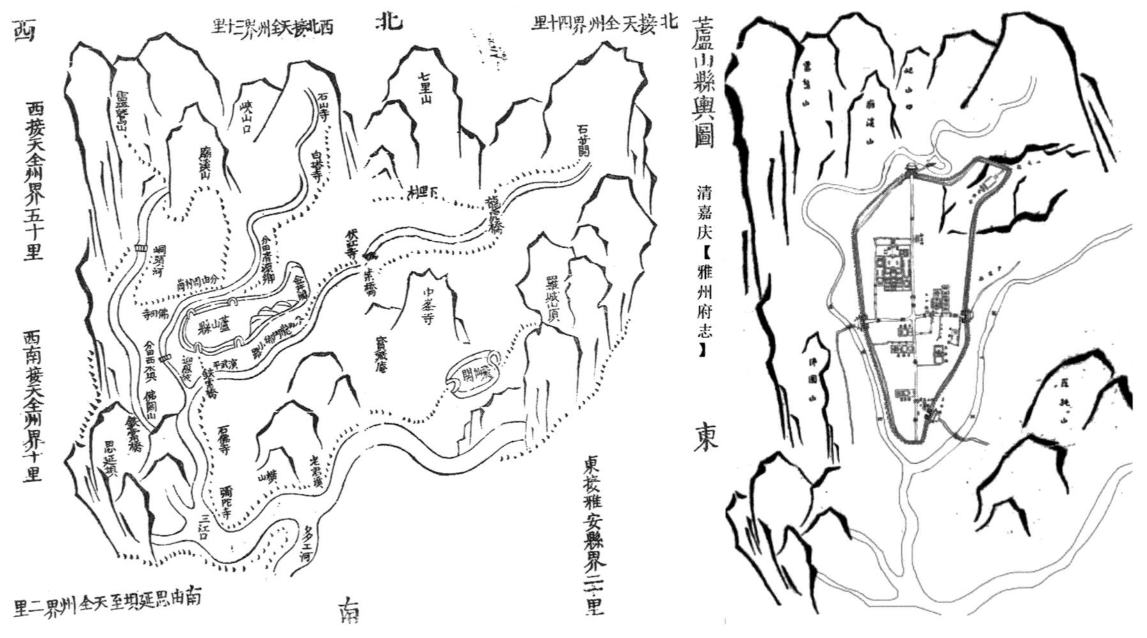

图 9.1　芦山古图及明清姜城复原图
（资料来源：清嘉庆《雅州府志》）

东、西、南、北四条正街构成的“十”字骨架；“古城中心”为历史上衙署、寺庙等公共建筑所在场所，目前已不复存在。现状还保存着局部的城墙遗址和城门，可辨别出古城的轮廓。此外，古城内还保存着 26 处各级文物保护单位。

飞仙关作为“西出成都，茶马古道第一关”，在茶马古道文化长河中占有重要地位，属于雅安茶马古道川茶之源，是川藏茶马古道的重要组成部分，沿线至今还有较多保存完好的古村落。

龙门乡文化、历史、家族以及传统的农耕生活形态是龙门乡乡村旅游发展的优势资源。其农耕文化是城镇居民亲近大自然的“乡梦”。龙门乡有着更多诗意与温情，有久违的乡音、乡土、乡情以及古朴的生活、恒久的价值和传统。龙门乡独特的地理环境和农耕文明孕育了丰富质朴的地域文化，如“七里夺标祈丰年”民俗节庆活动、“彩灯花轿俏幺妹”民俗节庆活动等。

二、设计推演

2016 年 11 月，国道 G351 的建成通车，标志着“4・20”芦山强烈地震灾后恢复重建工程进入了一个新的里程碑，也意味着“三点一线”不再只是重建规划的重点和亮点地区，国道 G351、省道 S210—县道 X073—县道 X074、茶马古道—湖滨栈道—滨河栈道—生态环线多层次的交通联络、产业互动和生活服务，将“一线”的内涵扩展为包含道路系统、文化传承、城市风貌、绿化景观、休闲旅游功能的“复合线”。

1. 应急救灾的重建思路：侧重于民生与城市长远发展的灾后建设工程

在发生 7.0 级地震后，国家启动灾后一级应急预案，进行抢险救援和过渡安置工作，并迅速进入恢复重建阶段。并按照习近平总书记 2013 年 5 月 21 日在灾区指出的“当前抗震救灾工作要以受灾群众安置为中心任务”，提出“以人为本、尊重自然、统筹兼顾、立足当前、着眼长远”的科学重建要求，快速启动灾后恢复重建规划编制工作，保障芦山地震灾后恢复重建工作有力、有序、有效地开展，积极、稳妥恢复灾区群众正常的生活、生产、学习、工作条件，促进灾区经济社会的恢复和发展，规范灾后恢复重建城乡规划编制工作，确保各项灾后恢复重建科学、高效、有序展开。

灾后重建规划覆盖县域 5 个镇，4 个乡，40 个村。其中，灾后重建县域城镇体系完成之后，针对县城和其他 8 个乡镇（含场镇驻地所在村）规划调整以及 10 个重点村规划的工作，集中在“三点一线”的重点和亮点地区，启动侧重于民生与城市长远发展的灾后建设工程。规划中的“三点”指的是飞仙关镇（自成都进入藏区和芦山县的门户地区）、县城老城（芦山县经济和文化的中心，汉姜古城）和龙门乡＋古城村（芦山“4·20”强烈地震震中、规划重点乡、古村落），“一线”指飞仙关至龙门沿线风貌与交通整治，构建芦山城乡布局的主轴线。

“一线”的总体定位为芦山县重要的交通主轴、功能主轴和景观主轴。贯穿省道S210—县道X073—县道X074的交通主轴成为打通县域南北的唯一通道，串联飞仙关、县城和龙门三处生活集聚区及沿线的产业发展园区成为芦山县中脊上的功能主轴，依托沿线文化景观资源，山川揽胜的景观长廊更是赋予“一线”生动鲜活的生命力。

规划的整体层面从特色营造、问题梳理出发，围绕交通整治、环境整治和建筑整治三个方面提出指引性的解决方案，并根据不同的地域景观风貌将“一线”分为三段，确定三个主题，引导下层次规划的特色展现。飞仙关至县城段为山水画卷，县城段为古城新韵，县城至龙门段为龙门大镜。

2. 恢复重建的实施思路：全面性、综合性、持续性的城市发展轴带

在2008年“汶川”大地震后，芦山县大力加强城市基础设施建设，包括学校、医院大楼、民居、乡镇卫生和道路。时隔5年，处于“4·20”大地震震中的芦山县，新修的基础设施几乎无受损，为减少灾区的人员伤亡、防灾救灾提供了良好的救灾场地。然而，龙门老街、芦山老县城、飞仙场镇的民房仍受损严重，存在多处地质灾害隐患点。“4·20”地震造成公路设施损坏及灾害点345处，主要灾害类型包括滑坡、崩塌飞石、道路塌陷、路基下沉等。雅安市—芦山县—宝兴县的救灾生命线省道S210经过33小时抢修才得以通车，使得救灾物资能顺畅运抵灾区，单通道多功能的交通模式严重影响灾情联系与救援工作的有效性和实效性。

芦山五年内经历了两次大地震，“4·20”强烈地震处于震中。重建不是在原来的基础上重新建设，也不是简单地建一批项目，更不是低水平实施一批工程，而是一次创新的重建，一次发展的重建，一次务实的重建，一次科学的重建，一次展现国家形象的重建（芦山政府三周年总结）。在各项灾后应急重建工作步入正轨之后，更加因地制宜、更加接地气、更加可持续地恢复重建工作成为新常态下救灾重建模式的一次探索，重建规划的思路改变“5·12”的重建标准，向“社会重建”转变，重建方式也从“北川一个漏斗”向地方负责制（中央统筹指导、地方作为主体、灾区群众广泛参与）转变，“民生”“特色”“发展”“有效投资”成为恢复重建的社会价值取向。

“一线”已发展成更为全面性、综合性、持续性的城市发展轴带，不仅限于省道S210—县道X073—县道X074的城乡布局主轴线，还涵盖具有区域联动发展作用的国道G351、串联生态旅游和产业园区的龙门生态环线，以及展现文化、民生的景观休闲廊道（茶马古道、湖滨栈道、滨河栈道）。“一线”承担着芦山县全域跨越式发展的生态廊道、生产廊道和生活廊道的组织和统筹，既有发展性和效率性，又有特色性和民生性。

“一线”承担着芦山跨越式发展的交通、景观、文化、旅游之特色内涵。规划通过交通分离与分流，提高交通安全性并解决人车矛盾，整体形成国道G351和省道S210—县道X073—县道X074双通道应急救灾、重建的生命线。省道S210也是贯穿芦山全境的文化风景线，沿线通过有目的地景观改造和景点组织，设计开敞活动空间，使生命线更具活力。“一线”层面茶马古道、龙门生态环线、绿道等线路组织休闲旅游交通；“三点”层面利用街巷、湖滨栈道、登山道、滨河路引导生活休闲游憩。“一线”充分展示了灾后重建过程中地域特色保护与传承的探索与实践、城市景观与品质的创造，以及人们对美好生活的向往。

（1）交通内涵

交通方面来看，国道G351、省道S210—县道X073—县道X074是交通的核心主脊梁。省道S210—县道X073—县道X074是城乡布局的主轴线。以上道路均承担着应急救灾的重要前提基础。

雅安市境内新建的国道G351，是“4·20”芦山强烈地震灾后恢复重建重点工程，起点位于天全县多功乡，连接国道G318，经芦山县飞仙关镇，顺接宝兴县境内的原省道S210，止于夹金山山顶宝兴县与阿坝州小金县交界垭口处，路线总长154.13公里。

芦山县全域山势起伏，深谷陡壁多，可建设公路的通道少。邛崃山系、天台山、石仙山及蒙顶山等四周山体高耸，道路向外跨越成本巨大，造成长期以来对外交通主要依靠省道S210，但由于该线沿山而建，在连续经历了“5·12”汶川特大地震和“4·20”芦山强烈地震后，省道S210线沿途山体地质状况不太稳定，一遇汛期下雨，经常因掉落飞石而引发交通事故。为确保安全，汛期下雨时，省道S210线不得不管制封闭，宝兴就成为临时“孤岛”（四川日报《险道变通途，沿线乡镇添生机》）。

从老百姓的角度出发，国道G351的建成，不仅让雅安到宝兴的车程从两个小时缩短到一个小时，更重要的是，为沿途天全、芦山、宝兴的群众出行系上了“安全带”，并带动了沿途产业的同步发展。

从重建规划的角度审视，国道G351的建成，意味着芦山县主动融入区域交通体系，全面提升县域交通网络的交通服务水平和综合抗灾能力。加强了交通联系，提高了县域路网连通度和通行能力，提升了客运公交，服务县域百姓生产、生活和旅游交通，极大地促进地区社会经济发展和对外交往。

省道S210—县道X073—县道X074为贯穿县域南北的主通道，基本维持原省道S210、县道X073和县道X074的线位，按照二级公路标准进行改造，串联飞仙关、芦阳、龙门，联通三条东向主通道和两条辅助通道。

（2）景观内涵

省道S210—县道X073—县道X074沿线的人工景观与自然景观丰富，形成了典型的山水田园风貌与城镇风貌相间的特征。但作为唯一贯穿全县的通道，快速通过的车行交通对道路沿线居住的村民出行造成了极大的安全隐患，且沿线道路绿化、市政管线等设施缺少统筹，村民自发的现代化建设缺少统一的规划与设计，整体交通安全与城乡风貌问题突出。

规划的整体层面从特色营造、问题梳理出发，围绕交通整治、环境整治和建筑整治三个方面提出指引性的解决方案，并根据不同的地域景观风貌将“一线”分为三段，确定三个主题，以此引导下层次规划的特色展现。其中，飞仙关至县城段为山水画卷段，县城段为古城新韵段，县城至龙门段为龙门大镜段。分别进行《省道S210飞仙关段景观整治规划》《省道S210县城段景观整治规划》和《X073县道龙门段景观整治规划》三个对接实施的景观规划，从分段定位、交通组织、环境整治、建筑改造等几个方面，以导则的形式提出多个典型段的设计指引。展现沿线川西地域建筑风貌特色，提升村民的生活品质。规划挖掘省道S210及县道X073沿线的山水景观资源和地域文化特色，统筹沿线景观和绿化种植特色，提出沿线建筑立面改造指引，完善城乡公共服务设施，形成具有地域特征的整体景观秩序。

飞仙关段：充分结合沿线的山水景观资源和地域文化特色，提出“山水画卷、美丽新田园”的规划构想，形成一条集交通、生态休闲和地域文化体验为一体的景观走廊，同时也是展现灾后建设、美丽新农村建设的示范性窗口。规划重点对沿线的景观环境、交通组织、建筑风貌进行梳理和构建，通过交通分离与分流，解决人车矛盾问题；通过景观和绿化种植，强化景观秩序与整体性；结合建筑立面改造，展现川西地域建筑风貌特色；通过沿线新农村和公共服务设施建设，提升村民的生活品质和公共服务质量。

县城段：县城段是展示“山水芦山、文化芦山、幸福芦山、美丽芦山”城市形象的重要窗口。设计从展现文化内涵、美化城市景观为切入点，因地制宜，结合每个路段的场地现状及周边用地的发展功能，优化沿线的交通穿行模式，引导机动车、自行车与人行的空间组织，同时提供集聚人流的广场展示空间，将省道S210沿线设计成为复合功能的城市道路。

龙门段：充分结合沿线人文资源和山水植被景观资源，规划提出“龙门大境、山水田园”的设计定位。目标是建设川西山水人文共生的生态休闲廊道和美丽新农村建设的示范窗口，打造集交通、生态休闲、文化体验和新农村建设等多功能于一体的复合走廊，创造可充分感知龙门山川形胜、河谷溪流和田园村舍美景的大境之路。设计充分结合沿线村落、植被、田园等要素的分布特征，提出了三种类型的分段设计策略，包括乡村街市类、田园村舍类、自然林荫类，分别进行针对性的提升改造和景观塑造。同时，针对乡村聚居点路段的交通组织、建筑风貌、街道设施等进行细化研究，形成重要路段的综合改造提升方案。

（3）文化内涵

作为省级历史文化名城，芦山县悠久的历史、众多的遗迹、丰富的民俗，共同构成了芦山县重要而独特的宝贵文化资源。

“一线”中脊是贯穿芦山全境的生态发展线、文化风景线、城市结构线。沿线历经芦山全域丰富多样的地形、地貌、地质资源，高度集中了山体、梯田、地质、峡谷、古城、村落等景观资源。“一线”片区体现了芦山历史发展脉络的空间演变历程，涵盖芦山全域一半以上的文物保护遗址以及非物质文化遗产单位。同时，“一线”串联起以芦山县城为中心，延伸至南部茶马古道门户飞仙关镇、北部丝绸之路门户龙门乡的发展轴线，还原了芦山县在历史区域推进的宏大背景中建设发展的根基与脉络。

“一线”中脊建设应以文化为根本，重建、修复芦山灾后新家园，提高区域建设发展吸引点，增强芦山人民的文化自信。依托芦山县丰富多样的文化资源，通过有目的的景点组织，联系三点文化资源，构建历史文化遗产保护体系，深入挖掘其丰富的历史文化内涵，传承本土文化特色，发扬当地文化生命活力。

飞仙关镇深入探访茶马古道时期遗留的大量文物、传统建筑历史遗存，通过情景还原，重现片区商贸集镇的历史原貌，还原“一线”中脊的南部门户，重现古时天堑关隘的雄伟景象。

芦山老城着力修复、保护在地震中受到影响的文物遗产，以姜侯祠为依托，讲好三国历史文化故事，促进“八月彩楼会”、芦山庆坛、芦山花灯等非物质文化遗产的继承与传播。新城则重点保护汉代石雕石刻遗址，打造“汉文化之乡”的文化品牌。新兴产业方面，以根雕艺术产业园为基地，着力打造“雕刻文化之乡”，稳固芦山全国乌木根雕第一、根雕第三的市场地位，同时加大宣传力度，发扬芦山民间根雕艺术特色。

龙门乡依托场镇内留存的大量历史文化遗存，将村民日常活动、民俗节庆活动与青龙场街、青龙寺大殿、庙宇古建等在空间上进行结合，实现文化遗产的现代利用活化，推进“七里夺标”非物质遗产的传承与传播。重点利用围塔漏斗、溶洞等特色旅游资源，挖掘其景观文化价值。

（4）旅游内涵

相对于一般城市人工化痕迹过重的特点，“一线”的旅游内涵充分融入交通核心主脊梁中。省道S210（北接县道X073）6公里县城段道路两侧充分展现芦山的文化景观与城市形象，具备旅游组织的特性。根据文化景观特征，将逐步凸显“三点”的特色游线，分别包含飞仙关段茶马古道、芦山县城湖滨栈道及滨河栈道、龙门生态旅游环线。

飞仙关段茶马古道：茶马古道位于飞仙关镇中部，南至螺山景区，北至黄家村，南北长约三公里。茶马古道飞仙关段是历史上川藏茶马古道的第一关，近代是红军长征的线路，拥有丰富的历史文物古迹和遗存。

现状整体风貌保存较好，村落靠山面田。但历史风貌较好的建筑零星缀于其间，维护现状堪忧。特别是受传统村落与现代道路的影响，堰坎上和下关的建筑较为破败。且随着现代交通方式的改变，历史上的茶马古道被国道318拦腰截断，造成了茶马古道主线的衰落及现代建设风貌的无序生长，往年茶马互市的场景不再。

规划将茶马古道作为体验人文过程、生态过程的历史文化遗产廊道，既是连续的人文景观过程也将展现多样的地域景观剖面。在设计上，首先以茶马文化为主要线索，由南至北形成螺山茶马风情区、溪涧茶马文化区、古道遗风、古村风情、川西田园和溪涧水寨六大主题功能区段。其次，梳理节点，形成茶马文化线、乡土文化线、生态田园线及修身康体线四条主题轴线，四条主题轴线穿插其中六大主题功能区，也是交织的主要游线。这四条轴线不局限于规划范围，向更大的镇区范围辐射，形成大景区的整体组织骨架；其中，茶马文化线主要展现茶马古道文化遗产的历史体验，乡土文化线表达川西乡土民俗文化的特色体验；登山线路作为具有一定难度的驴友线，主要分布在茶马主道的东面有及老君溪往东。最后，对现状建筑进行建筑质量和风貌分类评价，分为：新建建筑（已拆除民居）、传统风貌建筑、有历史价值的建筑和现代建筑，对不同的建筑提出相应的设计指引。

芦山县城湖滨栈道及滨河栈道：经历“4·20”地震之后，芦山河两岸发生了崩塌、滑坡等次生地质灾害，河道的景观安全问题逐渐显露，规划兼顾休闲旅游和本地居民的旅游线路，利用线性的景观空间，引导旅游、休闲游憩开放空间的布局，实现飞仙关的湖滨栈道和县城的滨河栈道等活动空间的建设，提高公共活动环境品质。

湖滨栈道：临滨水结合区段场地条件设置连续的木栈道，在临路一侧约300~500米设置一处出入口，方便当地居民和游客到达滨水公园。新建的滨湖栈道整修提升茶马古道、飞仙索桥、骑游道，使新建成的飞仙关南北风情小镇、天全县南天新镇首尾相连。同时提升和完善飞仙湖岸生态、业态、形态、居态，成为山水相依、城湖相映、产村相融的水岸湿地和峡谷探险观光旅游景区。

滨河栈道：利用分层分区，形成立体的、连续的滨河栈道系统，并连通芦山老城的街巷系统，成为老城交通微循环的组成部分，拉近芦山河与老城、新城的距离。根据对洪水位、丰水位、常水位的分析，设置不同高差、材质、固定或临时的游憩设施，提供不同的滨水感知体验分解老城的城市功能，预留新城的活动空间，滨河地区设置不同规模、不同主题的集聚场地（广场舞、茶聚、旅游集散等）。滨水步行系统设计首要原则考虑栈道安全性，依据距离水面高低及丰水期、枯水期的淹没程度，将栈道划分为高、中、低三个安全层次，兼顾景观视野与安全性，对应不同游赏方式。

龙门生态旅游环线：芦山县县城至龙门为县城生态旅游环线，全长约23.44公里。芦山县生态旅游环线项目的实施，不仅能够改善沿线群众出行和生产生活条件，还能“盘活”沿线村组，打造新生态、新产业、新村庄、新景点于一体的灾后重建观光环线，积极带动周边群众积极发展产业增收致富，项目建设将极大改善震中龙门乡的交通状况，使龙门乡至少增加了两条外向通道，对芦山县社会经济发展也具有重大意义。

飞仙关段茶马古道、芦山县城湖滨栈道及滨河栈道、龙门生态旅游环线多游线相互交织，增添了城镇乡空间体验与风貌展示的空间框架，以点连线，强化了“一线”城市空间感知和活动组织。

三、实施成效

1. 县城段：省道S210沿线

（1）现状简述

省道S210与县道X073连接沿线飞仙关、芦山县城、龙门三点景观，是区域“三点一线”景观结构中的“线”。其中，芦山县城段涉及省道S210（北接县道X073）长度约6千米。

（2）价值评估

图9.3-1中省道S210（县道X073）6千米县城段是一条联系自然景观与文化生活、山地与平地景象的景观纽带。通过道路沿线景观的设计，利用植物配置，形成生态的绿色道路，从车行、人行的角度出发，为人们提供行走与休息的多层次景观。同时，根雕艺术是芦山的文化名片，以根雕文化为主题，渗透道路景观营造，随着穿行道路之间展示和宣扬城市文化。县城段规划目标为芦山的文化景观之路，同时结合县城功能，充分展示芦山城市形象。

（3）规划布局

县城段设计主题围绕“雕刻之路”展开，以道路景观的秩序感契合根雕艺术的视知觉，设计一条探索根雕艺术心理过程的景观道路，形成“两线、三段、六节点”的概念设计结构，见图9.3-2、图9.3-3。“两线”指省道S210（县道X073）的车行道和绿道；“三段”是以道路展示城市形象的内容，包括“自然段”“城市段”和“文化段”；“六节点”以暗示根雕艺术创作过程的心理感受过程，从“石桥暗度”“金花广场”“雕花刻叶”“云起润色”“卷帘凝彩”到“天香外飘”。

（4）规划特色

以现状行道树（水杉、银杏）为基础，结合主题进行植物的配置，考虑季色相的感官变化和乔灌花的形态变化。自然段以水杉、慈竹为主，搭配枫杨、槐树、慈竹、蜡梅、海棠、杜鹃、荆条等景观群落进行自然的演绎；城市段增植行道树金丝楠，与现状银杏形成线性的道路绿化，搭配悬铃木、白玉兰、桂花、慈竹、紫薇、木芙蓉、蜡梅、山茶、杜鹃、栀子、筇竹、木槿、波斯菊、紫藤、迎春花、长春蔓等进行雕刻主题的演绎；文化段增植行道树广玉兰，与现状水杉春芽形成线性的道路绿化。靠罗纯山一侧结合油菜花田见缝规模化种植樱花树，以大片盛开的樱花成

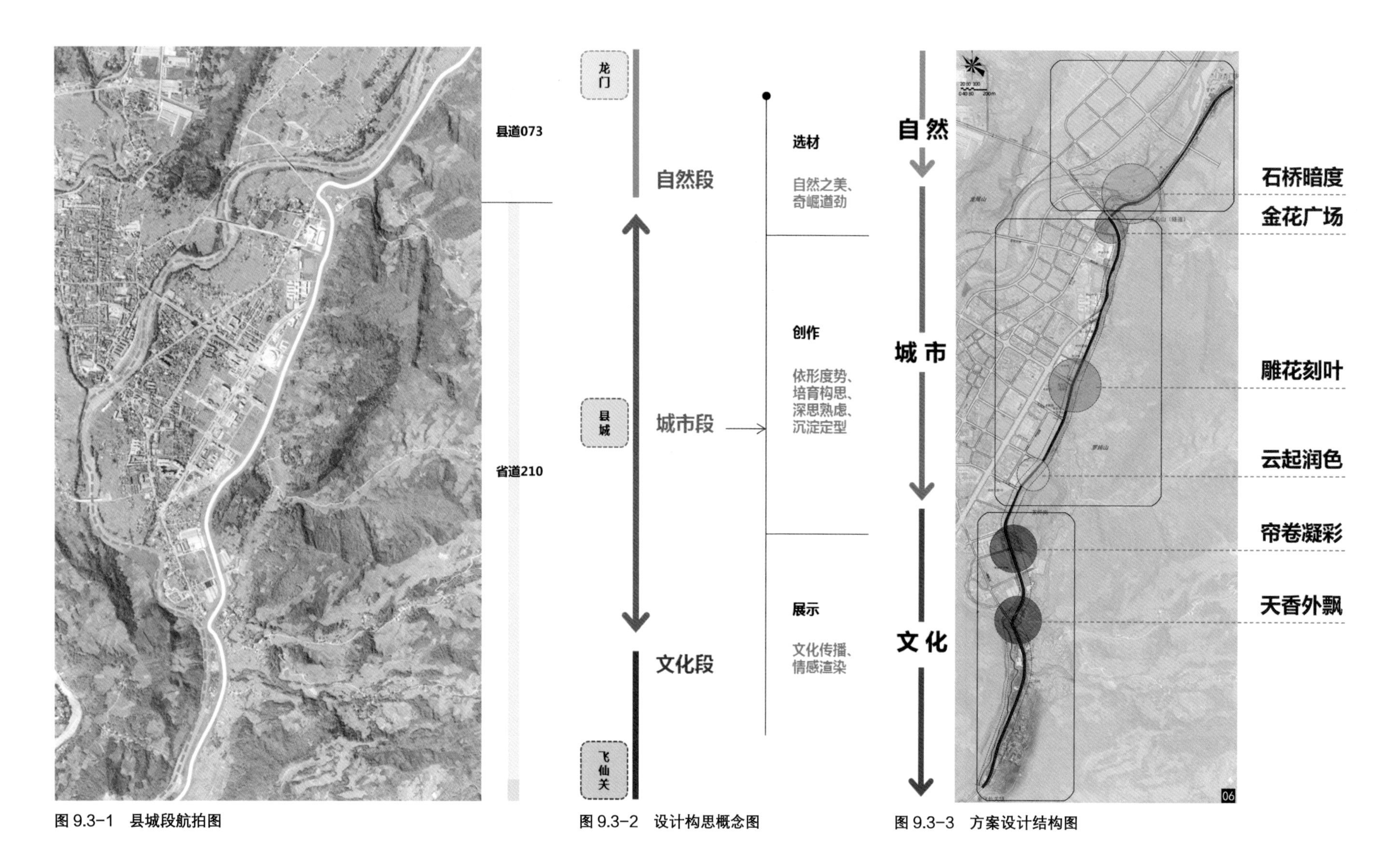

图 9.3-1　县城段航拍图

图 9.3-2　设计构思概念图

图 9.3-3　方案设计结构图

为沿线景观焦点。

除了植物分区的考量，以绿道布置的可行性出发，结合沿线景观资源，设计不同景观特征的连续绿道 5.9 千米，成为与省道 S210（县道 X073）并行的慢行景观线路，见图 9.3-4。郊野型滨河绿道，一侧倚靠山体，沿县道 X073 滨河一侧布置，体验自然生态景观，长约 1.4 千米。城市型绿道，沿省道 S210 一侧布置，结合罗纯山泄洪沟，形成与人行道分层设计的绿道，长约 3.1 千米。考虑到现状省道 S210 两侧布置连续绿道的可行性问题，滨水型绿道结合滨河景观带进行布置，形成与省道在空间上互相呼应的景观线路，长约 1.3 千米。

2. 飞仙段：茶马古道

（1）现状简述

场地特征：茶马古道位于飞仙关镇中部，南至螺山景区，北至黄家村，南北长约 3 千米。茶马古道飞仙关段是川藏茶马古道的第一关，近代是红军长征的线路，在茶马古道上拥有丰富的历史文物古迹和遗存。但随着现代交通方式的改变，历史上的茶马古道被国道 G318 拦腰截断，造成了茶马古道主线的衰落及现代建设风貌的无序生长，往年茶马互市的场景不再。飞仙关关口已无城门，只保留了长条石砌成的圆拱形门洞。

村落特征：从关口望出去，有一长长的峡谷地段，当地百姓世代相传是大禹治水时干活的地方。宋代始建关城，名叫“神禹漏阁”，现称“飞仙关”。飞仙关分上关和下关，两关相距几里路。如图 9.3-5 所示，本次规划范围古村落主要位于飞仙村，包括下关村、上关村、堰坎上村、黄家村等四个村组，多数村落保留了原有石板路，部分路面使用红砂岩。村落整体靠山面田，一派闲适田园风光。现状整体风貌保存较好，尤其是堰坎村。而下关村靠近国道G318，率先取得发展机遇，生活方式最先脱离农业，这也使得下关村的空间格局和建筑风貌缺少了古村落的韵味。

（2）价值评估

极高的历史价值：据史书记载，3000多年前，此地就是古蜀国通往世界的咽喉要地。到汉代，司马相如受汉武帝之命沿此路出使西南夷，把这条民间小道开辟为官方的商道。蜀锦、邛杖、铁器等商品从成都平原由此销往世界。茶马古道文物古迹、历史线路等真实地反映了旧时茶马古道繁荣兴盛的历史，体现了自宋、金、辽代以来特别是明清时期飞仙关地区的生产、生活方式和思想观念、风俗习惯与社会风尚；二郎庙、螺山离堆和神禹漏阁的传说真实地反映了古代羌文化和汉文化的融合，完好地呈现出事件和活动发生的历史环境；作为我国少数保存完整的茶马古道线路之一，街房布局具有的川西民居特征和本地特色。

很高的艺术价值：大量的文物和历史建筑，从整体、单元、局部、装饰到场所和室内空间均具有较高的艺术性，包括古墓、古桥、古庙、古宅等。绝大部分传统建筑比例协调、形式优美、空间变化丰富，部分具有极为精美的局部装饰；田园、村落、翠山互融构成了风貌协调的传统村落景观；街巷平面与立面空间变化丰富，极富趣味性。

郊野型绿道

景观特征：郊野型滨河绿道，一侧倚靠山体，沿县道X073滨河一侧布置，体验自然生态景观，长约1.4km。

城市型绿道

景观特征：城市型绿道，沿省道S210一侧布置，结合罗纯山泄洪沟， 形成与人行道分层设计的绿道，长约3.1km。

滨水型绿道

景观特征：考虑到现状省道S210两侧布置连续绿道的可行性问题， 该段绿道结合滨河景观带进行布置，形成与省道在空间上互相呼应的景观线路，长约1.3km。

图9.3-4 绿道平面图

图 9.3-5　茶马古道建设实景图

较高的科学价值：村落依地形而建，沿道路分布街房和商铺，功能组织丰富、布局合理，生态保护和灾害防御设计利用自然地形进行处理，极具特色。

（3）设计构思

规划将茶马古道作为体验人文过程、生态过程的历史文化遗产廊道，既是持续的人文景观过程，也能展现多样的地域景观剖面。

在设计上，首先以茶马文化为主要线索，由南至北形成螺山茶马风情区、溪涧茶马文化区、古道遗风、古村风情、川西田园和溪涧水寨六大主题功能区段。

其次，梳理节点形成茶马文化线、乡土文化线、生态田园线及修身康体线四条主题轴线。四条主题轴线穿插六大主题功能区，形成相互交织的主要游线。这四条轴线并没有局限于规划范围，而是向更大的镇区范围辐射，形成大景区的整体组织骨架，其中茶马文化线主要展现茶马古道文化遗产的历史体验，乡土文化线表达川西乡土民俗文化的特色体验；登山线路作为具有一定难度的驴友线，主要分布在茶马古道的东面及老君溪往东。

最后，对现状建筑进行建筑质量和风貌评价，分为：新建建筑（已拆除民居）、传统风貌建筑、有历史价值的建筑和现代建筑，对不同的建筑提出相应的设计指引。

（4）创新与特色

以文化线路与类型学为基本视角，将历史的传承与建筑、景观、格局、生活习性的地域性延续作为项目入手的基本点，对规划范围的要素进行保护与发展的共赢设计。

特别是在水景观营造上，将岸线分为水休闲岸线、自然生态岸线、滨水人工岸线等，以不同的断面适应功能与景观的需要，结合区域地质特点，对驳岸的整治提出了维护与生态设计的不同策略。

（5）规划实施

芦山县与飞仙关镇两级政府作为实施主体，相关部门各司其职严格执行规划要求。中规院作为该片区规划技术总协调，与四川省建筑设计研究院等相关单位积极配合。将范围内建筑分为重要节点区域与一般区域，重要节点区域由政府主导实施，一般区域的旅游设施、小品、铺装等环境要素由政府主导统一设计与改造，民宅鼓励居民依照设计指引自行参与改造。此段茶马古道自南向北三公里，沿线呈现水道、城镇、老村、田野、山谷的特色景象。规划以茶马文化为主要线索，将古道提升为体验人文、生态过程的历史文化遗产廊道和地域景观展示线路，最终形成了四条主题路径贯穿六大主题功能区段的整体组织骨架。其中，芦山南界的螺山茶马风情片区集飞仙峡谷生态观光、二郎庙人文主题休闲、游客服务中心、飞仙关关隘文化体验于一体，重现了当年茶马古道第一关的历史场景，见图 9.3-6。目前，此处已成为居民日常休闲健身的首选之地，更作为国道 318 上的川藏门户，展现出飞仙关阙的大千风景。

3. 龙门段：县道 X073 龙门段沿线

（1）现状简述

如图 9.3-7 所示，县道 X073 龙门乡段南起龙门乡王家村，北至龙门乡古城村，总长度为 13.30 公里。沿线东靠罗成山、西望灵鹫山和龙尾山，中有宽阔的玉溪河谷田园，特色鲜明。

龙门段贯穿两个盆地，周围群山环抱，整个地形呈葫芦形。葫芦口、葫芦腰、葫芦底为三段山林峡谷形成的关口，将沿线空间划分为南北两个河谷平坝。北段公路穿越盆地中间，同时濒临河道，显山露水，展示大山大水的自然景观。南段公路位于山田交错的区域，沟谷丰富，村庄密集，展现田园沟壑风光。

规划范围为道路红线两侧各约 30 米，规划面积约为 79.79 公顷。同时，本次规划将沿线重要的居民点、服务设施和景观工程纳入研究范围，包括沿线灾后重建聚居点、村委会、市场、广场、园林和游步道工程等。

图 9.3-6　茶马古道建设实景鸟瞰图与规划方案效果图对比

（2）设计构思

县道 X073 龙门段沿线景观设计的总体目标为“龙门大境、山水田园”。具体目标是建设川西山水人文共生的生态休闲廊道和美丽新农村建设的示范窗口，打造集交通、生态休闲、文化体验和新农村建设等多功能于一体的复合走廊，创造可充分感知龙门山川形胜、河谷溪流和田园村舍美景的大境之路。

为积极利用沿线良好的资源条件，解决现状存在的问题，实现规划目标，主要提出五项沿线整治理念：分类分段设计、交通优化、建筑风貌提升、沿线绿化提升和景观设施完善。

分类分段设计理念，见图9.3-8～图9.3-10。根据县道 X073 龙门段现状各段景观特征及问题，将整个沿线分为三种类型：乡村街市类、田园村舍类、自然林荫类，针对三种类型的公路段分别进行相应的提升改造。乡村街市类区段两侧村庄夹道建设严重，但街市氛围较突出。规划以特色集市为景观风貌特色，在规范道路沿线建设管理的基础上，塑造乡村生活街道的整体氛围。田园村舍类区段沿线主要为散点民房和农田景观。规划以林盘农家乐为景观风貌特色，凸显田园人居的乡野风光。自然林荫类区段以水杉行道树为主要景观，局部为山坡密林形成的自然丛林隧道景观，规划重点恢复生态景观，强化林间穿行的道路体验。

交通优化理念。主要包括提升全段综合交通能力、重点优化沿线村庄聚居段及新聚居点交通。增强行人安全性，减少沿线夹道建设，规划主要措施如下：

① 交通疏解：在玉溪河西侧增加一条新的县道，通过新道路向西疏解过境交通；

② 增加背街：在夹道建设严重的村组聚居地区通过在县道后侧增加一条辅道的方式，引导农村住宅面向背街开口，减少夹道建设；

③ 合并院落：相邻农村住宅的院落尽量合并开口，一般 2～3 户可合用一个开口，以减少向县道开口的数量；

④ 构建慢行系统：通过自行车道、游憩步道、休闲广场等要素的设置形成沿线慢行游憩线路，并适当增设停车场；

⑤ 增设公交车站：在农村居民聚居点增设公交车站，鼓励公共交通，形成公交走廊。重点优化沿线村庄聚居段及新聚居点交通。

如图 9.3-11 所示，规划将县道 X073 龙门段按现状建筑和规划聚居点分布情况分为优化整治段和重点设计段。其中，优化整治段是指沿线原有村庄聚居地区，主要涉及古城村古城坪、隆兴村小坝卡、王家村甘溪头地区。综合整治旧村沿路交通开口设计，适度保留合理间距交通出入口，设置交通安全及指示标志、标线和标牌，设置人行横道。有条件的村庄设置辅助村道，减少对公路直接开口数量，保障交通安全。重点设计段是指灾后沿线新聚居点地区，主要涉及古城村高家边、红星村大旋老、王家村簸箕坝地区。重点建设段按城乡规划标准，合理规划机动车出入口，强化交叉口详细设计，设置人行横道，规划完善区内道路系统，利用区内支路进行内部交通组织，可沿各支路设置地块交通出入口，县道沿线严禁随意增加机动车交通出入口。

建筑风貌提升理念。如图 9.3-12 所示，针对沿线建筑风貌不佳的问题，主要通过建筑后退、开口合并、街道连廊、风格改善四项措施来提升整体沿线建筑及街道风貌。

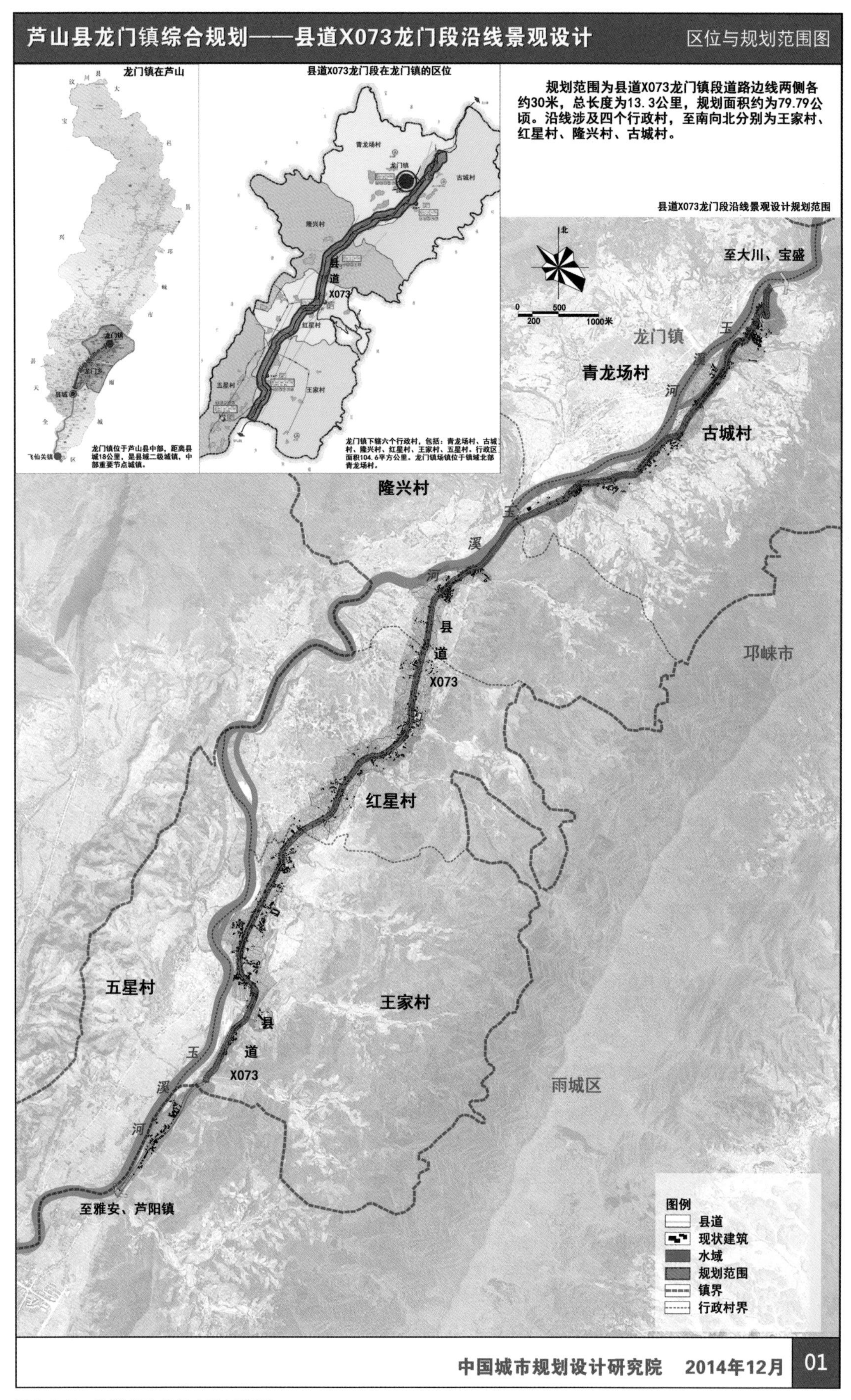

图 9.3-7 县道 073 龙门乡段示意图

芦山县龙门乡综合规划——县道X073龙门段沿线景观设计　乡村街市类路段设计指引图

设计指引要点：

1. 增设人行道

道路车行道边线外控制2米以上人行道，人行道须连续、无台阶，商业经营路段可不设置路缘石，人行道铺装应能满足车辆停放和碾压，广场和其他公共设施地段可设置人行道安全防护桩。鼓励院坝开放、平整和统一改造建设。自行车道和人行道合并设置，并与周边游步道建设衔接。

人行道设计意向示意

乡村街市分段区位图

古城坪段
高家边段
铜鼓庙段
王家坝段

2. 建筑改造和美化

民房建筑应形成连续界面，大型建筑应后退道路边线10米以上或增加底层沿街建筑。鼓励商业经营路段建筑增设挑檐、外廊或柱廊等灰空间。

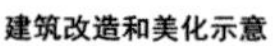

建筑改造和美化示意

改造效果示意

3. 增加行道树和景观植物

在人行道或外侧统一改造的院坝中补植行道树，树种以法桐、桂花树、小叶榕等冠径较大乔木为主。在公共建筑、广场和有条件的院坝空间增加景观性灌丛、爬藤植物和花卉，以地域特色的有色植株为宜。

4. 增设街道家具，协调标牌店招

沿街应设置公共厕所、公交停靠站、垃圾箱、座椅和路灯等。在公共建筑、广场、景点和聚居点等入口设置引导标牌和景观小品。

节点设计示意：

设计旨在将古城坪夹道建设地区改造成空间连贯有序、设施齐备和特色突出的乡村街市。一是在建筑上增设坡屋顶和底层外廊，统一建筑立面和店招风格，形成连续、安全的商业氛围；二是增设人行道、游步道和滨水栈道，形成环状联通的慢行系统，并增加红军军部入口广场、滨河花园等公共空间，形成富有趣味的游憩环境；三是补植行道树，增设从山到水的绿化廊道，改造生态花坛，形成乡土特色的商业集市。

现状照片

古城坪节点详细设计图

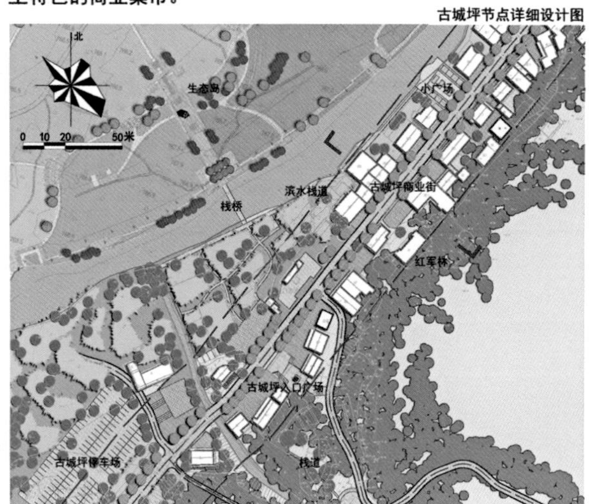

改造效果示意

断面示意

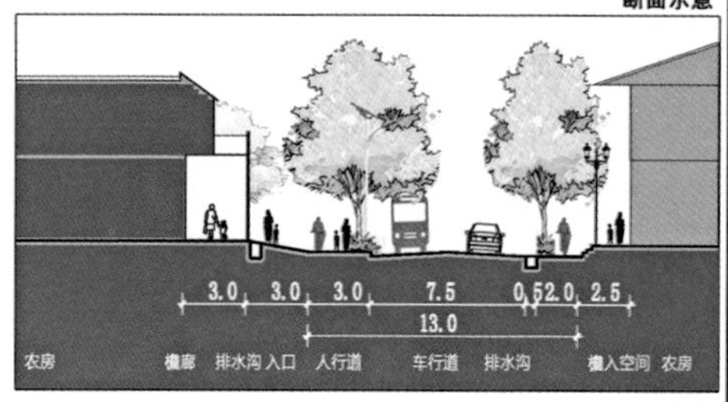

中国城市规划设计研究院　2014年12月　06

图 9.3-8　乡村街市类路段设计指引图

芦山县龙门乡综合规划——县道X073龙门段沿线景观设计　田园村舍类路段设计指引图

设计指引要点：

1. 宅旁补植绿林、塑造特色林盘

在民房周边已有林地、民房建筑外围或多户民房周边有条件地区补植乔木和竹林，增设游步道和入口标牌等设施，鼓励有条件的地区种植经济作物、发展农家乐、观光农业，形成具有龙门地域特色和农家风情的田园林盘。

林盘补植示意

2. 院坝院墙增设绿篱

临路院坝增设绿篱或景观围栏，可采用地域特色的爬藤植物配合木栅栏、竹编围墙或卵石砌墙、砌坎等乡土方式进行改造建设。鼓励两户以上合并入口和入户道路，可增设入口斗篷或石柱。已建成院墙可用以上方式美化或采用白墙、砖石腰线等方式与周边协调。

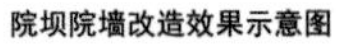
院坝院墙改造效果示意图

田园村舍分段区位图

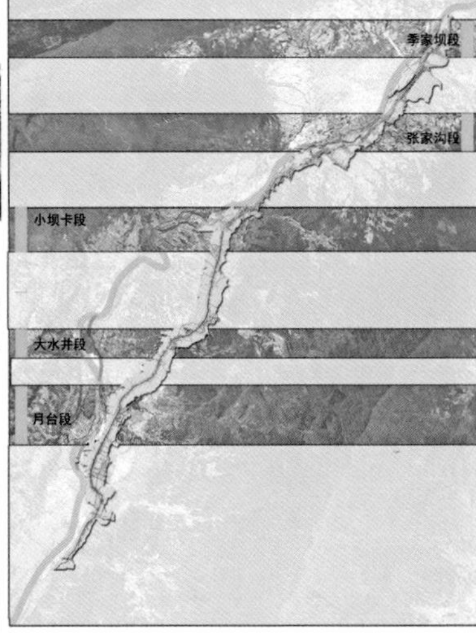

改造效果示意图

3. 建筑改造和美化：

鼓励采用坡屋顶、通风阁楼、露台阳台和底层出檐或设置外廊、凉棚等方式进行建筑改造，鼓励采用本土建筑材料和做法，突出田园风光和农家风情。

节点设计示意：

在隆兴村龙虎湾铁索桥节点，将农房分为3~10户的田园林盘进行设计，一是结合现状田园林丛，在院落前后种植竹、杨、桦等乔木，塑造"水田林宅"共生景观；二是结合现状多台院落高差的特点，以卵石砌墙强化台地堡坎宅院层次感和围合感；三是结合现状河谷索桥，集中塑造开放台地景观节点，形成林盘中心的标志性空间。

现状照片

龙虎湾铁索桥节点详细设计图

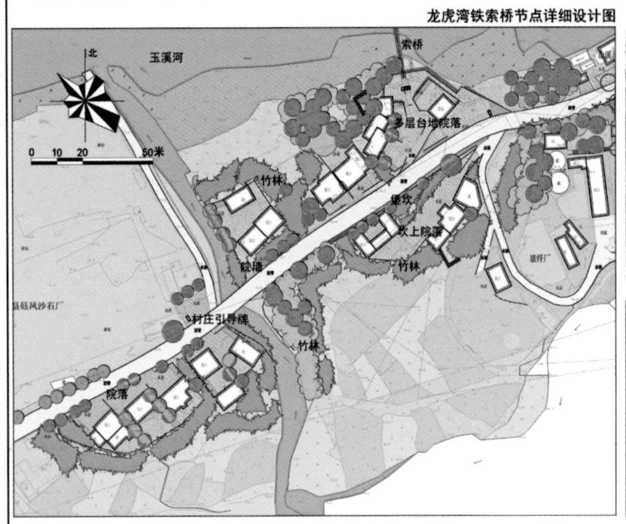

规划景观示意

断面示意

中国城市规划设计研究院　2014年12月　07

图 9.3-9　田园村舍类路段设计指引图

芦山县龙门乡综合规划——县道X073龙门段沿线景观设计　自然林荫类路段设计指引图

设计指引要点：

1. 补种行道树

在现状以水杉为主的林荫路段补植水杉，形成连续水杉带，整治水杉带下方路基，使路基宽度不小于1米，并覆盖种植地被植物；在现状自然密林段不种植行列式行道树。

补植行道树效果图

自然林荫分段区位图

月亮山-山溪沟段

大旋老段

甘溪头段

石刀背沟段

2. 增设安全防护设施

改造和恢复路面，清理滑坡垮塌体，在地灾隐患点进行防护；在道路弯道、路侧高差较大或滨水等地段增加防护栏、防护桩，建议采用通透方式，不做防护矮墙；路面重新划线，明确公共设施和空间、聚居点出入口和各村组的人行横道等地面标示。

3. 恢复密林植被

在自然密林路段两侧10～30米范围内进行林相改造，保护现状竹、桦、杨、榉等树种，补植相同树种并增加色叶乔木，适当整治林下空间，保护景观节点的视线通廊，局部可种植地被。

植被恢复效果图

节点设计示意：

在古城村古城隘口景观节点，设计将自然密林段景观改善和电站、龙虎庙游步道相结合，强化从水杉阵列的林荫路段到自然密林路段的过渡。一是改造道路两侧林相，强化以竹、桦、杨等为主的林相景观，掩映周边建筑，并整治林下土地，补植地被；二是增加龙虎庙电站游步道，与铁索桥、波惹寺等相连系，并增加眺望平台等景观设施。

现状照片

古城隘口节点详细设计图

道路景观示意

断面示意

中国城市规划设计研究院　2014年12月　08

图 9.3-10　自然林荫类路段设计指引图

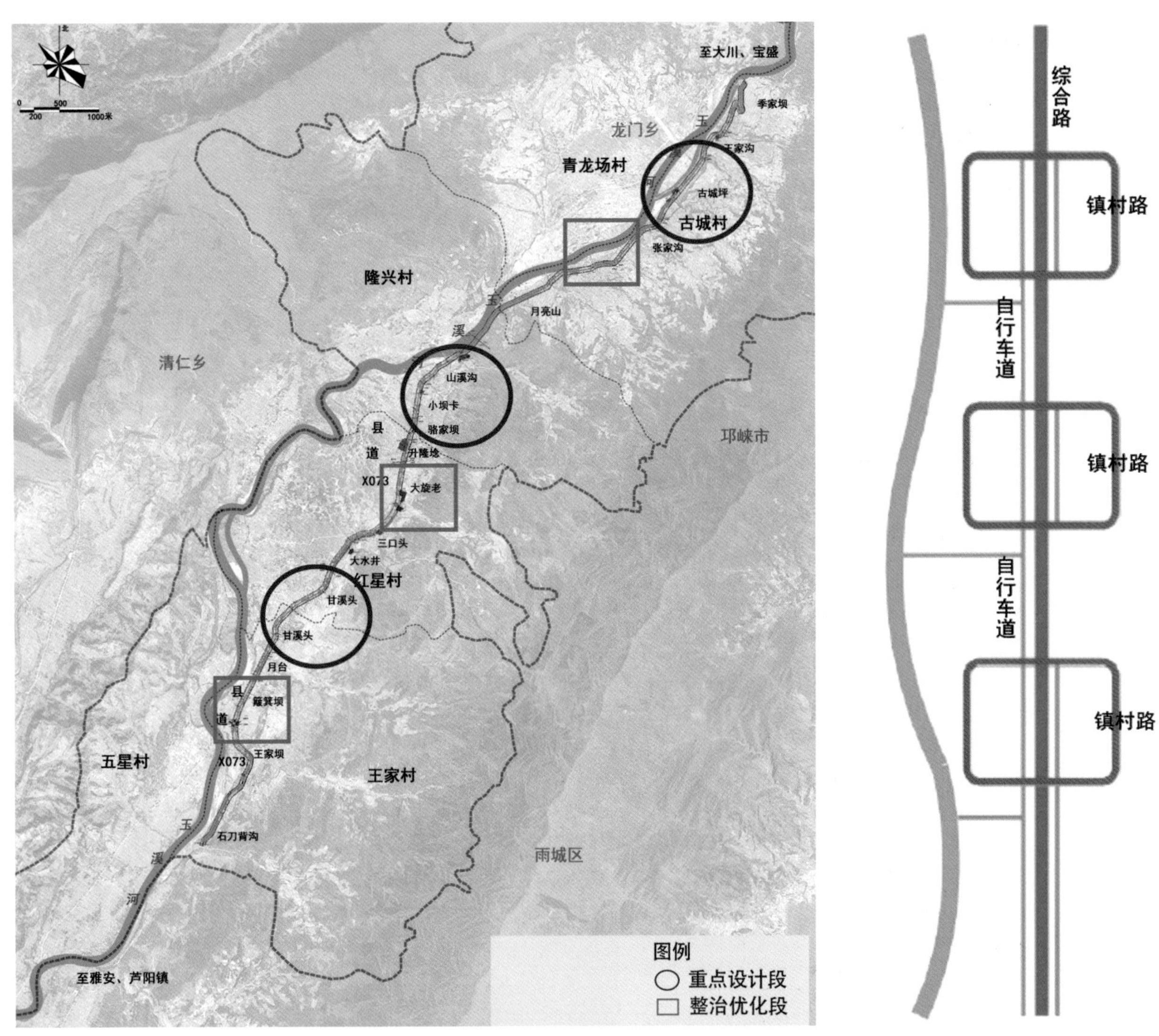

图 9.3-11　县道 X073 龙门段沿线村庄聚集区交通优化示意

图 9.3-12　建筑及街道风貌提升示意图

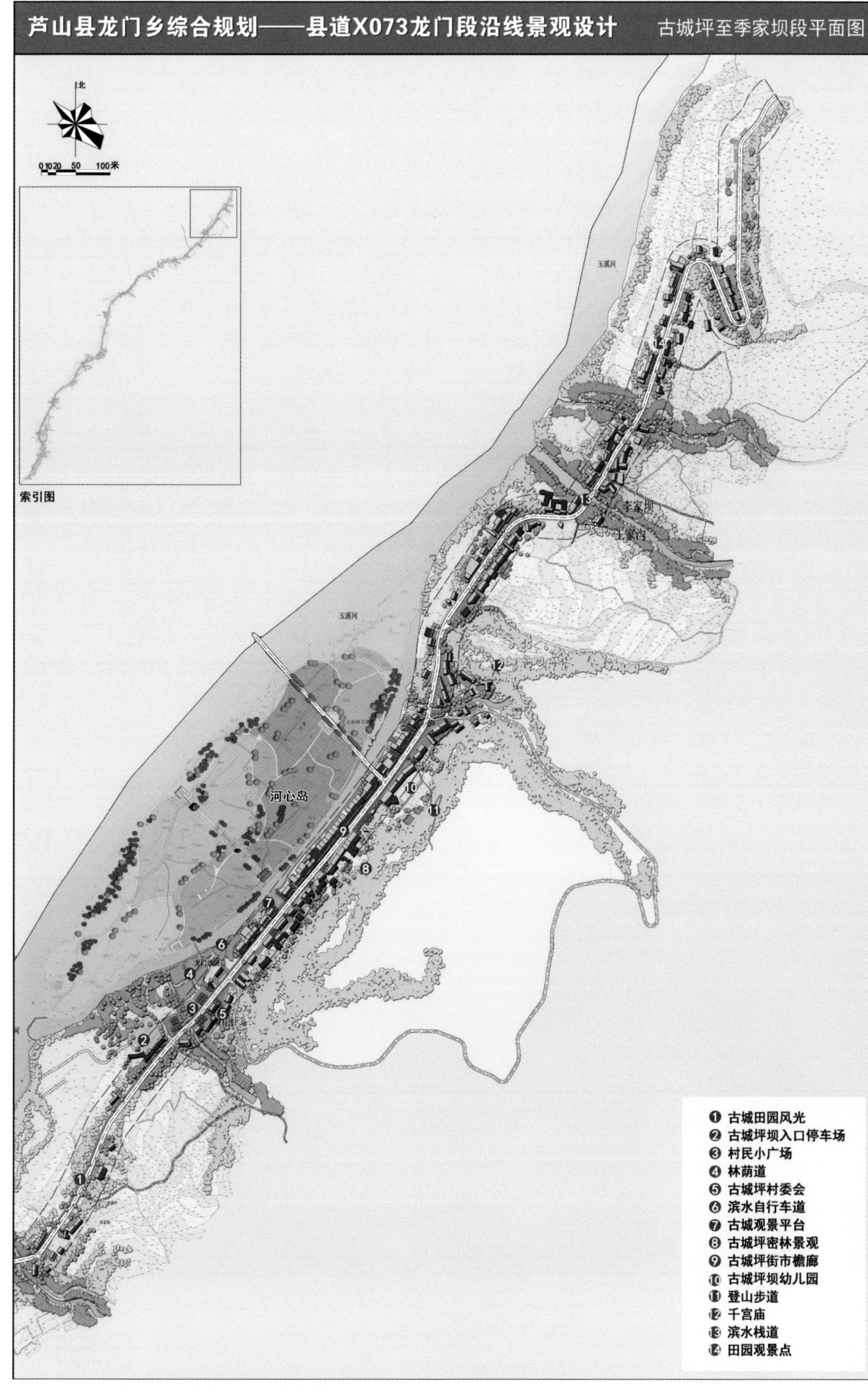

图 9.3-13　县道 X073 古城坪至季家坝段设计平面图

① 建筑后退：严格控制沿线新建建筑后退道路红线宽度、溪流河道、景观节点的视线通廊。道路红线外 10 米范围内需原址重建的现状民房，须后退道路红线 10 米以上进行重建。

② 开口合并：增加院墙、绿篱、围栏，减少面向县道开口，相邻院落合并出入口。

③ 街道连廊：在建筑密集的乡村街市地区增加建筑连廊，美化街道的同时增加街道灰空间。

④ 风格改善：建筑以川西民居风格为主，提升风貌品质。

沿线绿化提升理念。在沿线良好生态环境基础上，识别沿线绿化存在的问题，通过生态保育、树林补植、绿篱美化、景观植栽四种方式提升沿线绿化景观。

① 生态保育：原有林地和沿河地区加强生态保育，禁止各类生产、生活设施建设。

② 树林补植：在原有行道树基础上进行分段补植，原有水杉段补植水杉，乡村街市类路段种植具有一定遮阴效果的行道树。

③ 绿篱美化：以乡村化的手法，运用当地材料和绿植对院墙及建筑立面进行美化。

④ 景观植栽：保护古树名木，在广场等景观节点处增加景观树种。

景观设施完善理念。现状沿线缺乏景观设施，因此规划通过增设观景亭台、景观小品、景观标识提升沿线景观品质。

① 观景亭台：在田园、密林、水体、山体景观优美地段布局景观亭及观景平台。

② 景观小品：利用现状景观点，如红军战斗遗址建设景观小品；在村口及公共活动中心增加具有标志性的雕塑、文化墙等景观设施。

③ 景观标识：统一设计指示牌、广告标识系统等。

（3）规划布局

规划将整个县道沿线根据村界和地理条件划分为 6 大段进行详细设计和指引，分别为古城坪至季家坝段、张家沟至高家边段、月亮山至山溪沟段、小坝卡至铜鼓庙段、山口头至甘溪头段、簸箕坝至石刀背沟段，按照规划策略、分类路段详细设计和景观要素设计指引，进行沿线各段的景观设计。

古城坪至季家坝段：如图 9.3-13 所示，该段东依罗城山，隔河西望龙门平坝，地势较高，生态条件好，在景观上有山高地广、河宽林密、林田相间之感。该段涉及一个田园村舍段（古城村季家坝段）、一个乡村街市段（古城村古城坪段）和一个景观节点（古城坪入口景观节点）。规划重点在古城村季家坝段结合观景点打造观景平台，并沿溪沟密林补植本地树种。在古城村古城坪乡村街市段重点整治街市风貌，打造古城坪红军村旅游景观入口，通过依山就势的入口广场建设和周边木构建筑的整治，形成步移景异的坡地景观和标志突出的旅游观光入口，增设沿玉溪河自古城村入口节点至龙门大桥的景观型游步道，并与古城村河心岛形成便捷的步行联系。

张家沟至高家边段：如图 9.3-14 所示，该段涉及一个田园村舍段（古城村张家沟段）、一个乡村街市段（古城村高家边段），和一个景观节点（高家边广场景观节点）。古城村张家沟段是由古城隘口进入古城村的入口，结合本地农作物种植，为整个龙门场镇打造豁然开朗的田园入口景观。古城村高家边乡村街市段重点在于对新聚居点建设进行控制，强化新村现代化设施建设。注重开敞空间和景观小品设计，着重打造观景体验路径，临河自高家边经张家沟至古城村入口形成 2 公里的景观自行车道。此乡村街市段含景观节点一个，结合玉溪河滨水开敞空间打造宜人的滨水景观广场。

月亮山至山溪沟段：如图 9.3-15 所示，该段涉及一个自然林荫段（古城村月亮山—隆兴村山溪沟段）、一个田园村舍段（隆兴村小坝卡段），两个景观节点（古城隘口景观节点和龙虎湾铁索桥景观节点）。其中，古城村月亮山—隆兴村山溪沟段保护现有山溪沟及月亮山密林，并结合实际情况进行补植，打造密林景观。隆兴村小坝卡段通过对沿线村舍的整治，形成疏密有致和开敞的视野景观。古城隘口景观节点和龙虎湾铁索桥景观节点空间距离较近，共同形成沿线旅游的重要观光地。依托具有重要历史及景观价值的龙虎湾铁索桥及龙虎山庙，打造亲水广场和靠山观景平台，并注重对地形及自然景观的运用，与龙门平坝隘口处自然形成的大地景观融为一体，构成沿线重要的自然人文景观节点。

小坝卡至铜鼓庙段：如图 9.3-16 所示，该段涉及一个田园村舍段（隆兴村小坝卡段）、一个自然林荫段（隆星村大旋老段）、一个乡村街市段（红星村铜鼓庙段），包含两个景观节点（小坝卡村委会景观节点和红星村街市景观节点）。小坝卡村委会景观节点为隆兴村小坝卡田园村舍段景观节点，重点不在于打造聚居点风貌，而通过公路林荫的掩映打造自然型景观，结合村委会后退公路 10 米进行村民文化广场的打造。隆星村大旋老段重点在县道 X073 两侧补植水杉，完善现有林荫道，形成公路林荫景观。红星村铜鼓庙段重点通过大旋老农贸市场及铜鼓庙新聚居点的打造，疏解原有夹道建设压力，通过背街道路的建设引导新建民房退后县道 X073 进行建设，同时沿溪沟补植密林、打造聚居点公共活动空间和滨水步道。

山口头至月台段：如图 9.3-17 所示，该段涉及一个自然林荫段（红星村甘溪头段）、两个田园村舍段（红星村大水井段和王家村月台段），包括两个景观节点（青龙场战斗遗址景观节点和甘溪头景观节点）。其中，红星村大水井段和王家村月台段根据实际情况补植单棵树，营造自然疏朗景观，形成田园风貌。红星村甘溪头段重点补植水杉行道树，结合近路小溪打造观景步道，并从青龙场战斗遗址至甘溪头溪涧设置约 800 米长的景观自行车道。青龙场战斗遗址景观节点依托红军战斗遗址及红星村村委会打造功能多样的红军纪念广场，并可作为村民活动广场使用。甘溪头景观节点结合高大密集的水杉行道树景观和亲切宜人的小溪涧景观，打造可供旅客及当地村民停留、观景、游憩、健身等的滨水绿道。

簸箕坝至石刀背沟段：如图 9.3-18 所示，该沿线段涉及一个乡村街市段（王家村王家坝—簸箕坝段）、一个自然林荫段（王家村石刀背沟段），包含一个景观节点（簸箕坝村委会景观节点）。其中，王家村石刀背沟段主要保护石刀背沟背部自然密林，并沿溪沟进行密林补植，形成县道 X073 龙门段起点处的密林景观，并沿具有良好

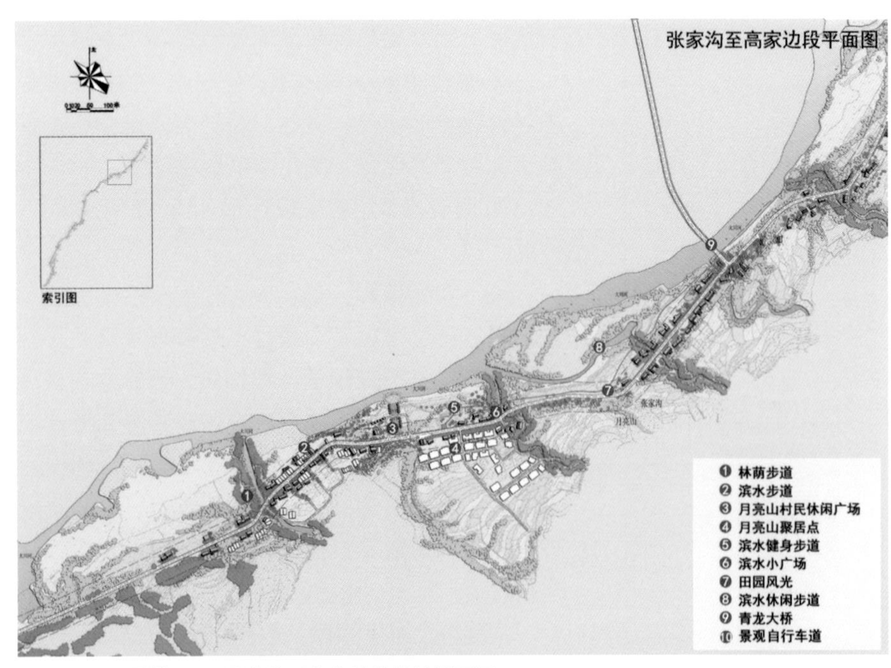

图 9.3-14　县道 X073 张家沟至高家边段设计平面图

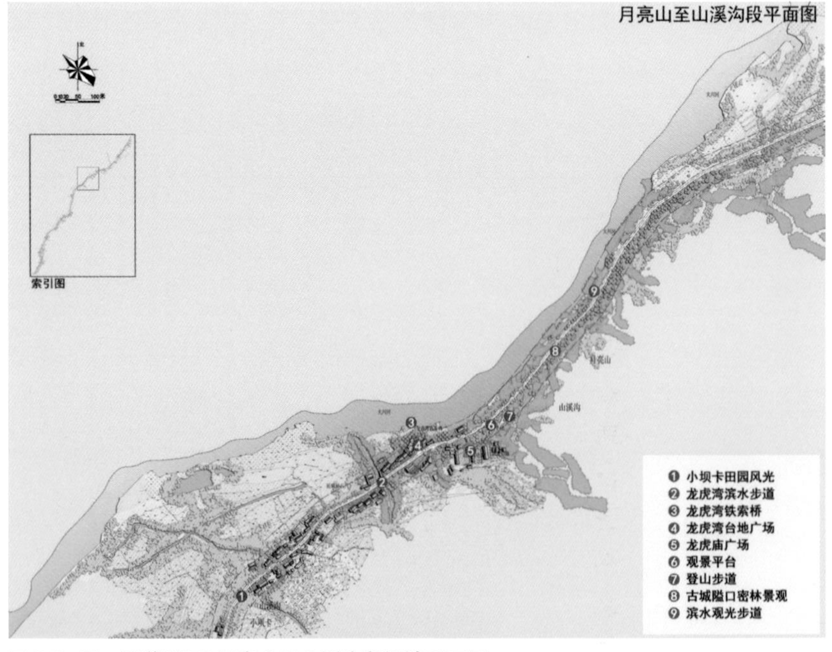

图 9.3-15　县道 X073 月亮山至山溪沟段设计平面图

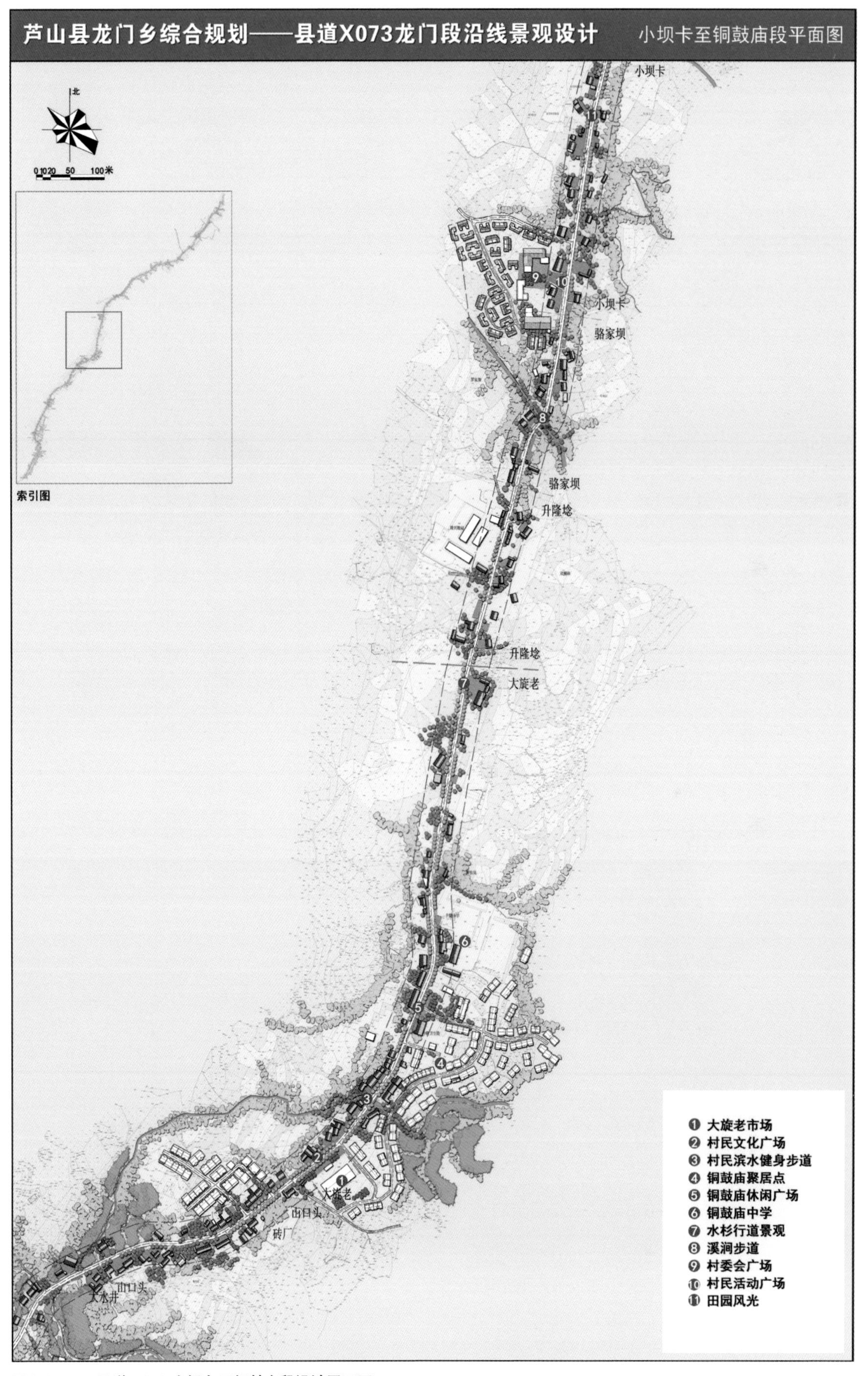

图 9.3-16　县道 X073 小坝卡至铜鼓庙段设计平面图

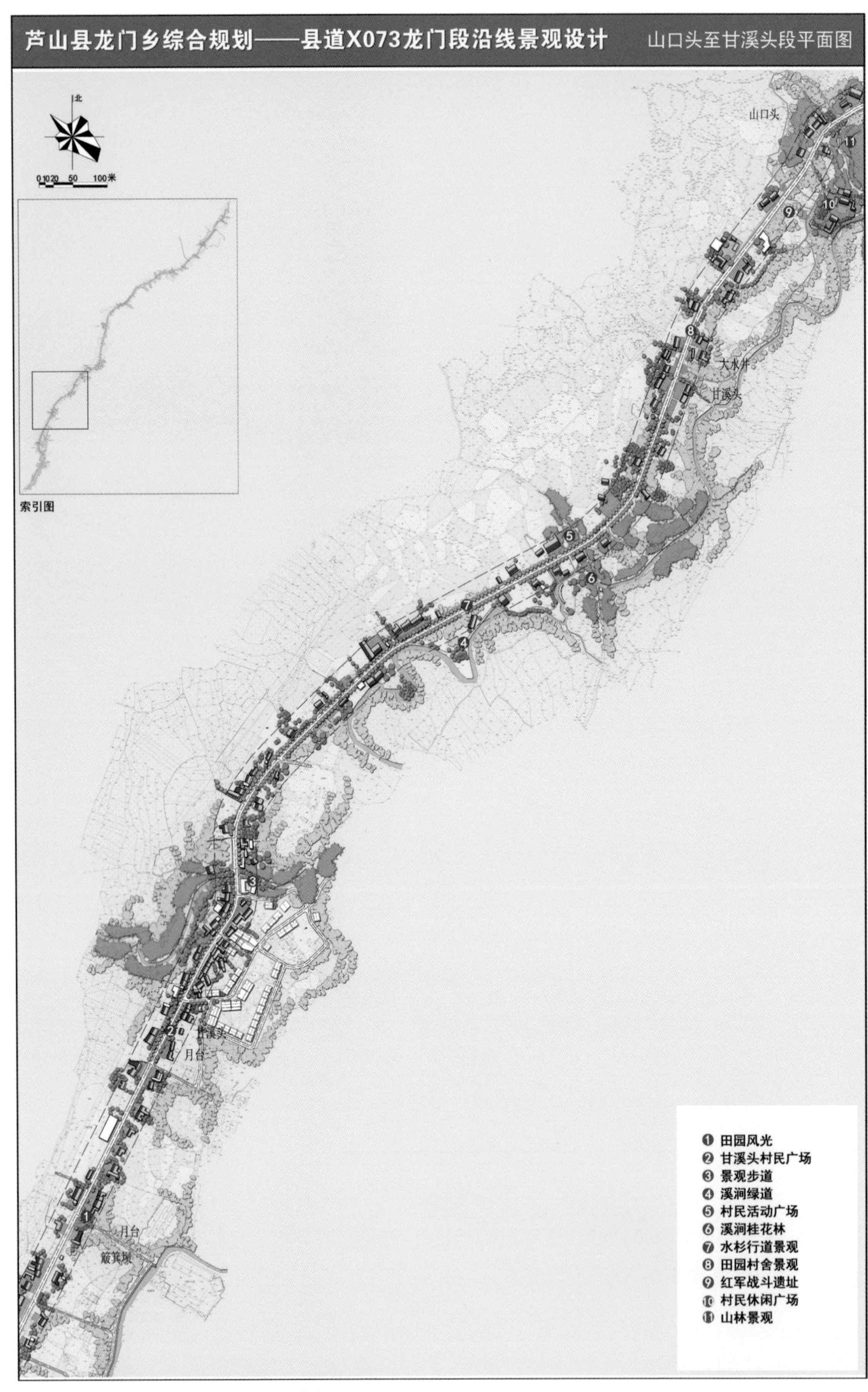

图 9.3-17　县道 X073 山口头至月台段设计平面图

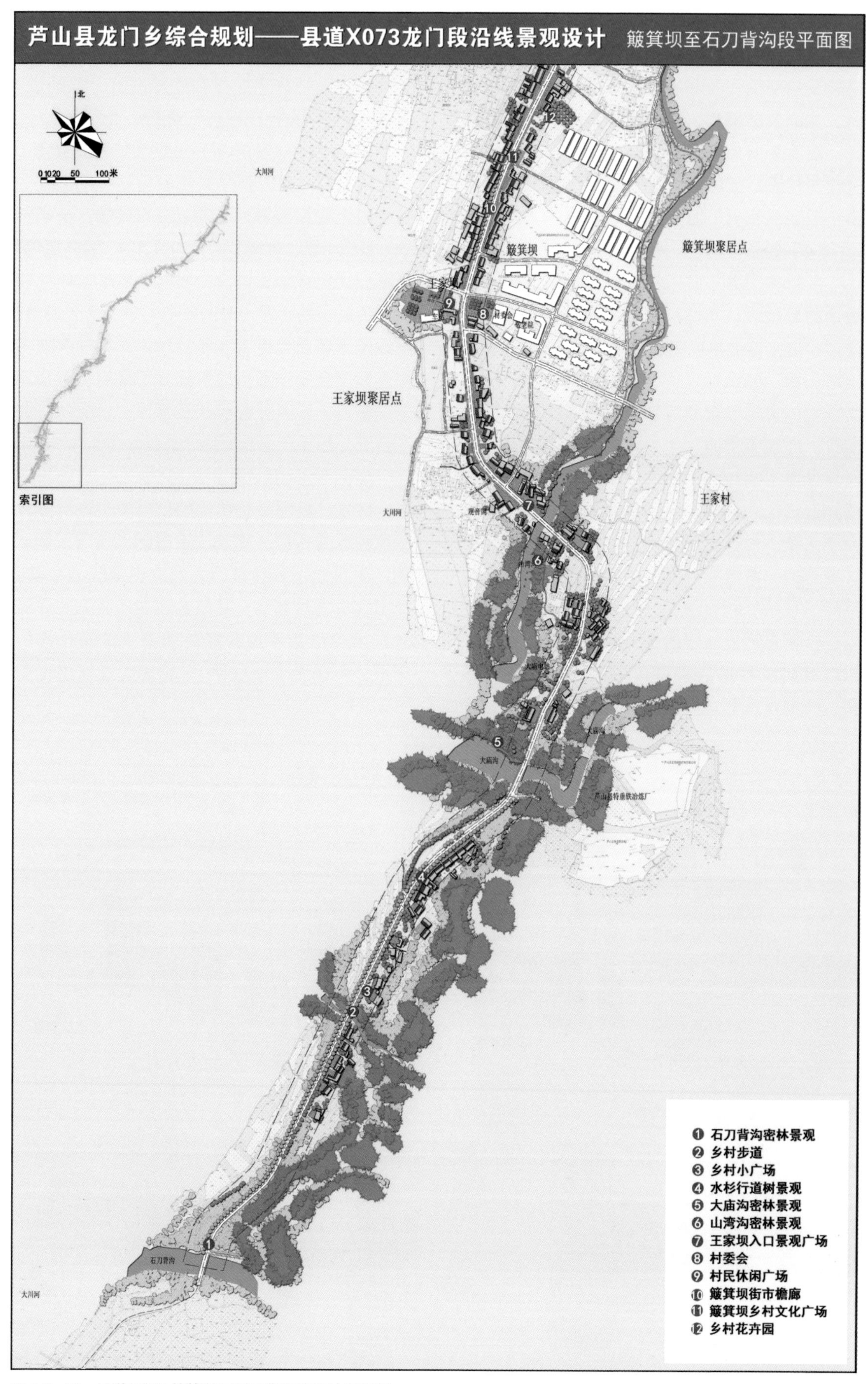

图 9.3-18 县道 X073 簸箕坝至石刀背沟段设计平面图

自然景观的山湾沟打造约 1.5 公里长的景观自行车道。王家村王家坝—簸箕坝段结合沿路密集夹道建设的整治和新聚居点建设的控制，种植行道树、加建底层檐廊、建设节点景观，塑造街道空间。簸箕坝聚居点通过背街道路建设引导新的农村住房建设，并结合簸箕坝村委会建设打造村民集中活动的休闲广场。

（4）创新与特色

乡村街市类、田园村舍类、自然林荫类三种类型的分段设计策略。龙门段充分结合沿线人文资源和山水植被景观资源，规划提出“龙门大境、山水田园”的设计定位。目标是建设川西山水人文共生的生态休闲廊道和美丽新农村建设的示范窗口，打造集交通、生态休闲、文化体验和新农村建设等多功能于一体的复合走廊，创造可充分感知龙门山川形胜、河谷溪流和田园村舍美景的大境之路。设计充分结合沿线村落、植被、田园等要素的分布特征，提出了三种类型的分段设计策略，包括乡村街市类、田园村舍类、自然林荫类，分别进行针对性的提升改造和景观塑造。同时，针对乡村聚居点路段的交通组织、建筑风貌、街道设施等进行细化研究，形成重要路段的综合改造提升方案。

（5）规划实施

规划强调民宅建设要因地制宜、就地取材、因材设计，以木、石灰、青砖、青瓦为主。如图 9.3-19 所示，屋顶采用坡屋顶或半坡屋顶，以灰瓦或黛瓦覆盖，严格限制使用结构不坚固的简易棚或铁皮屋面等；墙体可采用砖墙、土墙、石块（石板）墙、木墙（木板或原木）、编夹壁墙等，色彩以白色或木质为主，局部地段根据周边现状已贴砖民房的色彩，以同质色彩多的为主刷墙漆，可以是米黄色或是青灰色等颜色；基础和墙裙采用青砖文化石贴面；建筑檐廊可采用出挑檐廊和内凹檐廊，设置立柱和灰瓦覆顶；门窗外框包木质窗套，构架、装饰等构件也以木色为主。

如图 9.3-20 ~ 图 9.3-22 所示，规划按照纯木、砖木、砖混结构建筑的三种类型进行分类民房风貌改造指引。建筑改造原则上按照三段式立面，窗户以下和卷帘门之间立柱围墙贴小青砖，墙面刷白色外墙漆，并贴木质井干式贴片，屋顶女儿墙改造为半坡青筒瓦坡檐（造价允许的情况下，可以做全坡屋顶）。建筑改造详细指引如表 9.3 所示。

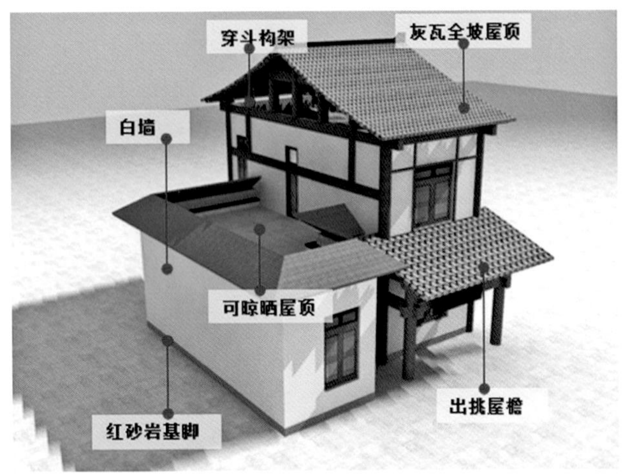

图 9.3-19　单体民宅改造示意图

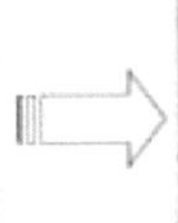

图 9.3-20　纯木建筑改造示意图

图 9.3-21　砖木建筑改造示意图

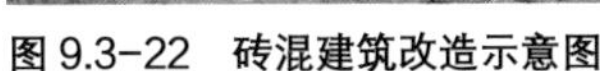

图 9.3-22　砖混建筑改造示意图

三种结构建筑改造方式一览表　　　　表 9.3

	纯木结构建筑	砖木结构建筑	砖混结构建筑
改造前	建筑自身除了主结构比较明显，其他组成部分已破旧不堪	建筑屋顶、门窗不协调，缺乏地方特色，外廊以及三层的部分没有修建完善，院内环境比较单一	建筑屋顶、门窗以及立面材质不协调，缺乏地方特色，整体环境凌乱、乏味
改造后	保留建筑主体结构，利用青筒瓦、青瓦屋脊改建屋顶；立面用仿古生态木料做装饰，增修二层挑廊，利用柱头垂花形挑檐形成入口灰空间；一层立面为白色涂料，底部仿古青砖收底；木门、窗花尊重地方特色，院内去掉土堆以及杂草，重建别致的院内小景观	保留建筑主体结构，利用青筒瓦、青瓦屋脊改建屋顶；立面用仿古生态木料做装饰，增修二层挑廊，利用柱头垂花形挑檐形成入口灰空间；一层底部用仿古青砖、文化石收底；木门、窗花尊重地方特色，院内增加绿化以及小品	保留建筑主体结构，利用青筒瓦、青瓦屋脊增加坡屋顶；利用彩绘增加建筑装饰效果；立面一层用仿古青砖，二层刷白色涂料；对建筑二层挑檐进行改造，利用柱头垂花进行装饰，底部用文化石收底，木门、窗花尊重地方特色，院内增加绿化、小品

规划院墙应后退道路红线 2 米以上修建院墙，如图 9.3-23 所示，鼓励平坦路段院坝平整合并，有高差路段院坝应因地制宜、高低错落。采用矮墙、绿篱、栅栏等方式，运用当地手工艺和材料，形成竹篱、木格栅、卵石等围墙，有条件的院墙可采用文化砖贴面，并鼓励植物种植。

规划行道树方面，在林荫路段补植水杉，形成行道树景观阵列；在田园村舍类路段重点补植红枫、紫叶李等；在乡村街市类路段补植法国梧桐、桂花、小叶榕、香樟等。对自然密林区重点补植毛竹，局部路段也可补植黄桷树、杨树、栾树等乔木。并注重在道路两侧开阔地补植葱兰、扁竹根、白茅根和狗尾草等乡土地被。

规划对宅旁绿林重点补植毛竹、桂花、樱花、蜡梅、紫薇等植物，形成建筑被植物簇拥的景观意向。在院坝、院墙重点种植常春藤、油麻藤、地锦、牵牛花等藤蔓植物，鼓励种植丝瓜、南瓜、苦瓜、葫芦等藤蔓作物。在广场主要种植槭树、红枫、广玉兰等景观乔木，种植石楠、连翘、红继木等彩色植物，种植蔷薇、海棠等观赏花卉。

规划人行道宽度控制在 2 米以上，有条件路段可高出车行道 10 厘米。以透水砖、卵石或碎石为主要铺设材料，设置路灯和行道树，公共空间处人行道与车行道之间应设置防护桩。田间、水畔和山林中的人行游步道宽度控制在 1 米以上，以碎石、条石砌筑为主，有条件地区可设置木栈道并设护栏。

规划自行车道主要串联聚居点、景观节点等公共空间，并与县道分离设置。其宽度控制在1.2米以上，以橡胶或水泥路面为主，明确标识，以鼓励自行车的使用。

在道路、人行道和自行车道紧邻的桥梁、滨河、陡坡、急弯、农田等处，设置护栏或护桩。景观节点路段应采用钢柱钢丝等景观护栏，公共空间护桩可结合雕塑小品设置。

如图9.3-24所示，在乡村街市路段和节点处实施局部路段照明工程，并采用具有地域特色的造型；在广场、游步道、自行车道或景观平台处设置园灯，并采用生态化的设计，突出乡土特色。

如图9.3-25所示，店招位置统一在底层出檐下方，无出檐建筑的店招不得高于建筑二层窗台。广告牌不得位于建筑顶部，建筑立面广告画宜全墙面整体设计。如图9.3-26所示，在村组、聚居点、交通设施出入口、景点等处均应设置标识牌，建议采用木质或石质等地域化的标牌设计元素。

在乡村街市路段、景观节点处应设置垃圾收集设施，其风格应与周边环境协调。景观节点、广场和聚居点入口处可设置景观小品。以满足村民乡土喜好为原则，保留古树名木、火山石、桥头水口、院坝石台等环境景观。强调环境小品不得贪大求洋，不得影响环境安全，不得破坏自然景观。

图9.3-23　院墙改造美化示意图

图9.3-24　路灯示意图

图9.3-25　店招示意图

图9.3-26　路引示意图

第十章　援建工程师重建总结与文章汇编

一、姜城往事——芦山老县城规划设计方案生成记

蔡　震　中国城市规划设计研究院深圳分院

1. 引子

芦山地震是继汶川地震和玉树地震之后的又一次重大灾害。前两次我作为参与者之一，参加过局部的灾后重建工作，而芦山地震之后，我作为中规院救灾和灾后重建的主要负责人之一，一周内就带队赶赴了芦山现场，全面参与救灾与灾后重建工作。我们的队伍虽然有前两次救灾和灾后重建的许多宝贵经验，但芦山的灾情和实际救灾任务以及组织方式具有新的特点，与前两次有很大不同。一开始，我们也经历了忙乱、迷茫到思路逐渐清晰的过程，在组织方式、技术路线、工作框架等方面做出了一系列重大的针对性创新，如“全域分类指引指导”“三点一线”“建设作战地图”“在地设计”“设计施工一体化统筹”等，工作渐渐步上正轨，经过三到四年的持续性工作，最终取得了丰硕的成果和良好的社会反响。期间，我带领团队经常流连于芦山的青山绿水、街区小巷之间，专业和学习时有灵感，工作与生活苦中有乐，五味杂陈、体验丰富，是一段值得纪念和回味的人生经历。在这里，仅就“三点一线”中的重中之重——芦山老县城的灾后重建工作从规划设计方案角度复复盘，谈点体会。

2. 县城整体灾后情况

芦山县城的灾后重建是整个芦山灾后重建的核心内容，被称为“三点一线”，有别其他两个节点，飞仙关是G318进藏通道的必经之地，龙门乡是震中之地，芦山县城是芦山县治所在，至今已有2300年的建置历史，一直以来也是整个芦山县的政治经济文化中心，集中了主要的县域人口。新城分为老城和新县城两部分，老城区两河包围、相对拥挤，新县城位于老城东部，早已成为建设重点。“4·20”芦山地震以后，老城区灾损相对严重，新城区灾损较轻，也成为救灾和疏散的主要基地。同时，根据灾后重建城镇体系规划确定的“大集中、小分散”的人口流动引导原则，县城将成为灾后人口的主要集中地、公共服务基地。县城的灾后重建成为整个项目的核心。新县城自2008年北川地震后就开始大规模建设，框架已经拉开，可以顺势而为，老城区的疏解和改造一直举步维艰，这次受灾有可能也是一次浴火重生的契机。

芦山老城中整体灾损情况不容乐观，除少量受损轻微不需要处理外，有一部分受损极为严重需要清理和拆除重建，大部分建构筑物属于有一定程度受损，应该进行维修加固和改造。走在满目疮痍的老城街道上，随处可见受到一定损害的沿街店面，而在老城区内部夹杂着断壁残垣还有丰富的文化遗存。高密度的老城区如何改造、修复、重建？面对这个在青山绿水中饱经沧桑的芦山老城，团队的每个人心里都存在这样的问号，这份担子够称重，难度很大！

3. 芦山老县城文化寻踪与挖掘

如何着手？当时正处于灾后救援、现场调研和灾损评估阶段，项目组的主要任务还是着眼在全面了解情况、工作组织、确定工作路线阶段。特别是要尽快拿出全域灾后重建的城镇体系规划阶段，还无暇顾及老县城如何着手的问题。但在规划各项工作的展开和讨论之余，时不时会涉及老县城问题，大家面对着航片、地形图、灾损图、地籍图、现状照片等，结合一些当地的基础资料，特别清嘉庆《雅州府治》，七嘴八舌地讨论，顿悟与灵光顺着思路渐渐清晰起来。

其实基本思路非常简单，四个字：“探脉寻

根”！天天对着芦山老县城的航片，我们发现，虽然历经千年，战火地震的沧桑侵蚀，芦山老县城在航片上显得那么优雅得体，卓尔不群；由芦山河和清源河两条碧水蜿蜒环抱，既不像周边散落的村庄参差散落“自由不羁”、又不似新城区大开大合“肆无忌惮”，她安静地坐在青山碧水之间，优雅从容、秩序井然。她的建城史源于蜀汉姜维屯兵所筑，最初就在两水交汇的“鳌头”。后逐渐扩展，直至明清时期形成芦山老城全貌，据清嘉庆《雅州府志记载》：“前有文峰插天、后又来龙七里；左望罗城之朝瀑，右瞻佛图之夜灯。”山水形胜一时无二。经实地勘察，县城东面罗成山、西面佛图山，起伏凝萃；背面龙尾山已与老城融为一体，南面烟波浩渺隐有群峰深远，山水格局保持完整，景观奇秀，生机盎然。老城区肌理格局稳定清晰，以姜城为首，中有十字主街，至少可以追溯到明清时期，城尾部依势上山；城中残留有各个时期的城墙遗址痕迹，城门旧址依稀可辨。

经过我们对老城建设演变的推演发现，由于老城独特的地理环境选址，在不断的建设改造中，城街肌理得以延续和保持，不论朝代更迭、势力变换，老城中街巷和大部分公建遗址得以延续，老城中的众多历史古迹、文保单位也全部掩映其中，只不过公共建筑或大型宅院会多番易手，宗庙、衙署等等会有所变换，主街建筑高度有所提高，民居肌理变化不大。这样的推断经过规划设计团队的资料查阅、寻访老人唤回记忆，以及对现状地籍权属进行摸查整理，得以证实！目前，老城现状建设中，很多公共建筑与院落基址都与古代公共建筑或场所有密切传承关系，很多县城公署机关或企业也都占有这样的地带。新城区的全面新建，这些公署机构本就要陆续变迁至东部跨河建设的新县城，整个老城区的改造与恢复重建提供了很大的腾挪资源和想象空间。

在项目开始之初，各类研究与策划就有意结合未来芦山县城的发展，引入造血机能，希望结合老城良好的基底和周边优质的山水生态环境，将芦山县城打造成一个独具风情魅力的旅游目的地，通过深入的调研，发掘历史文化遗存、梳理老城居民的生活方式与活动规律，进行一系列“在地”设计，芦山老县城灾后恢复重建规划设计方案呼之欲出，我们将其命名为：“姜城往事”。

4. 规划设计的基本思路与要点

规划设计将芦山老城定位为城市中魅力休闲区域和旅游目的地，成为全县旅游集散中心，建设成为精致秀美、具有历史风韵的宜居宜游小城。

首先是救灾与应急修复。针对灾损情况对现有建设进行清理、加固与修缮，应急补充完善市政基础设施和生活服务设施，恢复居民正常生活秩序。基本上三个月内，老城的生活秩序得以恢复。各类公署机构有序搬迁腾挪至新城区，为老城区改造提升奠定基础。

其次是保护和延续芦山老县城的自然山水格局，规划建立完整的环城绿地和游憩系统，打通节点，充分利用芦山河、清源河滨水空间结合地形高差形成立体的绿地公园体系，与周边山体共同构建优美的生态环境基底。

第三是保护和延续老城肌理格局。详细考证和确定古城边界。以“芦山年轮”的概念确定汉姜古城和明清古城边界；保持“十字”主街为骨架的步行街巷肌理；保持老城区的对外跨河交通通道，控制老城机动交通流量。

第四是梳理老城内部街巷系统，构建老城中的街巷微循环网络系统，链接主街和周边环城绿地公园。其中根据实地踏勘和居民活动规律考证，梳理出两条贯穿南北的背街主巷道。东侧巷道主要串联一些历史遗存、古迹，形成文化主题线路，整体上以织补和修复为主；西侧巷道串联更多的是有一定改造的更新地块，规划设计策划各类旅游休闲项目落位，形成旅游休闲主线。以街巷网络为基本框架串联一系列恢复重建和改造更新片区、节点，展开项目策划与设计，进行可持续更新。

第五是整体风貌控制与引导。整体上按街巷步行宜人尺度控制建筑尺度和形制，南部“鳌头”的汉姜古城演绎“汉风”，北部明清城总体以明清风格和川西民居风貌为主基调。对十字主街建筑界面进行立面优化和风貌改造，对环城公园周边可视度较高的建筑进行风貌改善以融入整体环境。在持续的规划项目落地、建筑方案审核和指引调整中，特别注重建筑群落、尺度、整体风貌的协调，促进与周边环境高度融合。例如文庙片区、庐阳小学等项目的整个操作过程得以完整地实现了最终设想。

芦山老城的规划设计构建了清晰的思路与方

法，在保护和延续大格局、肌理的基础上，以线连点，以点线促面，建立了老城从应急恢复到改造提升再到持续更新的全面恢复重建框架，这一基础在后续的三年恢复重建中持续发挥着积极作用，并一直延续指导至今。三年灾后重建告一段落，各个项目大部分予以落地实施，芦山老城展现出了独具魅力的整体风貌，有利地促进了老城的生活方式稳固成型，各项事业发展得到不同程度的促进，老城区的不断有机更新和持续完善步上良性发展的轨道。

5. 汉姜古城的打造

汉姜古城经考证位于芦山老城南部端头，也是两河汇流之地，地势高耸，视野开阔，无论景观和观景条件都堪称“芦山之最”。现状除了文保单位、古迹遗址集中外，原有一所职业学校占据了大部分地区，职校本身就由于扩建条件原因拟定搬迁至新城区，其他地段受损严重，适合整体拆除进行重建。

规划设计充分结合老城的整体格局肌理，延续南北十字街主轴延伸至两河交汇端头，直达山水形胜观景平台，充分利用原有地形条件，顺应不同标高台地、坡地进行建筑组群设计。主轴西侧博物馆、姜城府，东侧设计旅游文化建筑组群，北侧结合文保单位平襄楼，协调周围风貌建设旅游街区。在方案推敲过程中，规划团队、多个项目的建筑团队、景观团队密切配合，逐步将方案从整体推敲到细节，最终以高效的设计协同工作和施工管控得以快速实现。

在规划与设计推敲过程中，最难以把握的是对整体“汉风”的演绎。众所周知，汉代中国建筑没有遗存实物，仅留存一些构筑物如汉代的碑阙，只有在画像砖里才可一窥汉代建筑端倪。其典型的形制是楼台式、阶基厚重、屋脊平缓、出檐短浅、竖直窗棂、人字斗栱……完全复古的汉代建筑既无根据也无必要，如照猫画虎只会东施效颦，演绎得再好也就像个影视基地，这不是我们想要的。经过反复讨论，基本确定采用以功能组群为基础、“得意而忘形”，楼台组群千檐平缓如层峦，阶基错落顺应地形以参差，局部点缀碑阙等构筑物，各类小品装饰方正平素，最终得以整体呈现汉风韵味。建设项目落地实施后，不断进行现场指导与调整补救，比如北部的旅游街区构建群落更加朴素简洁，玻璃幕墙过多而导致清透有余而庄重不足，韵味索然，在随后的调整中采用汉代的竖直窗棂进行全面的玻璃装饰，效果得以补救。另外，对于保留建筑同样进行装饰性“汉风”改造，最终使整个汉姜古城的风貌得以完整呈现。

汉姜古城的策划、规划、设计与实施是一次大胆的尝试，总体看还是成功的，很多细节还存在很多不成熟和不足之处，需要进行长期跟踪，进行总结、反思和修补完善。

6. 经验与遗憾

芦山的灾后重建规划设计有很多经验值得总结，就芦山老城的改造和重建而言，有以下几点成为经验。① 深入的历史文化挖掘与详细的现场踏勘佐证。这样的工作艰辛而有趣，获得了大量的信息，并不断成为灵感源泉。特别是推演和佐证老城建设形成与不断变化的过程，很多工作值得肯定和借鉴。② 关注整体性。无论从老城的山水形胜、街巷格局、人们的生活规律的考证、保护与设计延续、绿地开敞空间系统、交通系统构建；还是老城风貌演绎、建筑组群风貌打造以及细节推敲，都充分体现了整体性的把握以实现形神兼备。③ 多专业、多团队交叉协同推进的在地设计。从规划设计到项目建筑设计再到景观设计，多专业交叉协同现场推敲设计方案获益良多，规划设计团队持续的驻场跟踪服务，及时调整修正成效显著。

芦山老城的灾后恢复重建受到救灾条件和时间紧迫的限制也存在一些遗憾。首先是老城定位为旅游目的地，在项目的整体商业运营策划上并不充分，虽然形神兼备，但实际的使用与运营方面表现并不充分，老县城北部片区落实度有所欠缺。其次是整体性虽然得以保障，个别项目的细节设计受工期影响，推敲不够充分，如汉姜古城东南部文旅建筑细节略显粗糙，汉姜古城西北部的文旅街区个别建筑尺度偏大等。第三是古城中的街巷立面风貌整治和改造受资金限制没有得到全面实施，有待于后续持续更新完善。如十字街立面改造、汉姜古城衔接新城的廊桥改造。另外，在恢复重建过程中，有一些抢救性保护不够及时。如汉姜古城连接新城的铁索桥，曾是芦山有名的大型铁索桥之一，没有及时保护，一夜之间被拆除。

二、震中龙门古镇规划设计

李岳岩　西安建筑科技大学建筑学院
毛　刚　西南民族大学城市规划与建筑学院
王广鹏　中国城市规划设计研究院深圳分院

2013 年 4 月 20 日四川雅安市芦山县发生 7.0 级强烈地震，震中位于芦山县东北 17 公里的龙门乡。西安建筑科技大学与西南民族大学的师生组成震中芦山县龙门乡古镇灾后恢复建设的设计团队，完成古镇规划、民居及配套公共服务设施的工程设计和施工现场服务。本次“4·20”芦山地震灾后重建，在四川省委省政府确定的宅基地 30 平方米 / 人，重建住宅建筑面积 60 平方米 / 人的前提下，从龙门乡古镇重建规划到建筑与景观工程设计，再到现场施工技术服务，贯穿始终；整个古镇重建规划以川西古镇为脚本，以传统民居建筑语言为角色，以传承本土文脉为基点，力图再塑乡愁，缔造现代生态田园古镇。

1. 环境——山水格局与历史文脉

龙门乡位于四川省雅安市芦山县中部，是芦山县人口第一大乡镇，距成都市 130 公里，见图 10.2-1。南为罗成山、北为灵鹫山，龙门河从中穿过，龙门古镇就坐落在两山所夹的金鸡峡峡口冲积平坝上，龙门自古就是古茶马古道上的一个重要节点，历史上的商贸重镇，至今仍留有元代的青龙寺大殿。龙门乡以农业为主，尤以茶叶、花生出名。雅安地区山林众多、耕地肥沃，在先秦时期就是汉民主要的农耕区和茶叶产地，同时也是藏羌农牧区向成都平原的过渡地带，自汉代开始川藏茶马古道商贸活跃，至明清时期，山涧河谷密布古镇集市，商旅熙熙攘攘，见图 10.2-2。雅安地区现存的古镇（如：上里古镇、天泉黄铜古镇等）有如下特征：

（1）密集型建筑群落，在平原呈现林盘形态且与田园有机渗透。

（2）平坝古镇网络状的街巷空间肌理，以及亲切宜人的尺度。

（3）坡地古镇聚落空间更加密集，巧妙利用高差，产生空间的竖向丰富性和流动性。

2. 适地域地理气候特征的川西传统古镇与民居空间更新再生

（1）传统古镇空间模式沿袭与再生

龙门古镇灾后重建规划设计秉承了地域营造的传统精髓，以“恢复古镇　再塑乡愁”作为本次规划设计的基本原则，建设具有川西乡土风韵，集商业、旅游服务、居住为一体，绿色生态的新型乡镇住区。总体规划沿袭传统古镇“窄街巷、小组团”的空间肌理，通过控制建筑体量、街道空间比例创造出亲切的空间尺度和连续街巷空间，运用当地材料做法，融合传统与现代，强调绿色田园地景，构成“组团化，街巷式，田园型”的密集型的川西建筑群落，见图 10.2-3。规划整理古镇水系，结合雨水明渠

图 10.2-2　龙门乡场镇震前航拍图 2013
资料来源：四川省测绘局

图 10.2-1　龙门河谷三维图

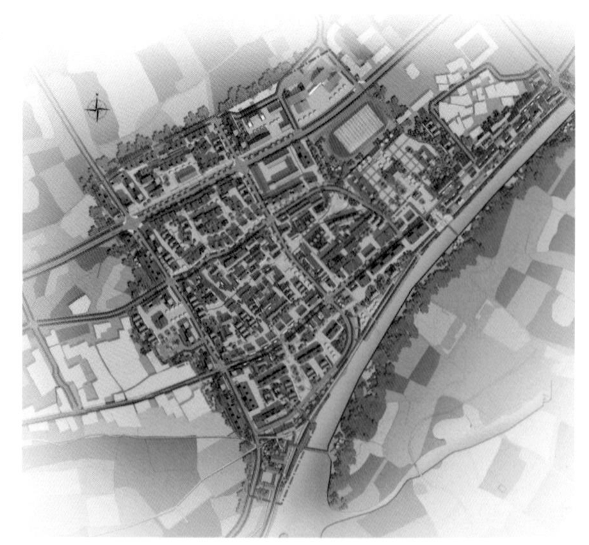

图 10.2-3　龙门古镇规划设计总平面图

图 10.2-4　龙门古镇竣工航拍（北向鸟瞰）

图 10.2-5　龙门古镇竣工航拍（东向鸟瞰）

引灵鹫山的泉水进入场镇，形成院院有池，户户通渠，“十街九巷，六场八塘”的古镇水系格局。

（2）传统古镇民居空间模式沿袭与创作

重建的民居必须满足每人宅基地不超过 30 平方米（3 人户、4 人户、5 人户宅基地分别不超过 90 平方米、120 平方米、150 平方米），且户户临街有门面的要求，建筑设计汲取当地古镇传统民居窄院、天井的空间特点，采取小面宽、大进深结合天井的空间格局，见图 10.2-4。将 3~5 户民居拼合成一栋建筑，再由 3~5 栋建筑组合成小组团，保证每户均前有临街门面、后有内院或小巷联通，见图 10.2-5。联排的空间形式有效地节约了用地，同时减少了建筑的临空面，对于建筑节能也有良好的提升；建筑中央设置天井，不仅解决了建筑由于进深过大带来的采光、通风不良的问题，同时也丰富了建筑空间。建筑造型吸取当地建筑坡屋顶、大出挑的做法，对于多雨的龙门地区可以有效地保护外墙并提供檐下避雨空间，建筑高低错落，不仅可以丰富街巷空间而且有利于建筑的采光通风和雨水排泄，见图 10.2-6~图 10.2-11。

3. 民居结构的选择

雅安地区的现有民居主要有三种结构形式：穿斗式木结构、砖混结构和钢筋混凝土框架结构。在此次灾后重建时我们认真分析了钢结构和以上三种结构形式的利弊，最终选用了钢筋混凝土框架结构形式。

（1）砖混结构

此次“4·20”地震中，大量砖混（砌体）结构建筑由于未按规范施工而破坏严重。虽然砖混结构有着取材方便、造价低廉的特点，但当地政府和百姓均认为砖混结构安全性欠佳，并且在乡村旅游的需求下，古镇民居底层需要做大开间的门面，而砖混（砌体）结构在震区很难满足抗震和空间使用的要求，因而放弃。

（2）钢结构

钢结构及轻钢结构，在目前四川地震重灾区（汶川地震、芦山地震）使用并不普遍，除极个别公建以外，如体育馆、游客中心等大跨建筑，在民居建设中，钢结构不宜推行的原因如下：

① 雅安地区多雨潮湿，钢结构防潮与防腐问题严重，尚无有效解决方式。

② 维护成本较高。

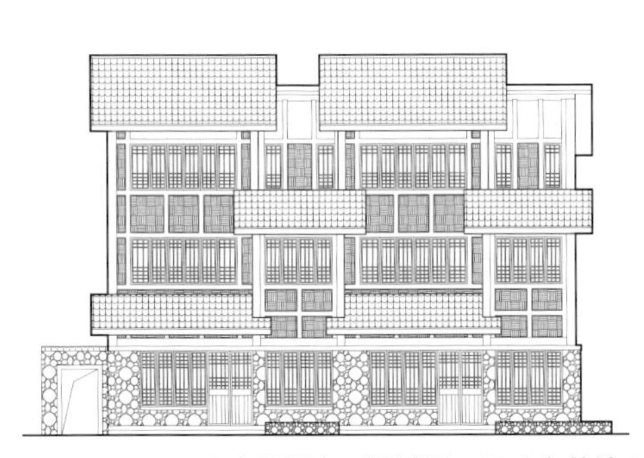

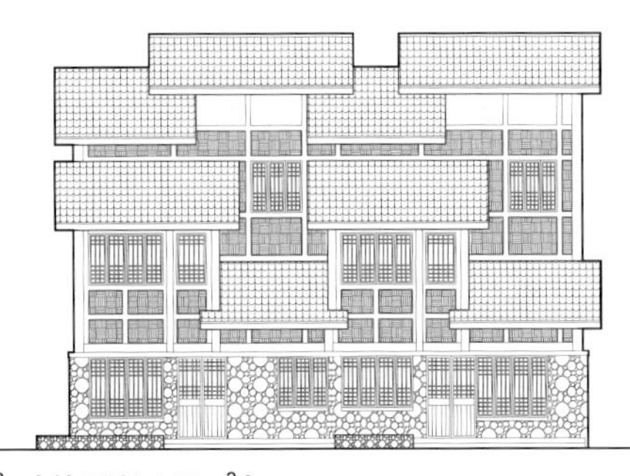

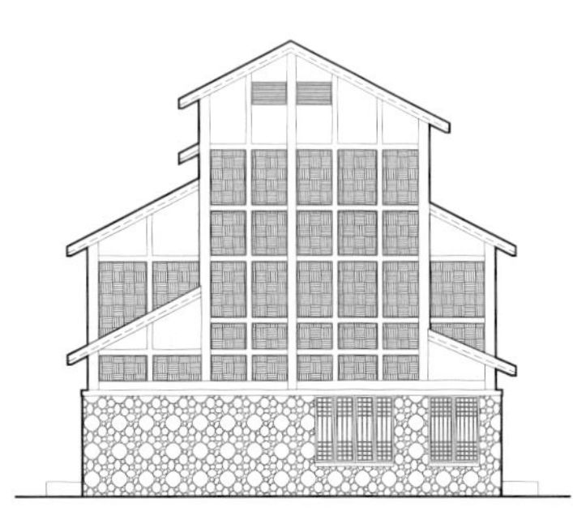

图 10.2-6　三人户民居户型设计平面图（宅基地 $90m^2$, 建筑面积 $180m^2$）

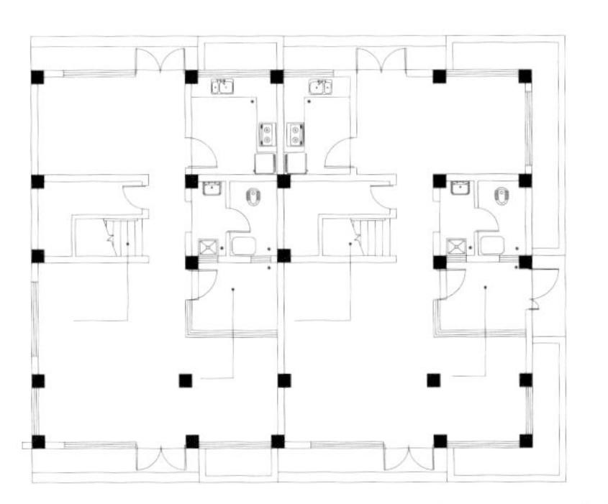

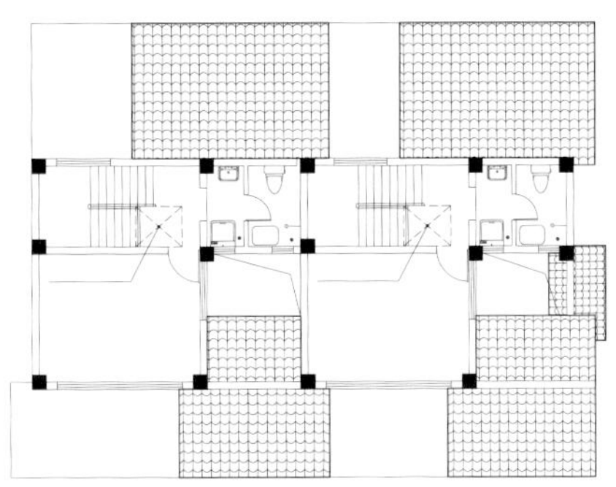

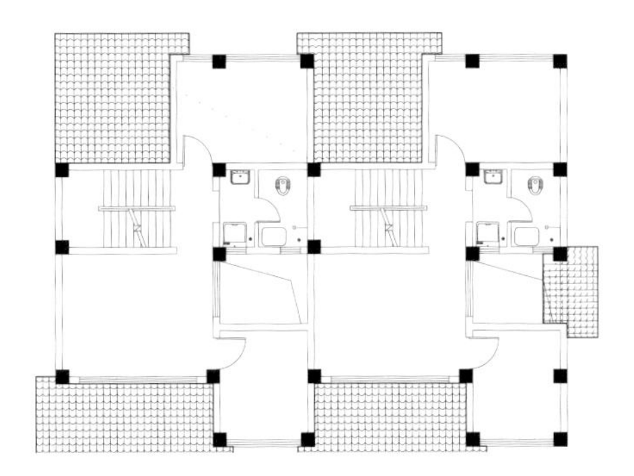

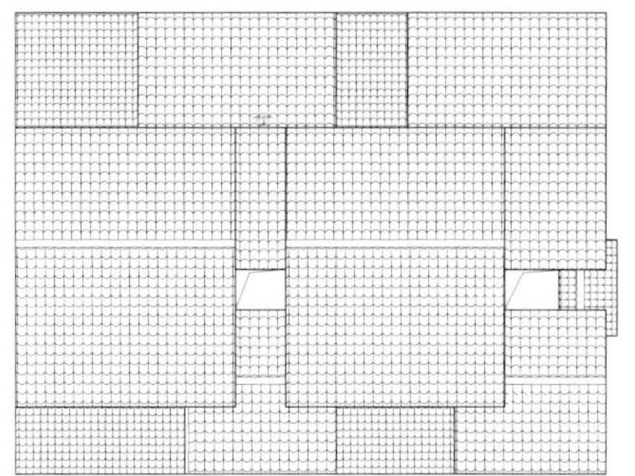

图 10.2-7　三人户民居户型设计立面图（宅基地 $90m^2$, 建筑面积 $180m^2$）

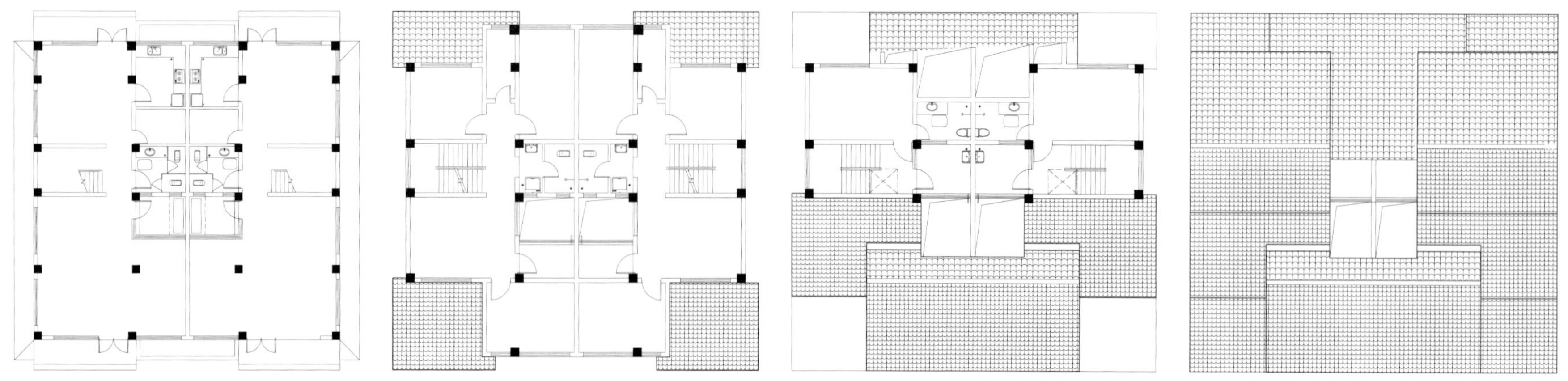

图 10.2-8 四人户民居平面图

图 10.2-9 四人户民居立面图（宅基地 120m^2, 建筑面积 240m^2）

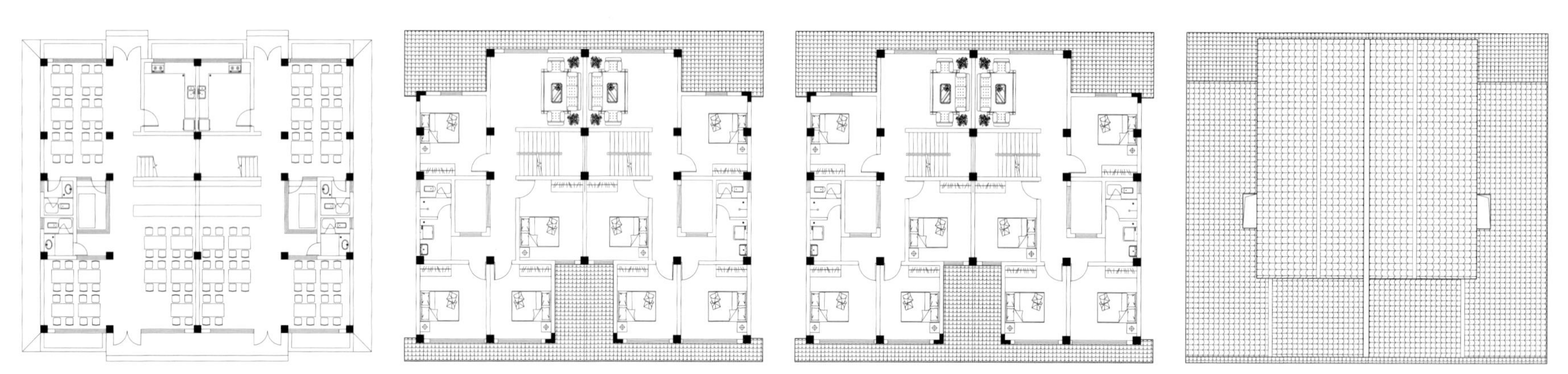

图 10.2-10 五人户民居平面图

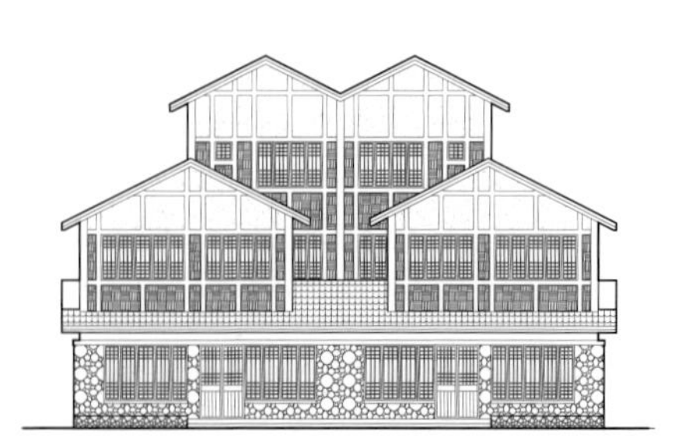

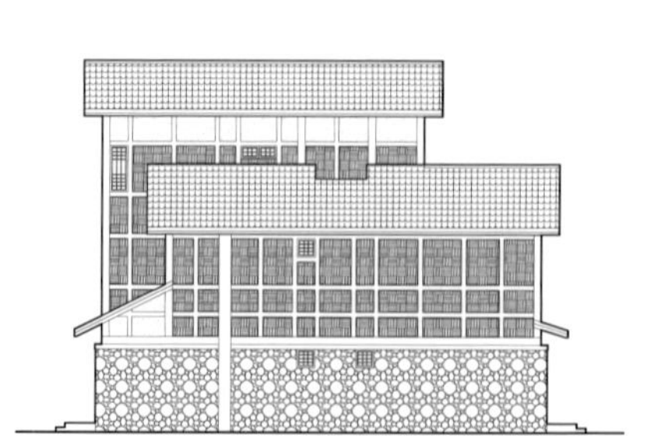

图 10.2-11 五人户民居立面图

③ 大量农村，尤其是自然村，交通不便。通村道路狭窄弯曲，材料难以运输。

④ 乡村地区尚无对钢结构施工有能力、有经验的工匠，即便可以标准化安装，但后期维护依然是很大问题。

（3）木结构

木结构在广大农村地区，尤其是山区，民居灾后重建中有十分明显的优势：

① 木结构抗震明显有优势，在大震破坏中，较少有木结构倒塌，主要破坏为填充墙破坏，而不是木框架本身受到破坏。

② 四川地区特别是雅安地区，是全国森林覆盖率最高的地区之一，有着丰富的森林资源。灾后农房重建允许适当采伐，用于民居建设，对小而分散的自然村而言，是现实而可行的。

③ 广大农村都有成熟的木结构施工经验，只需规划引导，并协助村民做好环境整治与景观美化，便可呈现美丽的乡村风貌。

但由于木结构耐火性能较差，而龙门古镇建筑密集，消防问题制约了木结构在此次龙门古镇灾后重建的广泛使用。

（4）钢筋混凝土结构

钢筋混凝土结构在广大村镇、场镇地区，建制镇与建制乡施工有很大优势。

① 钢筋混凝土结构抗震性明显优于砖混结构，耐久性也优于钢结构和木结构。

② 从目前施工、材料、人工费等角度看，与砖混结构价格相差不大。

③ 四川地区大多数乡镇毗邻河流，就地采集砂石原料成本低廉，有助于疏通河道。因此，从两次灾后重建来看，在灾区县城与乡镇之间，建立商品混凝土搅拌站，既便捷，也起到了很好的作用，重建过后，旋即拆除恢复场地以做其他规划建设用地。

经过审慎调查和经济技术性比较，龙门古镇重建采用了钢筋混凝土框架结构。

4. 本土民居艺术风格的传承与创新

传统川西木结构民居的穿斗有“满柱落地”和“隔柱落地”两种做法，“满柱落地”的抗震性好，在山墙暴露梁柱穿斗和榫卯的做法成为地区建筑的美学特征，本次设计运用防腐木外挂的方式展示这一美学特征。

传统民居的穿斗之间维护墙体多为竹编板 + 泥灰，经济较差的人家甚至暴露竹编外表，这种墙体冬季热工性能不好，夏季则轻薄透气。因为竹编板的纤维作用墙体不易开裂、施工简便，所以使用广泛，见图 10.2-12。这种墙体虽简陋却也展现出细密的肌理和特殊的质感，展现出一种川西地区特有的建筑形态。雅安地区盛产竹子，竹制品丰富且廉价耐用，我们发现本地施工单位常用的一种建筑模板—竹胶板，这种以带沟槽的竹片编制成片层叠胶合而成的模板，采用“高温软化一展平”的工艺制成；强度高，抗折，抗压，耐候性好，价格低廉（7～12 元 / 张，规格 1.2 米 ×2.4 米），且为理想的环保材料。设计团队对 3 毫米和 5 毫米厚的竹胶板刷饰桐油后，至于水枪喷头下冲洗 8 小时，5 毫米厚竹胶板基本不变色不变形，因此选用 5 毫米厚竹胶板施刷桐油钉挂建筑外墙作为外饰面，竹胶板不仅施工工艺简单，视觉效果很好，而且具有浓郁的川西传统建筑韵味，见图 10.2-13。

图 10.2-12　民居外墙效果 1

图 10.2-13　民居外墙效果 2

5. 聚落环境景观规划设计

（1）街巷广场铺装

沿袭川西古镇条石铺装的传统，在街巷空间设计多用 50~70 毫米厚本地红砂岩石板，3~4 米的间距用青石条呈 30~40 度的不规则划分，一是为红砂岩在雨水浸泡后的膨胀变形预留空隙，二是产生一定铺装构图效果，见图 10.2-14。院落里用青砖立铺，产生细密的肌理质感，有提示停留休憩的作用，见图 10.2-15。场地地面材料全部采用本土盛产的红砂岩、鹅卵石和青砖、青瓦等，具有地域特点并且方便取材、造价低廉，见图 10.2-16。

（2）景观水渠

雅安地区雨多、雨大，传统村落中很多采用明渠排放雨水，见图 10.2-17。本次景观设计将雨水明沟和景观水景相结合，形成丰富、灵动的街道景观，见图 10.2-18。整个场地呈北高南低，逐渐坡向龙门河，雨水可自然流入龙门河。规划中三条主干引水渠从游客中心东北高台地上引灵鹫山之山泉水，然后顺应场镇东北高西南低的地形特征，缔造水渠网络，做到“院落有池塘，户门见水渠”的场景，在解决了场地排水要求的同时形成了街巷院空间的流动导向，见图 10.2-19。

（3）植物配置

全部种植本土适生的乔草，乔木主要选择黄葛树，蜡梅，银杏，箭竹。草本多为花卉和鹅绒草，见图 10.2-20。以硬质景观为主，这是古镇的传统特征，院落和街巷转折处点缀大型乔木，枝叶茂盛，与建筑配合得当，不强调古镇绿地多而是追求绿化覆盖率，见图 10.2-21。龙门古镇东西北三面田野围合，南面河流湍急，对景天台山苍翠隽秀，见图 10.2-22。

以上的作为，既不过度设计，更不过度营造；力求因地制宜地实现有文脉的乡土艺术，悄然融入“粗拙、率真、自然”的川西田园风景，见图 10.2-23。

6. 结语

龙门古镇灾后重建是一次难得的乡土营建的实践，对于“乡愁”的解读，建筑师既充满热情又深感力不从心，社会生活的变迁以及传统工艺的消逝，使得乡愁更多停留在未被商业文化侵染

图 10.2-14　山墙西部 1

图 10.2-15　山墙西部 2

图 10.2-16　某内院景观

图 10.2-17　某窄院景观

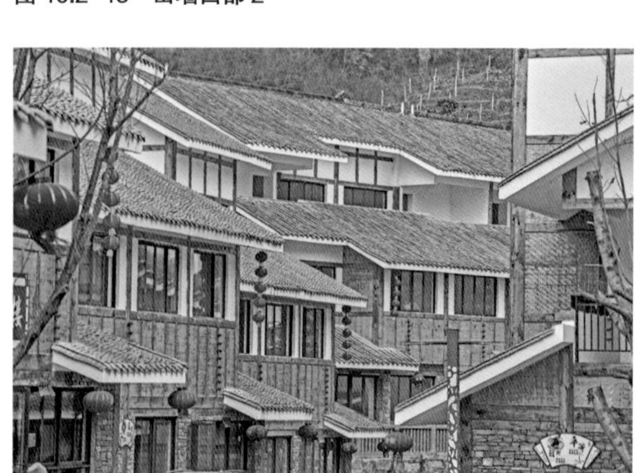

图 10.2-18　坡屋顶层叠错落

图 10.2-19　屋顶雪景

图 10.2-20　巷道雪景

的边远山区，或在文学与美术作品的意境里。我们尽力在合乎技术准则的前提下达成心境的文化述求，从规划到工程落地颇费周折，其结果可圈可点的，更留待岁月的检验。

中国城市规划设计研究院芦山工作组的驻场规划师始终参与了本项目的规划设计，以及建筑设计和施工技术服务的全过程，保证了龙门古镇重建规划建设的一贯性，是一次从规划思想研讨到实施保真的有益实践。

图 10.2-21 背景灵鹫山

图 10.2-22 青龙寺西侧围墙外民居群落

图 10.2-23 龙门小学西南侧民居群落（背景为天台山）

三、“4·20”震中龙门重建之“围魏救赵”

李东曙 中国城市规划设计研究院西部分院
方 煜 中国城市规划设计研究院深圳分院

龙门乡场镇驻地青龙场村，地处2013年4月20日震中，全村震后1885户、5425人，共有9个村民小组，面积25平方公里。全村震时死亡2人，并没有人口锐减引起的大量销户现象，因此传统的社会结构和生产生活环境变化不大。乡政府驻地上下场口组，为传统意义上群众公认的“街上”。

1. 重建背景

龙门乡连续经历两次地震，5·12地震时属于重灾区，老街受损严重但未拆除，政府主导重建一条新街即汉风街，但老街依然繁华，赶场都在老街上，汉风街营业面积不足1/3，见图10.3-1。“4·20”地震时又是地震震中，老街损毁严重，经震时相关机构评估，按国家规范只有3栋房屋可以保留。震后老街房屋虽没倒塌，但多数房屋没有圈梁构造柱，屋顶坍塌、墙身遍体冰缝、墙基开裂错位，大家称之为“站立的废墟”，见图10.3-2、图10.3-3。

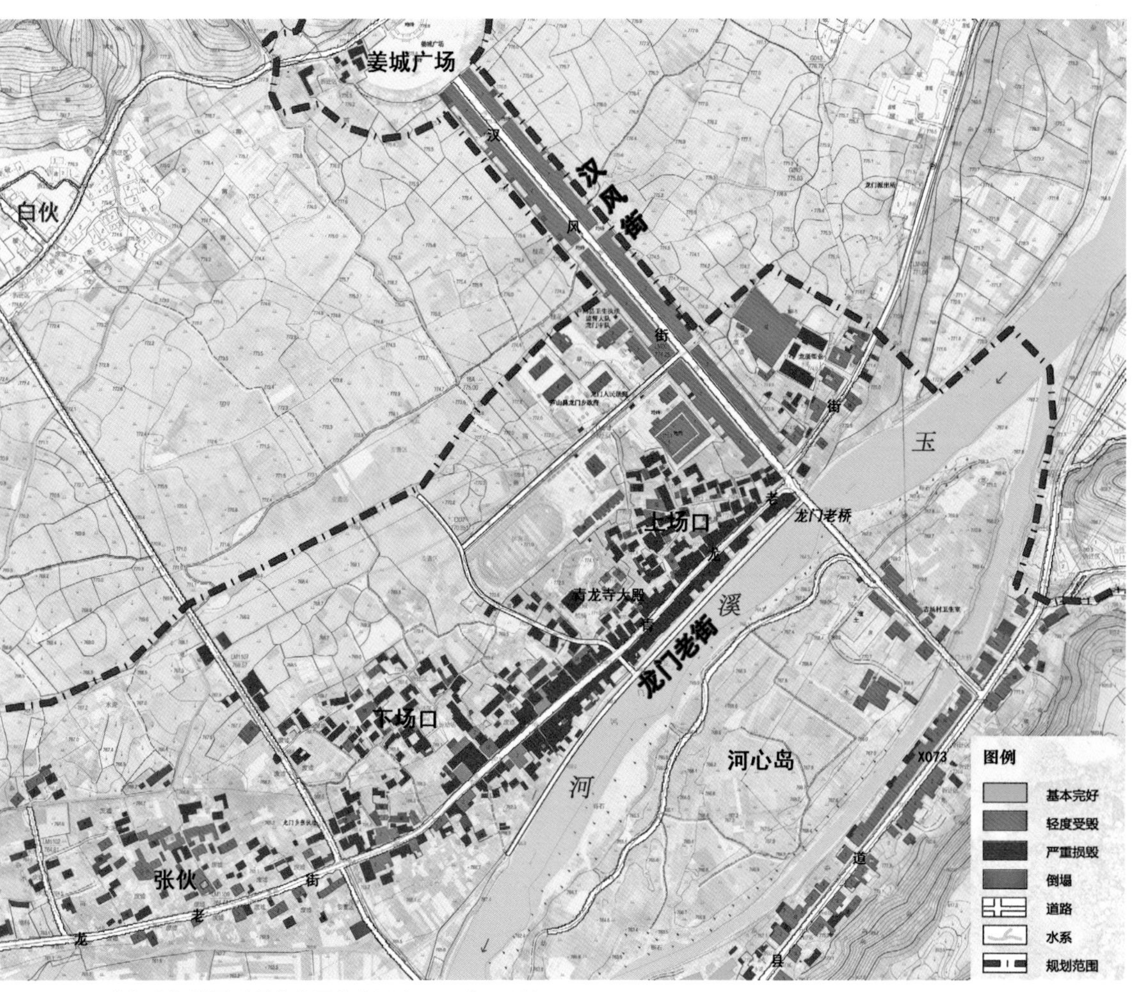

图 10.3-1 龙门乡场镇震后现状房屋分布图（2013年8月）

图 10.3-2　龙门老街震后房屋灾损图（2013 年 5 月）

图 10.3-3　龙门汉风街震后房屋灾损图（2013 年 5 月）

震后老街危房林立，触目惊心，当街道公共安全和居民个人利益严重冲突时，政府出台拆危政策希望解决老街安全问题，但遭到群众抵制，最终老街商业利益和群众过高的期望值使得拆危政策无功而返，见图10.3-4。

震后，中国城市规划设计研究院于2013年5月至9月期间，着手编制龙门乡场镇重建规划，与省市县乡各级政府沟通，并挨家挨户调研村民重建意愿和房屋质量，编制完成重建规划，见图10.3-5。

规划完成后，老街重建提上日程，各级政府都希望通过本次规划解决老街重建问题。政府再次尝试通过拆迁补偿和还迁政策来解决老街重建问题，但遭到场镇外围村组的一致反对，最终拆迁政策无功而返。自2013年4月到2014年3月，在长达一年的时间内，老街重建寸步难行，成为各级政府的心结。

2014年4月，中国城市规划设计研究院派驻工作组详细调研老街各种一手信息，通过技术手段剖析老街的临街和背街两类地段的商业和居住需求，核心工作就是协助政府构建具有建设性的政策设计，在不需高额的拆迁补偿政策下，通过业态培育和面积置换妥善解决了老街群众安置，技术工作就是围绕这一主线展开。自此，“围魏救赵”的规划实施策略应运而生，见图10.3-6。

图10.3-4　震后街道拆除

图10.3-5　龙门灾后重建规划详细设计总平面图（红线外灰色斑块为村组自建选址地）

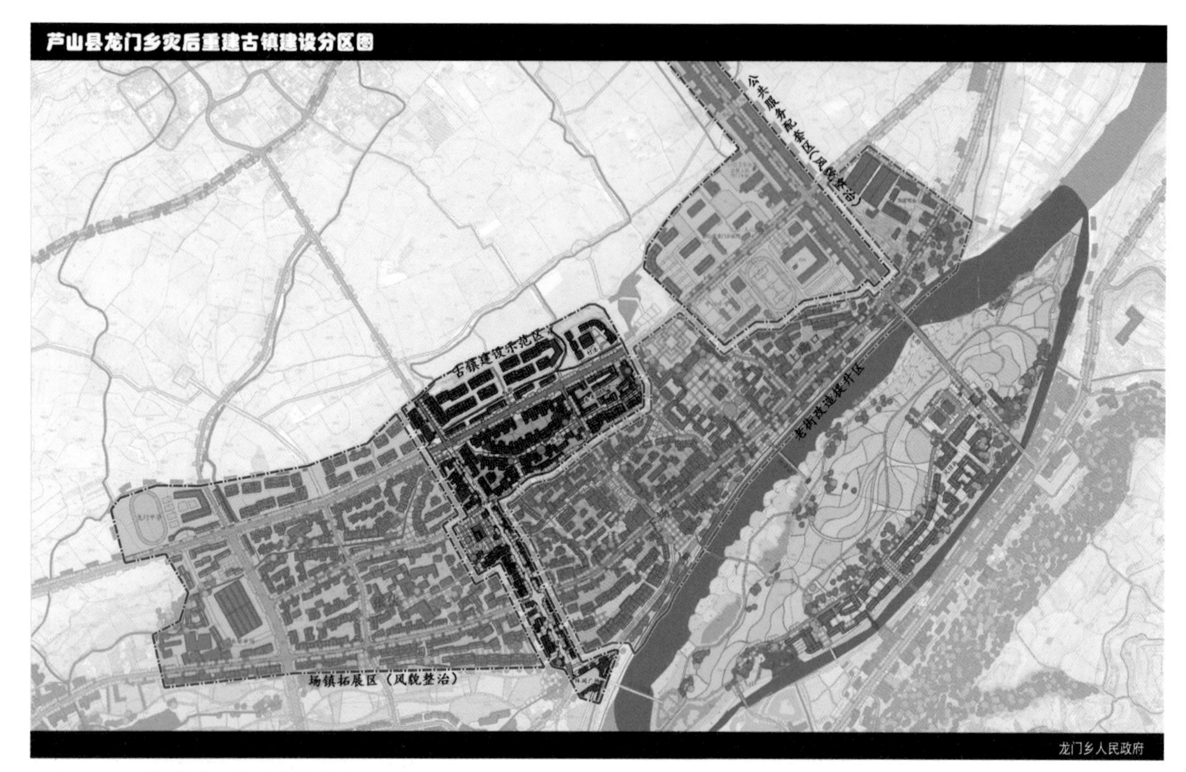

图 10.3-6 “围魏救赵”规划实施方案图

图 10.3-7 龙门古镇核心区详细设计总平面图

图 10.3-8 龙门古镇核心区新老街区规划效果图

按照中国城市规划设计研究院提出的“围魏救赵”的规划实施策略。老街重建从两方面推进拆建工作，一方面通过改造现状汉风街，疏解并吸引老街商业门面向闲置的汉风街转移，另一方面通过先行先试建设一条比汉风街更有吸引力的新街来转移安置没有商业门面的背街居民。通过“一改一建、一堵一放”的实施策略，逐步解决老街居民后顾之忧，然后政府派驻上百人的工作队一一说服临街居民拆危重建。

2014 年 5 月，中国城市规划设计研究院协助龙门乡重建指挥部撰写报告，依次给县委县政府、市委市政府和省政府各级领导层层汇报并获得认可，然后与设计公司共同研究概念设计和实施方案，见图 10.3-7、图 10.3-8。

最终在 2014 年 7 月 1 日，当省长来龙门调研时，决定先行先试建设新街，由省政府给予 3000 万元启动资金，先建设再引导群众报名，初期计划建设 65 户，见图 10.3-9。至此，“围魏救赵”规划策略拉开序幕。

2. 重建过程

（1）汉风街改造

汉风街全长700m，房屋一字排开。“4・20”震后，社会各界人士和上级领导来考察，都对这条街提出了改造建议，要求打破“火柴盒、夹皮沟”的形象。同时，在中国城市规划设计研究院提出的“围魏救赵”规划策略指引下，乡指挥部于 2014 年 7 月开始着手谋划改造方案，见图 10.3-10。从2014年10月开工，历时三个月，待 2015 年春节时，完成改造，见图 10.3-11。

总体上，项目实施的建设速度快、效果突出，对建立群众的重建信心大有影响，为新街建设和老街改造做好了群众基础，见图 10.3-12。同时，汉风街的改造方案和改造措施在全县得以推广，见图 10.3-13。

（2）新街建设

规划选择这个地段作为统规统建先行先试点，见图 10.3-14。原因有三方面：一是该地块不涉及震损房屋的拆除，群众矛盾少；二是周边开阔、紧邻断头路，施工条件好，便于快速出效果；三是引导老街的背街居民往新街转移，为临街铺面拆危还迁改造腾挪空间，见图 10.3-15。

2014 年 8 月启动建设一期 65 套，预留 95 套作为二期，根据群众报名情况逐步推进，见图 10.3-16 ~ 图 10.3-18。

（3）老街重建

新街建设的快速推进基本疏解了背街居民，为临街住户腾挪了空间。同时驻地规划组，一点点梳理老街居民意愿和房屋情况，寻找连接新街和老街的主要通道，协助政府对通道两侧居民首先做足群众工作，转移到原北街地块建设，见图 10.3-19。

随着老街拆危安置工作的逐步推进，乡政府用了一年时间，把大部分老街居民转移到新街重建，只保留 58 户原地重建，按照“户户临街、家家有门面”的原则布局，见图 10.3-20 ~ 图 10.3-24。

3. 后记

如今，在芦山“4 · 20”强烈地震三周年之际，震中龙门乡场镇全面完成汉风街改造、完成古镇新街建设、完成古镇老街重建工程，全面解决古镇核心区以老街为代表的 312 户重建户的居住和商业需求，保证龙门古镇居民的生产生活，重建工作按时按点接受中央和社会各界检阅，也圆满实现中规院提出的“围魏救赵”规划实施策略，见图 10.3-25 ~ 图 10.3-28。

欢迎社会各界来芦山参观、来震中龙门旅游。

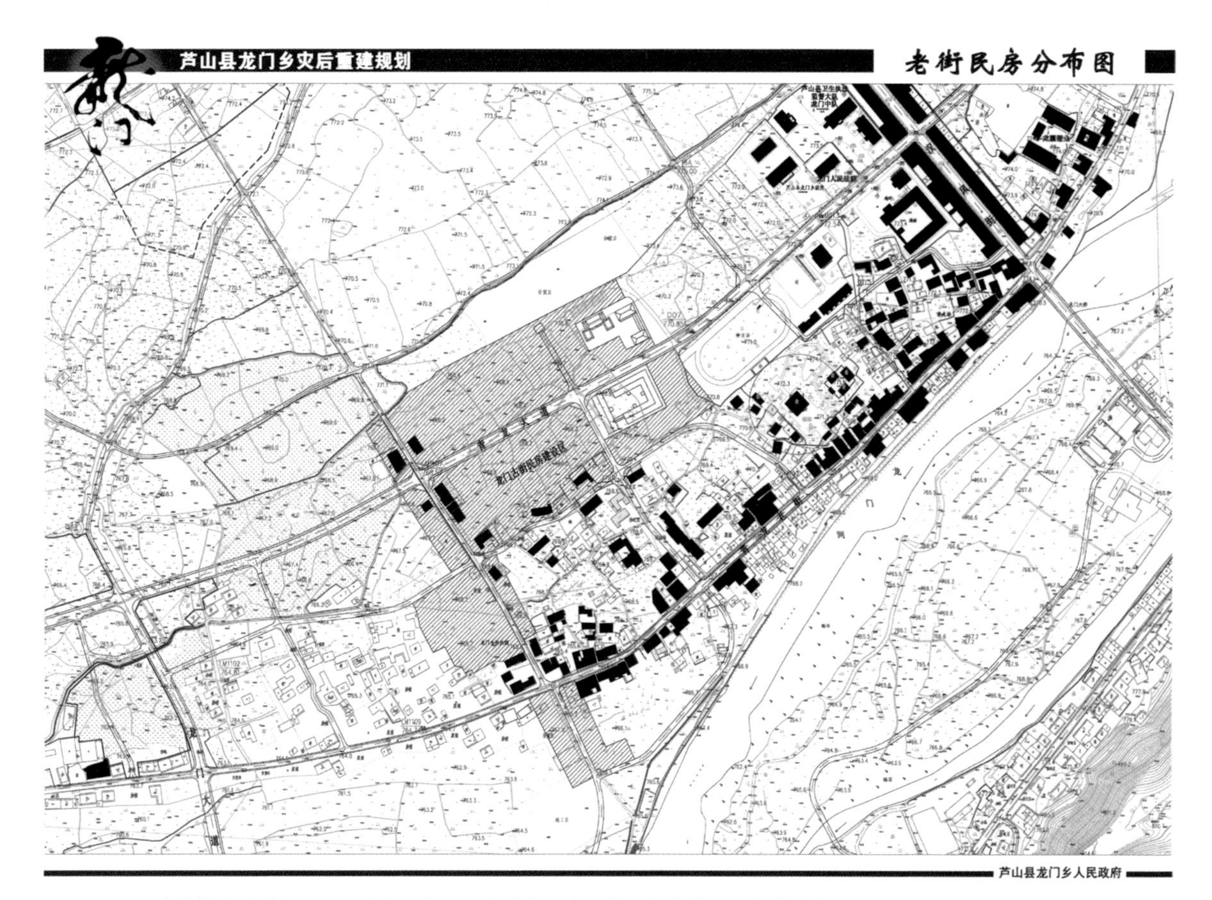

图 10.3-9　古镇新街选址意向图及老街可保留民房分布图（图中黑色斑块为保留并维修加固民房）

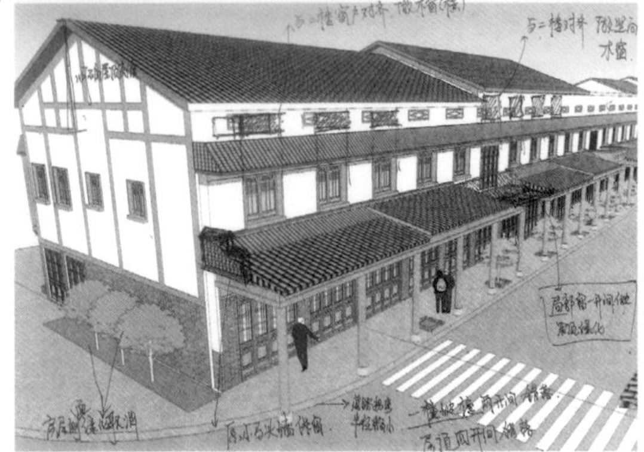

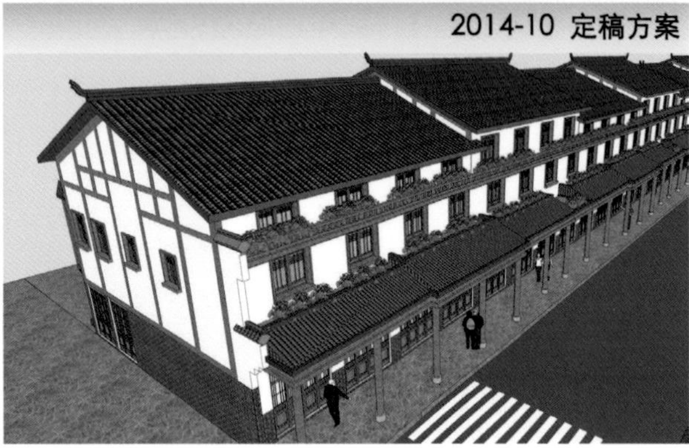

图 10.3-10　汉风街改造工程历版方案效果图

图 10.3-11　改造后汉风街实景图（2016 年 1 月 23 日雪景）

图 10.3-12　改造后汉风街实景图（2015 年 1 月）

图 10.3-13　改造后汉风街实景图（2015 年 4 月）

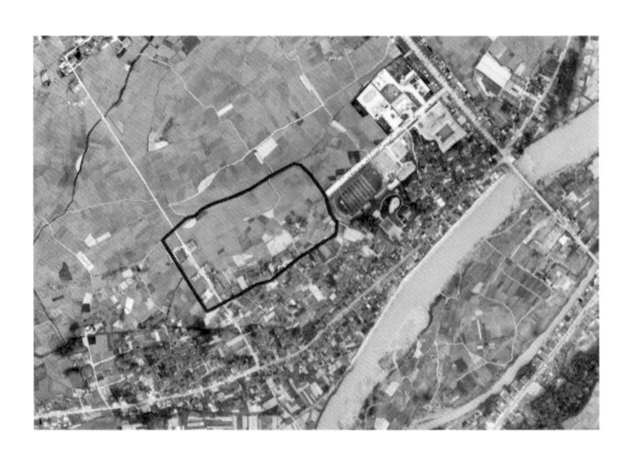

图 10.3-14　古镇新街启动区震后航拍、选址范围及现状实景图（2014 年 5 月）

图 10.3-15　龙门新街选址地块震后现状图（2014 年 2 月）

图 10.3-16　新街方案设计效果图（2014 年 6 月）

图 10.3-17　新街重建过程实景图（2015 年 3 月）

图 10.3-18　新街重建完成实景图（2016 年 3 月）

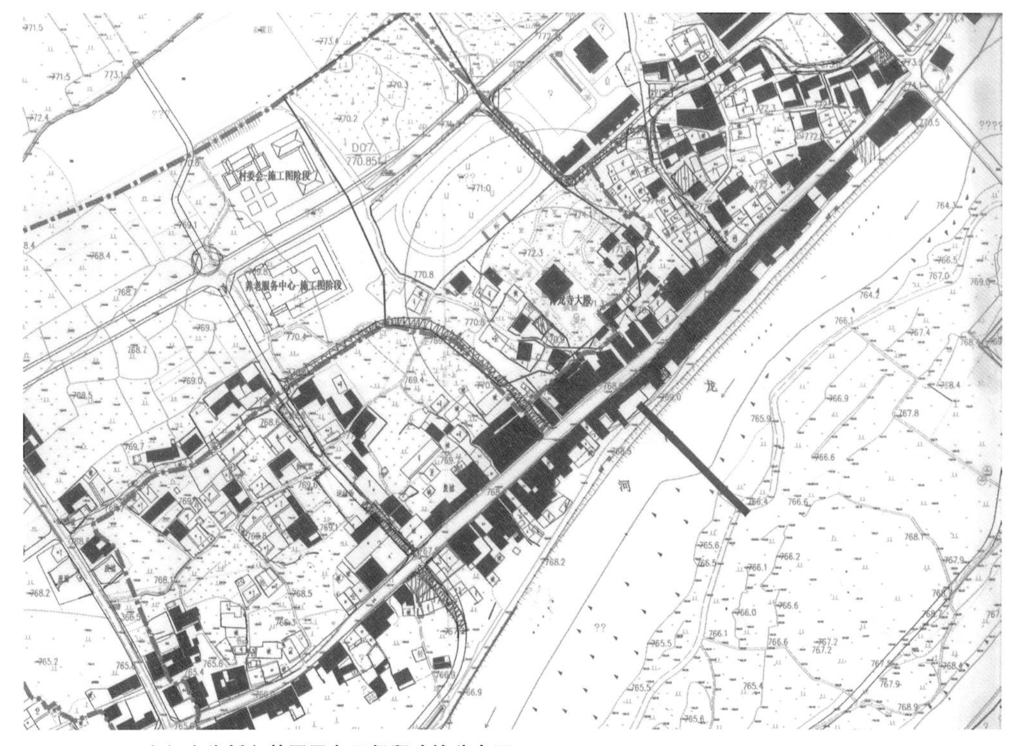

图 10.3-19　龙门老街拆危前居民意愿保留建筑分布图
（黑色斑块为未拆建筑，红色涂鸦为可打通通道，2014 年 4 月）

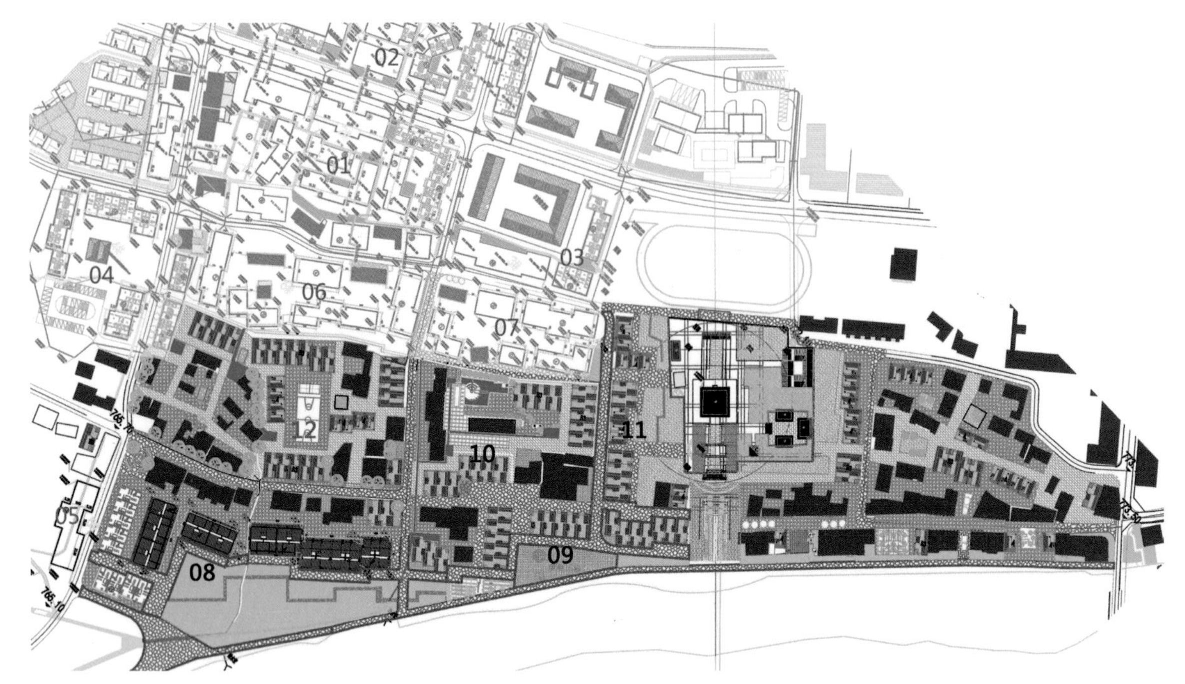

图 10.3-20　龙门老街规划设计过程图（图中红色斑块为现状保留建筑，08-11 是老街四组团编号）

图 10.3-21　龙门老街震后现状图（2014 年 2 月）

图 10.3-22　龙门古镇老街重建实景图（2016 年 4 月）

图 10.3-23　龙门老街拆危现状图（2015 年 4 月）

图 10.3-24　龙门古镇老街重建实景图（2016 年 4 月）

图 10.3-25　龙门乡场镇灾后重建规划效果图（2014 年 7月）

图 10.3-26　龙门乡场镇 312 户重建户重建实景图（2016 年 4 月）

图 10.3-27　龙门乡场镇 312 户重建户重建实景图（2016 年 4 月）

图 10.3-28　龙门乡场镇 312 户重建户重建实景图（2016 年 1 月 23 日雪景）

图 10.4-1　龙门乡游客中心与青龙寺轴线关系图

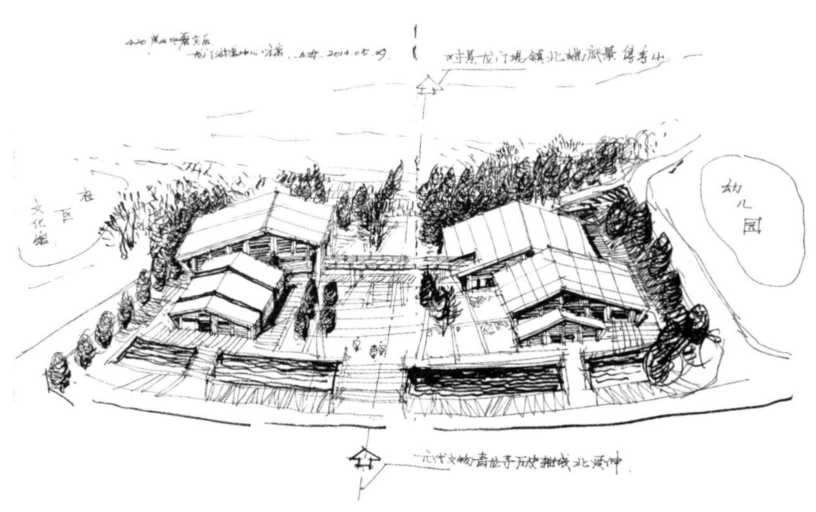

图 10.4-2　龙门乡游客中心设计构思草图 2014.5 —— 毛刚

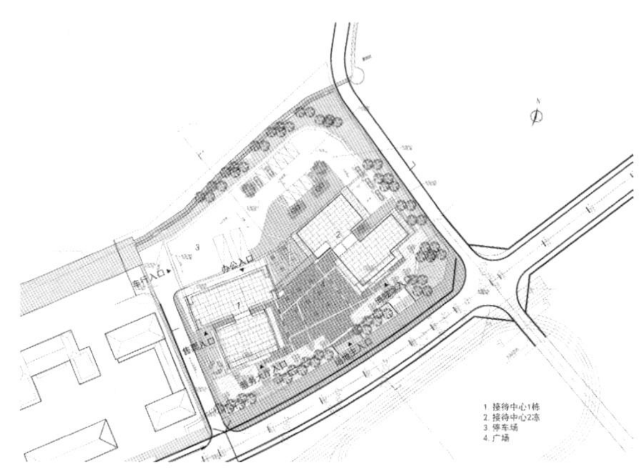

图 10.4-3　龙门游客中心总平面图

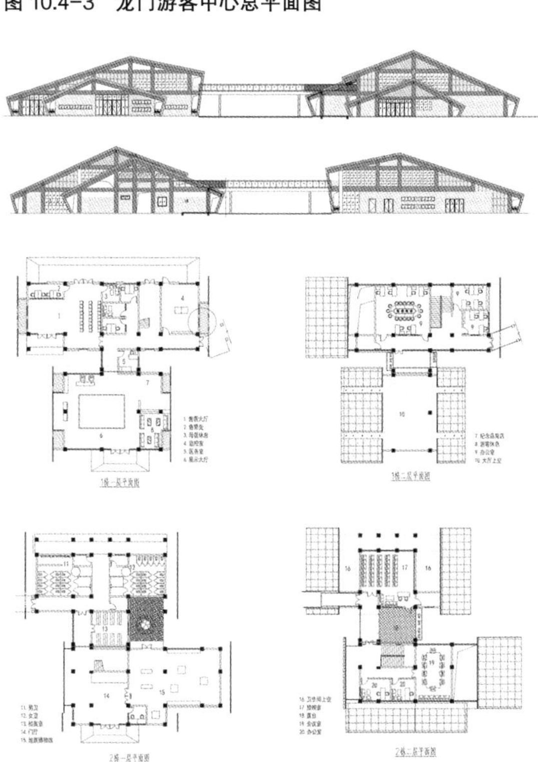

图 10.4-4　龙门游客中心各层平面图＋立面图

四、回应山水格局与历史轴线的龙门游客中心

毛　刚　西南民族大学城市规划与建筑学院

李岳岩　西安建筑科技大学建筑学院

李东曙　中国城市规划设计研究院西部分院

“4・20”芦山强烈地震灾后重建之龙门游客中心建筑设计，在上位规划的引导下，设计构思基于山水格局的在地性理解，空间秩序以本土寺院的历史轴线为规制，结合古镇上位规划制定的乡镇公共建筑的设计原则，即：“低层小尺度，小体量组合，多功能复合”。力求做到：运营低成本，服务高水准。

1. 规划选址——历史轴线设定的规制

龙门乡游客中心选址于龙门古镇南北主轴的北端，面向龙门古镇主干道青龙大道。其南面隔龙门小学操场是龙门乡元代遗存——国家级文物青龙寺大殿，见图 10.4-1。青龙寺大殿坐北朝南，北靠灵鹫山，南面龙门河，朝山为龙门南岸的天台山；地块后部为高于基地 5 米的台地，台地上已开垦出现代农业示范田园。轴线向南延伸，开辟滨河绿化广场，并设置步行索桥与河心岛观光农业田园链接。通过以青龙寺大殿为中心，配合游客中心、寺前广场、跨河索桥等空间形成的历史文化轴线，强化青龙寺院历史轴线在古镇空间中的核心地位，保护古镇的风水格局，完善了聚落的历史空间型制，见图 10.4-2。

2. 功能定位——复合集约

龙门游客中心总投资 1080 万元，经过与旅游行政主管部门的反复讨论，将游客服务功能简化合并，在满足“4A 景区”功能要求的前提下，融入地质博物馆、灾后重建展示厅等功能，尽量压缩建筑面积，最终游客中心建筑面积控制在 1500 平方米以内，见图 10.4-3。

3. 总图设计——小体量分离组合

场镇规划设计确立了青龙寺院落轴线作为龙门古镇整体空间的控制主轴线，且向南北延伸；于是，建构青龙寺大殿和游客中心前广场北望灵鹫山通透的景观视廊，就成为游客中心形体构成与外部空间秩序的设计前提。设计按照功能将该建筑分为两个体部，分设于主轴线东西两侧，两体部用一钢结构的廊桥连接。地质博物馆，景区管委会办公，4 星级旅游卫生间，多媒体演示厅，设备控制室等构成东楼。旅游接待大厅，旅游汽车站，服务办公室，设备间等构成西楼。连接廊桥跨度 13 米、净空 3.9 米，与主体建筑在结构上物理隔断，通过钢梁悬挑连接，形成独立的抗震结构单元，防止连廊在地震作用下的变形牵连主体结构，引起主体建筑的附加破坏，见图 10.4-4。

4. 建筑形体——锥体层叠・空间流动

根据古镇规划设计要求，青龙寺大殿为古镇的制高点（主脊距离地坪高 13.01 米），见图 10.4-5。为了突出青龙寺大殿的核心地位，将游客中心的东西 2 组形体沿中轴线向两侧削减，减少对青龙寺大殿的影响，最终游客中心采用了不等坡的三角形体叠合，既减小了空间体量，又与北面作为背景的隽秀山峦交错呼应，见图 10.4–6。由于建筑形体的变化，建筑竖向空间产生了丰富的变化，呈现出流动而层次丰富的空间趣味。建筑最高点距离设计地坪 11.7 米，主要功能空间设计高度平均为 3.6 米，辅助空间最低点 2.2 米，见图 10.4–7。

图 10.4–5　龙门游客中心南向航拍，2016

图 10.4–6　南向 1

图 10.4–7　南向 2

图 10.4-8　屋顶细部

图 10.4-9　接待大厅内景

5. 建筑材料——经济而不简陋

游客中心外立面处理采用了简洁的处理方式，让建筑宛若龙门乡北部层叠的山石。起初的设计试图采用清水混凝土工艺，但因施工难度大、价格昂贵，灾区的施工条件难以保证品质，最后在屋顶和侧斜墙采用了干挂 1.2 米 ×2.4 米的纤维水泥板，水泥纤维板价格低廉，不易变形，且易于安装保持表面的平整，见图 10.4-8。实施后效果接近清水混凝土饰面效果，达成了“浑然一体”的建筑“表皮”。南北立面局部采用同色无机涂料喷涂与赭石色文化石搭配，用材简洁，用色也干净利落。整个建筑在田园中显得朴实而不张扬，精致而不浮华，虽具个性但融于了自然山水，见图 10.4-9。

6. 结语

设计并未采用传统形态与表征符号，而是运用了现代的造型手法，游客中心建成后以其亲切的尺度、共融的空间环境，回应历史文化的态度，以及新乡土建筑的创作思想，得到了当地民众和业主的认同。

中国城市规划设计研究院芦山工作组的驻场规划师始终参与了本项目的规划设计，以及建筑设计和施工技术服务的全过程，保证了龙门古镇重建规划建设的一贯性，是一次从规划思想研讨到实施保真的有益实践。

五、318 国道“川康第一桥”飞仙关吊桥的前世今生

李东曙　中国城市规划设计研究院西部分院
王广鹏　中国城市规划设计研究院深圳分院

1. 前言

笔者作为中规院的年轻规划师，有幸在“4・20”芦山地震后援建三年，期间无数次进进出出飞仙关，多多少少了解一些飞仙关大桥和国道 G318 的些许历史。但是直到笔者结识了校友前辈孙光初老师，当孙老师拿出其父亲在民国二十八年设计的飞仙关吊桥图纸时，我们在场的所有同事都被深深的震撼，它是那么漂亮、精致、工整，简直不敢相信是手绘图。那一刻，我们才知道现如今矗立在飞仙关的铁索大桥（建于1951 年）前身还有一座桥，只不过这段历史无人考究已被遗忘。孙老师父亲孙士熊先生，是民国著名的水利道桥专家，也是我的校友前辈，毕业于“国立中央大学”（现东南大学）土木工程系，于民国二十八年设计完成飞仙关吊桥。出于对前辈的敬重、对芦山的热爱，笔者决定去挖掘这座被遗忘的飞仙关吊桥的前世今生。

2. 川康公路的建设历程

飞仙关吊桥属于川康公路的一部分，因此要研究飞仙关吊桥的历史就必须搞清楚民国时期川康公路的建设历程。笔者在四川省档案馆查阅了馆藏所有关于川康公路的建设资料，研究发现川康公路的集中建设主要是在民国红军长征、抗日战争和新中国解放西藏三大时期，全部都是战争需要。

而在川康公路建成之前，雅安天芦宝（天全、芦山和宝兴）地区对外主要通道有两条且呈南北向，一条是经芦山县城向北翻龙门乡北侧的镇西山到邛崃，一条是走天全多功乡的两河口向南经荥经县城到雅安。而东西向交通不畅，主要是两大瓶颈，一是西侧的二郎山，山高坡陡林密难以通行，二是东侧的飞仙关，山高涧深水急无法跨越。特别是飞仙关，自古有“一夫当关万夫莫开”之说，直线距离到多营仅仅 6 公里，但历来都是翻越几百米高的大山才能通往雅安多营，到宋朝时期，为了给中原供奉吐蕃良马，大力发展茶马交易，才得以沿河谷半山上架设木栈道保障通行，但遇到涨水时期就断道甚至冲毁，而后再修复，一直使用到民国，直到川康公路开山凿路时彻底拆除，见图 10.5-1、图 10.5-2。

而今我们所看到的国道 318 雅康段，其雏形正是进入民国以后，历经三个重要时期建设的结果，这三个时期依次是红军长征时期、抗战时期和解放西藏时期。

（1）长征时期（1935—1936）

1933 年，四川最后一次军阀内战结束后，刘文辉退出四川，进驻川边地区，经过一年多的整顿，稳固了川边地区。1934 年 12 月 25 日，国民政府行政院决议成立西康省建省委员会。同年，蒋介石下令川、黔、湘、鄂、陕五省半年内完成五省联络公路。1935 年（民国 24 年）1 月 11 日，国民政府派贺国光率“参谋团”入川抵渝，

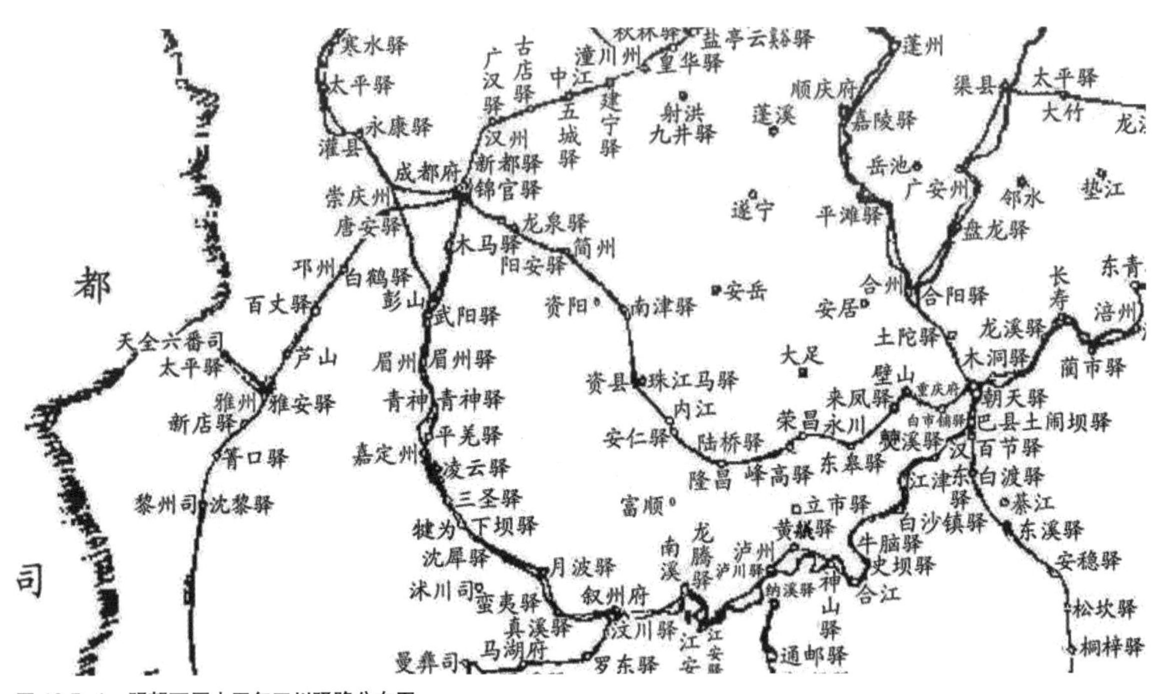

图 10.5-1　明朝万历十五年四川驿路分布图

（图片来源：《明代驿站考》，上海古籍出版社，2006 年，杨正泰）

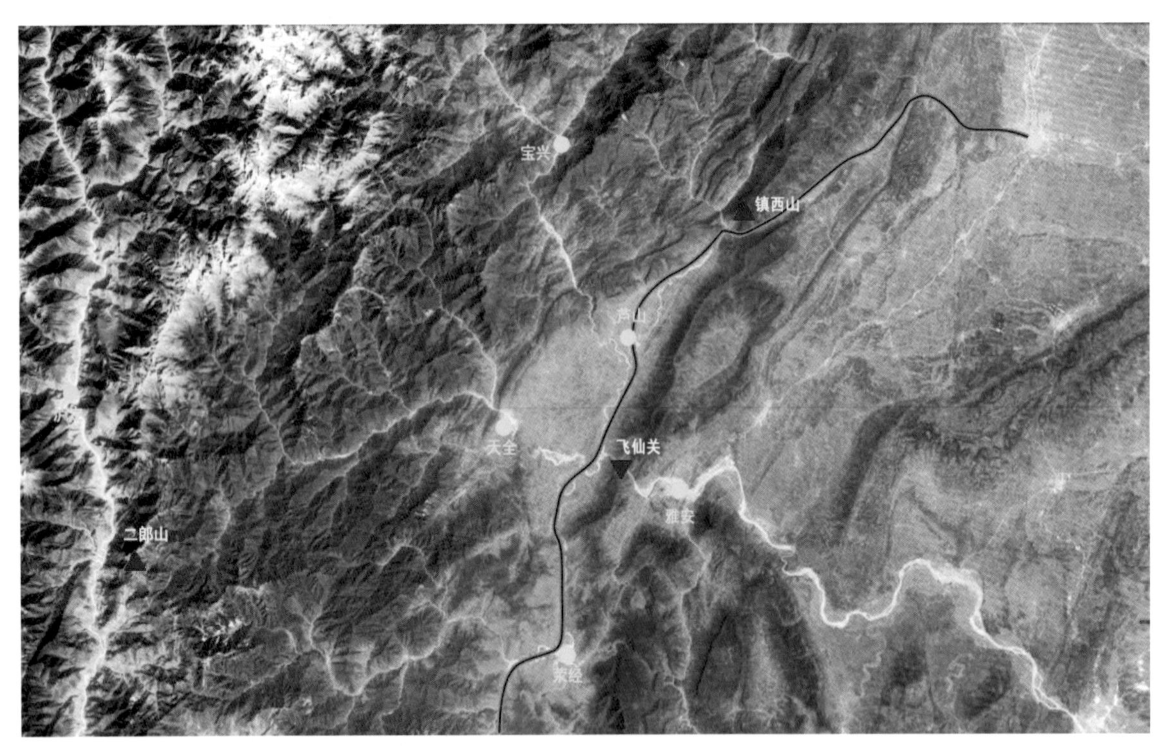

图 10.5-2　历史上天芦宝地区的主要对外交通线路图

（图片来源：作者自绘）

成立“军事委员长重庆行营”，竭力推行公路“协剿政策”。3 月，军事委员长行营制发《四川“剿匪”公路建设计划图、表》，划定川黔、川陕、川鄂、川湘、川康、川滇、川甘、川青等十大干线。此为川康公路建设的第一阶段，即由军事委员长行营督办，地方政府主建。

1935 年 8 月 21 日，军事委员长行营成都行营公路监理处成立，胡嘉诏为处长，彭先蔚为副处长。该月底，川康公路雅康段开始测绘工作，军事委员长行营共派出两个测绘队，第一队由洪先钰率队测绘雅康公路干线即雅安—荥经—野牛岭（牛背山）—蒲麦地—泸定，第二队由李韶九率队测量雅安—飞仙关—天全—二郎山—泸定—康定。测绘期间恰逢红军长征，工期暂停。此后，洪先钰和李韶九提交了两个踏勘选线方案，一是南线走荥经到泸定，一是北线走天全到泸定，对比桥涵数量和实施难度，洪李二位建议“雅安—荥经—泸定”南线作为川康公路干线，见图 10.5-3。

1936 年 3 月，长征红军退出天芦宝地区后，军事委员长行营派出洪西青工程师进驻雅安，负责雅安至飞仙关段工程踏勘及预算，见图 10.5-4、图 10.5-5。洪西青于 3 月 21 日提交行营公路监理处总工程师室的踏勘报告书如此描述川康公路雅飞段情况：

“乙、工作情形：一，踏勘路线依地势情形自猪儿嘴岩至飞仙关而接天全线（飞仙关至天全已由第二路总指挥部派兵修筑）。二，雅安至飞仙关全长约 12.8 公里内，由雅安汽车站至猪儿嘴岩止长约 2.1 公里，由多营坪下坝八角亭至上坝狗脚湾止长约 3 公里，所经均系农田可仍由兵工修筑。三，路线所经岩石必须开凿者长约 7.7 公里。四，开凿处路面宽度拟定 6 公尺（米）。五，雅安至飞仙关第二路总指挥部派员钉有中心

图 10.5-3　洪先钰、李韶九描述的川康公路雅安到泸定段选线方案图
（图片来源：作者自绘）

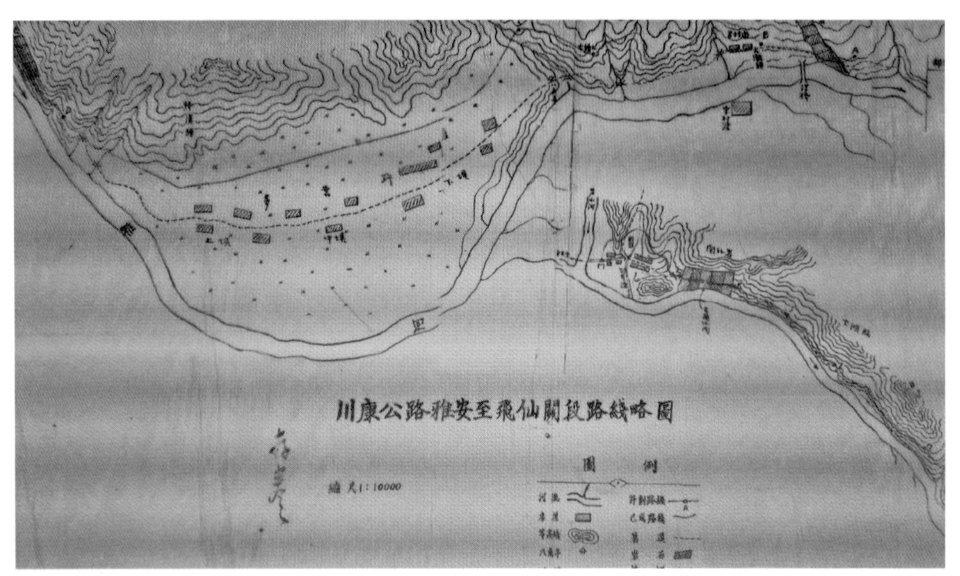

图 10.5-4　川康公路雅飞段踏勘线路图
（图片来源：四川省档案馆，《民 130-12-23468》）

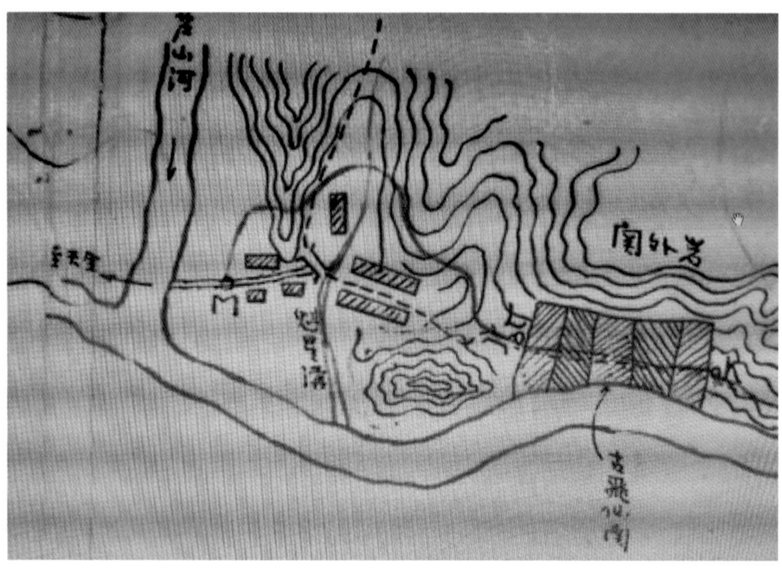

图 10.5-5　川康公路雅飞段踏勘线路飞仙关附近放大图
（图片来源：四川省档案馆，《民 130-12-23468》）

桩，但纵断面横断面等均未测量，经该部派员偕全职前往察堪此线颇多不能采用，因自宋村关起至八角亭一段旧路每年水涨时必被淹没且山腰均系沙与石块堆积而成，开凿时势须全部崩塌，新线拟由宋村关东 150 公尺处上坡至大转上沿山脚绕多营坪北经农田直至狗脚湾，上坡处至山顶高差约为 10 公尺，且山顶多系平地，工程颇易。六，飞仙关镇旧路东西两端高差太大，新线拟在 L 处上坡沿同高线（等高线）绕魁星沟而接天全线，连接点至魁星沟桥约长 150 公尺。七，猪儿嘴岩越长 100 公尺，观音岩约长 150 公尺又关外岩约长 200 公尺，以上三处均系峭岩，拟开凿半隧道。八，其他虽依旧路前进但须向上或向下开凿之处甚多，将来详细测量后当可决定。”

“丙、工程估计：（一）……（二）桥梁，共计应建石拱桥 14 座，平均每座长度 8 公尺，每公尺以 350 元计算，总价应为 39200 元。”

5 月，委员长行营审阅洪西青的川康公路雅飞段报告并作出批示：“查核概算表，所列桥涵单价均属太高……另编呈核可也。委员长蒋中正，中华民国五月十四日”。此后川康公路雅飞段建设事宜被搁置。

（2）抗战时期（1938—1944）

民国二十六年，即 1937 年，抗日战争全面爆发，四川与周边省份的公路建设再次备受中央重视。1938 年 4 月，蒋介石电令重庆行营拨款先修筑川康公路。5 月 20 日，川康公路全线开工建设，改为兵工修筑为就地征集民工修筑。10 月，国民政府迁都重庆，行政院召开全国公路交通会议，决定公路干线由中央政府直接举办。至此，川康公路建设进入第二阶段。

1938 年 11 月，军事委员会委员长成都行营公路监理处川康公路工程处成立，处长王永祓由贵州省公路局局长调任，副处长吴庆藩（吴溢）、骆美伦（西康省交通局长兼），工务科长雷迅、工程师王大淦、孙士熊等一批工程技术人才进驻雅安，重点开展雅康公路建设。雅康公路干线由“雅安—荥经—野牛岭（牛背山）—蒲麦地—泸定”调整为“雅安—飞仙关—天全—二郎山—泸定”，即北线翻越二郎山自此成为川康公路干线，为打通东西向交通先行动工。此后，在 1939 年 11 月，雅康公路南线由“雅安—荥经—野牛岭（牛背山）—泸定”调整为“雅安—荥经—泥巴山—汉源—泸定”，即由荥经向西翻越牛背山改为向南翻越泥巴山。

雅康公路雅飞段沿用 1935 年洪西青的踏勘方案，在飞仙关关门外滴水岩采用半隧道的方式拆除栈道凿山开路。同时期，在民国 28 年，即 1939 年，孙士熊设计完成了飞仙关吊桥施工图，桥长 230 米，为 10 墩 11 孔结构，中间主跨三孔 90 米，跨径为 20 + 50 + 20 米，两侧边孔各四跨，跨径均为两个 15.4 米和两个 15.8 米，中间两个索塔均为钢筋混凝土门式框架，塔柱高 8.65 米，塔基桥墩高度分别为 25 米和 20 米，相关文件见图 10.5-6。

遗憾的是，1940 年 10 月 15 日，川康公路雅安至康定段全线贯通，而工程师洪西青在此阶段川康公路建设时期坠马而亡（引自浙大校友网黄祥的“我的浙大”）。而笔者在相关档案中也未查到这段时期飞仙关吊桥的实施资料，仅在 1944 年的《川康公路管理局三十三年度改善工程计划书》里发现有关飞仙关的如下描述：“前言……（一）过去概况（A）……（B）雅安康定段长约二二五公里，自雅安至两路口约九十二公里，除路基间为单车道外，工程大致可称完成。飞仙关芦山河渡口（15 公里），该地点欠佳，泄口太小，洪水泛滥时有停渡之虞……（二）改善计划……（D）渡口及渡船　新营间共有渡口四处，三十二年曾在飞仙关芦山河及泸定大渡河各运渡船一艘，其余均加以修理。三十三年度拟在每一渡口添造一艘合计四艘。又泸定大渡河水流过急，预计人力不克济渡，拟造汽轮一艘以便拖曳渡船，其码头引道亦须酌加修理，浅滩露石须予打去（或建钢索吊车桥各一处，视材料采集之困难与否而定）。”可见在 1943 年，飞仙关依然是汽车渡口，并没有可通车的钢索吊桥。

（3）解放时期（1950—1951）

1950 年 2 月，西南区公路管理局在重庆成立，局长穰明德（时任重庆交通大学首任校长）、副局长肖鹏。为支援进军西藏，西南区公路管理局在雅安成立雅甘工程处。6 月 30 日，雅甘工程处决定在川藏公路的雅马段，以桥梁工程为重点修建永久性的飞仙关桥和泸定桥，并限定在次年洪水到来前完成。9 月，为支援进军西藏、解除运输困难，西南军政委员会、交通部公路局和第十八军后方司令部决议在芦山河和青衣江交汇处修建飞仙关吊桥。11 月，工程处在飞仙关原汽车渡口下动工修建钢索吊桥，见图 10.5-7。该桥于 1951 年 5 月 15 日竣工，6 月 1 日通车，是中华人民共和国成立后国内首座钢索吊桥，见图 10.5-8。时任西南军政委员会主席的刘伯承题写桥名“飛仙關橋”。西岸塔柱楹联为时任 18 军政委谭冠山题写：“一面进军，－面建设，解放西藏，巩固西南国防；发挥天才，发挥力量，战胜困难，创造人民幸福”。东岸塔柱楹联“劳动创造世界，飞仙天险何难克服；革命带来幸福，闭塞边疆从此繁荣”为时任西康省主席廖志高题。

飞仙关吊桥是全国为数不多的“三跨连续钢桁加劲悬索桥”。该桥全长 163.80 米，净宽 4.5 米，为两墩三孔结构，中孔跨径为 76.62 米，两侧边孔各为 35.28 米，索塔为钢筋混凝土门式框架，高 29.01 米，滚动式索鞍，重力式锚锭，设计荷载为 15 吨，重车一辆单向通行，飞仙关吊桥相关历史见图 10.5-8～图 10.5-12。

时任飞仙关桥工程处主任贾荣轩，在主持完成飞仙关桥的建设任务回到重庆后，因被人指责贪污受贿，于 1952 年含冤愤恨跳楼自尽。1980 年后，湖南省政协副主席（原西南区公路管理局局长）穰明德在为贾荣轩平反的大会上，高度评价贾荣轩工程师为川藏公路，尤其是飞仙关大桥工程建设作出的贡献，说到激动处，穰明德以特有的军人气质，拍着桌子痛斥随意捏造者“给贾先生罗列的贪污款项，竟比中央所拨修建飞仙关大桥的钱还多……”（摘自原北京建筑工程学院退休教授、北京《桥梁》杂志编辑部顾问李靖森的《留在记忆中的工程师——我所知道的贾荣轩先生》一文），见图 10.5-13。

軍事委員會委員長成都行轅公路監理處川康公路工程處			
飛仙關吊橋總圖			
設計者	孫士熊	主任工程師	吳[illegible]
繪圖者	孫士熊	副處長	
校核者		處長	王永[illegible]
民國二十八年　月　日		圖號	101

图 10.5-6　孙士熊设计的飞仙关吊桥图纸图章

（图片来源：孙士熊后人提供）

图 10.5-7　飞仙关钢索吊桥合龙照片

（图片来源：雅安北纬网）

图 10.5-8　飞仙关钢索吊桥建成初期实景照片

（图片来源：雅安北纬网）

图 10.5-9　飞仙关钢索吊桥建成初期实景照片

（图片来源：雅安北纬网）

图 10.5-10 “4·20”芦山地震灾后恢复重建后飞仙关钢索吊桥实景照片
（图片来源：作者拍摄，2016 年 4 月）

图 10.5-11 孙士熊后人驻足抚摸父辈遗迹

图 10.5-12 “4·20”芦山地震灾后恢复重建后飞仙关钢索吊桥维修过程照片
（图片来源：作者拍摄，2015 年 4 月）

图 10.5-13 贾荣轩（前坐着左边第二位）1948 年在云南墨江与昆洛公路第三测量队及总队同仁合影
（图片来源：雅安北纬网）

图 10.5-14　石棉大渡河钢索吊桥实景照片

（图片来源：网易论坛《大渡河上的乐西公路石棉桥》）

图 10.5-15　石棉大渡河钢索吊桥实景照片

（图片来源：网易论坛《大渡河上的乐西公路石棉桥》）

3. 飞仙关吊桥的遗憾

飞仙关吊桥以及川康公路的历史大致已经清晰，但是还有一个谜团，那就是孙士熊设计的飞仙关吊桥在哪儿呢?

根据孙士熊后人提供的飞仙关吊桥设计图纸，吊桥设计于民国二十八年，而且其长子孙复初在有关飞仙关吊桥的回忆中，曾说："1938年，父亲带着全家来到雅安，住在草桥街附近，父亲经常在单位设计用钉子尺、三角板画图，母亲在川康公路工程处的子弟学校教书，自己在设计室外的木板上做功课。修桥时，施工条件很艰苦，因为没有电动机、没有发电机、没有电锯，木桥所有的方木和铺桥板，都是工人师傅一个放在架子上、一个坐在地上，用大锯一下下将粗的木材锯出来。1939 年飞仙关桥建好了之后，父亲带了全家随着川康公路工程处从雅安搬到了天全县，中间经过就建造好了的飞仙关吊桥。"

四川省档案馆、雅安市档案馆和天全、芦山县档案馆都没有相关记载，所以笔者猜测，1939年初飞仙关吊桥图纸设计完了，但是因为某些原因没有建设。至于孙复初先生的记忆，也是没错的，只不过那座桥应该是另一座铁索桥。

笔者纵观 1934 年到 1944 年的川康公路雅康段各时期的建设和修缮工作，并未提到要建设飞仙关吊桥。但笔者查阅芦山县档案局资料时，在芦山县地方志办公室刊发的《姜城春秋》第一期文献里，发现如下介绍：

"熊河坝铁索桥——跨沫水河（芦山河）通天全多功坝，位于现国道 318 线石拱桥北约 20 米处，建于民国初年。1935 年冲毁后修复，1951 年飞仙关钢索吊桥建成后拆毁。"

"虎跳子（关门口）铁索桥——在二郎庙下边，跨青衣江，是通往天全最早的铁索桥（至迟在清嘉庆前）。由飞仙关通天全的萝卜地再到天全新场至荥经。桥长 100 米左右，清末被洪水冲毁，修复后 1935 年再次被冲毁，以后未再修复。两岸人员往来则靠溜壳子（用人力拉的篾笼索缆车）、篾索桥、小渡船直至 20 世纪 50 年代。"

"方公铁索桥—位于老君溪口南，通往天全多功乡月塔头和溪后头间靠近溪后头处。清嘉庆年间天全知州方同煦建，故名方公桥。桥长 32 丈，宽 6 尺，高 3 丈许。清末被洪水冲毁一次，修复后 1935 年再次被冲毁，再次修复后，40 年代又被冲毁，以后未再修复。"

文中所描述的三座铁索桥，都是在 1935 年（红军进驻芦山时）发洪水冲毁了，之后又修复过。从三个桥的历史来看，基本都建造于清朝，采用的是清朝时期的传统技术，因此被冲毁是常有之事。飞仙关附近现存类似的铁索桥还有一座，位于当前飞仙关吊桥以东 3 公里处的青衣江上，属于雅安多营镇大深村。

三座铁索桥中位于川康公路雅飞段主线上的只有熊河坝铁索桥，其尺寸文中未记载，但可参照方公铁索桥，大致是几十米长，2 米宽，且该桥是 1935 年之后修复的。而据前文所述，1935年 6 月到 1936 年 3 月之间都是红军长征时期，之后因为经费问题又委员长行营被搁置，川康公路建设处于停滞时期，直到抗战开始后的 1938年 4 月蒋介石电令重庆行营拨款先修筑川康路，5 月 20 日，川康公路才启动建设，因此，熊河坝铁索桥实际上是在 1938 年以后进行的修复。那么孙复初先生记忆中的飞仙关吊桥可能是这个熊河坝铁索桥，而非孙士熊设计的飞仙关吊桥，否则此后飞仙关芦山河边没必要一直保留渡口，甚至在 1944 年计划增加渡船。而孙复初先生记忆中的修桥场景，在飞仙关到二郎山一路有很多处，比如天全紫石乡的仙人桥等。此类桥的修复，均采用统一做法，为此，1944 年的《川康公路管理局三十三年度改善工程计划书》曾给出了详细图纸施工大样和技术标准。

此外，据四川省交通厅公路局的四川省大事记记载，1942 年 7 月，即民国 31 年，四川省第 1 座大跨钢索公路吊桥，乐西公路农场（今石棉）大渡河钢索吊桥建成通车，见图 10.5-14。查阅相关资料显示，石棉大渡河钢索吊桥，在1941 年 3 月开工修建，于 1942 年 7 月竣工通车。桥长 110 米，单孔跨径 105 米，桥宽 4 米，钢索全部是七根七股十九丝的美国进口货，至今从未更换过，是当时我国第二大公路吊桥，见图 10.5-15。

同时，据湖南省交通厅官网记载，能滩吊桥位于川湘公路泸溪县境，跨越能滩河。该桥是我国公路史上最早修建的现代悬索桥，也是民国抗战时期第一大公路吊桥。能滩河两岸河谷陡峻，河水深 20 余米，有流石，建墩困难。1936 年川湘公路竣工时，搭木便桥临时通车，两端接线因地势限制，纵坡达22%，行车极不安全。遂于1937年3月成立川湘公路能滩吊桥工程处，由湖南省公路局局长周凤久主持设计，工程师欧阳缄负责施工，1938年5月建成通车，耗银洋69000元。吊桥跨径80米，高20米，桥面宽4.5米，载重标准10吨。桥台为石砌，桥塔为空心圆柱式铸钢结构，高9米，见图10.5-16～图10.5-18。

相比之下，孙士熊设计的飞仙关铁索吊桥无论从长度、跨度以及美观程度，都远远超过能滩吊桥和石棉大渡河吊桥，见图10.5-19、图10.5-20。但试想从当时的经济情况来看，抗战初期东部沿海工业基础全毁或者被占领，导致内地钢材水泥炸药等物资急缺，跨度80米的能滩钢索吊桥尚且需要69000元银元，主跨90米，全长230米的飞仙关铁索吊桥成本肯定更高。况且之前在民国25年，军事委员长行营对川康公路雅飞段39200元银元的建造经费都尚且觉得太高，并被要求平均减价40%。从战事战略角度来看，能滩吊桥建造于1937年至1938年的川湘公路，主要是为保障转移东部人员物资到大后方，是急需的战略通道。而石棉大渡河吊桥建造于1941年至1942年的川滇公路，主要是保障滇缅边境抗战物资运输到川渝地区，同时也是川军出川远征的重要军事通道。而川康公路上的飞仙关吊桥在经济方面成本太高，在战略方面并非战时必需，没有提上修建日程也能理解，倘若建成必然影响深远。

4. 后记

纵观飞仙关吊桥和川康公路的建设历程，虽然洪先钰、李韶九前辈的探勘选线方案未实施，但是为后来的川康公路定线做出了充分的准备；虽然洪西青前辈为川康公路建设付出了生命，但是他所提交的实施方案在后继者的努力下终于实现了；虽然孙士熊前辈设计的飞仙关吊桥设计方案未能实施，但是他的技术和方案为后继者做出了重要参考，而且在后继者的努力下也得以完成飞仙关吊桥，并一如既往地轰动全国乃至为解放西藏做出巨大贡献；虽然贾荣轩前辈含冤而逝，但最终依然昭雪平反，其主导建设的飞仙关钢索吊桥至今依然是省级文物保护单位，并被后人所纪念。在此，笔者向那些为川康公路建设做出巨大贡献的工程师前辈们致敬，特别向前赴后继的建设飞仙关吊桥的洪先钰、李韶九、洪西青、孙士熊及贾荣轩等前辈致敬。

如果说飞仙关“一夫当关、万夫莫开”的关口是历史上飞仙关镇的灵魂，那么飞仙关吊桥就是她作为现代旅游小镇的灵魂。笔者作为参与三年芦山地震灾后重建的规划师，希望更多的同行能了解这些前辈们的贡献；笔者作为芦山县住建局副局长，也希望更多雅安的同僚、芦山的老百姓们珍惜飞仙关吊桥的历史，纪念好、保护好这座来之不易的大桥。

六、芦山风貌导则实践及思考

肖锐琴　中国城市规划设计研究院深圳分院

在芦山灾后重建实践中，探索运用多层次的风貌设计导则来引导历史文化名城芦山风貌传承与发展。通过芦山的实践表明多层次的风貌设计导则协调有利于更精细化且有针对性的实施引导；以芦山实践为例，各方对地域文化的不同认识、规划管理落实等因素会对导则产生影响，设计导则应把握核心设计准则，体现包容性；过于精细化的导则可能会束缚和限制专业技术人员的创作空间，设计导则应鼓励专业技术人员创新。通过研究芦山风貌设计导则实践案例，总结风貌导则相关经验与不足，其风貌的探索对今后城市设计导则的编制与实践带来相应的启示。

1. 前言

在我国城镇化快速推进过程中，城市“同质化”的问题日益凸显。自习总书记讲“不要搞奇奇怪怪的建筑”后，“奇奇怪怪的建筑”及城市特色缺失的呼声愈发引起社会各界关注。如何保持城市地方特色和传承历史文化已成为城市设计的重点。对此，城市规划编制部门提出以城市设计导则的编制来塑造城市个性。

芦山“4·20地震”两年来，灾后重建工作已初具成效。芦山老县城作为一个具有多年悠久历史的文化名城，其灾后重建及未来的建设不应满足于如容积率、覆盖率、后退红线等最低技术标准，而应尝试以含风貌管控内容的城市设计导则（下称“风貌设计导则”）强化对芦山未来发展的引导。

图 10.5-16　泸溪县能滩钢索吊桥实景照片 1

（图片来源：湖南红网论坛《探寻中国首座现代悬索桥——能滩吊桥》）

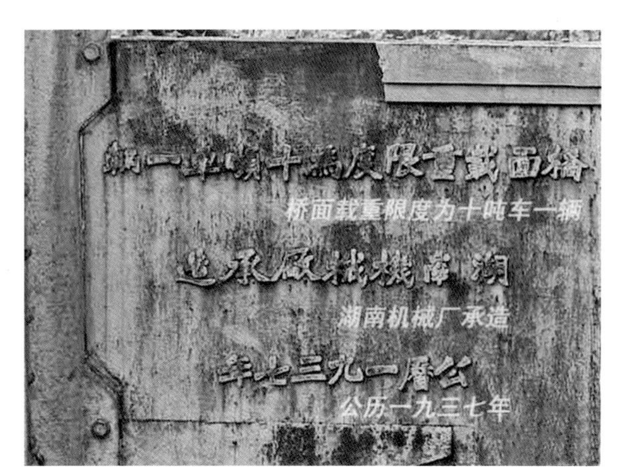

图 10.5-18　泸溪县能滩钢索吊桥建成初期实景照片

（图片来源：湖南红网论坛《探寻中国首座现代悬索桥——能滩吊桥》）

图 10.5-17　泸溪县能滩钢索吊桥实景照片 2

（图片来源：湖南红网论坛《探寻中国首座现代悬索桥——能滩吊桥》）

图 10.5-19　孙士熊设计的飞仙关吊桥手绘施工图

（图片来源：孙士熊后人提供）

图 10.5-20　孙士熊设计的飞仙关吊桥手绘施工图

（图片来源：孙士熊后人提供）

在抗震救灾过程中，设计项目基本可以归纳为两类：一类是由规划院和建筑院共同作为实施主体的重点项目，其建设有资金及制度的保障；二类是以村民自建、立面整治项目为主的非重点项目，其建设需风貌设计导则进行把控。现阶段芦山灾后重建工作已进入大批量建设及施工阶段，如何快速、成熟地指导建筑设计与各项工程施工设计已成为关键。面对量多面广的项目，规划师的精力无法对所有项目进行全面覆盖，因此芦山风貌设计导则的提出是城市设计研究层面与实施层面有效衔接的节点，其目标在于从整体强化对开发建设的规范引导，以形成特色鲜明而又丰富变化的环境效果。

2. 风貌导则核心内容

《芦山县灾后恢复重建建设规划》提出“三点一线”，即飞仙关（南北场镇）、芦山（新老县城）、龙门乡作为灾后重建重点地区，其“城、镇、村”的不同特点需要多层次在地化的规范引导来支撑建设实施。芦山老县城的风貌问题需兼顾风貌保护和风貌延续两方面内容。在灾后重建发展的背景下，老县城灾后重建面临风貌机遇。

（1）挖掘芦山历史文化名城的核心内涵

芦山的发展与地域、自然、历史文化环境有密不可分的关系。据清嘉庆《雅州府志》记载“前文峰插天，后来龙七里，左望罗城之朝瀑，右瞻佛图之夜灯。上包金井之阁，下联姜城之麓，见图 10.6-1”。芦山县城的自然山水形态呈现出“外三山环绕，内两河交汇”的特征，见图 10.6-2、图 10.6-3。同时，芦山有着清晰的古城肌理，即“双城”、十字街、城墙、古城中心、城门以及周边的山水资源，见图 10.6-4、图 10.6-5。其中，“双城”是指蜀汉姜城与明清县城；“十字街”则指东、西、南、北四条正街构成的“十”字骨架；“古城中心”为历史上衙署、寺庙等公共建筑所在场所，目前已不复存在。现状还保存着局部的城墙遗址和城门，可辨别出古城的轮廓。此外，古城内还保存着 26 处各级文物保护单位。

老城的保护首先从历史深度挖掘，在翻阅史书记载的基础上优先识别老城的特色资源——“山水”与“老城”。“山水”即“外三山环绕，内两河交汇”的自然山水特征；“老城”即其传统格局，保护包括双城的提示、十字街的强化，古城中心及城墙城门的提示等。为保护好这个格局，规划提出对传统格局的保持设计，见表 10.6，延续老城街道肌理，优化交通流线，在保证旅游线路[2]与交通畅通的同时，不因外围停车及交通影响老城生活。

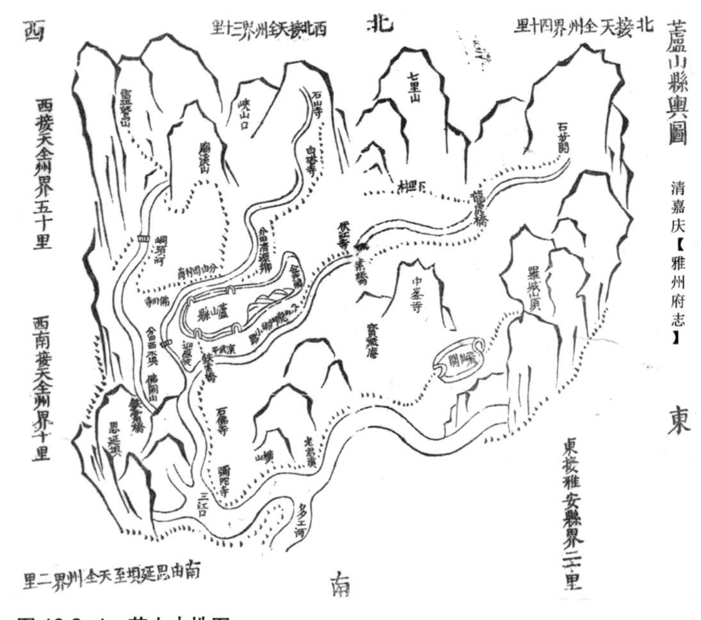

图 10.6-1　芦山古地图

（资料来源：清嘉庆《雅州府志》）

图 10.6-2　明清姜城复原图[3]

（资料来源：《芦山县城老城区修建性详细规划》项目）

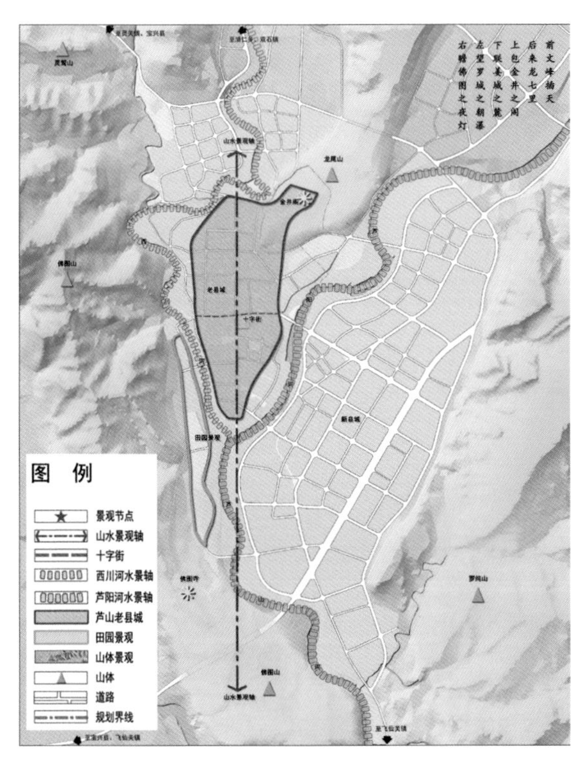

图 10.6-3 山水格局图

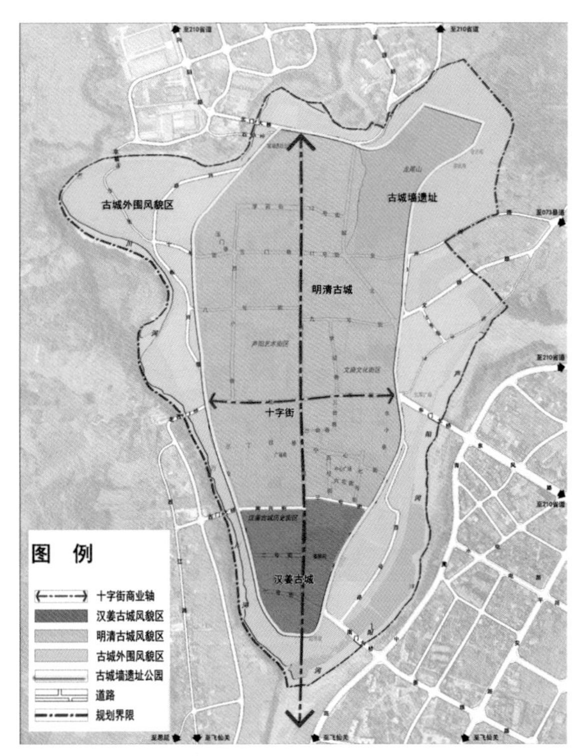

图 10.6-4 古城风貌保护图

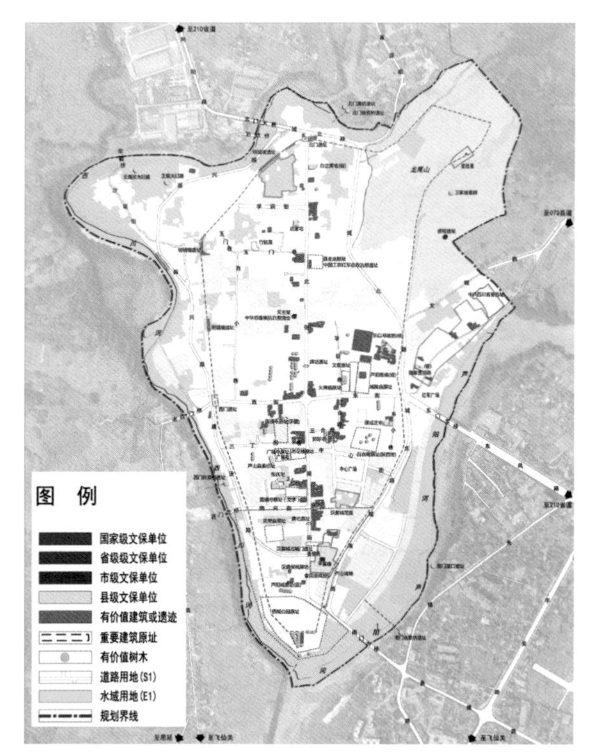

图 10.6-5 现状资源分布图

传统格局保持设计框架 表 10.6

芦阳镇传统格局的构成		芦阳镇传统格局的保持设计
传统格局的保持	双城的提示	改善古城现状风貌、促进汉姜古城、明清古城整体风貌的形成
	十字街的强化	风貌改善、恢复传统商业街的功能和形式 新建临街商业可通过柱廊等灰空间的设置以保持整体连续界面、保持十字街走向、宽度与尺度不变
	古城中心提示	复原原有建筑或建设新功能的公共建筑（如博物馆等文化类设施）
	城墙及城门的提示	建设城墙遗址公园、复原北、东、西城门
	桥和山水的强化	建设滨水休闲带

（2）构建多层次风貌协调管控机制

除风貌保护内容外，为使修建性详细规划所追求的空间形态得以实现，芦山老县城风貌框架从整体空间构架的建立及建筑形式的协调两大部分出发，进一步演变成“城市层面—片区指引—街巷院—建筑”的风貌控制体系，见图 10.6-6，更细腻地进行面、线、点多层次风貌管控，将宏观层面的规划意图具体落实到 9 大主题特色片区 9 大景观风貌区 20 街 21 巷 86 街块，为各个街块的建设提供切实的引导。在现实操作过程中，导则通过数项具体的管控手法延续肌理、保持风貌并落实建设。

① 山水格局与片区指引

山水格局是芦山整体空间架构中重要的组成部分。“三山（龙尾山、佛图山、罗城山）”“两河（西川河、芦山河）”是芦山县城空间脉络的基础。加强对三山两河的保护，维持其生态性及开敞性是保护芦山整体山水格局的前提，规划采取建筑高度控制以保持老县城低矮平缓的特征，同时协调好沿河建筑高度以降低新城高强度开发对老城格局的影响，见图 10.6-7。此外，通过芦山两河四岸的景观设计恢复两河公园绿化，突出两河在城市中的形象，体现芦山独特的城市风貌。

导则中进一步对芦山老县城进行风貌界定，划分为两大风貌分区、九大风貌控制区[④]和九大主题街区[⑤]，见图 10.6-8、图 10.6-9。

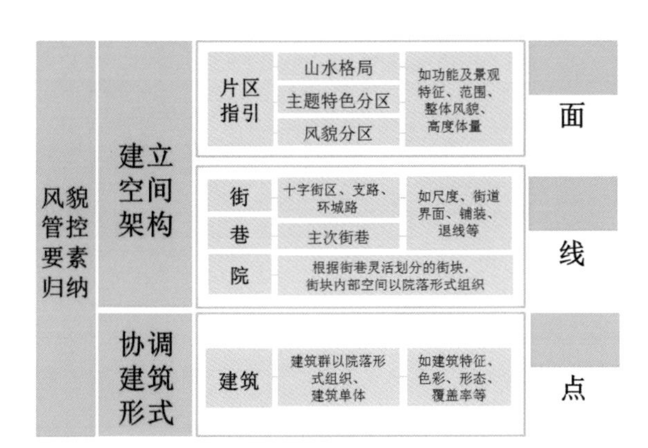

图 10.6-6 芦山风貌导则框架图

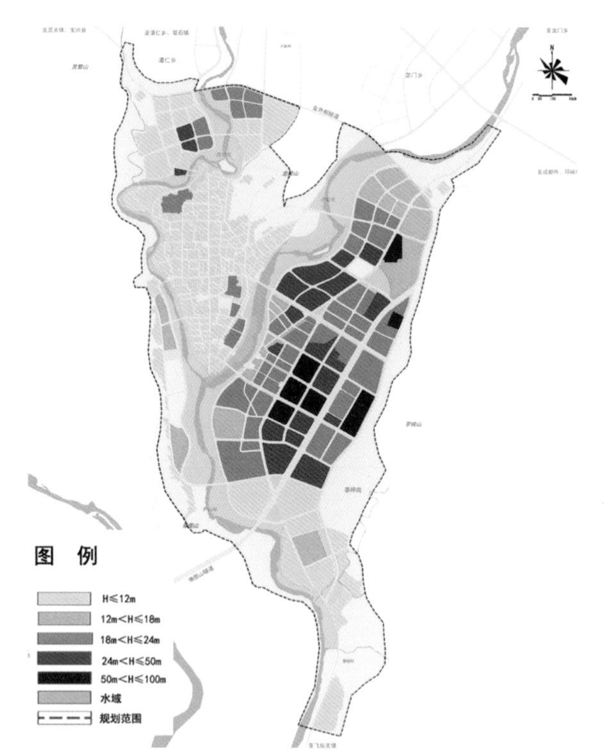

图 10.6-7　县城高度控制图

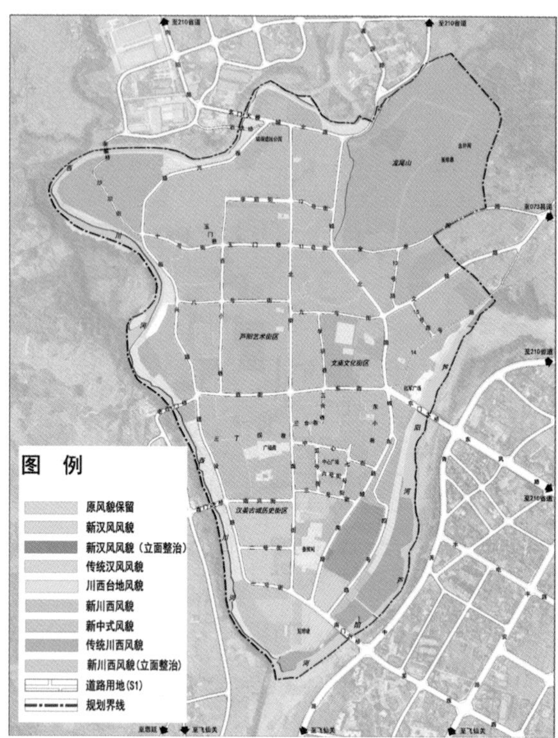

图 10.6-8　建筑风貌分区图

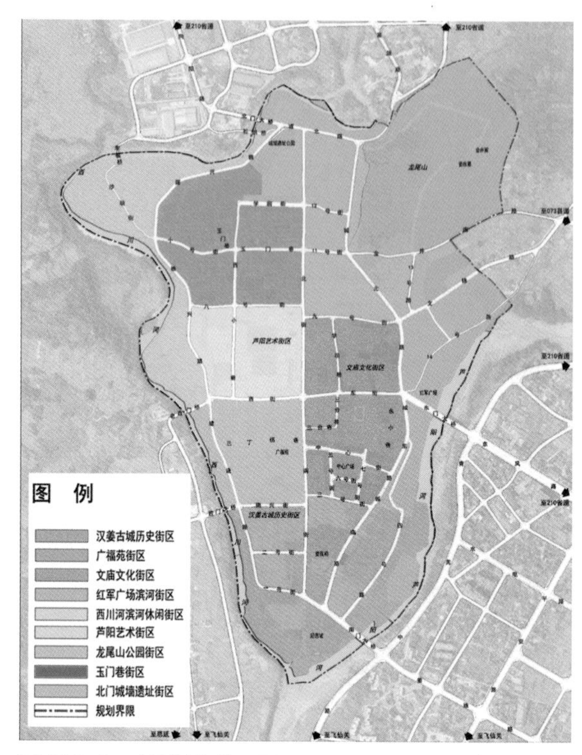

图 10.6-9　主题特色分区图

② 街、巷、院系统构建

清晰的山水景观格局和悠久的历史文化积淀是建设特色芦山的重要基础。因此，芦山老县城风貌控制应在保护传统格局的前提上实现对整体空间格局的控制。

街道系统管控重点在于形成统一而有变化的建筑风格和连续的街道界面。受中轴线对称的传统布局影响，在保持现有宽度的前提下重点强化十字街传统街道风貌，在重建或实施过程中将严格落实建筑退线以保持沿街建筑界面连续性，突出十字街街道的重要地位，并反映街道两侧空间形象。巷是老城步行空间网络，在灵活调整的前提下落实“八横两纵[6]”步行网络，见图 10.6-10。同时，根据街巷划分为 89 街块，见图 10.6-11，控制每个街块的面积大小以约束形成小尺度老城肌理，进一步避免大用地规模以协调新建建筑与传统建筑的体量，且要求街巷形成的街块内部空间以院落的形式灵活组织。

③ 建筑形式协调

导则将芦山老县城划分汉风建筑和川西建筑两大建筑风貌区，重点控制建筑高度、体量、色彩、屋顶形式等内容，要求下一步的建筑设计中尊重历史文化和现状建设条件，以“院落”形式为单元形成整体肌理，同时强化体量控制，通过平面和立面的消减来分解大体量，与场地小体量的传统建筑相互协调。

风貌设计导则是灾后重建规划设计的重要组成部分，是对老城区修建性详细规划中风貌设计的进一步提炼。风貌导则对片区有更明确且细致的风貌界定，将有助于落实到详细规划、建筑设计等各个阶段的设计中。风貌管控一方面侧重对真实历史遗存的保护，另一方面侧重指导近期灾后重建项目的建设，即对新建建筑进行适当的控制引导，逐步改善芦山的风貌，促进整体风貌的形成。重点场镇也适用“街—巷—院”原则。

（3）建立以规委会为核心的协调把控机制

实际操作中，通过将风貌导则内容与图则相结合的方式，由住建局将风貌控制要求纳入地块设计条件，进一步落实到项目审批和监管，促进整体风貌的形成。同时，成立由县政府、规划技术工作组、建筑设计委员会、设计单位为一体的规委会来负责统一协调城市设计实施，通过对建筑方案设计前期对接、中期审查、规委会前预审、规委会审查、施工建设等过程中促使全面落实风貌要求，见图 10.6-12。规委会最核心的工作内容是通过召开规划协调会议协调设计及施工问题。在协调过程中，建筑、景观、市政、水利在内的众多设计单位也发挥其重要作用。

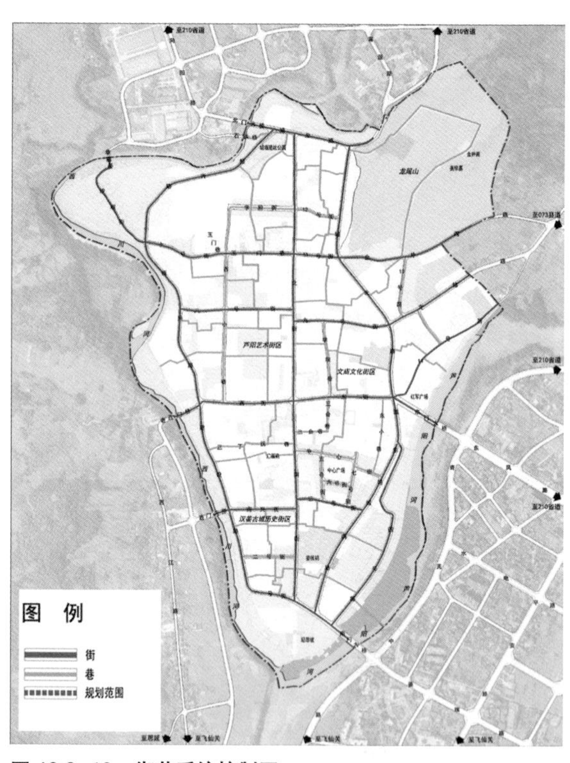

图 10.6-10　街巷系统控制图

3. 实施成效及思考

（1）多层次的风貌设计导则有利于更精细化且有针对性的实施引导

芦山老县城汉姜古城、综合馆及台地街区建筑设计是多层次风貌设计导则实施引导的优秀例子。从本次尝试来看，多层次的风貌设计导则能有效指导开发建设，进行精细化有针对性的设计引导，同时，强有力的制度支撑确保其能得到完整的落实。导则对空间环境的整体控制，是将其中的各个元素统一组织起来形成有序的整体，为城市制定一个整体的建设框架，以保证整体空间环境的统一性与协调性。导则核心在于整合与协调，带来整体品质与效益。

规划优先识别了“山水”和“老城”为一体的景观单元，从山水景观格局的角度提出山水空间轴线等规划要求，同时要求建筑设计在挖掘文化内涵的基础上，突出地域特色及古朴的古城气质，采取“小尺度”、“街—巷—院”的空间组织方式使老城焕发新活力，见图 10.6–13。规划设计协调把以上要求作为设计主线贯穿始终，把控工作内容包括由川建院建筑师提供设计方案及其深化方案，在满足导则基本原则上协调地块之间相互关系，落实风貌等事项。

实际建设中，汉姜古城整体采取不对称的布局形式，通过山水轴线面向两河交汇处开敞，与两河融为一体，见图 10.6–14。在整体格局的把控下，原本体量大的综合馆利用场地高差，采取覆土建筑的方式弱化大体量，创造“小体量”的空间形态，见图 10.6–15；台地街区采取川西类型学的研究，在增加街巷密度的基础上利用向芦

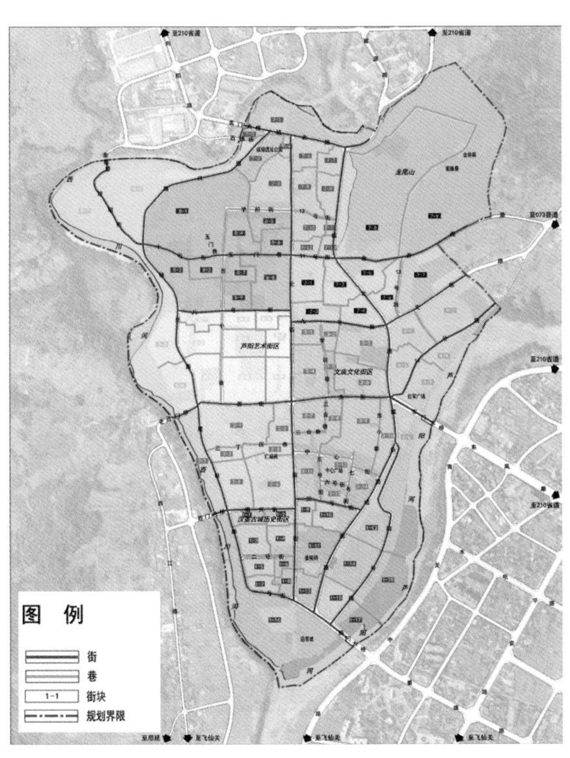

图 10.6–11 街块控制图

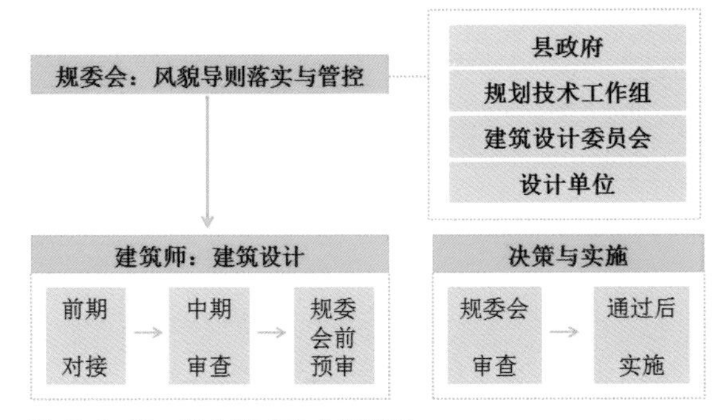

图 10.6–12 操作模式技术框架图

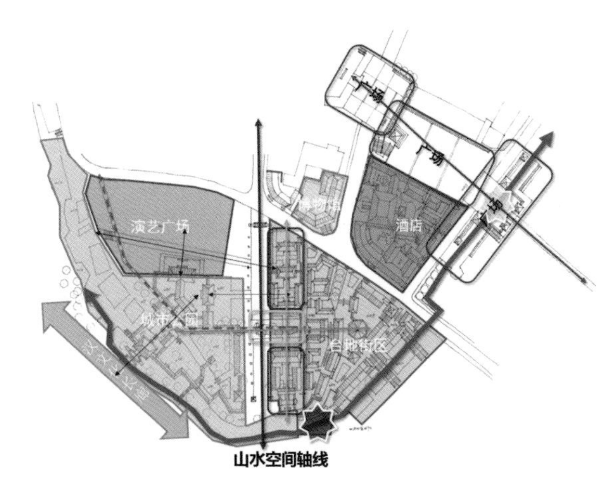

图 10.6–13 汉姜古城规划设计构思
（资料来源：《芦山县城老城区修建性详细规划》项目）

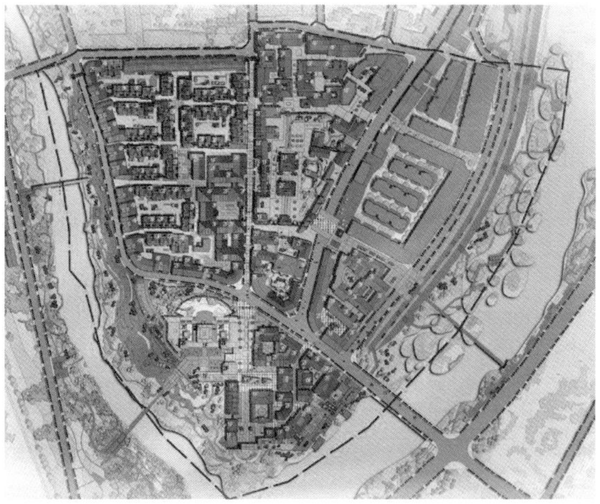

图 10.6–14 汉姜古城实施平面
（资料来源：《汉姜古城街区实施设计》项目）

图 10.6–15 综合馆建筑设计
（资料来源：《汉姜古城街区实施设计》项目）

山河层层跌落的场地特征塑造不同标高的台地氛围，建设川西特征的台地街区，见图 10.6-16。

双方在协调过程中达成“街—巷—院”“小尺度”等思路，同时也进一步落实了城墙遗址的保护、有价值建筑的再利用、古树的保留等构思。该方案得到正面积极的评价。此外，历史上对姜城汉风建筑并无具体的史书记载资料，导则鼓励建筑师利用仅有的画像砖进行汉风元素的提炼，再结合新技术和新建筑材料进行现代化的演绎。川建院的独立思考，地域建筑现代化的技术特长，建筑空间的创造，为书写魅力姜城增添浓重笔墨。这也是多层次风貌导则在设计集成和规划落地的一次尝试。

（2）设计导则应把握核心设计准则，体现包容性

面向一个具有悠久历史文化传统的城市进行设计时，我们遇到的困惑是如何在创作中理解并妥善对待传统文化与时代生活需求之间的关系，这也引发了保护与传承、创新与发展的争论，这是创作中无法回避的问题。导则对地域文化语境下传统与现代建筑的思考应该是有包容性的。设计导则不纠结于具体的形态方案。

针对传承与发展的讨论，对地域特色的不同理解，会得出实施层面的不同结果。以飞仙关南北场镇建设为例，从表面来看，是不同建筑材料、建筑构造技术带来的实施效果差异；更深层次上却是文化语境下对传统建筑与现代建筑差异的一场讨论。导则对此以“街—巷—院”与“小尺度街道氛围”为基本原则，所有控制内容均为“小尺度街道的风情旅游小镇”设计构思而进行编写。可实施中，实施方案却有明显的意见差异。问题在于从规划落实到建筑层面时，创作遇到疑问——如何传承与发展，怎样更有利于使设计融于地域环境中。

一种观点是来源于历史灵感，采取过往就地取材的建设方式，利用原工艺与原材料建设仿古建筑，以此充分体现地域特色并延续历史风貌。从建筑形式与风格的角度来看，这是朴实而又纯粹的；从旅游者角度来看，建筑形式的复原是游客体验的重要方面，仿古建筑的建设使街区的体验更完整。此外，该种方式适用面较广，可在不同场地通过具体形式变化灵活组装，创造形式统一、风格纯粹的建筑风格。如政府引导、村民自建的飞仙关北场镇，见图 10.6-17，整体运用传统木构架形式语汇，具有本土化、材料运用的优势。对于这些仿古建筑，也有人认为它孤立地关心建筑立面、忽视功能上的使用，虽然建筑立面对街区景观有贡献，但却反映出内部功能与外部形式的“不真实”，缺乏建筑意义层面上的整体性。

还存在另外一种“折中”观点——对传统建筑进行现代化的演绎，即利用新建筑材料及新技术，创造新川西建筑特色，意在融入环境。其本质是在符合时代审美和现代化生活需求的前提下体现地域特色。如飞仙关南场镇，见图 10.6-18，整体运用现代形式语汇，是对川西建筑的现代化演绎，具有时代性与功能的优势。与纯粹的仿古建筑不同，此类新川西建筑可能在成片土地开发过程中面临着整体性的考验，这给建筑师的素养与设计能力提出更高要求。

图 10.6-16　台地街区建筑设计

（资料来源：《汉姜古城街区实施设计》项目）

图 10.6-17 飞仙关北场镇
（笔者摄于 2015 年 4 月）

图 10.6-18 飞仙关南场镇
（笔者摄于 2015 年 4 月）

图 10.6-19 中医院方案图
（资料来源：《芦山老县城中医院建筑设计》项目）

从本次实践来看，规划师根据自身专业知识，在综合现状调研、历史传统等编制出来的“系统全面”的规划准则，在实施层面对地域特色建筑单体设计及风貌的考虑难免理想化。但是，这些准则应该为其他专业技术人员共同参与到城市设计创造新的平台，或促使其他专业技术人员达成一致的共识，专业技术人员继而在这个平台或共识上继续发挥其专业技能。也许“存在即合理”，导则不约束具体形态的建筑设计。以飞仙关南北场镇两种不同建筑类型为例，其存在各有理据及优缺点，导则要充分理解设计的“过程”与“结果”，不应使具体的建筑形式成为“结果”，使功能与形式的考虑脱离“过程”考虑。设计导则应把握核心设计准则，体现包容性。

（3）设计导则应鼓励专业技术人员创新

设计导则编制深度是难以把握及衡量的步骤之一。一般而言，从营造终极目标效果的角度来看，导则制定得越精细，更有利于有针对性的建设引导，体现出全面的把控力度。但从实施来看，导则对建筑设计所面临的情况考虑并不充分，却又试图以有保障的环境质量为终极目标把内容精细化，这也许会给建筑师落实设计带来极大的束缚。

例如川西建筑风格的协调，各方对其理解难以达成一致的认知，往往把它简化成若干建筑要素，如院落形式、色彩、坡屋顶、穿斗式结构形式等方面进行简单化设计，可实际操作中却得到“不新不古”的方案，其建成风格不能完全展现川西建筑的风韵，如老县城中医院建筑方案，见图 10.6-19。又如汉风建筑风格，汉代建筑没有实例建筑保留下来，对于汉风建筑往往是从汉画像石、汉画像砖、汉代壁画等典故提取意向元素，但过于传统化的建筑风格可能会导致“影视城”般的效果，脱离了现实生活。

导则是通过限制和引导的条例对空间环境进行管控，也必然影响空间的多样性。对空间要素的控制过于具体化将会使空间过于单一。导则在实际操作中不能完全取代专业技术人员专业技能，如建筑师营造氛围、运用材料等职业技能。以龙门老街立面整治项目为例，见图 10.6-20，根据实地考察，笔者认为其街道氛围实施效果较单一。究其原因，主要涉及导则对建筑形式的管控过于严格，对商业布局的运行考虑（商业招牌、灯饰等）不到位，规划管理者照搬导则落实建设等。总体来看，设计的出发点更偏重于抗震救灾特殊背景下的速度与效果的统一，而不是创造一个强调与乡村生活相符的精品街道场景。这在特殊背景下是能被理解的。立面整治对建筑外面与街区景观是有贡献的，但孤立地关心立面可能会弱化建筑设计的意义，使建筑“内外不一致”。

此外，这也涉及规划管理部门的管控操作程序。管理者仅仅依赖并全面严格落实设计导则，其结果便是束缚和限制建筑师等专业技术人员的创作空间，原本技术更在行的建筑设计师最后却仅仅扮演工匠角色，涉及建筑、景观专业技术力量未充分体现。这一过程中，笔者认为导则应通过长期连续高度协作的规划管理、灵活的操作，与各专业技术人员进行平地探讨来实现具体的设计要求，使设计意图得以实现，而非固化的唯一终极蓝图式的图纸目标。导则的编制深度及把控力度对专业技术人员施展其才能有着重要的影响，设计导则应鼓励专业技术人员创新。

4. 结语

在风貌导则的管控下，芦山灾后重建的风貌工作初见成效。芦山项目的特殊性在于其规划与建筑的同步实施，它更快、更集中地暴露真正实施过程中所产生的问题。风貌导则是针对芦山城市特色进行的一次有益探索。导则下的设计项目，成败关键不全在设计本身，制定导则无疑是最为重要与关键的环节，它是城市研究范畴和实践操作的一个衔接。

在芦山实践中，多层次的风貌协调有利于更精细化且有针对性的实施引导。当然，城市设计导则，并非是将城市建筑形态的各种要素拼凑在一起控制，就能得到良好的城市空间环境。以芦山风貌实践为例，各方对地域文化的不同认识、规划管理落实等因素会对导则产生影响，设计导则应把握核心设计准则，体现包容性。导则的实施应强调“突出核心内容”而非“全面覆盖”，过于精细化的导则可能会带来束缚和限制专业技术人员的创作空间等问题，设计导则应鼓励专业技术人员进行专业技术的创新。在多种因素影响下，城市设计导则仍需更接地气的操作与实施程序。

城市设计的实施在今后仍会遇到更多的挑战。导则仅仅是实施手段之一，更重要的是发挥导则营造美好的城市氛围，提升环境质量的作用。

图 10.6-20　龙门老街现状照片
（笔者摄于 2015 年 1 月）

七、芦山县龙门乡震后重建工程中的抗震设计考量

中国人民解放军军事科学院　宣彦波

震区的灾后重建不仅仅要满足抗震设计，还要考虑当民宅对家园重建的总总希望与寄托。面对多元的震后重建需求，抗震设计应从单一的结构设计扩展到包含总平面设计、体型设计、结构选型、建筑平面和立面设计的全面抗震设计理念。本文以芦山县龙门乡震后重建工程为例，结合规划定位和当地民众的寄托，从以上五个方面阐述对抗震设计的考量。

北京时间 2013 年 4 月 20 日，四川省雅安市发生了 7.0 级地震，给当地人民的生命财产造成重大损失。由于震中在芦山县，因此这次地震被称为“4・20”芦山地震。笔者在这种背景下，能够有幸跟随导师，加入西安建筑科技大学与四川省规划院联合组建的援建工作组，参与震中龙门乡古镇核心区的灾后重建工作。2014 年 6 月 15 日，联合工作组进驻“4・20”地震重灾区芦山县，见图 10.7-1。

对于震区的灾后重建，抗震是必须面对的问题。良好的抗震性能是震区灾后重建必须要满足的条件。然而，通过分析，我们意识到芦山县龙门乡的震后重建是一项系统工程，绝不仅仅是抗震问题。此次项目，既是物资环境的重塑，更是经济、社会活动的恢复；既要满足现代社会的生产生活方式，又要承载古老村落的乡愁记忆；既是安置受灾村民的民生工程，又是实现乡村振兴、农村经济转型的重要前沿阵地。良好的抗震

注释

① 2014 年 10 月 15 日，习近平总书记出席了文艺工作座谈会。会上习总书记说“不要搞奇奇怪怪的建筑”。

② 芦山老县城规划兼顾发展旅游，在充分考虑老城居民生产生活基础之上，设计落实旅游活动空间，建设旅游活动与本地居民生产生活融洽相处的复合空间，为实现特色主题旅游小镇创造可能性。

③ 通过查阅清康熙《芦山县志》、清嘉庆《雅州府志》、民国《芦山县志》等多版史志可知，老城区在历史上有大量的宗教和政府建筑，包括平襄楼、文庙、火神庙、县衙、圆通寺、白衣庵等，但在史志中均未发现具体的地图信息。规划通过联系芦山县多位 80 岁以上老人以及相关历史专家，通过现场调研辨识，绘制出复原的明清姜城图。图中最大限度地复原了明清城墙、四座城门楼以及城内的重要宗教和政府建筑。其中，城隍庙、文庙等庙宇位于东街北侧，衙署位于北街西侧，金井阁位于地块东北侧龙尾山上。

④ 两大风貌控制区指川西建筑风貌控制区和汉风建筑风貌控制区；九大风貌景观区包括原风貌保留区、新汉风区、新汉风区（立面整治）、传统汉风区、川西台地区、传统川西风貌区、新中式风貌、川西风貌区（立面整治）和新川西风貌区。

⑤ 九大主题特色区指汉姜古城历史街区、广福苑街区、文庙文化街区、红军广场滨河街区、西川河滨河休闲街区、芦阳艺术街区、龙尾山公园街区、玉门巷街区和北门城墙公园街区。

⑥“八横两纵”是指规划建立的街巷系统，该街巷系统组织不同特色的多条文化、旅游休闲线路（主线 2 条，副线多条）。

性能，仅仅是最基础的要求。

一般而言，抗震性能对于建筑的平面形式、立面造型、空间布局有着严格的限制。如果简单粗暴地按照《建筑抗震设计规范》上的条文进行设计，显然无法达到上述理念。我们必须寻找到抗震性能与设计理念之间的平衡。

此外，乡村相对落后的经济技术条件以及有限的经费，无法大规模运用诸如地震弹簧、消能减震设备等先进但较为昂贵的抗震措施。本项目同时也是在适宜技术条件下的命题作文。

因此，面对如此多元的项目背景与需求，我们不能简单地由结构工程师依照《建筑抗震设计规范》进行抗震设计，而是要将抗震设计的思路拓展到包含总平面设计、体型设计、结构选型、建筑平面和立面设计的全面抗震设计理念。下面结合芦山县龙门乡震后重建工程的设计实践，从以上五个方面全面地阐述对抗震设计的考量。

图 10.7-1　联合工作组奔赴芦山
（资料来源：联合工作组拍摄）

1. 现状分析

（1）项目概况

芦山县位于四川盆地西缘，雅安市东北部，青衣江上游。北与汶川县连界，东北与崇州市、大邑县、邛崃市毗邻。县城距雅安 31 公里，距成都 156 公里，见图 10.7-2。龙门乡位于芦山县东北部，距县城约 17 公里。龙门古镇四周群山环抱，龙门河自古镇南流过，周边山水风光秀丽、生态环境优良、历史积淀丰厚。

此外，周边还有一些独特的旅游景点和生态农业区。根据当地政府的构想以及上位规划，未来拟将龙门乡打造成生态旅游小镇，为周边城市提供休闲娱乐度假之场所。发展生态旅游，成为新龙门乡经济转型的重要抓手。

旅游小镇对于建筑的外部空间和风貌特色有着较高的要求，内部空间也必须契合商业需求。政府对于风貌非常重视。为了防止日后村民利用阳台和露台私搭乱建，破坏整体风貌，在设计时，政府提出在方案中不设置阳台和露台。此外，政府根据拆迁补偿政策以及当地家庭的人口结构，将建设的居住户型单元分为 3 人户、4 人户和 5 人户三种。

（2）场地现状

场地基本平坦但略有高差，呈东北高、西南低的态势，地质大部分比较坚硬，属于抗震的有利地段，适合进行工程建设。内部多杂草和农田，乡间小路和水渠穿插其中。场地上留存建筑较少，小部分为年代较久的木结构住宅，大多为“5·12 地震”后建造的砖混结构建筑，见图 10.7-3。文物保护单位青龙寺大殿在地震中结构完好，仅室内神坛被震毁。周边规划的村委会和老年中心已完成施工图设计，正待建设。总体而言，除青龙寺大殿外，场地中没有具有保留价值的建筑和景观。

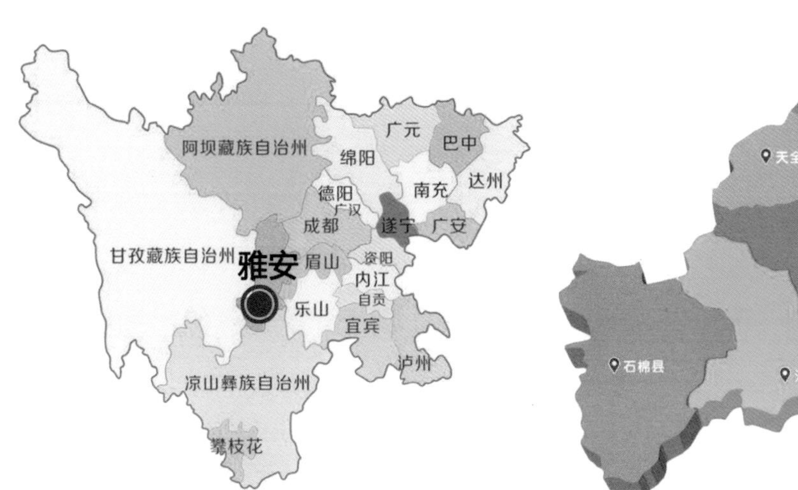

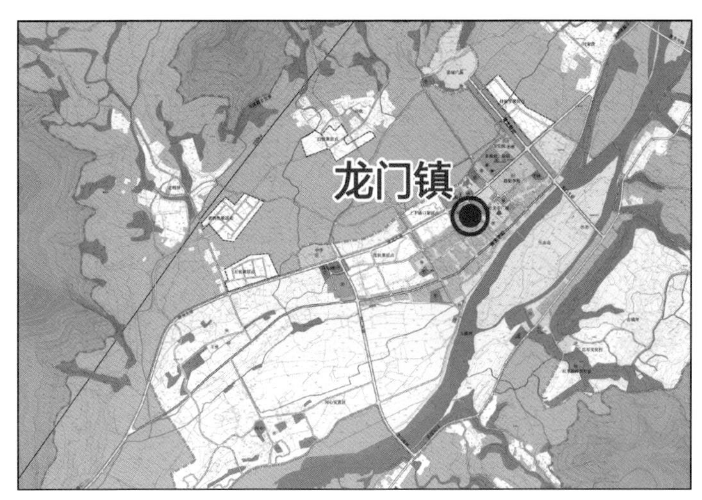

图 10.7-2　芦山龙门乡区位
（资料来源：联合工作组）

场地中目前有四条机动交通道路：南侧为现龙门乡主干道——青龙老街；场地北部是未来青龙乡主干道青龙路；东侧青龙新街连接现龙门乡对外出口——龙门大桥和震中广场；场地西侧为乡级干道，连接白家伙与龙门乡。总体而言，交通较为便利，见图 10.7–4。

2. 总平面设计

从抗震角度来讲，总平面规划中应考虑较为完备而高效的避难疏散体系，主要包括避难空间和疏散道路。避难空间即具有一定面积的室外场地，地震时作为安全区域或临时救援场所。道路系统应方便快捷，地震时人员可以迅速疏散。

场地周边多为农田，地震后可以作为天然的避难场地。用地东侧为学校操场和游客服务中心的广场，地震后也可作为重要的避难场地。更为重要的是，救援人员可以依托学校较为完备的市政及其他设施条件，将学校操场设置为临时救援场所。

在具体的总平面规划中，见图 10.7–5，建筑以行列式布局为主。行列式布置是建筑按一定朝向以及合理间距成排布置的形式。这种布置形式能使绝大多数居室获得良好的日照和通风，是各地广泛采用的方式。如果拼接方式合理，布局合理，间距适当，是一种有利于抗震的布局形式。地震发生后，由于行列式由若干个住宅单元拼接构成，因此人流被分解成若干股，能够在短时间形成多方位的疏散。

结合生态旅游小镇的规划定位，组团里绝大多数的住宅前后临街，从而最大限度与客流相接触，以满足小镇“小而散”的商业特征。这样，小镇内正好形成四通八达的组团街道，结合周边纵横交错的主路，不仅方便了景区平时临街商业的需求，也提高了地震时的疏散效率。

3. 建筑设计

（1）建筑体型设计

建筑体型的规则性对抗震性能来说至关重要。《建筑抗震设计规范》第 3.4.2 规定：“建筑设计应重视其平面、立面和竖向剖面的规则性对抗震性能及经济合理性的影响，宜择优选用规则的形体。其抗侧力构件的平面布置宜规则对称、侧向刚度沿竖向宜均匀变化、竖向抗侧力构件的截面尺寸和材料强度宜自下而上逐渐减小、避免侧向刚度和承载力突变。”

在建筑单体体型设计上，底层为 7.8 米 × 11.2 米的矩形布局，中间层向内退进，第三层建筑围绕天井进一步内收。最上面为坡屋顶，结构向屋顶汇集。这样，所形成的体量由下至上层层内收，结构构架也在逐渐向上收缩，建筑刚度由下至上逐渐减小，而且倾斜的坡屋面在一定程度上减小了刚度突变，见图 10.7–6。此外，屋顶采用整体现浇的方式，以增强其在地震中的稳定性。

（2）结构选型

结构形式的选定对后续的设计至关重要。不同结构形式对建筑空间的限制以及抗震设计方法都不一样。所以在设计之初，应该根据项目情况，对结构选型有一个大概的考量。通过调研，我们发现龙门乡地区常见的建筑结构有砖木结构、砌体结构和底部框架砌体结构。

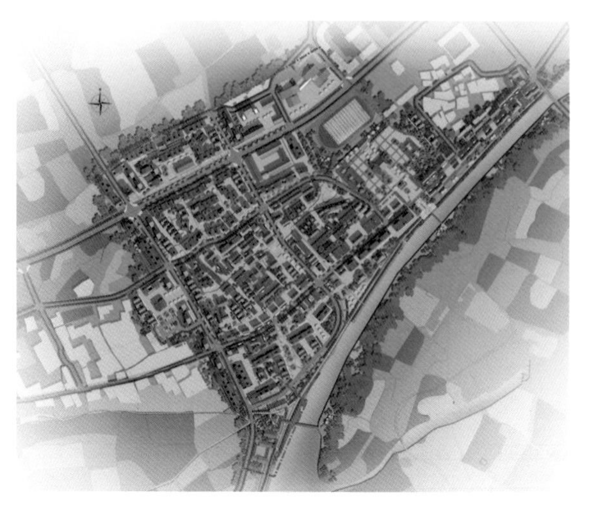

图 10.7–5　芦山县龙门乡核心区工程设计总平图

（资料来源：龙门乡工程设计项目组）

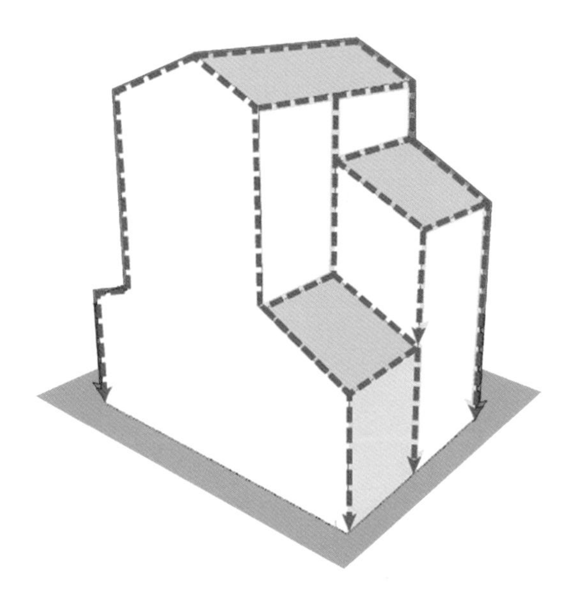

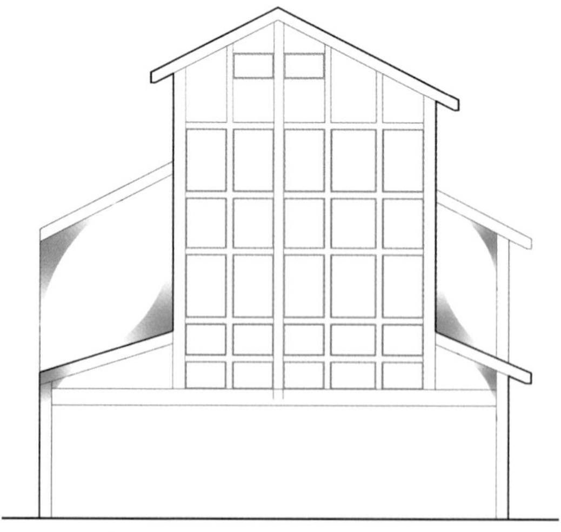

图 10.7–6　坡屋面减小了体型的刚度变化

（资料来源：作者自绘）

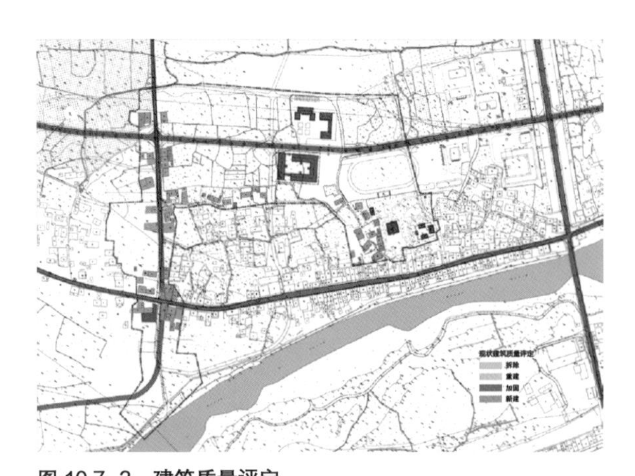

图 10.7–3　建筑质量评定

（资料来源：龙门乡工程设计项目组）

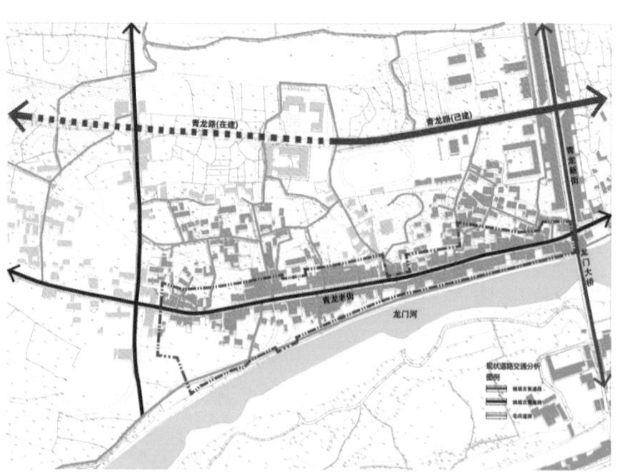

图 10.7–4　道路交通

（资料来源：龙门乡工程设计项目组）

① 砖木结构

当地传统的砖木结构其实是一种穿斗式结构。这种结构以木柱直接承重檩条，每排柱子以穿枋贯穿起来，形成一榀构架，每榀构架之间使用斗枋连接。整个结构体系没有梁，柱之间的横向木构仅起联系作用。

这是一种柔性结构，在地震中，构件之间的柔性变形可以大大消耗地震能量，具有较好的抗震性能。虽然在当地有大量的砖木建筑已损坏，但整体构架并没有倒塌，在一定程度上可以保障人们的生命安全，见图 10.7-7。但是砖木结构柱间距较小，只适用于体量较小的建筑。室内光线较昏暗，通风条件不佳。结构耐久性不好，需要定期翻修保养。总体来说，不适合本次项目。

② 砌体结构

砌体结构的承重体系主要由脆性材料组成，比如工程中常用的烧结砖。脆性材料组成的结构本身不适合承受地震中的扭转作用。虽然通过合理的抗震设计也可以达到相应的抗震性能（比如合理布置圈梁和构造柱），但其房间开间较小，内部空间分隔受结构布置影响较大。在抗震要求的约束下，建筑造型能力弱，空间布置不够灵活，呈现出的建筑形体容易平庸，不易表达出龙门乡特有的传统风貌。

③ 底部框架砌体结构

底部框架砌体结构，即底层为钢筋混凝土框架，上部为砌体结构的建筑。建筑底层框架可以塑造出大空间，满足商业用途，而上部砌体结构所围合的空间较小，适合生活住宿之用。这种结构在村镇地区较为常见，既能够满足大空间的商业用途，其中的砌体结构部分又能够适当减少造价，与纯框架结构相比投资较小。就其空间而言，比较适合本次项目“底商上宿”的空间形式，但却不利于抗震设计。这是因为两种不同结构类型的交接处，由于在竖向上刚度发生了突变，在地震时容易引起交接处应力集中，使得底层框扭曲变形严重。

④ 钢筋混凝土框架结构

钢筋混凝土框架结构的造价比砌体结构多出约 30%，且施工技术要求比较高，所以在经济技术相对落后的村镇地区应用不多。而且村镇地区的住宅多为个体零散建设，少有集中建设，这更是加大了框架结构的造价。

但钢筋混凝土框架结构本身拥有较好的延性，在地震中能够很好抵御扭转效应，所以具有良好的抗震性能。而且空间划分更加自由，形式可以更加多变，更有可能实现该项目多元的设计理念。该项目为政府统规统建，而且有国家资金补助，村民容易负担。所以，我们最终选择钢筋混凝土框架为本次项目的结构形式。

钢筋混凝土框架结构在抗震设计时应避免“强梁弱柱”的现象。“强梁弱柱”，即梁的截面尺寸较大，而柱子相对纤细，导致在地震作用下框架柱无法有效约束框架梁，造成底层框架结构垮塌，见图 10.7-8。一般而言，梁的截面尺寸随柱间距的加大而增大。所以，在平面布局时应要控制框架柱的跨度。

比较幸运的是，在项目初期便有结构工程师的参与。结构师看到方案后，建议建筑师将柱跨减小，以避免“强梁弱柱”的不利情况。在这个

图 10.7-7　现场残存的砖木结构建筑

（资料来源：作者拍摄）

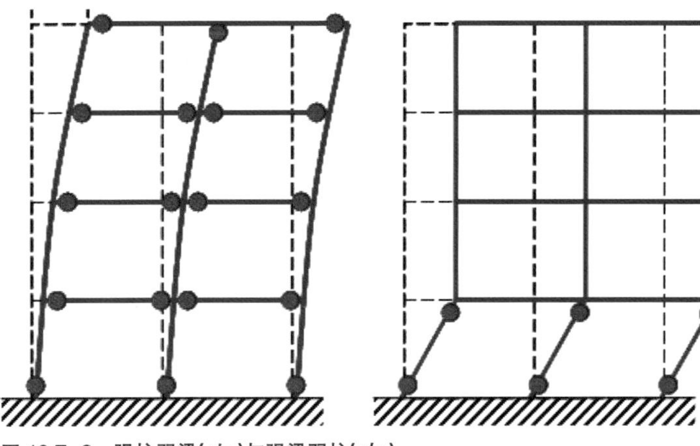

图 10.7-8　强柱弱梁（左）与强梁弱柱（右）

（资料来源：新浪网）

项目中，框架柱最大的柱距为5600毫米，柱截面为400毫米×400毫米，梁截面为200毫米×400毫米，柱截面要大于梁截面，从而避免了“强梁弱柱”现象，增强了建筑的抗震性能。

（3）建筑平面设计

① 单体设计

由于芦山县政府提出，要以龙门乡悠久的历史为依托，打造龙门乡的旅游文化品牌，所以建筑空间一定要满足旅游商业需求。经过研究，每一种户型选择底商上宿的布局。具体的平面布局，见图10.7-9，为建筑两侧为店铺空间，主入口店铺开间7500毫米，进深为5500毫米，适合作为零售、餐饮等商业业态。次入口一侧的店铺开间为5300毫米，进深为3100毫米，适合作为小吃等商业业态，可以供游人作短暂停留。厨房、卫生间、杂物间等辅助空间并列布置，天井临卫生间和商业空间布置。

从总体上看，建筑单体首层平面呈矩形，为规则平面，有利于抗震。而且平面中结构柱与填充墙的布置大致均匀，在强烈地震作用下，不会出现强烈的扭转效应而至建筑坍塌。

二层建筑向内收，设置了客厅和两间次卧，客厅居中而卧室布置在两端。三层进一步内收，设置为主卧。二层和三层围绕着天井一共设置了3间卧室和一个客厅，可以为游客提供住宿和交流场所。

建筑楼梯和天井均为楼板开洞的位置，地震时不仅楼板传力受阻，而且洞口处为应力集中的位置，在地震中容易破坏。为了避免这种不利情况，洞口位置应尽量居中，而且尺寸适当。

在设计中，我们将楼梯间和卫生间相对布置，而将天井放入商铺空间之中。卫生间和楼梯均为结构加强处，建筑的中部刚度无明显突变，总体上刚度较均匀。天井位于商业空间之中，增添了商业空间的活力，见图10.7-10。

② 群体设计

为了使商业街形成灵活的街巷空间，我们在局部让住宅错落布置。错落有致的建筑形态可以创造出别致的效果，但对建筑抗震性能有一些不利影响。为了消除这种不利影响，我们在平面错落之处设置了防震缝。通过防震缝，将每一平面单元都呈现规则形态，在地震中分别抵抗地震变形。

同时，拼接成联排单体的住宅户数不超过4户，使每一栋单体平面的长宽比不超过3：1，避免形成对抗震不利的平面形态。这样，我们通过合理的拼接与构造设计，使项目达到集美观、经济、抗震于一体的综合效果，见图10.7-11。

（4）建筑立面设计

在立面设计中，建筑师十分注重通过当地材料来表达传统的营造技艺。龙门乡当地盛产鹅卵石，在施工过程中就会挖出不少。在设计中，一层窗下墙采用鹅卵石贴面，见图10.7-12。这样的设计，一方面可以增强建筑视觉上的稳重感，另一方面可以通过就地取材的方式，消耗施工中挖出来的鹅卵石，减少施工运输成本。

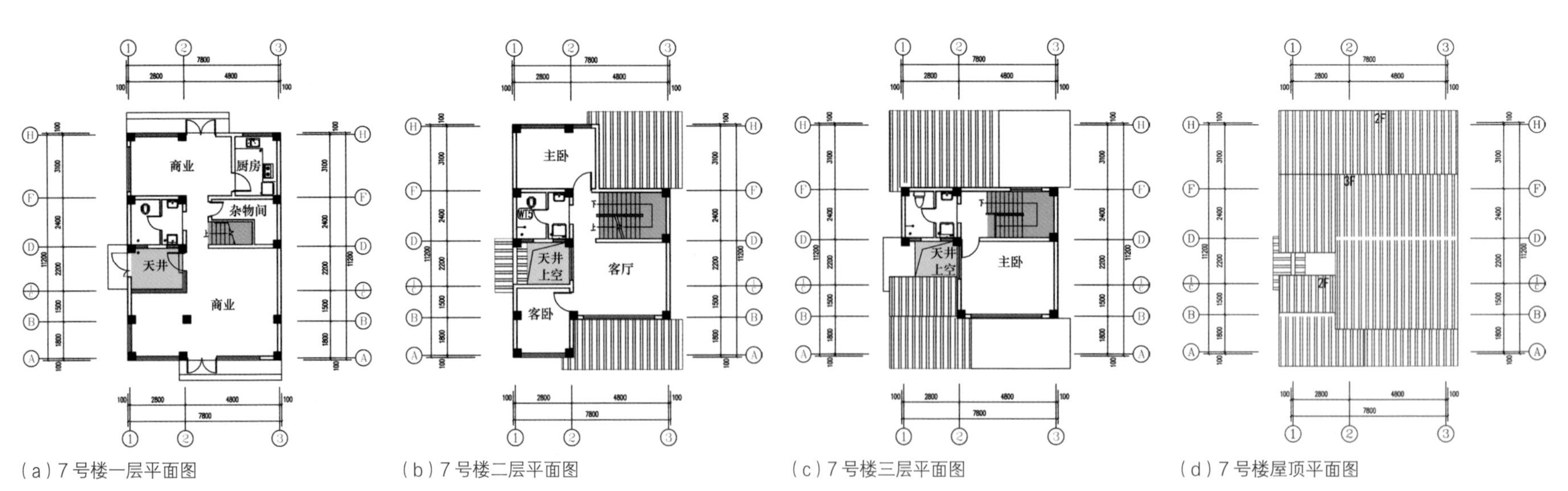

（a）7号楼一层平面图　（b）7号楼二层平面图　（c）7号楼三层平面图　（d）7号楼屋顶平面图

图10.7-9　芦山县龙门乡核心区7号楼平面图

（资料来源：龙门乡工程设计项目组）

图 10.7-10　商业空间里的天井
（资料来源：作者拍摄）

图 10.7-11　芦山县龙门乡核心区的建筑风貌
（资料来源：龙门乡工程设计项目组）

图 10.7-12　当地的卵石砌墙（上）和施工中的卵石墙（下）
（资料来源：作者拍摄）

二层的立面设计，我们参考了川西木结构穿斗式的风格。这是中国传统木构技艺的一种，当地广泛应用于民宅建筑。穿斗式木构会产生格构式的立面，形成了很强的韵律感。在这次的项目中，建筑师为了呼应传统的穿斗式木构，外立面采用防腐木分隔。在防腐木构成的方格中，我们用竹胶板模仿当地民居中竹篾片的机理，见图 10.7-13。当地民居的墙体为竹篾片与泥土混合而成的竹泥墙。竹篾片可以加强墙体的抗侧力刚度以及抗弯能力，这一点类似于钢筋混凝土结构中钢筋的作用。此外，这种竹泥墙有透气吸潮的作用，在梅雨季节可以保持室内环境的舒适性。

坡屋面的设计，一方面为了表达传统建筑风貌，另一方面也是为了抗震考虑。坡屋面斜向的为钢筋混凝土结构板，与平屋面相比，减小了竖向上的刚度突变。此外，川西多雨水，相应的平屋面女儿墙也较高，导致女儿墙由于高宽比较大。再加上缺少水平支撑，在地震中容易因“鞭梢效应”而脱落。

这样，我们通过参考川西木结构竹泥墙的风格来实现本项目的三段式立面构图设计，见图 10.7-14。底层为鹅卵石铺面，在视觉上增强其稳定感。第二层主要为竹胶板装饰，第三层为白色外墙涂料，防腐木贯穿于整个外立面的设计。窗户为仿古木窗，更增加其古香古色的韵味。外立面主要采用防腐木、竹胶板和鹅卵石为构成元素，旨在恢复川西地区古老的村落风貌。此外，建筑较高处只有竹胶板和防腐木等轻质材料，无较重的贴面装饰，可以避免地震时因饰面脱落而伤人。

在进行立面设计时，为了避免地震中的短柱破坏，根据《建筑抗震设计规范》要求，柱子的剪跨比（R）应该满足 $R > 2$，而 $R = Hn - Hw/h$（其中 Hn：柱净高；Hw：填充墙高度；h：柱宽）。在设计中，建筑师验算每一层的剪跨比，使其符合 $R > 2$ 的要求，见表 10.7。

大量的震害表明，房屋尽端是震害较为集中的部位。为了防止房屋在尽端首先被破坏，非承重墙体尽端至门窗洞口的最小距离不应小于 1.0 米。在设计中，窗户之间留有较大的间距，窗户距离外墙墙段的距离大于 1.0 米。

《建筑抗震设计规范》第 3.4.3 中有关于平面不规则的规定：“除顶层或出屋面小建筑外，局部收进的水平尺寸大于相邻下一层的 25%”。在设计中，建筑逐层内收的比例尺寸小于 25%。而且在立面设计时，将窗户上下层均对齐处理，也有利于抗震性能增强。

图 10.7-13　传统穿斗架、竹泥墙（左）与现代穿斗风格的立面（右）
（资料来源：龙门乡工程设计项目组）

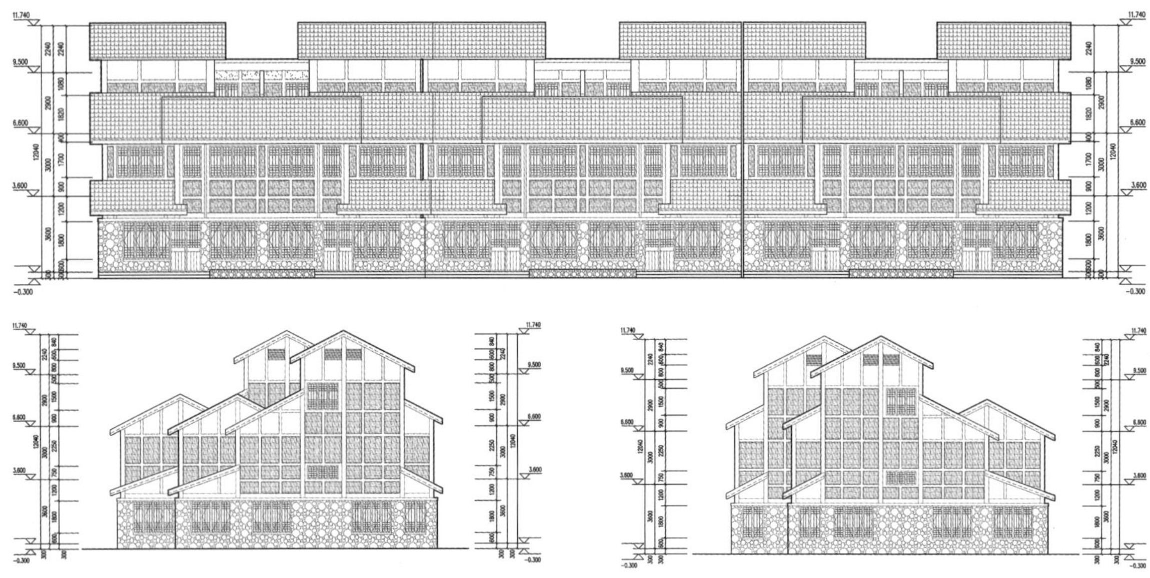

图 10.7-14　芦山县龙门乡核心区 4 号楼立面图
（资料来源：龙门乡工程设计项目组）

建筑各层的剪跨比验算　　**表 10.7**

楼层	柱净高（H_n）	填充墙高度（H_w）	柱宽（h）	剪跨比（R）
一层	3.1 米	0.9 米	0.4 米	5.5
二层	2.4 米	0.9 米	0.4 米	3.7
三层	2.4 米	0.9 米	0.4 米	3.7

资料来源：作者整理

4. 结语

震区的重建往往承载着众多的期望与寄托，满足抗震性能只是重建的一部分，更多的是要在满足抗震性能的前提下，用规划和建筑的手法来实现这种期望与寄托。

抗震设计不仅仅是结构工种的任务。为了满足当地多元的需求，应该将抗震设计扩展到总平规划、体型设计、平面设计和立面设计等方面，而且结构工程师最好能提前介入项目。芦山县龙门乡震后重建工程，是这种全面抗震设计思路的一次实践。希望能够通过本书，为今后的震后重建和高烈度抗震地区的建设提供参考。芦山县调研实录见图 10.7-15 ~ 图 10.7-18。

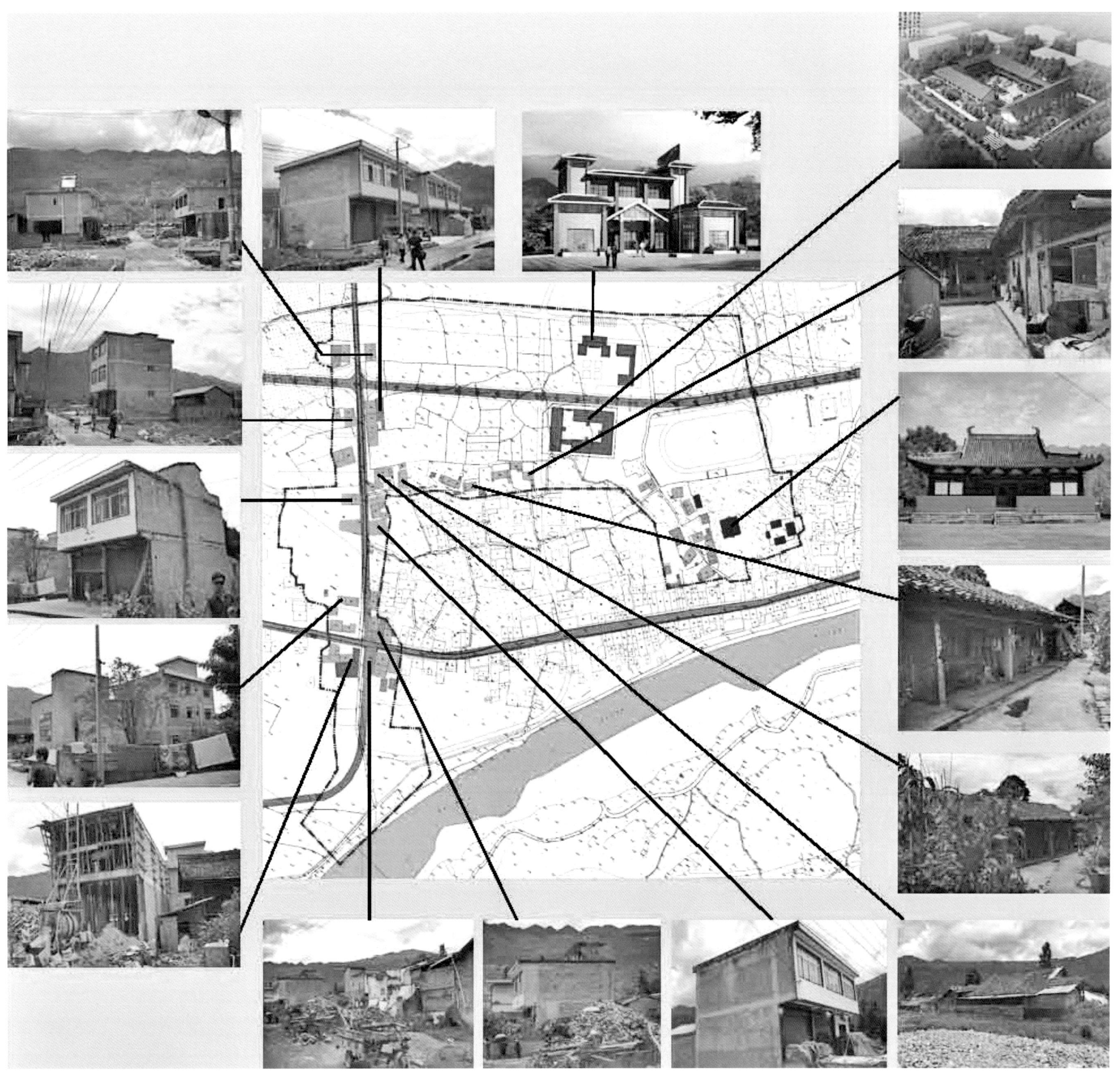

图 10.7-15　芦山县调研图 1

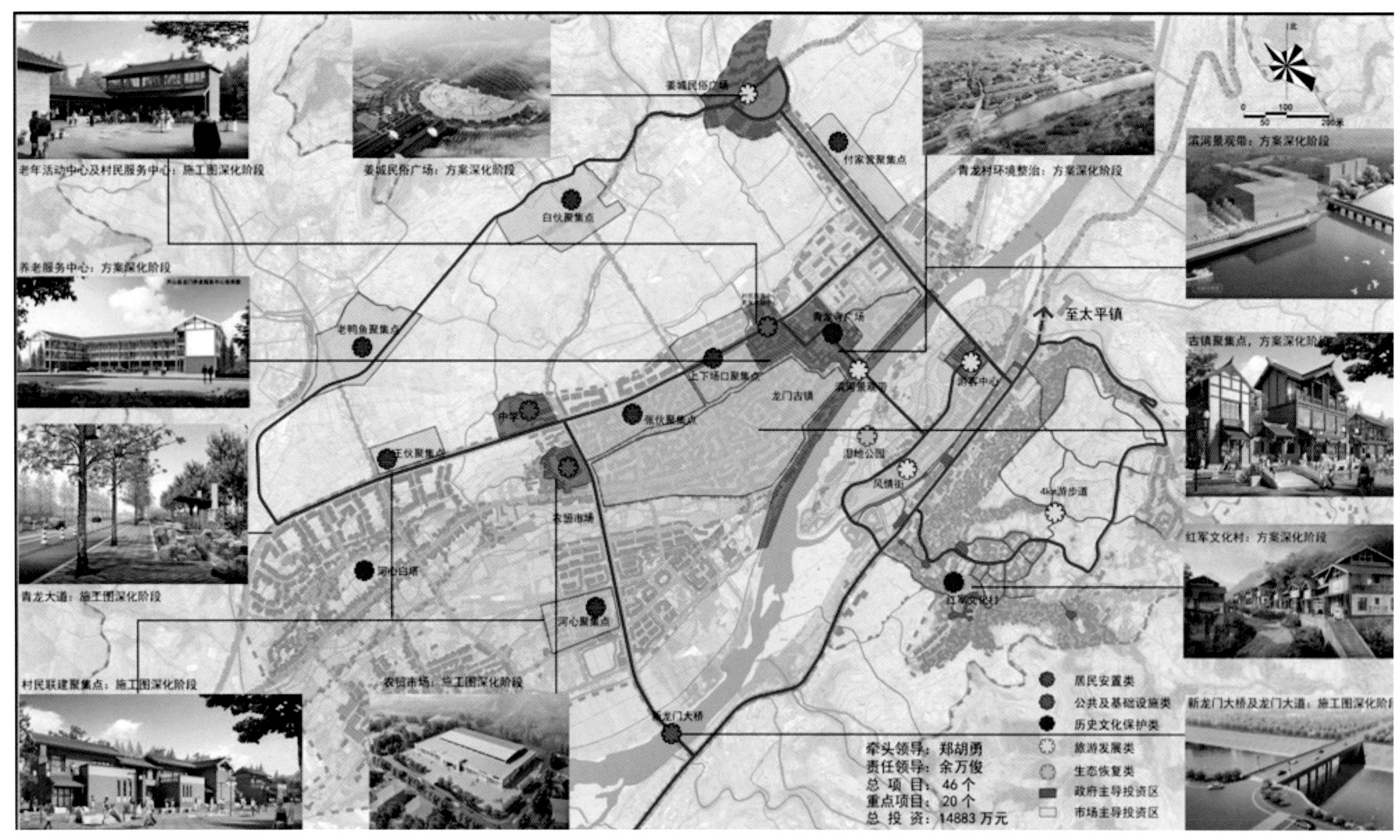

图 10.7-16　芦山县调研图 2

图 10.7-17　芦山县调研图 3

图 10.7-18　芦山县调研图 4

八、芦山地震灾后重建民房重建方式的实施反思——以芦山县龙门乡场镇建设为例

李东曙　中国城市规划设计研究院西部分院

1. 龙门乡灾后重建背景

（1）震中概况

龙门乡场镇驻地青龙场村，地处地震震中爆发点，全村震后1885户、5425人，共有9个村民小组，分别是上场口、下场口、张伙、王伙、白伙、付家营、河心、老鸭鱼和纸房山。全村震时死亡2人，并没有人口锐减引起的大量销户现象，因此传统的社会结构和生产生活环境变化不大。乡场镇驻地上下场口（上场口和下场口的合称），为传统意义上群众公认的“街上”。震时乡场镇有两条街：一条叫老街，20世纪八九十年代村民自发建设形成，全长700米；另一条叫汉风街，建造于“5·12”地震灾后重建期，全长600米。

在房屋震损方面，“4·20”芦山强烈地震与“5·12”汶川特大地震的最大区别是“5·12”时房屋多以整体倒塌为主，“4·20”时房屋整体倒塌较少，很多房屋表面还矗立着，实际上有的基础已错位甚至开裂、有的梁柱已倾斜、有的木结构框架还在但墙体已倒塌，多数经鉴定无法达到七度抗震设防标准而无法使用。经政府组织的专业机构鉴定和村民意愿整理，震中青龙场全村1885户民房中，1192户民房属严重损毁需重建，689户民房经维修加固可持续使用，另有4户倒塌后货币转移安置不再重建。因此，灾区常用“站立的废墟”来形容“4·20”地震的房屋受损情况。

（2）重建总体规划及目标

2013年7月，《国务院关于印发芦山地震灾后恢复重建总体规划的通知》（国发〔2013〕26号）出台，文中在房屋重建方面，明确了重建要求和目标：

“用三年时间完成恢复重建任务，使灾区生产生活条件和经济社会发展得以恢复并超过震前水平，为到2020年与全国同步实现全面建成小康社会目标奠定坚实基础。”

“农村居民住房的重建方式：经过评估通过维修加固可以安全使用的住房，应实施维修加固。必须新建的住房，要科学选址，做到结构合理、开间合度、面积合适，在尊重农村居民意愿和方便生产生活的基础上，适当集中建设。采取统规统建、统规联建、统规自建等方式推进农村居民住房重建。灾区住房损毁、需新建住房的农村居民可在城镇购房落户，同等享受农房重建补助政策。”

龙门乡灾后恢复重建指挥部根据《芦山县龙门乡场镇修建性详细规划设计》的规划内容，提出以下重建目标：

震中龙门场镇按照“总体提升、改造古镇、彰显特色”的工作思路，着力提升一镇、新建两桥、打造一岛、改造六村，努力把龙门乡打造为灾后恢复重建特色小镇、4·20芦山地震震中纪念地。其中规划提升一镇，重在打造新街、改造老街、提升汉风街；规划新建两桥，新龙门大桥支撑产业发展，青龙关大桥疏解过境交通；规划打造一岛，突出自然风光和生态修复，打造古镇旅游的农业观光区；规划改造六村，一方面建设六个新农村，另一方面改造旧村散户，全面提升山水田林和村庄特色。

其中涉及民房建设的重点是“一镇六村”，一镇即位于上下场口的古镇，六村即外围六个村组的新村聚集点，分别是张伙、王伙、白伙、付家营、河心和老鸭鱼（纸房山与老鸭鱼合并建设）。

（3）重建进度及节点要求

国务院重建总体规划要求三年完成重建，地方政府要求2014年4月20日以前开工率50%，7月20日以前全面开工，2015年4月20日以前完成农村住房建设，2015年12月31日以前完成城镇住房建设。实际上时间节点更多，同时节点还要出亮点。

1）政治节点：春节、4·20、7·20、国庆、一周年、两周年，每个节点都有上级部门督查，而且还要迎接领导视察，每个节点都需要见成效，需要给全国人民公布重建进度和效果。

2）时令节点：4月芒种，7月汛期，11月霜降分别对某些重建项目有严重影响。特别是芒种时间一到，重建与种稻冲突，劳动力短缺；汛期一来，山洪时有发生，桥梁建设严重受阻；雨季一到，建设质量和工期必然严重受阻。

3）民俗节点：结婚生子要房子，做生意过日子要房子。在农村，没有房子特别是新房，就

没指望能结婚生子，这是很现实的问题。地震后房子没了，日子还得过，生意还得做，晚一年就少一年的收入，越早住进新房越早赚钱养家。

2. 三种方式的适用背景

研究三种重建方式，总结重建经验，就要对比三种方式的普及性和适用性，因而对那些基本条件和背景的梳理和总结是必需的。其中最需理清乡村社会重建的主导要素：房屋和土地。这是后续一切重建程序开展的基本前提。

（1）房屋特征

所谓房屋特征，重点就是区分农房和城房这两大属性。这两种类型房子在方方面面都有很大的区别，见表 10.8-1。

我国的地震带多分布在山区，山区民房的灾后重建更多的要考虑山区的特殊自然地理条件。山区的最大特点就是人口规模小、城镇村规模小，从大范围来看，城镇村分布在主要交通线沿线；从小范围来看，呈现出城房集中、农房分散的格局。由于历史和自然条件的缘故，山区的农房多依托耕地，耕地在哪儿，农房在哪儿，耕地范围大，村庄群落就大，反之则小。此外，农房品质的好坏，主要区别在于大小和高低，在于院落环境而不在于结构形式或价格。山区城房品质的好坏则依托于便捷的交通条件，交通条件越好，城房越密集，道路区位越好，城房价值越高，城房的好坏区别在于区位、结构、外立面、周边的配套设施。周边服务实施越多，服务越便捷，生活质量越高，就业机会越大。

而农民对农房和城房的建设标准和价值判断是完全不一样的。统建考虑的是房屋的升值空间有多大，联建和自建考虑的是房屋的建造成本能压缩多少。因此，对于城房，全部适用于统规统建，只有统规统建才能完全按照国家相关法规规范推进规划建设管理，否则无法拿到产权证。而对于农房，则需结合内外环境，选择适当的重建方式。

（2）土地特征

重建过程无论选择哪一种重建方式，都需要选址合适的土地来开展工作，而选址地的性质和区位是决定选择何种重建方式的第一要素。

首先来说下我国现行的土地政策。我国农村通常有三类地，即宅基地、自留地和承包地，宪法规定这三类地属于农村集体所有。宅基地是一户一宅，所有权归农民集体，不得继承，使用权归农户自己；自留地是房前屋后庭院菜地或荒地，属于农民集体所有；承包地是耕地、林地或草地，不同地方的情况不一样，汉区主要以耕地为主，其经营权归农户自己所有，而所有权归农民集体所有。这就是农村社会的“所有权、使用权和经营权”，也就是农业、农村、农民“三农问题”里的“三权”。

《土地管理法》和地方政府《土地管理条例》规定了“农村村民一户只能拥有一处宅基地”“宅基地的所有权归农村集体所有”，这个集体指的行政村，而实际上这个集体只能是村民小组，所以宅基地不能继承，新农户需要宅基地时必须申请。但实际上，不考虑土地流转和入市交易的情况下，宅基地基本就是世袭的、私有化的，然后新建宅基地后，旧宅基地也是不回收了。

同时，自留地也是私有化的。自留地是村庄内功能最活跃的土地，村民种菜、养殖、修停车场、修晒场、建沼气池、建仓库、建厂房甚至新开辟宅基地等等都可以在这些自留地上进行，土地性质更偏向于宅基地之外的集体建设用地，但实际上都是个人在使用，即便是划归宅基地，也是自己的儿子或侄子可以申请，其他农户也只能在他们自己的自留地上申请建房。正因如此，农村的村庄规划建设和公共空间环境整治都是围绕自留地如何使用在开展。

此外，《农村土地承包法》第二十条的规定，事实上已经造成了我国大部分农村地区的耕地呈半私有化状态，即便 30 年期限到了，各家各户已经成为既得利益团体，原有耕地自然就可以顺理成章的续租 30 年，一来二去耕地在 2003 年推行新版承包法的时候基本就私有化了。

综上所述，农村发展的问题、恢复重建的问题都是在社会主义的体制下，以法律上的农村集体所有制经济与事实上的私有制经济矛盾的问题，处理不好这两种体制之间的矛盾，就很难搞好发展或是重建。这点无论在少数民族地区还是汉区，其实都是一样的。

基于前文所述，重建之初的土地政策可以有两种。一是基于沿用2003版《农村土地承包法》“第二十条”的土地政策，重建选择原址自建和异地重建相结合，每户都有三块地但土地性质不

农房和城房的区别　　**表 10.8-1**

山区	载体	布局	内部特征	外部特征
农房	耕地	分散	面积	庭院绿化
	水系	小、散、乱	高度	安静
城房	交通	集中	区位	经营环境
	公共设施	规整有序	外立面	喧闹

一样，因此通过家庭内土地置换、村组内土地置换或者跨村组土地置换来保证土地需求；二是基于废止 2003 版《农村土地承包法》“第二十条”的土地政策，重建选择土地确权和土地分配相结合，确保规划先行，回收三地三权，即宅基地、自留地和承包地以及所有权、使用权和经营权，规划分区统建，原址自建需审批，以确保建设标准和质量。以龙门重建为例，土地政策依然基于现有土地政策，选择原址自建和异地重建相结合。其中，异地重建时土地置换的幅度有三种，一是个人自己的耕地（承包地）和宅基地之间的土地置换、二是村组内自己与他人的同类型土地置换（即耕地置换耕地、宅基地置换宅基地）、三是同一行政村内跨村组的同类型土地置换。只有如此，才能保证政府推行的集中联建政策，否则没有土地支撑无法保证房屋落地。

3. 重建方式的实施情况和路径

本文根据笔者在三年重建过程中的所见所闻所想所感，详细阐述评价统规统建、统规联建和统规自建三种重建方式的实施情况和路径。其中统建以古镇新街和河心新村为例，联建以古镇老街为例，自建以白伙新村为例。这四个组团三种重建方式齐备，且集中在震中龙门乡场镇，三种方式的选择各有各自背后的故事，实施过程也各有各的利弊和酸甜苦辣，实施结果也各具特色，总体上，属于比较适合各自组团的成功案例，对于研究“4・20”芦山强烈地震的重建方式最具代表意义。本文试图通过对三种方式的利弊分析和适用条件分析，探索灾后重建民房建设模式，梳理重建经验以便更好地为未来的灾后重建铺路。

（1）三种方式的实施情况

笔者在此详细阐述四个组团各自选择的原因和实施效果：

① 古镇新街

古镇新街位于上下场口的背街地段，震前位于乡政府门前断头路外，地块内灌渠沟壑多，且有一大片村庄祖坟场，但民房少。该地块历来是村内世世代代最穷的地段，除了与老街联系的几条一两米宽的曲折鸡梗道，再无其他对外通道，甚至震损房屋的建渣都无法运出。

老百姓多数存在“不见兔子不撒鹰”的心理，经常是以有色眼镜来看待政府，规划图纸的宣传效果很有限，只有看到实实在在的建成效果，群众才会踊跃报名统建。因此，规划选择这个地段作为统规统建先行先试点。目的有三方面：一是该地块不涉及震损房屋的拆除，群众矛盾少；二是周边开阔、紧邻断头路，施工条件好，便于快速出效果；三是引导老街和背街居民往新街转移，为二期老街地段改造腾挪空间并打造群众基础。

② 河心新村

河心组是全村九个村民小组中人口最多的村组，地处龙门河新老河道中央，坐北朝南，紧邻龙门河，全村土壤含沙量大且地下水位浅，完全区别于其他村组的黏性红壤土，同时也是整个青龙场村震损程度最大、倒房最多的村组。此外，河心组周边的千亩青沙地，是全市唯一一块生产黑皮花生的地块。

鉴于各种特殊条件，成都市政府连续两次实地考察后，最终确定援建河心组，沿用“5・12”建设模式，援建方带人、带技术、带施工队、带资金，地方政府配合做群众工作，采用统规统建的交钥匙方式快速推进重建，10 个月时间全部完成“四个一”的援建工程，即打造一个新村、整治一个旧村，培育一片产业园，建设一条生态河堤。

其中新建民房群落采用“小组微生”的规划理念（即小规模、组团式、微田园、生态化），规划新建四个组团共 88 户民房，户型分为三四五人户，人均 30 平方米宅基地占地面积，每户人均 50 平方米、60 平方米和 70 平方米建筑面积三种选择，有钱选大户型、没钱选小户型，大户型三层、小户型两层，全区共计九种户型。设计原则和设计理念确定之后，建设施工后的院落空间效果、天际线效果以及在旧区穿插保留老木房的格局就自然而然的很丰富。

③ 古镇老街

古镇老街历来是龙门乡场镇最繁荣的街道，“5・12”地震后的灾后重建没有啃下这块硬骨头，政府就在桥头重新修建一条同样长度的新街（即“汉风街”），也算是完成了重建重任，而老街基本上也是修修补补继续使用，依然繁华。而今，“4・20”地震后，老街在两次大地震的摧残下，终究是独木难支，多数房屋没有圈梁构造柱，屋顶坍塌、墙身遍体冰缝、墙基开裂错位。

尽管如此，多数人依然不愿拆房重建，不相信政府有能力改造老街，不相信老街会失去商机，不信任感充斥老街家家户户。

在此基础上，省市县各级政府下定决心务必要拆掉危房、改造老街。但是在灾后重建如此紧迫的时间节点下，难度可想而知，因此结合古镇新街建设，“一堵一放、一拆一建”的思路下，政府派出上百人的工作队，家家户户做工作。按县委县政府要求，乡指挥部用了一年时间才拆除老街 90% 的危房，至今仍有几户危房空置着，作为遗留问题重点监护，免得碰到余震造成危害公共安全的事故。最终老街保留 58 户原地重建（并非原址重建），即在统一的规划设计下，分 5 个组团共墙共基建设。此外，这些民房家家户户在设计之初就自左到右分好了户，图纸上每户人家都是有名有姓的，可以说是量身定制设计和施工，完全有别于其他联建点抓阄分房和统建点的分组团抓阄分房，因此最终采用统规联建的方式。

④ 白伙新村

白伙组是青龙寺大殿正背后靠山的村组，背靠山坡，面朝平坦农田。规划建议新村依山就势在缓坡旱地上重建，同时新村建设和旧村建设一体开展。但是作为群众基础最好、人心最齐的一个生产队，一开始就选择了统规自建，不要政府过多干预，而群众对规划理念不认可，政府的工作队和规划师历次宣传之后，村民执意要在旧村前边的平地建房。无奈，经历两次大地震，老百姓对后山充满了恐惧，况且选择了省钱自建，对自己的施工水平也没有足够的信心。该村成立了自建委，由村里有威望、有能耐的队员组成，全村统一思想，建设纯木结构的房屋，统一流转耕地转化为宅基地，新村选址完全是在流转的土地范围内进行。政府和规划师充当辅助设计角色，村庄民房布局在规划之初，自建委应群众要求，已经分好了前后左右顺序，每家每户的大致位置和房屋占地大小已经明确。规划布局能做的就是根据木结构房屋的特性，在满足规范的最低要求下，做出总平面布局图供村民参考，然后在自建委多次调和下，最终定稿并先划分宅基地。这个过程，矛盾最小，所有的矛盾都不出村，基本都是村内解决，不会出现群众和政府之间的干群矛盾。居民甲欠了居民乙一个人情，因而房屋就位于居民乙的背后，然后大家都相互认可各自的地盘，这跟古镇老街是完全不同的群众工作方法，很简单但也很有效。

白伙新村选择了统规自建后，效率很高，短短三个月，多数房屋主体已经建完，未开工的地基也全部建完，只待定制的木房屋框架进场。此时，政府开始重新测绘新村和旧村地形地貌，然后规划师再次进场补充设计房屋立面以及道路、绿化、广场、庭院等配套设施，完善施工图后政府招标施工队进场施工，这时很多村民也可以被招募到施工队里挣工资。整个过程很顺利，从 2014 年 3 月底划分宅基地到 2014 年 12 月底，短短 9 个月，一个 81 户的新村在自建委和政府的双重领导下全面完工，然后很多人家开始做生意办旅馆农家乐。

（2）三种方式的实施路径和策略

民房重建流程依次是选址征地、规划布局、户型设计、房建施工、配套施工、分户六个环节。

① 选址征地

选址在规划之前，这与常规的城市地区实施程序不一样，在城市地区，秉持规划先行原则，先规划后选址。但是在乡村地区，土地是首要问题，不完成征地工作，规划只是纸上谈兵，因此常被戏说规划不接地气，“规划规划、纸上画画、墙上挂挂”。

实施路径：一是在村庄外围临时征用土地建设过渡房小区，然后把倒房户农民全部转移到过渡房小区，结合倒房密集区多点分散选址重建区，选址范围土地性质以倒房宅基地、闲置宅基地、自留地为主。此工作便于实施操作，同时避免后期分户难的问题。二是，跳出原有村庄异地选址承包地，然后以复耕旧宅基地的方法平衡建设用地指标，因此，征地工作就需回收承包地，具体操作就是在待征地范围内与相关农户一对一谈判，然后给征地后失地农民购置社保甚至办理非转农户籍。

② 规划布局

统规统建方式的实施路径，结合已选址征地的民房聚集区和水利、地灾治理、区域道路等其他重建项目，按村庄规划技术规范，制定村庄建设规划。此阶段的规划重在建筑风格和设计意向效果图，然后预判各民房聚集区的户数，借助相对真实的效果图，在政府工作队的充分理解下给群众做好宣传工作，启动分区重建户的报名工作，预交重建保证金。每个分区都是有限额的，根据报名缴费情况明确每个分区的三四五人户数量。只有分区组团内已缴费的三四五人户完全明确锁定，修建性规划才能进入实质性进程，否则所有规划设计都是纸上谈兵，农民签字画押又反悔的情况多的数不胜数，只有保证金才能固定意愿。

统规自建方式的实施路径，首先明确倒房户地籍图，按照重建项目和资金安排，制定村庄建设规划，明确主要道路红线、市政走廊保护线、河流控制线等等禁建区范围线，禁建线是相对有效的管控措施，而房屋位置、朝向、层高、风格、庭院绿化、围墙等等都只是引导性的，村民多数情况不会认同和执行规划内容。规划后，首先划定民房聚集区引导重建户统规统建，实在不愿意统建的，允许农户在原宅基地按照三四五人户的占地面积要求原址重建，政府给出农房标准图集鼓励引导农户使用。待自建结束后、过渡房拆除后，重新测绘村庄地形地貌，再次与原规划校核，调整完善规划成果，结合村庄环境整治等类型重建项目，依据调整后的规划成果开展配套设施建设。

③ 户型设计

分户与面积问题：以龙门为例，在户型设计方面，依据县委县政府农房重建政策，统规统建区设计三四五人户三种户型，农户不足 3 人的按照三人户标准，超过 5 人的按照五人户标准，然后政策实施结果就是 5 人以上的农户普遍拆分为 2 到 3 个三人户，因此户型设计以三人户和四人户为主。鉴于此缘故，龙门乡重建指挥部在执行时规定，截止震时 2013 年 4 月 20 日，原来多少户就多少户，不允许家庭分户，但因地震伤亡需销户、分户、并户的家庭根据本村实际情况另行处理。此外，户型设计还规定，占地面积人均 30 平方米，建筑面积人均 60 平方米，而单户 5 人以上家庭根据实际居住需求，可适当增加不超过 10 平方米的人均建筑面积，占地面积不允许增加。

层高问题：鉴于农村地区普遍追求 4 米左右的大层高，这是现行国标规范每层 2.6～3.3 米所难以满足的。因此，政府在执行重建政策之初，就要跟群众充分沟通，达成统一共识并全覆盖宣传到位，并针对各层统一的标高要求，详细规范农房和城房的户型设计。否则，政府发布的标准图集和设计公司的标准设计就没有适用性，只能是在施工过程被阻工、被重新设计图纸，说白了，不充分了解群众这些硬性要求的话，只能是不接地气的施工图。

建筑风格问题：农村普遍喜欢标新立异的外装，特别是欧式风格，这与党中央国务院的要求大相径庭，习近平总书记在大理考察时特别说过“新农村建设一定要走符合农村实际的路子，遵循乡村自身发展规律，充分体现农村特点，注意乡土味道，保留乡村风貌，留得住青山绿水，记得住乡愁。”作为援建方，我们有义务践行党中央国务院的指导思想。因此，在设计之初，就需针对本地的传统民风、民俗、民居做深入的研究，建议通过公开招标的方式，研究适合本地的建筑风格，制定一套规范灾区民房、公建设计的控制要素。

④ 房建施工

施工图与实施效果如何保证一致的问题是重建以及常规房建的常见问题。设计师经常抱怨施工效果不符要求，施工单位经常抱怨经费不拨款进度慢。究其原因有很多，其主要原因就是材料选择和单价控制问题。设计用材、施工用材、造价用材和财评用材价格争议最多，既然有争议，自然需要经过程序解决，但凡有一项达不成共识，就没法结算。整个重建，结算时最难的不是工程量，而是材料单价。因为前者可操作余地不大，不可能翻倍重复计算，但是材料单价变化幅度太大，同样材料，换个标签或品牌就可能几倍甚至十倍的差别，还没算人工成本，人工成本更是无法预料，施工工艺不一样、是否赶工期夜间操作、雨天施工都会影响单价。因此，从龙门的重建经验和教训来看，建议重建之初，县政府住建、财政、审计部门会同设计师代表、造价师代表、建造师代表，共同研究出台主要建材的类型、参数、工艺和单价，这些主要建材就是砖、木头、商用混凝土、钢材、门窗、玻璃、涂料、面砖、地砖、石材等，可分为几大类和几小类宜简不宜繁，可明确到某几种品牌。明确设计公司只能从政府出台的名录里选择使用的材料，没有特殊要求，不允许使用稀有类型建材，否则施工技术不能保障，后续维护无法保障，财评结算价无法定价。

⑤ 配套设施施工

民房重建区的配套设施主要包括道路、管网、水渠等线状设施，以及晒场、停车场、沼气池、污水收集池等点状设施，林盘、菜园等面状绿化。公共空间的点线状设施多采用统规统建方式，林盘和菜园等分散的面状绿化全部由村民自建自营。

道路和管网是一体的，常采用统规统建的方式重建，但步行道和沟坎台阶等入户路需全由村民自建自理。主干路已保证了居民的水电气需求，而慢行系统只是提升居民生活质量的辅助设施，更是村庄公共空间的灰空间地带，由村民自建效果更多彩、形态更自由、功能更丰富，同时也让村庄公共空间和农户庭院民房融入得更自然。用村民的话说“即便是喝醉酒也不会进错门”。

水渠的配套建设是多数山区村庄所必需的，一是为了多雨季节的防洪排涝，二是为了保护房屋地基免受浸泡而返潮。整体上，水系统的技术要求比较高，所以采用统规统建的方式。以龙门重建的经验来看，水渠不宜宽不宜深，过宽阻碍交通，过深影响儿童和老人安全（毕竟多数村庄没有路灯），宽度不超过一步距离，深度不过膝的尺度最合适，同时断面以硬质比较好操作，一方面便于血吸虫防疫，另一方面便于施工和工程量结算，传统的卵石断面、自然驳岸反而不适用，一则垃圾污染后难以清理，二则容易寄生各种虫蛇害虫。

此外，村庄绿化，除了古树名木和林盘外，多数自留地和街头绿地适合种植各类瓜果蔬菜，不适宜按照城市的绿化标准种植，瓜果蔬菜一年几季，月月有新鲜植物还能产生经济价值，而种花种草的话，就没人养护，要么死掉，要么长野了没人修剪，既费钱又不实用。

⑥ 分户

分户工作是历来重建收尾时的麻烦工作，不能等重建结束了才开展，要在房屋主体完工时，就提前着手从大向小的细分工作。比如 100 户的民房聚集区，主体已完工，就开始跟进并切分组团，把农户分到相应的组团内，但是不能具体到某一户是哪家的，否则后续施工麻烦多。同理，按照总分原则，随着施工的推进，等房屋外装、内装基本完工，就把各组团的农户分配到某一栋楼，但凡统规统建，多数是共基共墙，因此一栋楼里会有几户人家，同样不能明确具体到某一户是哪家的房子。如此这般的分户办法，会大大减少矛盾波及面、使得邻里矛盾和不公正感分散化，避免发生群起事件。即便是如此，分户也不能保证家家户户满意，但起码能保证多数人基本满意。这样做还有个好处，就是在后期的场地市政和景观施工过程，还能给政府留有余地去调节，比如确实某户人家受到了委屈，那就在场地施工时多配制公共设施，门前一棵石榴树、一盏景观照明灯或是一个石台几就能化解矛盾。

（3）三种重建方式的对比

三种重建方式的主要区别就是政府和群众分别在选址、布局、户型、配套、施工和分户六个环节的主导性，统建时政府完全主导六个环节，联建时政府和群众分别主导一些环节，自建时群众完全主导六个环节，见表 10.8-2。

为什么这么区分呢？因为政府和群众的重建动力不一样，政府的重建动力是外来援建力量，群众的重建动力是传统的生产生活需求。

三种重建方式 **表 10.8-2**

	选址	布局	户型	配套	施工	分户	
统规统建	●	●	●	●	●	●	政府
	○		○			○	群众
统规联建	●		○	●	●		政府
	○	●	●		○	●	群众
统规自建	○	○		●	○		政府
	●	●	●		●	●	群众
	●：主导功能；○：辅助功能						

没有援建力量，芦山根本没能力实施重建，因为没钱、没人、没技术。援建力量来自哪里呢？来自中央政府、省政府和社会。前文我们了解到社会团体带着资金和人力技术来援建时，态度很明确，必须按照援建的要求来，否则撤资金、撤项目，成都市是这样，我国台湾地区佛教慈济基金会是这样，壹基金也一样。同样道理，中央和省政府一样是援建方，他们配置了资金、人力、技术和政策来援建，如果地方政府不按援建要求重建，撤资金、撤项目当然不会，但是会撤人，撤地方政府的官员。援建要求上到国家领导人的历次指示和批示，下到省部各机构的政策和规范要求，以及社会团体的价值观和重建理念都很明确。然而群众基于生产生活需求的传统观念经常会跟这些援建要求发生矛盾，就极大的考验这地方政府的治理能力。地方政府既要吸收群众诉求并向援建方反映，又要引导群众诉求，进而才能保证重建工作的顺利推进。谁主导重建，就决定重建的方向和效果。因此，三种重建方式基本围绕着政府和群众的主导权开展。

客观地对龙门这三种重建方式的评估来看，从不同的角度看重建，其结果是不一样的。从政府的角度来评估三种重建方式，统建效果最好但成本最大，比如河心新村和古镇新街。联建效率最低且问题最多，比如古镇老街。自建效率最高且成本最低但效果难以保证，比如外围老村组。站在政府的角度思考，很多事情我们容易理解。但站在群众的角度，就需要我们深入思索。在群众看来，一是统建质量没保证，因为政府包办的施工队水平参差不齐；二是不公正多，因为政府主导下房屋一样、区位不一样，有对比就有不平衡心理；三是限制条件多，因为政府主导的小区在装修、经营以及生活各方面按照城市要求管理，老百姓不得不去适应，而这种事情如果在城里的小区里很顺其自然，但是现在发生在自己世世代代居住的地盘上就“本能”的不适应甚至反感。站在群众的角度，联建成本最低、公正性最好，因为联建时自己可以做甩手掌柜，到处反映诉求、随时指挥设计、施工按照自己的想法做事，但是又不用花钱。站在群众的角度，自建自由度最大、限制条件最少、满意度最高，因为全是按照自己的想法，同时在自己的劳动下，付出了辛苦钱和血汗钱，房子的一钉一铆都非常熟悉，即便是梁柱裂缝了、木地板薄得忽闪忽闪的，也是无怨无悔。

我们常说灾后重建是一次大会战，实际上更是一次大革命。重建过程是政府和群众双方思想和利益博弈的过程。归根结底是政府与群众之间的思想和利益冲突，是基于城市文明的外来开放思想和基于乡村文明的小农思想之间的冲突，政府秉持开放思想推行重建，而群众多数是沿用小农思想来看待重建。所以，与其说灾后重建是人与自然的大会战，不如说是一场思想革命，其中既有技术革命，从砖木结构到框架结构的房屋升级，也有文化革命，从小农思想向开放思想的转变。

4. 后记

以“4・20”芦山强烈地震震中龙门乡场镇重建过程的规划建设经验和重建模式探讨，对于我国多山地区的灾后重建具有重大意义，也是一笔宝贵的财富。笔者尝试从实践到理论，再从理论设计实践，试图对山区重建的方方面面做出经验总结，相信通过各行各业参与芦山灾后重建的同志们更深入、更全面地总结分析，一定能创造出更加符合山区特点、符合人性规律、符合客观规律且科学高效的灾后重建模式。笔者更希望本文的论述和总结，能对来芦山考察过的西藏聂拉木县和新疆皮山县的重建有积极的借鉴意义和推动作用。

九、芦山县飞仙关镇三桥广场设计

陆诗亮　哈尔滨工业大学建筑学院

1. 引言

2013 年 4 月 20 日，在四川省雅安市芦山县龙门乡、宝盛乡、太平镇交界（北纬 30.3°，东经 103.0°）发生面波震级为 Ms7.0 的地震。最大烈度 9 度，受灾范围约 18682 平方千米，震区共发生余震 4045 次，受灾人口 152 万。“4・20”芦山 7.0 级地震造成社会经济和人民财产重大损失，国家启动灾后一级应急预案，不遗余力地进行抢险救援和过渡安置工作，并迅速进入恢复重建阶段。

为贯彻落实党中央、国务院和四川省委、省政府关于“4・20”芦山地震灾后恢复重建的决策要求，依照习近平总书记 5 月 2 日在《中共四川省委关于“4・20”芦山强烈地震抗震救灾工作有关情况的报告》的重要批示“全面准确评估灾害损失，按照以人为本、尊重自然、统筹兼顾、立足当前、着眼长远的科学重建要求，尽快启动灾后恢复重建工作”，保障芦山地震灾后恢复重建工作科学、高效、有序地开展，积极、稳妥恢复灾区群众正常的生活、生产、学习、工作条件，促进灾区经济社会的恢复和发展，三桥广场项目作为援建工作的重点项目，在设计中遵循国家对整个灾区的宏观思想及区域规划的总体调控。

“灾后地区的建设是一个重建的过程，在这个过程中，规划的前瞻性与历史性同样重要。”芦山县是有 2300 多年历史的古城，是川藏茶马古道的必经之路，四川红色文化的重要节点。飞仙关作为“芦山南大门，川藏第一关”，其作为进藏驿站历来是天、芦、雅、荥四县的货物集散地之一，现仍遗留当年“茶马互市”繁荣一时的历史痕迹。改革开放后修建的 318 国道被誉为我国最美公路，目前仍是进藏的主要道路，有不计其数的背包客、自行车队途经飞仙关进藏，而芦山县飞仙关镇三桥广场就在这个被称作是川藏线上的“第一咽喉”的关口，基地呈三角状，一侧面向荥经河与宝兴河，另两条边界分别由国道和省道与天全、芦山两个灾区县相连，占据其中交通交汇的要处，形成赈灾重建的第一站，见图 10.9-1。

因此项目所处环境较为复杂，设计面临多重考验，其理念在整合 4・20 地震灾难的表达主题的同时，还需要同时遵循上位规划的宏观思想，在落实中综合考量基地位于茶马古道必经之路的地理位置、进藏要道的交通价值、飞仙关镇入口处的重要地位等自然环境问题，以及川北民居的地域特点、红军桥及桥头堡等历史价值以及周边民众和未来游客的使用需求等人文环境问题，具体回应区域规划的指导原则与国家批示。

2. 规划定位

作为灾后重建的牵头单位，中规院受国务院委托进行驻场设计，在飞仙关镇总体规划中提出将旅游发展与地方经济可持续发展相结合，与城乡统筹、新农村建设相结合，通过空间资源的有效配置、建设项目的有序安排，处理好旅游开发、城镇建设、移民安置、环境保护、游客市场、社区利益、文化传承、产业互动、区域发展等之间的关系，以打造国家 4A 级旅游景区为标准，进行高品质的旅游区建设，完善旅游基础及配套服务设施，提高修建性详细规划的适应性、落地性和长效性，为飞仙驿片区规划、建设、经营、管理的良性动态循环做好铺垫。

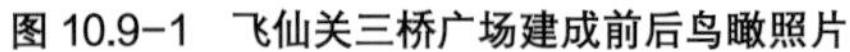
图 10.9-1　飞仙关三桥广场建成前后鸟瞰照片

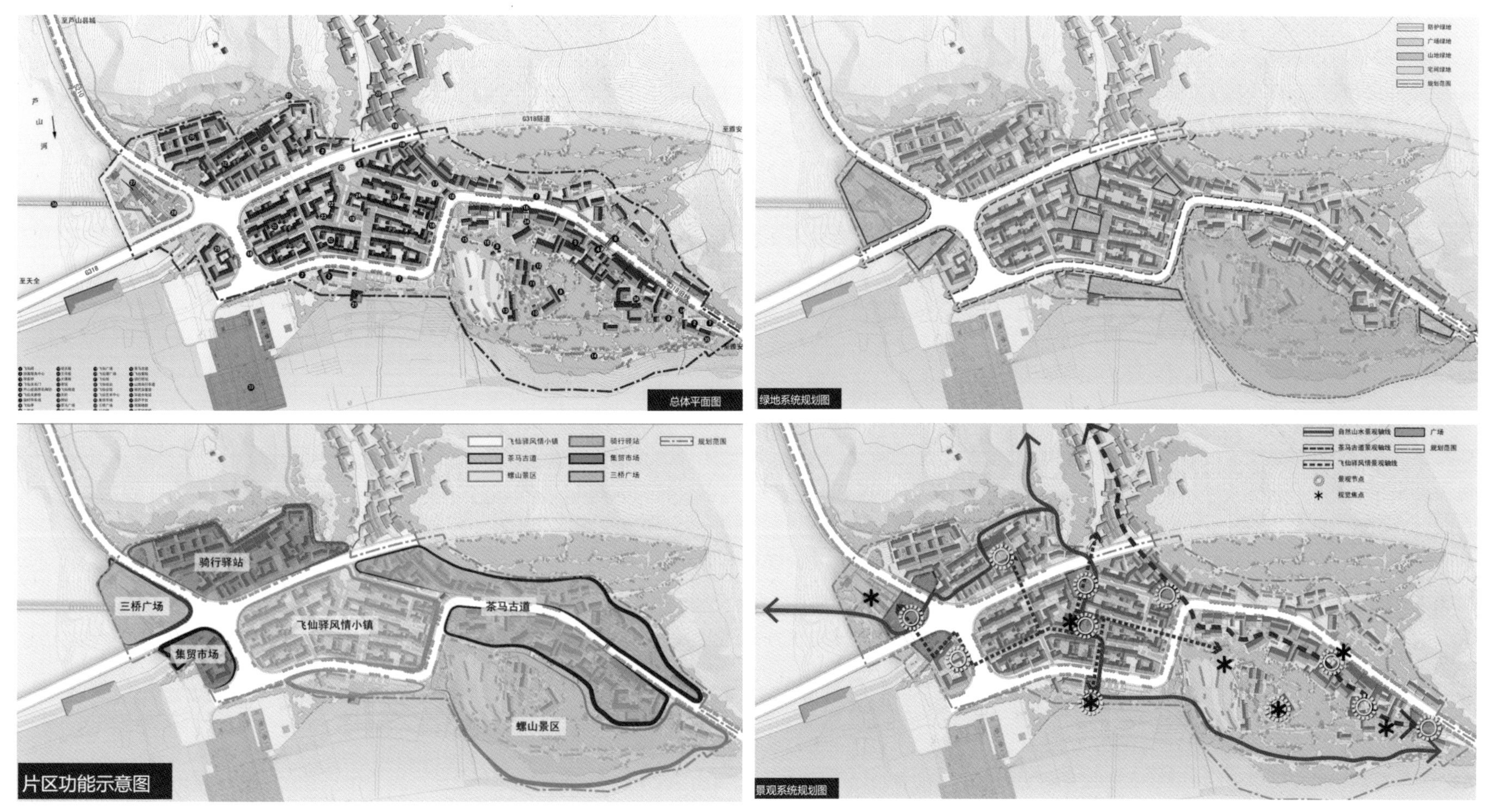

图 10.9-2　区域规划总平面图，绿地系统、功能分布、景观系统规划图

三桥广场作为引领片区的重要空间节点，又占据规划场域内最大的平整空地，其机遇与挑战并存。既要“求同”，顺应规划的指导与调控；又需“存异”，探寻其权衡多元场地要素间的矛盾方式，从而肩负起引领区域的价值与使命。

广场本身的纪念性决定了形象的地标性与设计的特殊性，三桥广场又是规划中三条重要旅游线路：地域文化线、传统商业休闲线与康体生态线的重要交汇节点，着力实现“宜居、宜业、宜游”，紧贴民生的区域定位，见图 10.9-2。将成为开展灾区重振旅游开发、商业经营，以及旅游服务系统的重要组成部分。依靠独特的自然地貌环境与深厚的历史文化底蕴为引领片区发展提供良好的活动场域，将是芦山县节日的主要庆祝平台，充分考虑灾区实际和人民群众需要，切实改善城乡人居环境。统筹考虑灾区建设现状、灾损情况和震后发展方向，合理调整灾区城、镇、乡、村及基础设施和生产力布局，使其具有极强的历史意义、现实意义与未来可能。

3. 交通组织

飞仙关三桥广场位于进藏要道的关口，东北侧为进藏要道 S210 省道，东南侧为 G318 国道，基地面山向水，两路汇聚，与场镇联系紧密，是山地中难得的平地区块，非深山险途，多为田园风光。区域交通便利，位置优越，从古至今飞仙关的特殊历史作用必将使其成为芦山实现旅游发展的门户重镇。

国道 G318 始于上海，终点于西藏友谊桥，是我国目前最长的国道。因其横跨中国东、中、西部，揽括平原、丘陵、盆地、高原景观，涵盖了江浙水乡意蕴，天府盆地文化、西藏人文景观，拥有从成都平原到青藏高原一路坦途到高山峡谷变化的美、壮、雄、惊、绝、险的景观，而被中国国家地理杂志评为中国的景观大道。飞仙关正处在这条川藏线的起点部分，是名副其实的川藏第一咽喉。而省道S210始于飞仙关镇，一路向北将国道G318与国道S317线马尔康境内路段相连，是连接川西和川西北最便捷的通道。国道可联系雅安市及天全县方向，省道可联系芦山县，三桥广场在交通上起到了几个重要灾区生活汇集的链接作用。

在便利的交通优势下，配合规划定位中“三线交织”理念，三桥广场既是景观组织主轴线上的重要节点，又是交织的三条主题游线（地域文化线、传统商业休闲线与康体生态线）中的核心公共开放空间，见图10.9-4。

作为飞仙关的入关“门面”，广场以江为核心来打造观江景观，打造倚望山水，展现大千画意的情境，见图10.9-5，促进区域旅游发展。采用下沉方式层层退进，减少交通对场地内部的干扰，使得人们能够更亲近水面。与此同时，降低的地平配合转折的建筑布局及折线的屋面形式，对周围汇聚的交通进行缓冲和疏导，见图10.9-6。广场在国道上并无开口，而是将入口及地面停车引导设置在省道一侧，并在沿江一侧下穿国道设置连接市场区域的步道，见图10.9-7，形成环绕游线，达到道路宜人、人车分流的目的。

4. 功能布局

“宜居、宜业、宜游”的区域定位，伴随政府有计划的引导人口、产业向生态低敏感性较高的县城、飞仙关、清仁的转移，用地周边新建了几十万平方米且具有川西民居色彩的百姓安置房及集贸市场，为山区带来了浓厚的生活气息与世俗文化，见图10.9-3。作为传统的地域文化，民间的“赶集”活动以每周两次的频率在这里被很好地延续保留下来，三桥广场的场地设计也亟需提供较大的硬质空间供集市使用，大量人口的涌入为三桥广场建设提出了新的功能要求。而与场地大量亟待解决问题相对立的是有限的基地面积，场地东北以芦山山脉连绵的群山为界，东南以青衣江为限，紧邻S210省道与G318国道。在国道、省道、河流、山势地貌的限制下，恢复建设可供选择的用地十分有限，还需同时满足纪念活动、生活服务、旅游辅助的功能，以及形成集中的开敞广场、避难空间等的客观要求，设计承受多方面的压力。

经过多方案比较，设计摒弃了以形式凸显纪念意义的概念表达方式，转而选择了用生活参与来解读纪念价值的思路，见图10.9-8，正如齐康先生所认为：纪念性广场“已不再被认为是死者的房子，而是一种更加广泛的含义，体现一种活着的纪念物，以纪念人和事；不只是纪念用地，而且是公共活动用地。”，让广场真正为民所生、为民所用。

图10.9-3　传统活动示意照片

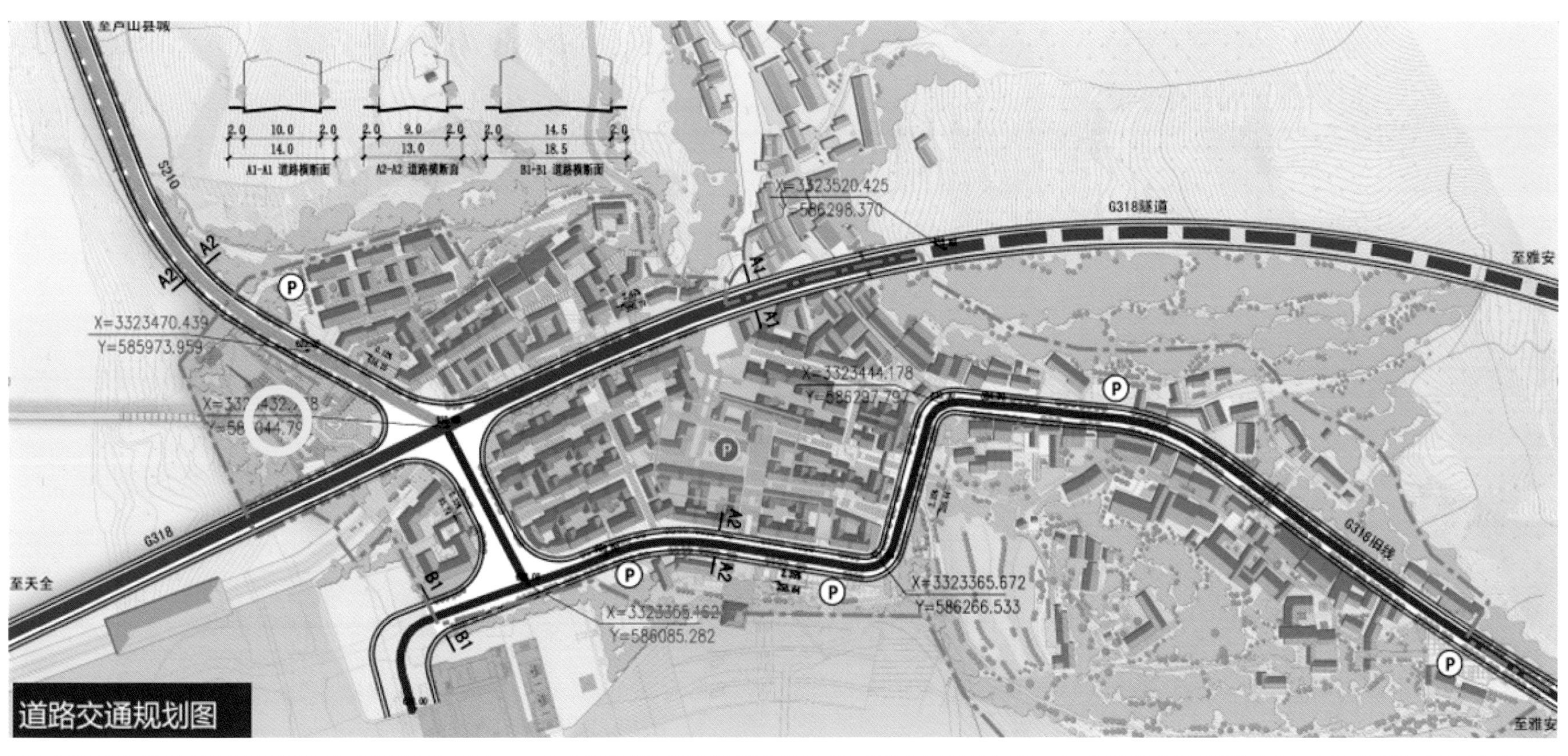

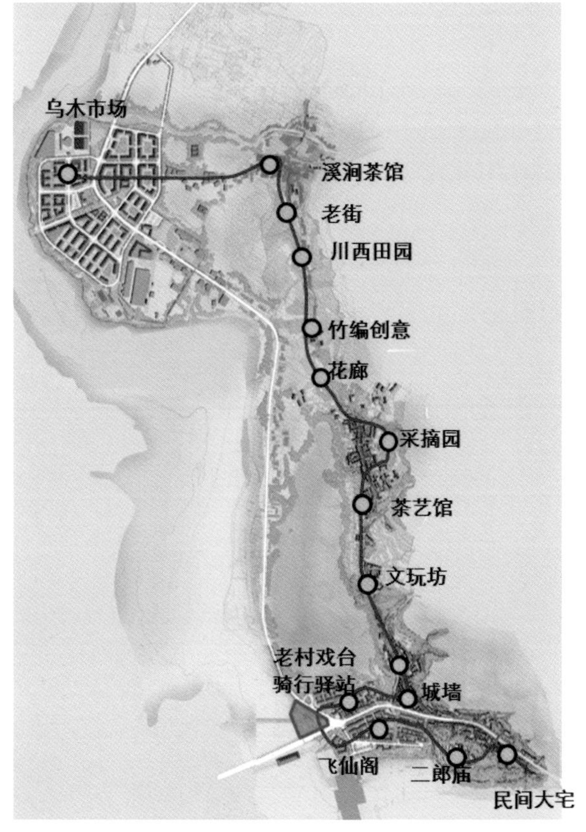

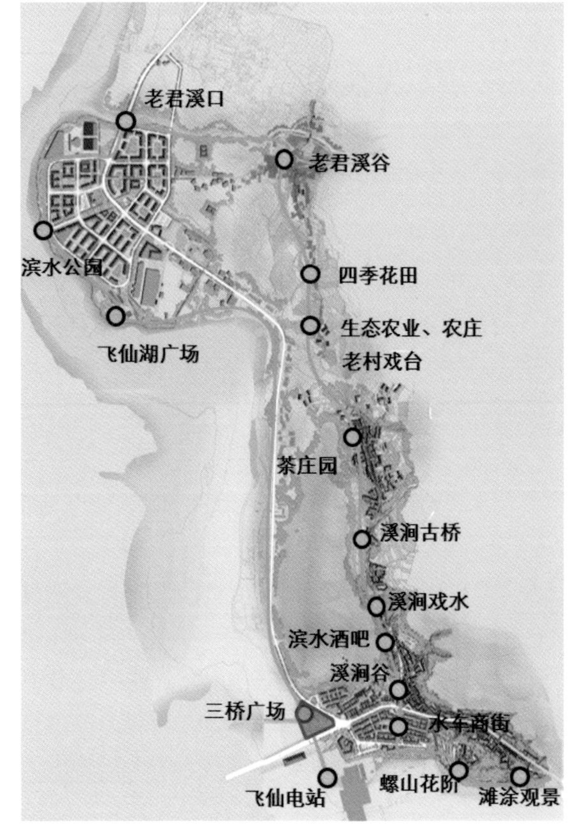

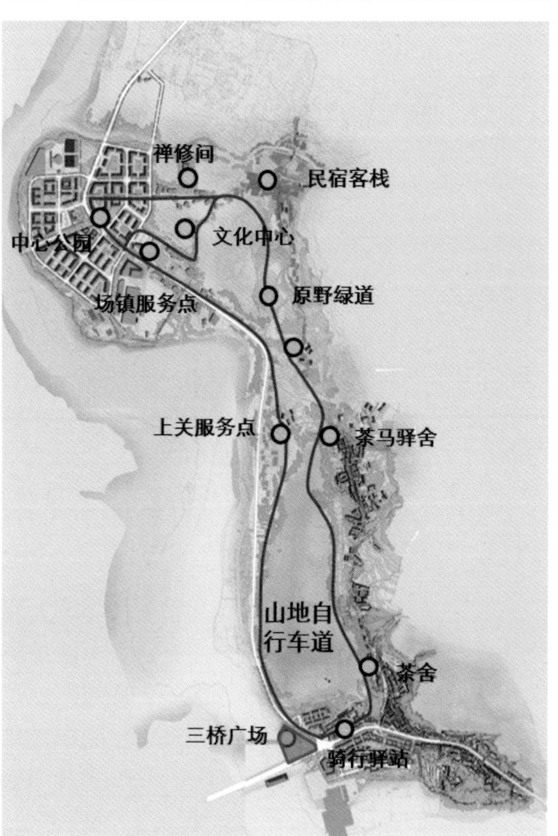

图 10.9-4　区域道路规划图（上）和区域各主题线路（下）

图 10.9-5　广场图

图 10.9-6　三桥广场沿江照片

图 10.9-7　国道与省道交通交汇处广场照片

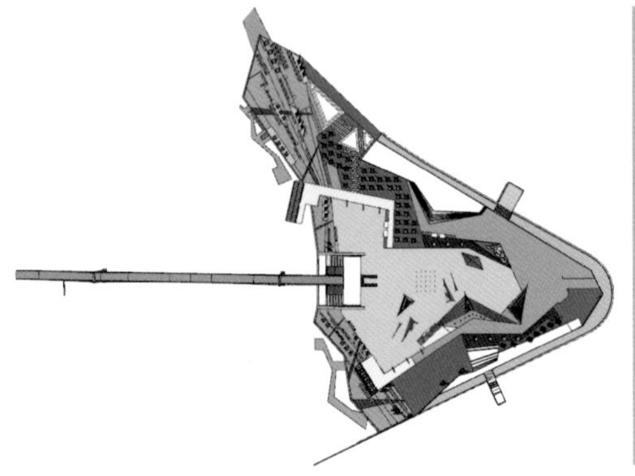

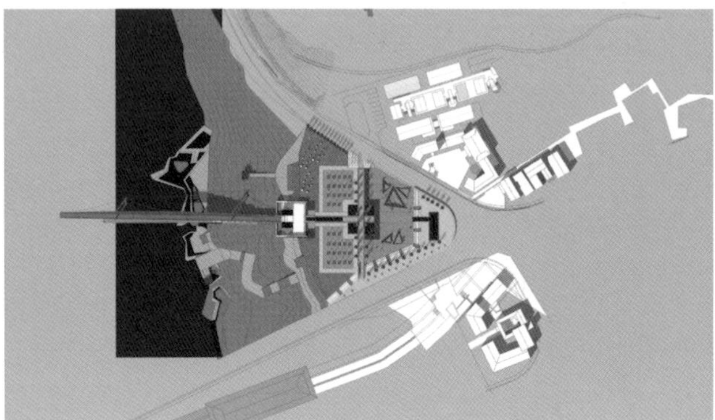

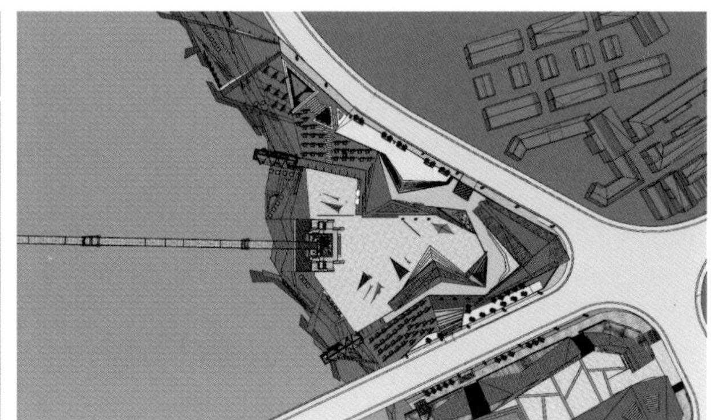

图 10.9-8　过程中多方案比较总平面图

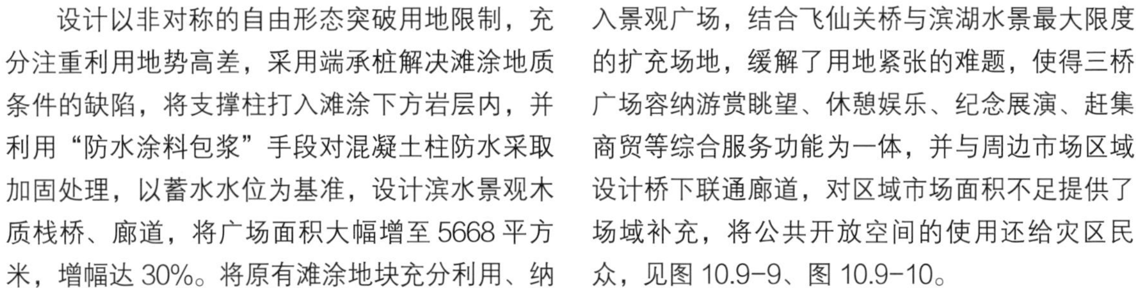

设计以非对称的自由形态突破用地限制，充分注重利用地势高差，采用端承桩解决滩涂地质条件的缺陷，将支撑柱打入滩涂下方岩层内，并利用“防水涂料包浆”手段对混凝土柱防水采取加固处理，以蓄水水位为基准，设计滨水景观木质栈桥、廊道，将广场面积大幅增至 5668 平方米，增幅达 30%。将原有滩涂地块充分利用、纳入景观广场，结合飞仙关桥与滨湖水景最大限度的扩充场地，缓解了用地紧张的难题，使得三桥广场容纳游赏眺望、休憩娱乐、纪念展演、赶集商贸等综合服务功能为一体，并与周边市场区域设计桥下联通廊道，对区域市场面积不足提供了场域补充，将公共开放空间的使用还给灾区民众，见图 10.9-9、图 10.9-10。

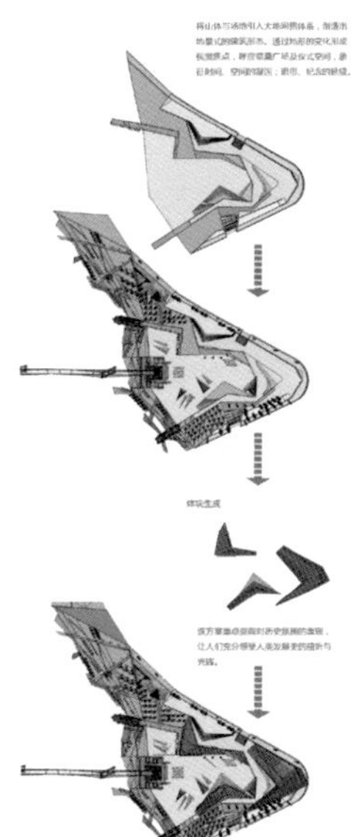

图 10.9-9 飞仙广场竣工鸟瞰图

图 10.9-10 飞仙广场原有面积及扩大面积

5. 风貌协调

飞仙关所在的芦山县是我国著名的汉代文物之乡，汉代文化遗存丰富。充分利用飞仙关险要的地势，恢复飞仙关关门意向，打造“门户”景观形象。作为文化旅游线路的重要空间节点，梳理其文化景观脉络，联合飞仙阙、飞仙阁、二郎庙、王母殿以及区域建筑形式对三桥广场中的建筑风貌进行控制，见图 10.9-11。

广场内建筑造型提取汉代建筑及村落的屋面折线走势，完成以传统川西风貌为基调的空间延续、使得场地融入群山起伏的背景轮廓中，见图 10.9-12、图 10.9-13。整体布局也利用折线母体，将山体地景艺术引入大地方格网络体系，通过线条的扭动和异变形成视觉焦点，将广场与建筑有机结合，表现大地颤动并定格于瞬间的意象。选材上顺应基地周边环境中存在的大地、山川、怪石的肌理。

而对于历史建筑红军桥及其桥头堡的保护，出于对其年久失修的结构安全性考量，采用封闭性展览的手法。利用植被封闭桥头堡四周通路，并以红军桥桥头堡为中轴左右布置的两个挑出的观景亭作为观桥场所。观景亭利用与红军桥材质呼应的黑钢设计三角形框架拼合而成，由脊线向两侧下坡，布置竹木坡屋面，形成类三棱柱体，两侧结构向上扬起，形成飞檐的形态意向，再一次隐喻川西民居形态，形成整合地域特色的观景亭，见图 10.9-14。通过这一载体，设计者整合了广场与文化环境、现实与历史纪念之间的关系，为红军桥及其桥头堡提供了可无限扩张的情感空间，丰富游览者的时空体验。

6. 结语

通过三桥广场从规划到落实的全过程，笔者在设计之外对于灾后重建的建设模式也有一定的思量与心得。芦山震区重建，是中央第一次将灾后的重建指挥权交给地方。恢复重建工作从举国体制向地方主体转变，特别是探索“中央统筹指导、地方作为主体、群众广泛参与”的新路子。本次的重建体制是在吸取了唐山、汶川的灾后重建工作经验之后实践的探索。

采取地方自建决策，国家政策扶持委任中规院进行总控，外界由高校给予研究型的设计指导的模式，打破以往统筹方式，进行驻场式设计，真正做到民生优先，以地方切实需要进行灾后援建，满足以人为本、尊重自然、统筹兼顾、立足当前、着眼长远的科学重建要求。

图 10.9-11　区域汉代遗存与民居建筑风貌（一）

图 10.9-11　区域汉代遗存与民居建筑风貌（二）

图 10.9-12　广场内建筑形式与周边建筑风貌照片

图 10.9-13　沿江观景亭形象照片

图 10.9-14　沿江观景亭形象照片

附录：中规院灾后恢复重建大事记

2013 年 4 月

4 月 19 日，深圳分院《雅安市城市总体规划》编制组在成都向省住房和城乡建设厅汇报阶段成果。

4 月 20 日，8 时 2 分在四川省雅安市芦山县发生 7.0 级地震。国务院总理李克强、国务院副总理汪洋飞抵芦山指挥抗震救灾工作。

住房和城乡建设部姜伟新部长召开住房和城乡建设部系统会议，由规划司、中规院负责灾后重建的有关工作。

4 月 21 日，中规院派出水质监测车从北京出发。

4 月 22 日，中规院水质监测车与沈阳水务集团的净水车、抢险车等在石家庄会合，共同赶赴灾区。

李晓江院长传达住房和城乡建设部的部署要求，安排灾后重建规划工作由院统一领导，以深圳分院为主。

4 月 23 日，深圳分院召开第二次抗震救灾工作会议，蔡震院长传达了总院最新抗震救灾和灾后重建规划工作要求，并对分院工作进行了部署。

4 月 24 日，供水应急抢险分队经过 50 多个小时的行程，安全抵达芦山灾区。

4 月 25 日，住房和城乡建设部抗震救灾指挥部会议明确由我院承担芦山县灾后重建规划工作，天全、宝兴等受灾地区重建规划由其他兄弟院承担。

4 月 26 日，中规院确定参加芦山县地震灾后重建规划人员名单。其中深圳分院 11 人，总院各单位 5 人，包括规划、市政、交通、建筑结构及历史文化保护等多个专业。

4 月 27 日，深圳分院召开了第三次抗震救灾工作会议，接总院要求，分院芦山地震灾后重建规划小组将在五一长假前赶赴灾区。

李晓江院长、四川省住房和城乡建设厅总规划师邱建、省厅规划处处长陈涛、绵阳市规划局局长贺旺和中规院研究一室副主任殷会良等多位同志一同来到芦山县，慰问灾区现场工作人员和同是住房和城乡建设部供水抢修支队成员的沈阳水务集团。

4 月 28 日，深圳分院灾后重建规划小组第一批成员在蔡震院长带领下抵达灾区。

四川省住房和城乡建设厅召开了“4·20”芦山 7.0 级地震灾后恢复重建城乡规划动员会，明确了由中规院负责芦山县灾后重建规划，同济负责宝兴县灾后重建规划，清华同衡负责天全县灾后重建规划。李晓江院长和部分规划组同志参加会议。

4 月 29 日，张兵总规划师和深圳分院第二批成员奔赴灾区。李晓江院长安排部署了下一步工作。晚上，张兵总规划师组织工作组第一次内部会议，“芦山县灾后重建规划组”微博开始启用，该微博记录了整个灾后恢复重建的全过程。微博地址：https://weibo.com/u/3386749232。

4 月 30 日，规划工作组在雅安市住建局带领下，进入芦山县，开展现场踏勘与部门座谈工作，与先期到达的供水应急团队的同事汇合。晚上，张兵总规划师主持召开第二次现场内部会议。对规划工作的技术路线、工作内容、工作深度、北川经验等多方面进行了讨论，雅安住房和城乡建设局郭总规划师和中规院邵益生副院长相继赶到参与了讨论。

2013 年 5 月

5 月 1 日，省委书记、省人大常委会主任王东明，省委副书记、省长魏宏，省委常委、省总工会主席李登菊，省委常委、秘书长陈光志，副省长王宁、陈文华、曲木史哈和省政府秘书长叶壮等在芦山县看望慰问节日期间坚守抗震救灾一线工作岗位的干部职工代表。

5月2日，深圳院范钟铭副院长与殷会良副主任赶赴成都参加四川省住房和城乡建设厅和国家发展改革委召集的会议。

5月3日，芦山抢险救援工作基本完成，转入过渡安置及灾后恢复重建规划工作。中规院应急供水队伍撤离芦山。规划工作组分成三组现场工作，殷会良传达了省住房和城乡建设厅会议的主要精神。

5月4日，供水分队龚道孝、李宗来和宋陆阳三位乘飞机返回北京，李均和张惠民两位师傅依然辛苦开车返回。深圳分院第三批成员赶赴灾区。

5月5日，四川省住房和城乡建设厅召开规划工作协调会，邱建总规划师主持，中规院、四川省院、清华同衡、同济四家单位就灾后重建规划的内容、阶段、时间等进行了交流沟通。会后，张总、蔡院长和殷副主任回京向住房和城乡建设部及院领导汇报灾后重建规划工作情况。

5月6日，深圳分院第四批成员赶赴灾区。

5月7日，深圳分院第五批成员开车奔赴灾区。芦山灾后重建规划的初步成果形成。

5月9日，张兵总规划师、殷会良副主任、风景所唐进群主任工程师抵达灾区。工作组现场人员规模达到31人。由于灾区连日大雨，芦山县住建局给工作组发来一份特急文件，提醒工作组务必注意安全，严防地质灾害与洪水。

5月10日，在张兵总规划师的主持下，中规院和清华同衡规划设计研究院、同济规划设计研究院，召开工作协调会，达成初步规划编制共识。

5月11日，同济规划院宝兴县灾后重建规划工作组开始灾区现场驻点办公。

5月14日，李晓江院长带领工作组与芦山县委范继跃书记、王华县长等四位班子主要领导进行了座谈，深圳分院蔡震院长做了灾后重建规划汇报，李晓江院长介绍了中规院在历次灾后重建规划中的工作经验，范书记、王县长对中规院目前作出的工作表示肯定和感谢。

5月15日，李晓江院长带队到龙门乡场镇、大川镇和大雪峰风景区进行调研。调研组经芦山县城一路向北，连夜大雨导致主要道路沿线地质灾害频发，多次被迫限行绕行，最终绕行成都邛崃回到雅安驻地。

5月16日，四川省人民政府、省住房和城乡建设厅在雅安市组织“4·20芦山7.0级地震灾后重建规划工作汇报会”，听取中规院、同济院、清华同衡和四川省规划院的工作汇报。黄彦蓉副省长由于近期工作强度过大导致失声，由王七章副秘书长代为传达她在纸上写下的内容。感谢中规院对四川省一如既往的支持和帮助，充分肯定和赞扬了中规院的灾后重建工作。

5月17日，住房和城乡建设部向中规院发来感谢信，对龚道孝、李宗来、宋陆阳、李钧、张惠民等5位同志表现出的不畏艰险、无私奉献的精神给予表彰，对中规院提供的无私援助表示感谢。

5月21日，中共中央总书记、国家主席、中共中央军委主席习近平抵达芦山，实地指导抗震救灾工作，强调要坚持“以人为本、尊重自然、统筹兼顾、立足当前、着眼长远”的基本要求，及时把工作重点转移到恢复重建上来。

5月22日，中共中央政治局常委、国务院副总理张高丽来到芦山，亲切看望慰问灾区群众，并视察调研灾后产业恢复情况。

5月24日，工作组参加由省住房和城乡建设厅组织的规划工作协调会。要求规划编制单位与各政府部门紧密配合，保障芦山规划工作顺利进行。

工作组赴成都参加由国家发展改革委组织的“国务院芦山地震灾后恢复重建规划工作组座谈对接会”，与国家发展改革委西部司费志荣副司长进行了交流。

5月25日，工作组参加“国务院芦山地震灾后恢复重建规划工作组座谈对接会”。会议传达了国务院芦山地震灾后恢复重建指导协调小组关于总体规划编制和重大问题研究等工作的主要精神和工作部署。

5月26日，中规院原副总规划师，国家发展改革委城市和小城镇中心规划院院长沈迟主持召开城乡空间布局及住房问题座谈会，住房和城乡建设厅总规划师邱建、省规划院、中规院工作组等参加了会议，会议对本次国家恢复重建规划的创新点、亮点及重点，农房建设标准等问题进行了讨论研究。

5月27日，工作组参加国家灾后恢复重建总体规划工作会议。会上省发展改革委规划编制组负责人汇报了本次灾后恢复重建总体规划的编制进展情况和下一步的工作安排，费志荣副司长总结了工作面临的一些问题，提出了下阶段工作重点。

5月28日，飞仙关镇、县城、龙门乡详细规划工作组人员与总院建筑设计所团队抵达灾区，开展详细规划工作。

5月30日，工作组参加省住房和城乡建设厅专题会议，中规院汇报了芦山县城乡规划布局调整情况，提出目前芦山灾后重建规划遇到的问题，省住建厅要求各相关部门尽快落实。

2013年6月

6月2日，李晓江院长带队、王静霞顾问、张兵总规划师、刘仁根顾问总规划师、戴月副总规划师、杨明松副总工程师、官大雨副总规划师、朱子瑜副总规划师、孔令斌副总工程师、张菁副总规划师等中规院总工团队一起到达雅安灾区。

6月3日，李晓江院长带队与芦山县委范继跃书记共同讨论了灾后重建工作的时间安排、工作制度等内容；明确中规院将在芦山县灾后重建中采取北川模式，在芦山县设立中规院灾后重建指挥部。

6月5日，中规院总工团队听取工作组自进场以来的工作汇报，总工们对目前工作进行了肯定和赞扬。

6月13日，王广鹏赴北京参加国务院芦山地震灾后恢复重建总体规划编制工作。

6月14日，工作组参加芦山县2013年第五次规划委员会会议。审议2个建设项目方案和19个村灾后重建规划项目等内容，会议一直持续至半夜。

6月21日，在四川省人民政府会议室召开芦山县灾后重建规划工作情况汇报会，中规院灾后重建规划工作得到与会领导的一致认可。

6月27日，工作组参加芦山县第六次规委会，审议太平镇、宝盛乡和飞仙关镇等乡村修建性详细规划，会议一直持续至半夜。

2013年7月

7月3日，工作组向芦山县委领导及天津市规划院师武军院长一行汇报了中规院灾后重建规划的相关成果，明确天津院将承接芦山县部分节点的详细设计。

7月4日，工作组赴成都参加省住建厅组织的灾后重建城乡规划审查会，向省直部门及雅安市政府及部门汇报中规院灾后重建规划编制工作。

7月7日，工作组在参加芦山县2013年第七次规委会，两天时间审议了众多规划设计项目。

7月8日，住房和城乡建设部防灾减灾专家委员会委员葛学礼、雅安市卯辉副市长、中国建筑设计研究院顾问总工程师叶耀先与工作组一行前往芦山老县城、龙门乡进行现场调研。

7月9日，工作组从芦山、深圳、重庆等地赶赴北京，准备参加住房和城乡建设部组织召开的专家咨询会。

7月10日，上午，四川住建厅邱建总规划师，雅安市兰开驰副书记、卯辉副市长，芦山县委范继跃书记等领导来到北京总院，与李晓江院长及工作组进行了座谈，大家对中规院工作表示肯定和感谢，并希望中规院继续在灾后重建中予以支持。

下午，在住房和城乡建设部五楼礼堂召开“四川芦山地震灾后重建城乡规划专家咨询会”。住房和城乡建设部仇保兴副部长、村镇司赵晖司长，四川省黄彦蓉副省长、住建厅何健厅长，邱建总规划师，雅安市兰开驰副书记、卯辉副市长，芦山县、宝兴县县委书记等领导出席会议；住房和城乡建设部规划司孙安军司长主持了会议。出席本次会议的专家有：两院院士周干峙、中国工程院院士崔愷、国务院参事王静霞、住房和城乡建设部防灾减灾专家委员会委员葛学礼、中国建筑设计研究院顾问总规划师叶耀先、清华大学建筑学院副院长尹稚、重庆大学建筑与城市规划学院院长赵万民、中科院山地所所长邓伟和四川省交通厅公路规划勘察设计院副院长吉随旺等。

7月12日，国务院芦山地震灾后恢复重建指导协调小组办公室致信中规院，就中规院在“4·20”芦山地震灾后恢复重建工作中发挥的重要作用表示感谢，并对深圳分院王广鹏同志在灾后重建规划编制期间的无私奉献表示了感谢！

7月15日，国务院公布《关于印发芦山地震灾后恢复重建总体规划的通知》，国务院印发《关于支持芦山地震灾后恢复重建政策措施的意见》(国发〔2013〕28号)。

7月16日，深圳分院蔡震院长带队工作组参加了雅安名山区灾后重建对接会，向雅安市委常委汇报了灾后重建规划。

7月18日，李晓江院长抵达成都，指导省委省政府汇报工作事宜。

7月19日，四川省委省政府召开雅安市芦山县、宝兴县、天全县灾后恢复重建规划专题会议。会议由省长魏宏主持，省委常委、常务副省长钟勉，副省长黄彦蓉、副省长王宁及各省直部门、市、县领导共同参加。蔡院长代表中规院工作组进行了汇报。

7月20日，四川省人民政府办公厅印发《关于芦山地震灾后恢复重建城乡住房建设等11个专项规划的通知》(川办发〔2013〕47号)。详细规划工作组对飞仙关镇、芦山县城、龙门乡古城村等地进行踏勘。

7月23日，芦山县举行“4·20”强烈地震灾后恢复重建誓师动员大会，标志着芦山县灾后恢复重建大会战正式拉开序幕。

7月24日，省重建委召开芦山县灾后重建规划审查会。深圳分院蔡院长向王东明书记讲解了规划设计方案。李晓江院长汇报了芦山县灾后重建规划的主要内容，规划工作得到了肯定。

7月28日，总院决定下周工作组进驻芦山县城现场工作，雅安驻地的全部资料开始打包装箱。

7月31日，工作组离开在雅安市建设大厦五楼会议室驻地，抵达芦山县临时政务大楼驻地，新的任务、新的环境、新的同事加入到芦山灾后重建工作中来。

2013年8月

8月2日，工作组参加芦山县2013年第八次规划委员会会议，审议了多项规划设计。

8月6日，中共芦山县委组织部、芦山县民政局印发《关于在灾后重建期间建立自建委员会的通知》。时任中央政治局委员、中组部部长赵乐际，省委书记、省人大常委会主任王东明，省委常委、组织部长范锐平相继作出重要批示，充分肯定这一特色做法。

8月13日，芦山县宗教事务局和佛图寺主持来到项目组驻地，讨论佛图寺及西江村灾后重建规划的设计构思，中规院陈锋书记、院工会于亚平主席、深圳分院朱荣远副院长到达芦山驻地，指导下一步工作。

8月14日，省委书记、省人大常委会主任王东明，省委副书记、省长魏宏赴芦调研、指导重建工作。

中规院陈锋书记一行对芦山进行实地考察。并与芦山县委范继跃书记进行了交流，范书记表达了芦山县对中规院的感谢之情，陈书记代表全院表示将全力支持芦山灾后重建工作，深圳分院朱荣远副院长组织工作组和四川省建筑设计院展开“头脑风暴”，就下一步工作方向和思路展开讨论。

8月15日，总院文旅所周建明所长、冉鈜天、鲍捷抵达芦山，对芦山县整体旅游发展提供技术支持。

8月22日，22:30，芦山发生一次余震，震中离驻地很近，震源深度较浅，震感十分强烈。

8月23日，芦山驻地的视频会议系统安装完成。

8月28日，凌晨连续发生几次地震，由于震中离芦山较远，震感不是很强烈。

2013年9月

9月7日，李晓江院长及杨保军副院长来到芦山驻地，听取了详规项目组的规划汇报，现场指导下一步规划工作。

9月10日，明确由四川省建筑院负责县城及飞仙关的建筑收尾工作。

9月12日，工作组与雅安市人民政府领导一同讨论确定龙门乡的整体规划思路。

9月22日，在驻地319会议室召开四川省建筑设计院视频汇报会，县委县政府、四川省建筑院、中规院深圳分院共同参加了会议。

2013年10月

10月13日，晴。省委书记、省人大常委会主任王东明，省委副书记、省长魏宏在芦山调研散居农户和特困户住房重建情况。

10 月 17 日，工作组参加了由芦山县人民政府组织的芦山老干部、老同志代表座谈会。工作组对县城方案进行了汇报，征求了老干部们对芦山县城规划、近期公共设施基础设施建设以及住房灾后重建政策的意见。

10 月 21 日，深圳分院朱荣远副院长带领工作组一行 11 人赴四川省建筑设计院交流了最新的规划设计方案。

10 月 25 日，李晓江院长专程驱车四小时从泸州抵达芦山驻地，看望并慰问工作组人员，与县委县政府领导进行了工作交流，并对工作组下一步工作进行了安排部署。

2013 年 11 月

11 月 1 日，深圳分院蔡震院长就近期中央对芦山地震灾后恢复重建的一些重要指示精神向驻地工作组进行了传达和学习。

11 月 7 日，工作组召开芦山县汉姜古城方案设计与芦山河滨河商业街区方案视频汇报会。县政府主管领导及县直部门参加了会议。会上，四川省建筑院与天津市规划院汇报了规划方案，中规院深圳分院蔡震院长、朱荣远副院长、王泽坚所长、方煜所长、钟远岳副所长等通过视频会议系统同步参与。

11 月 11 日，工作组参加芦山县 2013 年第 13 次规划委员会会议，会议对 18 个规划设计项目进行审议。

11 月 13 日，四川省环境保护厅主持召开的《雅安市城市总体规划（2013—2020）环境影响报告书》专家评审会，工作组参加了会议。

11 月 19 日，芦山县产业园工作框架及协调机制明确责任，由中规院工作组负责提供规划资料及相关技术协调。

11 月 20 日，省经信委、县主要领导及工作组一行 20 余人开展芦山产业发展现场调研，并来到工作组驻地收集资料，与工作组进行了交流讨论。

11 月 22 日，深圳分院蔡震院长带队与芦山县肖书记、飞仙关镇姜书记共同讨论飞仙驿旅游小镇规划建设事宜。晚上，工作组与深圳分院本部视频会议，讨论飞仙关路口广场方案，对哈工大的 6 个方案进行整合深化。

11 月 23 日，工作组参加县 2013 年第 14 次规划委员会会议，对飞仙驿、飞仙关路口广场、芦山第一小学、芦山第二小学、芦山综合馆、芦山县人民医院、飞仙关北场镇等规划设计项目进行审议。

11 月 27 日，雅安市长兰开驰及王副市长来到驻地，表达了市里对芦山灾后重建规划工作的高度重视。

11 月 28 日，雅安市徐旭副市长召集市主要职能部门领导、县委领导、光大地产公司及工作组开展会议，由工作组汇报了飞仙关的规划工作情况。

2013 年 12 月

12 月 1 日，魏宏省长带队、省住建厅何厅长等省职能部门领导及市委书记叶壮、市长兰开驰等一行抵达芦山县城，工作组在老芦山中学施工现场介绍了芦山的规划建设情况。魏省长对工作组表示了亲切慰问。

12 月 3 日，省住房和城乡建设厅组织召开会议，由邱建总规划师主持，住房和城乡建设厅陈处长、市委卯辉副市长、市局郭猛总规划师、芦山、天全、宝兴县主管城建领导与工作组共同参加，就三个县目前灾后恢复重建规划建设过程中遇到的问题、现阶段需求、中规院芦山模式的经验进行讨论。

12 月 4 日，工作组与深圳分院进行视频会议，对雅安市灾后重建行动规划会议的内容进行讨论，明确由规划三所负责主要技术工作，现场驻地人员提供资料并负责与甲方衔接。

12 月 6 日，钟勉副省长、住房和城乡建设厅邱总规划师、雅安市委叶书记、兰书记等省市领导一行 20 余人抵达飞仙驿。工作组介绍了规划方案。钟省长、邱总对县城北产业园区等重点项目提出了建议和要求。

工作组赶赴雅安市人民政府，参加的多功与飞仙关规划建筑设计协调会。省住房和城乡建设厅、市政府决定由中规院牵头整合两个区的规划协调问题。提出成立雅安灾后重建规划指挥部。

12 月 7 日，县委范书记主持龙门乡规划建设会议，明确了龙门乡近期建设规划方案、负责主体、工作内容及工作组织机制。

12月9日，芦山县委县政府范书记与县直部门来到驻地，与深圳分院本部进行视频会议，与蔡震、朱荣远、王泽坚、方煜等院领导一起讨论老县城灾后重建的方式、方法、原则等内容。

12月10日，工作组到将飞仙湖沿湖栈道设计方案，与深圳分院进行了沟通，分院蔡院长、朱副院长及项目组人员共同审议后提出修改意见，及时反馈给地方。

12月11日，就姜城往事的建筑设计方案，工作组与住房和城乡建设局讨论了方案设计、选址及周边用地统筹等问题。

12月12日，县城北段210沿线排洪沟设计、文庙片区、芦山县初级中学、芦山中医院、妇幼保健院设计单位等人员来驻地，与工作组对接了规划设计方案。

12月13日，省委常委、常务副省长钟勉抵达芦山产业集中区和根雕艺术城等地调研，现场与工作组人员就规划设计事宜进行了交流。

12月14日，工作组踏勘了龙门大道及新龙门大桥的选址，现场与地方部门讨论了设计条件及设计要点。与地方部门就龙门灾后重建的重点项目及建设要求进一步明确，同时对接了凤凰村风貌设计、龙门乡中小学红线选址等事宜。

12月16日，雅安市灾后恢复重建工作框架初步确定。工作组就龙门乡滨水栈道及龙门广场方案设计、龙门乡滨水栈道、县城污水处理厂规划设计事宜与地方部门进行了对接。

12月17日，工作组就芦山工人文化宫、文庙街区、北街安置区、民政局、工会、党校，老年大学，婚姻登记处，干休所及社会救助站等建筑设计方案与地方部门进行了对接。哈工大设计院副总建筑师一行来到驻地，讨论了飞仙路口市场及广场的建筑设计方案。

12月18日，张兵总规划师抵达雅安，应雅安市人民政府邀请讨论雅安市灾后恢复重建大纲事宜。

12月19日，张兵总规划师带领工作组赴雅安市人民政府，与卯辉副市长、市住建局郭总共同讨论雅安市灾后恢复重建大纲事宜，随后赶赴芦山县与县委范书记、古书记、高副县长等县领导讨论了芦山灾后恢复重建工作中遇到的问题和建议。

12月20日，工作组踏勘过程中发现某项目施工时不规范操作，工作组立即联系项目主管部门和施工方，要求加强施工管理，防止对历史遗迹造成破坏。

12月21日，工作组参加芦山县2013年第十五次规划委员会会议，参与审议了20余个规划设计项目，会议一直持续至次日凌晨。

12月22日，工作组李东曙在芦山县医院检查出冠心病，随后紧急去成都深入复检，结果虚惊一场，驻地高强度的工作对大家的身体健康提出了警告。

12月23日，工作组就县城市政管网、芦山河县城南段景观设计、省道210景观堰设计等事宜与地方部门进行了对接。下午，四川省建院何所长一行来到驻地，对芦山综合馆建筑设计方案与深圳本部、芦山县委县政府领导及主管部门进行了交流与对接。

12月24日，绵阳市委副秘书长贺旺在雨城区“书香雨城大讲坛”上介绍了北川县城及村庄重建的经验，工作组王广鹏就中规院芦山灾后重建经验及问题与现场近400名干部进行了汇报交流，区委书记衡彤对中规院的灾后重建工作表示了肯定和感谢。

12月25日，张兵总规划师组织召开全院参与汶川、玉树及芦山灾后恢复重建规划的人员的视频会议，共同讨论灾后恢复重建工作经验，雅安市及芦山县等人员也参与了交流。规划工作组赶赴思延乡，参加由市重建委组织，省市县各级领导共同参加的雅安市灾后恢复重建项目开工建设仪式。

12月26日，工作组赴雅安市政府参加雅安市灾后重建行动规划的工作对接会，雅安市政府明确由四川省院继续对中规院编制的《雅安市灾后恢复重建行动大纲》进行深化。

12月30日，国务院芦山地震灾后恢复重建指导协调领导小组副组长、国家发展改革委副主任穆虹赴芦调查了解群众温暖过冬、农房重建工作。

12月31日，规划工作组就工人文化宫的设计、乐琴路红线、芦山信用社用地红线、建筑风貌控制导则等事宜与地方及设计单位进行了对接。

2014年1月

1月1日，新年第一天政府部门仍正常上班，县城的新年气息十分浓郁——板房安置区孩童的欢笑、老城热闹的集市、结婚的队伍、新开张的饭馆……这座小城正在逐渐回归固有的生活节奏。工作组就龙门大道施工图设计、县城市政规划设计等事宜与地方部门进行了对接。

1月2日，工作组在现场与龙门乡政府一起研究村民重建选址、基本农田调整、农业产业化土地整理、沟渠水系整修等事宜。通过视频会议与深圳本部一起对青龙村7个聚集点的设计方案进行了技术对接。

1月3日，工作组就县城自建房安置区、老城文庙片区设计、龙门大道排水系统设计等事宜与地方部门及设计单位进行了技术对接。

1月4日，工作组就芦山军粮站规划设计事宜进行了技术对接。

1月5日，芦山发生3.9级地震，震中距离驻地只有8公里，震级不高但震感非常强烈，驻地办公室的天花板震落下来几块，万幸的是日常坐在下面办公的刘华彬正好换了一个位置，全体驻地人员安全无恙。

1月6日，芦山县召开县委扩大会议，提名中规院王广鹏同志挂职任命芦山县副县长，负责灾后恢复重建规划设计工作。工作组就工人文化宫的规划设计、芦山县人民医院改扩建方案、城房安置政策等事宜与地方部门及设计单位进行了技术对接。

1月7日，中规院原党委书记现顾问总规划师陈锋来到芦山看望驻地同事并指导工作。工作组就老县城四个社区服务中心的建筑设计、工人文化宫建筑设计等事宜进行了技术对接。

1月8日，陈锋老书记代表中规院，参加“4·20芦山地震雅安市灾后重建规划指挥部”成立大会。会议由省住建厅、市政府、市住建局、中规院、同济院、清华院、省规院等单位参加，通知中规院王广鹏同志担任指挥部副总规划师及挂职芦山县副县长职务。陈锋书记又与芦山县委范书记、县委组织部高部长、常务副县长漆县长进行了座谈，陈锋老书记向芦山县为中规院同志们提供的锻炼机会、提供的周全保障表示了感谢，县委范书记等领导对中规院在芦山地震灾后重建工作中做出的贡献给予充分肯定和感谢。驻地工作组参加县政府2014年第一次规委会会议，对11个规划设计类项目进行了审议。

1月9日，工作组就龙门洞景区规划设计、飞仙广场及飞仙市场设计等事宜进行了技术对接。

1月11日，按照省委组织部要求，王广鹏赶赴雅安市政府，参加省委组织部任命灾区挂职人员的工作交流会。

1月13日，工作组就军粮站选址、县汽车站建筑方案、青龙场村委会建筑设计、青龙大道设计、工人文化宫建筑设计等事宜通过视频会议与深圳本部、地方部门及设计单位进行了技术对接。

1月14日，工作组就台湾慈济慈善基金会援助芦山县第二初中和教育培训中心的建筑方案设计进行了技术对接。

1月15日，四川省委组织部领导来到芦山，宣布范继跃书记调离芦山，由原江油市委书记宋开慧接任县委书记。

1月16日，工作组就中规院芦山工作框架进度、芦山产业园的几处建筑设计、龙门乡环境整治、龙门河心岛规划选址、《灵鹫山旅游区总体规划》等事宜与地方部门及设计单位进行了技术对接。

1月17日，工作组就龙门河心岛行洪安全、龙门河防洪堤建设标准、龙门乡五个村民服务中心建筑设计、两个农贸市场建筑设计、龙门乡卫生院、芦山县疾控中心建筑设计等事宜与地方部门及设计单位进行了技术对接。

1月20日，新任县委书记宋书记来到工作组办公室听取中规院的工作汇报。宋书记对中规院近一年来编制的11个规划项目给予了充分肯定，并强调规划工作的龙头作用，对近期的重点工作提出了具体的安排。工作组就龙门乡簸箕坝片区规划设计、河心村组聚集点规划设计、大川镇游客服务中心、湿地公园规划设计与地方部门及设计单位进行了技术对接。

1月21日，工作组就芦山县法院建筑设计、龙门小学规划设计事宜与地方部门及设计单位进行了技术对接。

1月22日，工作组就老县城姜城往事规划设计、工人文化宫建筑设计、龙门乡青龙场七个聚集点规划设计等事宜与地方部门及设计单位进行了技术对接。

1月24日，芦山县召开第十六届人民代表大会常务委员会第15次会议，正式任命王广鹏同志为芦山县人民政府副县长，并颁发任命书。

中规院建筑设计组向县政府主要领导及主管部门汇报姜城往事规划设计。

1月25日，工作组就县城安居房选址、芦山产业园区规划建设事宜与地方部门及设计单位进行了技术对接。

1月28日，春节前工作组的最后一个工作日，工作组赶到黎明村，参加黎明新村搬新家过新年庆祝活动，当地村民用当地民俗“九大碗”热情的招待了参与建设的各界人士。

1月29日，芦山县首个开工的新村建设项目——黎明新村举行正式入住仪式。

2014年2月

2月8日，2014年春节后第一天上班。工作组赴黎明村与凤凰村考察，新村建设有条不紊，部分房屋已经交房，村民已开始装修。

2月10日，清晨仍下起小雪，原广元市苍溪县城建局局长李传文调任芦山县县委常委兼副县长，下午来到驻地办公室，工作组全面介绍了中规院在“4·20”地震后的工作以及芦山县规划情况，李副县长给予高度评价。

工作组就龙门客运站设计、青龙大街改线、河心村组民房设计、农贸市场设计、县城几处派出所、消防站、交警队办公区选址事宜与地方部门及设计单位进行了技术对接。

2月12日，深圳分院航拍小组刘永和与黎华抵达芦山县，对飞仙关镇及龙门乡开展航拍工作。

2月13日，航拍小组拍摄了芦山县多处地点，为芦山重建全过程记录留下了珍贵的影像资料，后续为各大电视台多次免费提供。

2月17日，中规院一年一度的业务交流会开幕，工作组通过视频转播共同参会。芦山县县委常委副书记李传文、清华院挂职天全县副县长马林以及县住房和城乡建设局同志也一同来到驻地听取交流。

下午，芦山县召开第一次技术审查委员会会议，工作组对8个规划设计项目进行了审议，在审议项目的同时，对技审会的报会材料内容提出了具体格式要求。

2月20日，工作组就芦阳镇安置点、龙门乡及芦阳镇派出所选址与设计条件等事宜与地方部门及设计单位进行了技术对接。

2月21日，工作组赴宝兴县考察灾后重建工作情况。S210地势险峻，路面多在陡峭边坡或岩石中凿出，在2013年地震后数月内依然多次受塌方阻断。灵关镇沿路有8处已开工建设的集中安置区。其中最大一处为中坝安置区，完成部分建筑框架结构，两河口安置新区项目目前尚处于施工准备阶段，场地完成拆迁。其余均处于场地平整及施工准备阶段。

2月22日，工作组就县城居民安置方式、华能飞仙关水电站综合规划设计等事宜与地方部门及设计单位进行了技术对接。

2月23日，张兵总规划师、深圳分院蔡震院长、西部分院彭晓雷院长等一行11人抵达芦山驻地，工作组就飞仙关农村信用社重建选址与地方部门进行了技术对接。

2月24日，县委记宋开慧书主持召开中规院三点一线项目规划汇报会，副书记兼代理县长周建华、县人大主任高富银、县政协主席刘志新，县委常委李传文、副县长高体强及县直部门参加了会议。会上，宋书记高度赞扬了中规院在芦山县地震灾后重建工作中所作出的成绩，并代表县委县政府向中规院表达了感激之情。并希望中规院在灾后重建中更进一步地提供相关规划协助。

2月25日，工作组一组就汉姜古城的规划设计事宜与地方部门进行了技术对接。深圳分院蔡震院长带队另一组赴成都与四川省建筑院对接其一系列建筑设计事宜。

2月26日，工作组就自建房联建区选址、沿江路末端污水管至污水厂设计方案等事宜与地方部门进行了技术对接。

2月27日，工作组就新县城3块安置区、就业培训中心、县委党校选址及设计条件等事宜与地方部门进行了技术对接。

2014年3月

3月2日，工作组就龙门乡聚居点选址、布局、风貌等事宜与地方部门及设计单位进行了技术对接。

3月5日，工作组与省住房和城乡建设厅邱建总规划师、雅安市卯辉副市长带队一行20余人对芦山重建项目进行踏勘，随后在雅安市人民政府召开雅安市规划指挥部工作会议。

3 月 6 日，市灾后重建规划指挥部按省住建厅要求，规划指挥部对西昌市、盐边县城、攀枝花市的城市建设进行考察。与西昌市住房和城乡建设局及市建筑院领导专家就安置房建设事宜进行了技术交流。

3 月 7 日，规划指挥部对盐边县城在安居房建设、划宅基地、商业空间打造、交通系统组织等方面进行了考察与交流，很多城市建设方面经验值得芦山借鉴。

3 月 10 日，工作组与县政府周建华县长一起来到四川省发展改革委，就世界银行贷款项目与发展改革委外资处进行了技术对接。

3 月 11 日，规划工作组就文化宫、金花广场、县城市政设施、县法院建筑设计、中石油加油站、青龙场村聚集点布局等规划设计及建设事宜与地方部门及设计单位进行了技术对接。

3 月 12 日，工作组就县城市政设施项目实施、资金安排、几处重叠交叉项目如何组织等事宜与地方部门进行了技术对接。

3 月 13 日，工作组就凤凰村施工、飞仙关南北场镇施工、芦山河大桥交接路口施工、根艺广场入口设计、新县城安居房设计、351 国道县城入口处的交通市政问题等事宜与地方部门进行了技术对接。

3 月 14 日，工作组就龙门乡场镇三个聚集点设计、水系规划、水街设计、河心岛设计、老鸭鱼村民聚集点选址等事宜与地方部门及设计单位进行了技术对接。

3 月 15 日，应石棉县人民政府之邀，王广鹏赶赴石棉县参加石棉第四届黄果柑生态旅游节。工作组就龙门乡卫生院业务楼设计与地方部门进行了技术对接。

3 月 16 日，工作组就龙门幼儿园选址、张伙聚集点设计、河心岛设计等事宜与地方部门及设计单位进行了技术对接。

3 月 17 日，中规院“一线”规划设计团队及工作组就沿线绿化及景观设计通过视频会议，与深圳、重庆、芦山县政府及县直部门进行了技术对接。

3 月 19 日，工作组将飞仙关至龙门“一线”设计建设思路向芦山县委县政府主要领导进行了汇报交流。

3 月 20 日，四川省政府黄彦蓉副省长、省住房和城乡建设厅邱建总规划师、教育厅朱厅长、市委书记叶壮、市长兰开驰等一行对芦山住房、教育灾后重建项目进行了视察。现场与工作组进行了沟通交流，黄副省长对中规院、清华、同济三个规划设计单位的支持表示了感谢，并对市规划指挥部提出要求。下午，工作组参加芦山 2014 年第二次规划委员会，共审议了 8 个规划设计项目。

3 月 21 日，省委副书记、省长魏宏，省委常委、常务副省长钟勉抵达芦山视察县现代生态农业园区建设情况，现场与工作组进行了交流。工作组与重大规划院曾卫教授、哈工大建筑院陆诗亮副总建筑师对芦山目前的建筑设计问题进行交流。

3 月 22 日，工作组就根雕广场的几个设计方案、飞仙沿湖栈道建设、芦山统规联建房建设、三桥广场建设资金分配等事宜与地方部门及设计单位进行了技术对接。

3 月 24 日，市委组织部领导抵达芦山，对芦山县常务副县长、纪委书记、组织部长的人事调整进行了通报。

3 月 25 日，工作组就新区农贸市场选址、飞仙沿湖栈道建设、火炬村入口景观设计、烟草公司选址条件等事宜与地方部门及设计单位进行了技术对接。下午，规划工作组赶到飞仙关镇，与雅安副市长卯辉、住房和城乡建设局郭总及市规划指挥部人员及飞仙关地方领导现场交流飞仙关灾后重建情况。

3 月 26 日，工作组就芦山河生态河堤建设、姜城往事建筑设计合同、龙门客运站设计事宜与地方部门及设计单位进行了技术对接。

3 月 27 日，工作组就古城坪游步道征地范围、芦山气象站选址、火炬村幸福美丽新村规划设计等事宜与地方部门及设计单位进行了技术对接。

3 月 28 日，工作组赶赴雅安市人民政府，参加卯辉副市长主持的雅安市灾后重建规划指挥部会议，审议了芦山飞仙路口、华能电站风貌等设计事宜，指挥部对芦山灾后重建工作给予了技术指导。

3 月 31 日，工作组参加芦山县灾后重建第三批项目开工仪式。就向家坝市场选址、青少年服务中心建筑设计等事宜与地方部门及设计单位进行了技术对接。

2014年4月

4月1日，工作组参加县委宋书记和周县长主持的金花广场地块现场规划设计协调会，重点讨论X073路口、滨河公园、加油站、拆迁居民安置等事宜。

4月2日，四川省常务副省长钟勉带队，省国土厅等省市领导抵达芦山，工作组就芦山产业园区建设、城房建设、城镇体系建设情况进行了汇报，钟省长对中规院工作给予了肯定并对下一步工作做了具体要求。

4月3日，工作组就飞仙关路口广场及市场施工图设计、G318改线设计、龙门乡王伙、张伙、老鸭鱼、白伙村民散建住户选址等事宜与地方部门及设计单位进行了技术对接。

4月4日，工作组参加城房安居房方案审议会。对总体布局、户型设计，底商及停车位等问题进行了建议。

4月5日，工作组受邀参加县委县政府组织的汶川地震灾后恢复重建考察活动。重点考察了汶川县城滨河带、羌城、水墨镇、三江乡、映秀镇、集中村等城镇村灾后重建项目。在都江堰与雅安市委市政府领导交流了芦阳镇、龙门乡、宝兴灵关镇的灾后重建工作经验。

4月7日，工作组就火炬村风貌规划、根雕产业园规划、龙门震中广场设计专家评审会等事宜与地方部门及设计单位进行了技术对接。

4月8日，龙门震中广场设计专家评审会专家们抵达芦山，分别是四川省住房和城乡建设厅总规划师邱建、中规院副总规划师朱荣远、四川省规院总规划师毛刚、华南理工大学王世福教授、西建大李岳岩教授、同济规划院周珂教授。

4月9日，芦山县“4·20”强烈地震震中纪念广场设计专家评审会在县政府顺利举行，经过专家的热烈讨论和投票，最终评审出前三名方案。

4月10日，工作组就根雕广场方案设计、芦山城房建设、金花路口设计及加油站选址、东风路口设计等事宜与地方部门及设计单位进行了技术对接，并与深圳本部进行了沟通。

4月11日，工作组就城房建设管理、飞仙至龙门一线设计、金花安置区设计、西江安置区设计、金花加油站选址、飞仙沿湖栈道施工、移动公司、联通公司、电信公司网点选址等事宜与地方部门及设计单位进行了技术对接。中规院深圳分院党员活动第一批人员抵达芦山，对芦山县城进行了考察。

4月12日，阴。上午，工作组与党员活动组来到飞仙关镇，县委肖书记与大家一起对北场镇、茶马古道、南场镇等灾后重建项目进行了考察，并将“丈量中国”活动带到了“4·20”强烈地震极重灾区——芦山县！中午，周县长亲切接待大家，对中规院对芦山县灾后重建工作的大力支持表示了感谢。下午，大家与龙门乡陈乡长、钟乡长及几位老领导村干部等进行了座谈，就中规院在芦山灾后重建工作及党的群众路线工作等内容互相进行了交流。会后又对龙门震中广场、青龙寺大殿、古城村几处革命遗迹进行了考察。晚上，县常务副县长高县长亲切接待了中规院党员活动小组，工作组又参加了国家发展改革委费司长带队的芦山灾后重建视察活动。

4月13日，深圳分院党员活动第一批成员与县政府、县委组织部、住房和城乡建设局、重建办等领导开展座谈，就中规院在芦山灾后重建工作及党的群众路线工作互相进行交流。

4月15日，市指挥部毛刚总规划师来到驻地办公室，讨论震中广场下一步设计方案深化等事宜。

4月16日，工作组就农村信用社选址、疾控中心设计、三桥广场合同、“4·20”灾区纪念活动、产业集中区规划设计、飞仙关镇新庄村推介项目材料、县城近期实施的规划控制等事宜与地方部门及设计单位进行了技术对接。

4月17日，张高丽副总理在四川省委《关于“4·20”芦山强烈地震一周年灾后恢复重建工作进展情况的报告》上作出了重要批示，充分肯定了芦山灾后恢复重建取得的阶段系成绩，要求进一步研究有效措施，抓铁有痕、踏石留印，夺取灾后科学恢复重建的新胜利。

4月18日，中共芦山县委、芦山县人民政府召开“4·20”芦山强烈地震一周年座谈会。曾参与抗震救灾和恢复重建的军队、武警、医护人员、公益基金、媒体及捐赠企业代表等应邀参会。

4月19日，工作组与市规划指挥部就飞仙关规划设计、县城道路交通规划、入城根艺广场设计等等事宜与地方部门及设计单位进行了技术对接。

4月20日，四川省在震中芦山县龙门乡隆兴中心校举行纪念“4·20”芦山强烈地震一周年活动。省委书记、省人大常委会主任王东明出席会议并作了重要讲话。深圳分院方煜副院长带领工作组参加4·20地震一周年纪念仪式。

雅安市“4·20”芦山强烈地震灾后重建项目集中开工建设仪式在震中芦山县产业集中区举行。省委书记、省人大常委会主任王东明，省委副书记、省长魏宏等省、市领导出席仪式。

4月22日，工作组就教育园区的规划设计、芦山河沿线规划设计工作等事宜与地方部门及设计单位进行了技术对接。

4月23日，中共中央总书记习近平总在四川省委《关于“4·20”芦山强烈地震一周年灾后恢复重建工作进展情况的报告》上作出了重要批示，充分肯定了芦山地震灾后恢复重建工作，对灾后恢复重建工作作出“坚持安全、质量第一，坚持以人为本、因地制宜，坚持实事求是、科学重建”的要求。

4月24日，工作组就滨河路施工图设计、华能电站建设、南场镇风貌及景观规划设计、芦阳镇卫生院设计等事宜与地方部门及设计单位进行了技术对接。

4月25日，工作组就县城路网规划、芦山县人民医院设计、芦山小学设计、罗公铁索桥设计、飞仙农村信用社设计、龙门震中广场设计、城北产业园规划设计等事宜与地方部门及设计单位进行了技术对接。

4月27日，李晓江院长、深圳分院蔡震院长、方煜副院长和西部分院彭小雷院长抵达雅安，与雅安市人民政府卯辉副市长、住房和城乡建设局郭猛总规划师就近期灾后重建的重点和出现的问题进行了座谈。

4月28日，李晓江院长带队工作组对灾后重建的龙门、飞仙关、老县城和飞仙关至龙门沿线进行踏勘，对芦山县已经和即将实施的项目进行了现场指导。

4月29日，工作组就芦山河生态湿地景观设计、林业局综合用房选址、河心岛景观、芦山客运站、芦山人民医院、青龙场老场镇等建设工作事宜与地方部门及设计单位进行了技术对接。

4月30日，工作组参加芦山县城区桥梁集中通车仪式，芦山南门大桥、西门大桥、潘河大桥今天正式通车。

2014年5月

5月1日，县委办、重建办人员来到驻地办公室讨论研究龙门场镇改造实施方案。

5月4日，四川省委常委、常务副省长钟勉调研芦山县灾后重建情况，现场与工作组就规划设计事宜进行了沟通交流。

5月5日，省委常委、成都市委书记黄新初莅芦调研灾后恢复重建工作，对接援建龙门乡青龙场村灾后重建事宜，工作组简要汇报龙门场镇规划情况。

5月7日，工作组就成都市对口援建项目与成都市建筑院进行了技术对接。

5月8日，工作组就民政部援建项目、龙门客运站、金花路口施工图、茶马古道下穿G318涵洞、飞仙关戏台、飞仙印象、芦山教育培训中心、县党校、龙门养老中心、苗溪固体建材垃圾填埋场选址等事宜与地方部门及设计单位进行了技术对接。

5月9日，工作组就金花路口道路设计、加油站设计、强弱电改线、芦阳派出所、烟草公司设计与选址等事宜与地方部门及设计单位进行了技术对接。

5月10日，工作组就龙门场镇综合交通、教培中心、民政设施、青少年服务中心等事宜与地方部门及设计单位进行了技术对接。成都市规划局人员来驻地办公室沟通交流青龙场重建问题及难点。

5月11日，工作组赶赴雅安市，就芦山县灾后重建总体思路与雅安市委市政府领导进行了沟通交流。

5月13日，工作组与芦山县委县政府领导及主管部门审议芦山入口根雕广场设计、龙门河心岛河堤及吊桥设计、罗纯山登山道设计就农产品交易市场，南场镇，沿河栈道，飞仙印象等项目事宜与地方部门及设计单位进行了技术对接。

5月14日，中规院党委书记邵益生、党办主任于亚平、西部分院刘继华副院长、深圳分院方煜副院长抵达芦山驻地，与县委宋开慧书记共同开展基层党建工作座谈会议。

5月15日，邵书记、于主任与县委原组织

部部长、常务副县长高永洪来到驻地，交流驻地工作组党员培养工作。

5月16日，工作组与芦山县委县政府及县直部门领导一起参加雅安市组织的幸福美丽新村规划芦山县项目审查会。

5月17日，工作组与县住房和城乡建设局、交通局、地税局、邮政局、粮食局、气象局等部门就各单位灾后重建项目选址红线事宜进行了技术对接，审议了茶马古道新G318下穿涵洞、县城惠民路公建设施选址等事宜。

5月20日，芦山县第二十四期入党积极分子培训班召开。成都规划局技术团队来到驻地办公室，与工作组及芦山县委县政府主要领导对接成都援建规划技术问题。

5月21日，工作组与县委宋书记赶赴四川省人民政府，将芦山县灾后重建总体提升构想向钟勉副省长和省住房和城乡建设厅、发展改革委、国土厅、经信委等省直部门领导进行了汇报。

5月22日，工作组参加芦山县城市规划委员会2014年第三次会议，共审议了11个规划设计项目。

5月23日，工作组与清华院挂职的天全县马副县长、同济院挂职宝兴县周副县长共同交流灾后重建工作中遇到的问题。

5月25日，工作组在龙门乡与成都市葛红林市长、成都市规划局张佳局长等沟通龙门灾后重建工作。

5月26日，成都市委市政府领导带领成都援建团队来龙门乡青龙场村讨论援建项目及援建要求，规划组应邀参加并陪同援建单位现场调研。

5月28日，工作组赶赴龙门乡，与清华大学规划院夏所长、王教授、全教授、县委郑书记、龙门乡余书记等一起对龙门场镇规划设计范围事宜进行踏勘。

5月29日，工作组参加芦山县2014年第四次规划委员会会议，共审议规划设计类项目11个。

5月30日，雅安市重建委印发了《关于印发芦山县灾后恢复重建水平总体提升的构想的通知》(雅重建委〔2014〕11号)，正式实施芦山县灾后恢复重建“1328”整体提升方案。“1328”即一线、三镇、两园、八个新村。一线：飞仙至龙门环线。三镇：飞仙关镇、芦阳镇、龙门乡。两园：芦山县产业集中区、芦山县现代生态农业示范园。八村：凤凰村、黎明村、火炬村等八个幸福美丽新村。

2014年6月

6月2日，端午节，工作组受邀到清仁乡农户家做客，一起吃粽子过节。

6月3日，工作组就军粮供应站建筑外立面设计与地方部门进行了技术对接。

6月4日，工作组就芦阳镇统规联建区规划方案对地方部门进行了技术对接。

6月5日，工作组就汉姜古城历史街区建筑概念设计、芦阳镇五个统规联建安置点规划、芦山河县城段硬质护岸改生态护岸建设等事宜与地方部门及设计单位进行了技术对接。

6月6日，工作组就芦山农村信用社建筑设计风貌、姜城往事建筑设计事宜与地方部门及设计单位进行了技术对接。市规划指挥部主要成员来到驻地办公室，讨论研究天全县灾后重建项目。

6月7日，工作组参加由县委宋书记主持召开了全县重大项目推进会，对全县几十个重大项目推进情况进行了梳理及安排。姜城往事项目组赶赴雅安市，与建筑设计合作单位进行了技术交流。市指挥部毛刚总规划师、西建大建筑学院李岳岩副院长、张老师与县委郑书记、龙门乡一起对龙门乡街区打造规划设计进行了技术对接。

6月8日，工作组就芦阳统规联建规划设计、城西社区规划设计及S210沿线景观设计等事宜与地方部门及设计单位进行了技术对接。

6月9日，工作组就S210县城段设计、西门景观设计、根雕广场设计、城西社区建筑设计、司法局选址、气象局建筑设计、幼儿园建筑退后、军粮站建筑设计、三桥休闲区施工设计、思延一处农产品生产建筑设计等事宜与地方部门及设计单位进行了技术对接。

6月10日，工作组就省道S210、县道X073景观设计、军粮站建筑设计、老县城青衣风韵建筑设计、龙门乡河心岛景观设计等事宜与地方部门及设计单位进行了技术对接。

6月11日，工作组就芦山玉溪河景观设计与防洪治理、青龙场滨河景观带设计、青龙场供电所规划设计条件、司法局与邮政局的重建项目选址等事宜与县委宋书记、地方部门及设计单位进行了技术对接。

6月12日，工作组就龙门场镇民房重建选址、滨河路施工、综合馆施工、南门桥头滨河路线位设计、罗公铁索桥设计、县城LED屏选址等事宜与地方部门及设计单位进行了技术对接。

6月16日，工作组与县委古劲副书记、李传文常委一起参观叶毓山老先生工作室，并就设计重建雕塑事宜进行了交流沟通。

6月17日，晴。上午，工作组与雅安市卯辉副市长、市住房和城乡建设局郭猛总规划师等一行十余人，对天全县灾后重建项目进行现场办公。就县城统规联建点的规划、龙门上下场口危房、加固房分布情况、县城铁索桥选址、龙门古镇灾后重建规划、S210城区段沿线景观整治设计等事宜与县委宋书记、地方部门及设计单位进行了技术对接。

6月18日，中规院张兵总规划师、深圳分院蔡震院长、方煜副院长等人员抵达芦山，与县委书记宋开慧就灾后重建规划近期工作进行了沟通和安排。

6月19日，工作组参加芦山县2014年第五次规划委员会会议，审议了12个项目，会议至凌晨。

6月20日，工作组就县城农贸市场设计、仁加坝规划提升设计、农业园区建设等事宜与地方部门及设计单位进行了技术对接。

6月21日，工作组就龙门古街设计范围、龙门农贸市场设计、县城联建点设计、S210县城段及老城风貌规划设计等事宜与地方部门及设计单位进行了技术对接。

6月24日，工作组就《飞仙关镇新庄村“幸福美丽”新村规划》及《黎明村灾后重建产业规划》两个项目的成果事宜与地方部门及设计单位进行了技术对接。

6月25日，工作组就芦山河湿地项目、军粮供应站设计、思延农业园粮库设计、龙门古镇设计等事宜与地方部门及设计单位进行了技术对接。

6月26日，工作组就县财政局周边设计、规划设计大比拼、山峰溪规划设计、金花路口道路施工设计、电力线路改造等事宜与地方部门及设计单位进行了技术对接。

6月27日，四川省人民政府省长魏宏及省直部门主要领导一行抵达芦山，视察灾后重建项目并提出进一步提升完善的要求，工作组现场进行了沟通汇报。

工作组就西门设计方案、工商所选址、农贸市场、军粮站规划设计、龙门老街设计、龙门震中广场捐建、产业园区内安置点设计及环境整治设计等事宜与地方部门及设计单位进行了技术对接。

6月28日，上午，国家发展改革委副主任穆虹、钟勉副省长一行抵达芦山，对芦山灾后重建工作进行调研及视察指导。宋书记主持召开“720”工作推进会，对7月20日节点前的主要工作进行了部署。

6月30日，工作组就飞仙三桥休闲区设计、民政大楼设计、城东社区选址、盐业公司设计、飞仙关建筑风貌规划等事宜与地方部门及设计单位进行了技术对接。

2014年7月

7月1日，四川省人民政府魏宏省长及省直部门主要领导抵达芦山地震震中龙门乡，视察及指导龙门乡灾后重建工作，工作组现场汇报了规划情况。晚上与芦山县城市政管网普查单位进行了技术对接。

7月2日，工作组就市政管网普查、数据库建立、龙门古街建筑设计、苗溪运动场设计等事宜与地方部门及设计单位进行了技术对接。

雅安市人民政府兰开驰市长来到芦山，与工作组及县委县政府领导及设计单位等共同交流龙门乡场镇灾后重建工作。

7月3日，工作组就市政管线普查、芦阳工商所选址、飞仙信用社选址等事宜与地方部门及设计单位进行了技术对接。

7月4日，四川省住房和城乡建设厅邱建总规划师、孟副巡视员、村镇处文处长、规划处杨处长等领导抵达芦山，对县城至龙门沿线夹道建设进行现场踏勘。并对夹道建设问题与工作组一起形成调研报告。

7月5日，芦山县重建委2014年第五次全体会议召开。

7月8日，上午，工作组就飞仙电站未按施工图施工、西门公园建筑设计等事宜与地方部门及设计单位进行了技术对接。

7月10日，工作组就向阳坝路网规划、老县城风貌改造、清仁仁加坝建筑风貌等事宜与地方部门及设计单位进行了技术对接。

7月11日，工作组就西川路施工线位、物流园红线、飞仙关幼儿园建筑设计、县城工商所选址、白伙建筑风貌、老县城建筑风貌等事宜与地方部门及设计单位进行了技术对接。

7月12日，凤凰村前“水池风波”，中规院、省规院、西建院联手选址，现场设计，参与施工的小池塘被市领导要求取消建设，工作组紧急协调相关事宜。

7月13日，工作组与雅安市委书记叶壮进行了交流后，尊重了工作组意见，水池建设不变化。

7月17日，四川省委书记、省人大常委会主任王东明，省委副书记、省长魏宏调研芦山县城乡住房、新村聚居点、城镇体系、园区等灾后重建。工作组赶赴雅安市，与市规划指挥部成员一起向省住房和城乡建设厅厅长何建汇报了指挥部的工作情况。

7月18日，四川省住房和城乡建设厅邱建总规划师、规划处陈处长、村镇处文处长、省规划院相关人员抵达驻地办公室，听取了工作组关于县城至龙门沿线规划设计情况汇报。

7月20日，工作组在宝兴县与同济大学朱宇晖老师带队的藏族民居测绘团队进行了交流。

7月21日，工作组就老县城风貌设计施工、龙门沿线风貌整治设计、龙门新街风貌、老街风貌等规划设计等事宜与地方部门及设计单位进行了技术对接。

7月22日，雅安市委市政府兰市长、青书记及市直部门领导抵达龙门乡，与工作组及芦山县委县政府宋书记、郑书记、李部长、刘县长及县各职能部门负责人一起就龙门乡灾后重建工作进行了安排部署与落实。

7月23日，工作组就飞仙关二郎庙、飞仙入口、茶马骑行道等设计等事宜与地方部门及设计单位进行了技术对接。晚上，中规院、西建大、派出所组成的援建干部联队参加了全县组织的篮球比赛。

7月24日，雅安市规划指挥部由卯辉副市长带队抵达芦山，对芦山老县城灾后建设情况进行了考察，听取了老县城规划设计汇报，对中规院现阶段规划成果表示了一致肯定，确定下一步推进重点为政策及管理。

7月25日，工作组就龙门古街道路、场地竖向等事宜与地方部门及设计单位进行了技术对接。

7月26日，下午，工作组就芦山县防洪规划、龙门张伙聚集点场地标高设计等事宜与地方部门及设计单位进行了技术对接。

7月27日，工作组与四川省住房和城乡建设厅邱建总规划师、市委李秘书长、县委宋书记、郑书记、指挥部成员及各设计人员开展龙门乡规划设计专题审查会。

7月28日，工作组就龙门乡张伙场地标高及建筑设计等事宜与地方部门及设计单位进行了技术对接。

7月29日，工作组就姜城往事、S210县城段沿线景观设计、老县城灾后重建项目等事宜与县里及深圳本部进行了技术对接。

7月30日，与工作组就龙门新桥、龙门游客中心选址、龙门古街规划、龙门乡张伙聚居点设计等事宜与地方部门及设计单位进行了技术对接。

7月31日，省委常委、常务副省长钟勉召集雅安市和芦山县相关领导就芦山县城灾后恢复重建水平总体提升方案进行专题研究，工作组进行了沟通汇报。

县城管线普查单位的4位东京大学、早稻田大学日本专家来到驻地办公室，就普查工作进行了技术对接。

2014年8月

8月1日，召开芦山县2014年第六次规划委员，共对11个规划设计项目进行了审议。中午规划工作组与卯辉副市长带队的规划指挥部赴龙门乡，协调龙门总体建设思路及项目落实情况。

8月2日，工作组就飞仙路口东北片规划设计、阳光幼儿园设计等事宜与地方部门及设计单位进行了技术对接。

8月3日，芦山本周开始实行5＋1工作制，结束了“5＋2、白＋黑”。云南鲁甸发生6.5级地震。

8月4日，工作组迎来进驻芦山以来最大的暴雨，G318飞仙关滴水崖已经封闭，新县城4、5处地段被水淹没。工作组临时取消赴成都的计划。下午，县委宋书记等领导与工作组一起与华西集团桂总、孙总等人员沟通芦山灾后重建总承包事宜。

8月5日，深圳分院蔡震院长一行8人抵达芦山，工作组就平襄楼保护规划、防洪专项规划、龙门河心聚居点设计、老县城规划设计等事宜与地方部门及设计单位进行了技术对接。

8月6日，深圳分院蔡震院长带领工作组赶赴雅安市政府，参加由兰市长主持，省住房和城乡建设厅邱总、市委青书记、卯市长、市局郭总、省内建筑专家、市规划指挥部专家、县委宋书记、周县长、古书记、李常委等人员参加的芦山县老城区设计专题审查会，会上审议了中规院及川建院的三个规划设计项目。

8月7日，工作组就根雕园景观设计等事宜与地方部门及设计单位进行了技术对接。芦山县重建委2014年第六次全体会议召开。

8月8日，四川省建院陈中义书记一行来到驻地办公室，与县委宋书记、周县长、古书记、李常委及县直部门领导共同对接汉姜古城建筑设计事宜。

8月9日，工作组就飞仙沿湖栈道施工推进、飞仙关镇灾后恢复重建水平总体提升实施方案等事宜与地方部门及设计单位进行了技术对接。

8月11日，工作组与县委宋书记一起赶赴四川省人民政府，参加钟勉常务副省长主持，雅安市兰市长、青书记、住房和城乡建设厅何厅长、邱总规划师等人员参加的芦山重建水平总体提升的研讨会。

8月13日，工作组就龙门游客中心、客运站、河心聚集点、飞仙阁设计、汉姜古城设计、飞仙多功一体化规划设计等事宜与地方部门及设计单位进行了技术对接。

8月18日，上午，工作组就飞仙阁与大坝设计、汉姜古城设计、飞仙多功一体化规划、乡镇信用社建筑风貌、县城消防站、新庄幸福美丽新村规划等事宜与地方部门及设计单位进行了技术对接。

8月20日，工作组赶赴雅安市，向市委叶书记、兰市长、青书记及县委宋书记汇报芦山县灾后恢复重建总体水平提升思路。工作组参加了芦山县2014年第七次规划委员会，共审议选址、规划、建筑类项目9个，会议持续至凌晨。

8月21日，四川省政府魏宏省长、钟勉副省长带领财政厅、住房和城乡建设厅等省直部门领导抵达芦山，与市委市政府领导及市直机关领导一起对飞仙关、老县城的灾后重建项目进行了视察，并听取了县委县政府及工作组汇报，省市县领导对芦山、宝兴灾后恢复重建工作给予了肯定，对中规院工作表示了认可和感谢。

8月22日，工作组在成都，与西建大邵必林副校长等西建大校友们进行了座谈。邵校长表示会全力支持灾区工作，工作组表示了对西建大援助芦山的感谢。工作组在芦山与深圳左氏传媒人员进行了调研座谈。

8月24日，工作组、市规划指挥部、龙门古镇项目组在中规院挂职北川干部陪同下，对北川新老县城进行了考察。工作组晚上到达重庆西部分院，与分院彭小雷院长交流了近期灾后重建工作情况。

8月25日，工作组赶赴内江，与雅安市委青书记、徐市长、市直部门领导、芦天宝县领导及各设计院代表在内江市委市政府陪同下对隆昌县石牌坊老街、湿地公园、内江老街等地进行实地调研，晚上，赶赴汶川县。

8月26日，工作组与考察人员一起在汶川县委县政府陪同下，对汶川县映秀镇、三江镇、水磨镇、街子古镇等“5·12”地震灾后重建项目进行了考察。

8月30日，芦山县重建委印发《关于成立灾后恢复重建项目推进施工总承包指挥部的通知》(芦重委发〔2014〕26号)，正式成立灾后恢复重建“五总”协调机制。“五总”即：规划设计总负责、建筑施工总承包、项目建设总管理、规划建设总督查、组织领导总指挥。“五总”协调机制建立，标志着“1+3+7”灾后恢复重建机构模式全面形成。“1”即：县重建委。“3”即：县重建办、县农建办、县城房办。“7”即：飞仙关镇、龙门乡、芦阳镇、汉姜古城、产业集中区等7个灾后重建指挥部。

2014年9月

9月4日，工作组就飞仙至龙门沿线环境整治和设计施工问题、省道210飞仙段和城区段的景观设计等事宜与地方部门及设计单位进行了技术对接。

9月6—8日，中秋节放假三天，工作组王广鹏副县长因肺炎住进芦山县人民医院。

9月9日，省委第一巡视组芦山县工作动员会在县公安局召开。芦山县第十六届人民政府第五十次常务会议召开。

9月10日，工作组员就飞仙关南北场镇施工建设、安置点展板制作、飞仙关南场镇东北片区建筑设计等事宜与地方部门及设计单位进行了技术对接。

9月11日，四川省政府钟勉副省长带领省发展改革委、住房和城乡建设厅、文化厅等省直部门在芦山县政府举行灾后重建工作推进会，对下一步工作进行了安排与部署。市委叶书记、兰市长、青书记等市直机关主要负责人，中规院、川建院、西建大、华西集团等单位共同参加了会议。

9月15日，工作组就飞仙关南场镇二期规划设计、飞仙关总建筑师负责制等事宜与地方部门及设计单位进行了技术对接。

9月16日，省住建厅王副厅长、雅安市卯辉副市长、市住房和城乡建设局郭猛总规划师、市规划指挥部相关人员等来到芦山县，与工作组及县委县政府领导共同研究飞仙关至龙门沿线景观设计管理工作。

9月18日，张兵总规划师一行6人抵达成都，与工作组一起参加四川省住建厅组织的汉姜古城建筑方案专家初评会，省住房和城乡建设厅、文化厅、市委、市政府、县委、县政府及市规划指挥部等相关人员参加了会议。

9月19日，原中共中央政治局委员、全国政协原副主席、原四川省委书记杨汝岱一行莅芦视察灾后重建工作。

9月22日，工作组赶赴雅安市交通局，与雅安市政府王东林副市长、市交通局沈局长、G318设计单位的李总、县政府刘县长等，对接G318隧道出口设计方案。

9月23日，雅安市政府卯辉副市长带领市规划指挥部规划专家对中规院编制的县城、飞仙关等规划项目进行技术审查。

9月24日，省住房和城乡建设厅总规划师邱建带队的专家组、毛总带队的市规划指挥部专家组、县委书记宋开慧带队的县领导与规划工作组一起就芦山统规联建点建筑方案进行了审议。

9月26日，工作组就龙门青龙场生态农业规划、罗纯华府的设计变更、苗溪社区体育场地设计等事宜与地方部门及设计单位进行了技术对接。下午，工作组赶赴雅安市，与市规划指挥部等人员一起对雅安市的重建项目提供规划技术咨询。

9月27日，工作组就根雕产业园项目推进、世行贷款项目等事宜与地方部门及设计单位进行了技术对接。

9月29日，阴。工作组就飞仙南场镇经济技术指标、先锋社区联建点设计等事宜与地方部门及设计单位进行了技术对接。

2014年10月

10月7日，工作组就飞仙多功一体化规划、县城几处统规联建点设计、汉姜古城建筑设计等事宜与地方部门及设计单位进行了技术对接。

10月8日，早上5时14分，芦山发生4.1级地震，震感强烈。

10月9日，四川省政府钟勉常务副省长来芦山调研灾后重建工作，省住房和城乡建设厅邱建总规划师、县政府主要负责人和工作组一起对县城、龙门、飞仙关规划设计中存在的问题进行了汇报和讨论。

10月14日，工作组赶赴成都，与李晓江院长、西部分院彭小雷院长、四川省域城镇体系规划项目组汇合，就芦山灾后重建工作进行了交流。

10月15日，中规院李晓江院长及省域城镇体系规划项目组在四川省人民政府，向黄彦蓉副省长及省直部门负责人汇报了体系规划阶段成果及中规院芦山灾后重建工作情况，得到了省领导的充分认可及肯定。

10月16日，工作组参加了芦山县2014年第8次规划委员会会议，共同审议了龙门乡安置房、县幼儿园等多项工程选址和规划方案。

10月17日，工作组参与县委宋开慧书记主持召开芦山县重建项目规划研讨会，省住房和城乡建设厅邱建总规划师及相关专家参加会议，会上讨论了龙门老街城市设计，县城玉溪河景观设计，飞仙关南场镇二期项目及县城产业集中区详细规划等规划设计。

10月18日，中规院成立六十周年学术报告会在北京总院举行，王广鹏代表全院职工汇报了芦山地震灾后恢复重建的工作情况及感受。

10 月 21 日，中共中央办公厅调研组抵达地震灾区，对芦山地震灾后重建情况进行了调研，考察了宝兴县、天全县等地。

10 月 23 日，中共中央办公厅调研组抵达芦山县，就目前芦山县灾后恢复重建情况与工作组进行了座谈。

10 月 27 日，工作组陪同法国开发署考察县规划展览馆和县博物馆及城区建设情况。

10 月 29 日，工作组就中办指示精神、汉姜古城设计、龙门老街设计、龙门道路设计、飞仙环湖栈道施工芦山综合馆室内设计等事宜与地方部门及设计单位进行了技术对接。

10 月 30 日，工作组与县委宋书记一起赶赴成都，向省政府钟勉副省长及省直部门领导汇报现阶段芦山规划建设工作情况。

2014 年 11 月

11 月 1 日，阴。国务院总理李克强在新华社参编部《内参专题调研》(第 40 期)《用好芦山重建“地方负责制”经验调研报告》上作出了重要批示，要求研究借鉴芦山等地好的灾后重建经验，形成行之有效的机制，指导其他地方灾后重建工作。

11 月 3 日，工作组就飞仙关南场镇规划、G318 与 S210 交叉口道路标高设计、西江村聚居点设计等事宜与地方部门及设计单位进行了技术对接。

11 月 6 日，四川省住房和城乡建设厅督查室来芦山检查工作，工作组陪同考察了龙门古街、飞仙关南北场镇建设项目。

11 月 10 日，工作组赴雅安市人民政府，向市委青书记及市直相关部门领导汇报芦山县飞仙关多功一体化发展规划。

11 月 13 日，工作组就汉姜古城外围停车场选址、物流园区规划设计、邮政局设计、新型建筑材料试用等事宜与地方部门及设计单位进行了技术对接。

11 月 19 日，工作组就老县城十字街市政管网设计、乐家沟安置区设计等事宜与地方部门及设计单位进行了技术对接。

11 月 21 日，工作组就二郎庙景区设计、老县城电力系统施工设计等事宜与地方部门及设计单位进行了技术对接。

11 月 23 日，省委常委常务副省长钟勉赴龙门调研古街及老街规划建设情况，工作组汇报了工作情况。

11 月 25 日，工作组赶赴雅安市政府，与雅安市政府王冬林副市长，市交通局、县交通局等领导一起讨论了 G318 隧道出口段标高事宜。

11 月 26 日，工作组就新汉姜古城建筑设计、飞仙南场镇道路设计、二郎庙设计方案芦山汽车站设计、姜城往事户型设计等事宜与地方部门及设计单位进行了技术对接。

11 月 29 日，中共中央总书记习近平在中央办公厅《机制创新助推灾区恢复重建工作科学有序推进，一些问题仍须引起重视——习近平总书记芦山地震灾区考察二次回访调研报告》上作出了重要批示，充分肯定了四川省委、省政府扎实推进恢复重建工作取得的成绩，要求有关部门系统总结重建工作经验，努力探索“中央统筹指导、地方作为主体、灾区群众广泛参与”的恢复重建新路子。

2014 年 12 月

12 月 1 日，阴。上午，工作组就飞仙关市场施工图设计、G318 设计标高、物流服务中心大楼建设、通飞仙关省道国道交叉口标高、幼儿园建筑设计方案等事宜与地方部门及设计单位进行了技术对接。

12 月 4 日，工作组参加芦山县 2014 年第十次规委会会议。

12 月 10 日，雅安市政府卯辉副市长带领市规划指挥部成员及西建大李岳岩副院长等专家来到驻地办公室，与县委县政府一起对芦山综合馆室内布展设计及飞仙关门设计进行了审议。

12 月 14 日，工作组参加了县武装部组织的民兵军事训练活动。

12 月 16 日，工作组赶赴雅安市政府，市委青书记、宣传部姜部长、徐市长、卯市长，以及市住房和城乡建设局、市文广新局、县宣传部、县住房和城乡建设局、县文广新局人员共同对芦山综合馆室内布展设计事宜进行审议。

12月17日，芦山召开灾后重建“五总”工作会，省住建厅王厅长、省厅有关部门领导、县主要领导，以及衡泰公司、华西集团、川建院、县直部门负责人、乡镇主要领导共同参加了会议，对近期重建工作进行了总结，提出开展后续工作的要求。

12月20日，工作组赶赴大英县，与西部分院同事交流灾后恢复重建规划工作。

12月22日，工作组与市住房和城乡建设局协调“规划大比拼”评选工作。

12月24日，工作组就平襄楼国保单位保护规划及保护范围、汉城酒店片区、姜城故里片区设计方案等事宜与地方部门及设计单位进行了技术对接。

12月27日，县发改局组织召开“汉江古城项目可行性研究报告会”，邀请省内专家进行了集体研讨，工作组共同参加了会议讨论。

12月30日，芦山县纳入“4·20”芦山强烈地震总体规划实施的13171户农房重建全面完工。

芦山县召开省委第一巡视组芦山县情况反馈会，市委常委、纪委书记刘锐主持会议，县四大班子成员及县直部门负责人参加了会议。

2015年1月

1月4日，驻地办公室召开“2015年度第一次规委会预审会”，工作组参与审查了产业集中区内的八个设计项目。

1月5日，工作组就邮政局建筑方案设计、综合馆布展设计、县城G351隧道出口至污水厂段污水干管线位比选等事宜与地方部门及设计单位进行了技术对接。

1月7日，省委常委、常务副省长钟勉一行赴芦调研灾后重建工作。芦山县召开“五总”协调推进工作第三次例会。会议就目前施工建设过程中遇到的困难及问题进行了研究与部署。

1月8日，工作组赴雅安市政府，参加由卯辉副市长主持的飞仙多功旅游与生态文明融合发展规划审议会。

1月9日，中规院张兵总规划师、深圳分院方煜副院长、西部分院洪昌富总工程师、杨斌等一行抵达雅安，与卯辉副市长共同交流了现阶段灾后重建工作相关问题。

1月10日，张总带领工作组同志调研芦山灾后恢复重建情况，在调研现场与县委宋书记、郑书记、肖书记等领导进行了沟通交流。

1月16日，中规院名城所同志来到茶马古道项目施工现场，与县旅游局、县文新广局、飞仙关镇、华西集团等人员，就茶马古道设计施工问题进行了现场研究并确定整改方案。

1月20日，深圳分院范仲铭副院长、朱力副院长、王泽坚副院长、罗彦总规划师抵达芦山驻地，与工作组人员共同交流了灾后重建工作。

1月26日，中央政治局委员、中央书记处书记、中央组织部部长赵乐际，四川省委常委、常务副省长钟勉，四川省委常委、组织部部长范锐平，四川省人民政府秘书长、雅安市委书记叶壮等一行来到芦山地震灾区，调研灾后农房重建和党建工作，看望慰问农村党员群众。赵部长对中规院在灾区一如既往的技术、人才援建工作表示感谢，多次提出希望中规院技术人才继续留在灾区，发挥中规院理论特长结合地方实际，更好且更接地气地把先进理念落到实处，同时为地方培养一批实用性人才。

1月27日，芦山县召开2015年第一次规划委员会会议，共审议了8个选址及规划设计类项目。

1月30日，李晓江院长带领工作组，与西部分院、上海分院同志共同就中规院承担的北川通用机场选址、广元总规评估、天府新区规划评估、芦山灾后重建等工作向四川省住房和城乡建设厅何建厅长、邱建总规划师、陈涛处长等进行了汇报，省住建厅对中规院在四川的规划工作给予高度的肯定与认可。

2015年2月

2月1日，阴。上午，中组部党建研究所赵湘江所长，省委组织部、市委组织部及县委组织部一行参观芦山灾后恢复重建成果；听取了县委组织部及工作组对芦山县基层党建工作及规划设计情况的介绍。

2月6日，工作组赶赴飞仙关，与飞仙关镇人员共同向四川省国土厅、市住房和城乡建设局等领导汇报飞仙关场镇的规划建设情况。

2月8日，工作组就芦山风貌改造设计技术审查会、芦山客运站建筑设计等事宜与地方部门及设计单位进行了技术对接。

2月9日，中规院院友绵阳市政府副秘书长贺旺和台湾大学夏铸九老先生的专家团队、绵阳援建雨城指挥部刘总等一行来到芦山，大家共同就芦山地震灾后恢复重建工作进行了交流。

2月15日，中央委员会委员、四川省委书记王东明，省长魏宏，常务副省长钟勉，市委书记叶壮，市长兰开驰，市委副书记青理东等省市领导一行抵达震中龙门乡，听取了龙门乡灾后重建规划及建设情况汇报，东明书记与驻地人员亲切握手，给中规院员工拜年，并对中规院援建工作表示了感谢！

2015年3月

3月2日，芦山召开第七次“五总”协调会，邀请工作组共同研讨春节后开工复工建设进度及质量安全、立面改造、基础设施等相关问题。

3月6日，西部分院团建活动一行40多人抵达芦山，对飞仙关镇及县城的灾后重建项目进行考察。晚上县委县政府等领导一起交流了芦山灾后重建工作模式和经验。

3月8日，雅安市人民医院副院长张德明代表用照片向参加十二届全国人大三次会议四川代表团审议的李克强总理展示了芦山地震灾区恢复重建的最新进展。看到灾后重建新貌，总理高兴地说：“这是实景照片？我以为是规划效果图呢，很美！”。王广鹏、李东曙赴北京参加总院一年一度的业务交流会及中层干部会。

3月12日，总院召开2015年度中层干部会。会上，总院院领导对芦山灾后恢复重建规划工作组给予了高度肯定。

3月13日下午，住房和城乡建设部副部长陈大卫，四川省省长魏宏，副省长黄彦蓉、王宁及省发展改革委唐主任，住房和城乡建设厅何厅长、邱总规划师，成都、眉山等市有关领导来到中规院，在对天府新区总体规划审议同时，对中规院芦山地震灾后规划技术援助工作表示了感谢。

3月16日，工作组就飞仙关新步行道选线、飞仙红军桥风貌设计、茶马古道景观及建筑风貌设计、县文化宫施工、龙门景观塑造、4A级景区建设计划、古镇各待建项目实施工序等事宜与地方部门及设计单位进行了技术对接。

3月17日，工作组就龙门场镇标识系统、绿化照明设计、青龙山庄建设、县城南大门、县域北大门沿线环境整治实施计划、飞仙茶马古道景观、建筑风貌、市政设计、隧道口两侧设计、铁索桥设计等事宜与地方部门及设计单位进行了技术对接。

3月19日，工作组赴雅安市住房和城乡建设局，参加由省住房和城乡建设厅王厅长组织召开、卯市长主持的雅安市“五总”协调会。

3月20日，中规院照明中心刘工就芦山照明专项规划设计事宜与住建局进行了沟通。

3月21日，工作组受邀参加石棉县黄果柑节、汉源县花卉节。

3月24日，工作组赶赴飞仙关，现场与雅安政府兰市长、芦山周县长、肖书记、姜书记等人员就飞仙关隧道口建设方案进行了对接交流。

3月26日，工作组与北方工大建筑学院卜教授、赵博士，中国电子工程设计院屈院长、徐总、县博物馆吴馆长等一起研究讨论芦山历史文化建筑。

3月31日，晴。一早，工作组就飞仙关，南场镇污水处理厂设计、茶马古道施工、观景平台选址、骑游道设计、三桥广场施工等事宜与地方部门及设计单位进行了技术对接。

2015年4月

4月1日，工作组就飞仙关隧道口方案设计、北场镇道路景观铺地事宜、华能电站围墙事宜、飞仙南场镇污水厂设计、飞仙关镇新庄幼儿园、大川镇幼儿园建筑设计等事宜与地方部门及设计单位进行了技术对接。

4月2日，人民日报社四川分社社长来到驻地办公室，与工作组交流了芦山灾后恢复重建规划工作情况。

4月6日，工作组就飞仙关三期建筑设计等事宜与地方部门及设计单位进行了技术对接。

4月8日，省委常委常务副省长钟勉、省住房和城乡建设厅邱建总规划师等省直部门领导，雅安市委书记叶壮、兰开驰市长、市住房和城乡建设局等市直部门领导一行来到飞仙关镇，工作组现场汇报了飞仙三期设计方案，得到了领导、专家们的一致肯定。工作组分别与各设计单位人员沟通了事宜。工作组就飞仙关规划设计展板、茶马古道雕塑设计、县城环卫车库设计、“4·20两周年”活动等事宜与地方部门及设计单位进行了技术对接。

4月9日，工作组就芦山县旅游汽车站设计、飞仙关旅游项目数据建档、茶马古道施工、芦山老县城十字街施工、汉姜古城施工等事宜与地方部门及设计单位进行了技术对接。

4月10日，根据省领导指示安排，县委宋开慧书记带队，工作组、飞仙指挥部、茶马古道业主单位、施工单位、设计单位等人员一起赴德阳罗江县白马关，开展金牛古道等文化类建筑修复工作现场考察。

4月12日，飞仙关“三跨连续钢桁加劲悬索桥”前身——“铁索木桥”设计师孙士熊先生的家人，原东南大学建筑学院院长孙光初抵达桥梁现场，展示了1939年的设计施工图纸，参加过桥梁开通仪式的孙先生的长子致电介绍了桥梁的历史背景。

4月16日，工作组就县城盐仓规划设计、“4·20两周年”活动前的重点工作推进计划。龙门乡5公里场镇道路实施等事宜与地方部门及设计单位进行了技术对接。

4月17日，工作组就龙门乡游客中心场地标高、石羊二期安置区规划设计方等事宜与地方部门及设计单位进行了技术对接。

4月19日，省委书记、省人大常委会主任王东明，省委副书记、省长魏宏，省委常委、常务副省长钟勉，副省长王宁莅芦调研指导芦山县灾后恢复重建工作。芦山县召开纪念“4·20”地震两周年座谈会，中规院张菁副总规划师代表设计单位发言。参与抗震救灾和恢复重建的嘉宾代表，重回芦山灾区，感受芦山地震两年来的发展与变化。

工作组在飞仙关三期现场向王东明书记、魏宏省长、王宁副省长等省市领导汇报了飞仙关南场镇规划建设情况，东明书记代表省委省政府对中规院的一系列四川援建工作表示了感谢。

4月20日，中规院张兵总规划师在参加省委省政府组织的本次地震恢复重建新路子研讨会后赶赴芦山县，带领工作组与《国际城市规划》编辑部、西建大驻地工作组、芦山县地方部门共同开展总结座谈，并对中规院后续工作进行了安排。

4月21日，张兵总规划师带领工作组、深圳分院人员赶赴飞仙关镇，与县委书记宋开慧进行交流，共同对茶马古道及飞仙三期建设项目进行了现场指导。

4月25日，工作组就三桥广场施工细节、钢索桥维护方案、飞仙关南场镇建设根艺广场施工等事宜与地方部门及设计单位进行了技术对接。

4月27日，工作组就大川幼儿园设计、飞仙幼儿园设计、青少年帮扶中心外立面装修、县城环卫设施施工设计、飞仙关1、2、3期聚居点风貌设计等事宜与地方部门及设计单位进行了技术对接。

2015年5月

5月5日，工作组就城区建筑立面改造形式、乐家坝安置小区外墙风貌、滨江路红线与教育园区红线冲突等事宜与地方部门及设计单位进行了技术对接。

5月8日，工作组就樊家寺安置区设计、汉姜古城施工、文庙片区设计、老城市政道路施工、外立面改造施工、东风大桥修缮施工、玉溪花园整治工程、汉城酒店整治等事宜与地方部门及设计单位进行了技术对接。

5月11日，总院名城所及建筑所人员抵达芦山驻地，就芦山灾后重建与玉树灾后重建经验进行了交流。

5月12日，总院名城所所长鞠德东、杨涛，建筑所吴晔与驻地工作组一起赶到飞仙关茶马古道施工现场，就设计技术细节事宜与飞仙关指挥部、施工单位等人员现场进行了沟通交流。

5月15日，四川省人民政府资政张作哈，市委书记叶壮等省市领导抵达芦山县，规划工作组与宋书记、周县长、肖书记等人员在飞仙关三桥广场就飞仙关镇的规划建设情况向省市领导进行了汇报。

5月16日，芦山县由每周“5＋1”工作制恢复震前每周五天工作制。

5月19日，规划工作组赶赴成都，与四川省住房和城乡建设厅及市规划指挥部人员一起，就宝兴灵关镇的规划设计进行了技术审查。

5月20日，工作组就芦山1000千伏变电站规划、文化宫、图书馆市政及场地标高等事宜与地方部门及设计单位进行了技术对接。

5 月 22 日，工作组与县委宋书记一起赶赴四川省人民政府，与市委书记叶壮、兰市长、青书记等领导一起就灾后恢复重建情况向王宁常务副省长及省直部门领导进行了汇报。（钟勉调任云南省委副书记）

5 月 25 日，省委常委、常务副省长王宁抵达芦山调研灾后重建推进情况，与工作组在现场进行了交流。

5 月 28 日，工作组就邛芦路设计、飞仙关信用社设计、县环卫设施设计、规划馆展板等事宜与地方部门及设计单位进行了技术对接。

5 月 30 日，市委书记叶壮在规划展览馆现场，与工作组一起对布展设计、环境设计等进行了指导。

2015 年 6 月

6 月 1 日，上午，中央政治局委员、书记处书记、中宣部部长刘奇葆，中央委员、四川省委书记王东明等中央及省市领导抵达芦山规划馆，宋书记汇报了规划建设情况，刘部长亲切地与工作组人员握了手，并说中规院在灾后重建方面非常有经验，“5・12”时就为四川做了很大贡献，这次重建也感谢中规院的付出。中午，规划工作组又赶赴成都，与李晓江院长汇合，在省政府向魏宏省长、王宁副省长、黄彦蓉副省长、甘霖副省长简单汇报了芦山灾后重建情况，魏省长表扬了灾区重建工作有序开展，很有成效。

6 月 4 日，泸州纳溪区大渡口镇一行来驻地办公室调研芦山风貌建设经验。驻地工作组陪同考察了飞仙关、芦阳、龙门三地的各类型、各标准风貌建设案例，并总结经验和教训。

6 月 11 日，工作组与深圳分院同事共同研讨城区规划馆扩容提升设计思路。

6 月 13 日，工作组及中规院北川地震重建工作组胡京京，陪同县委宋开慧书记带队的考察团对北川规划馆及地震博物馆进行了考察。

6 月 16 日，中规院前北川地震重建规划工作组孙彤主任，给县委县政府详细介绍了北川灾后恢复重建的工作经验。

6 月 17 日，中规院李晓江院长到芦山视察并指导工作。与县委县政府主要领导研讨规划馆布展建设事宜。

6 月 26 日，芦山县召开政府常务会，就规划馆外环境设计事宜进行了现场商议。

6 月 29 日，工作组与规划馆布展公司就展馆布展方案及模型、多媒体等事宜进行了技术对接。

2015 年 7 月

7 月 1 日，工作组就龙门乡铁索桥建设、城区风貌立面改造、未开工民房建设计划等事宜与地方部门及设计单位进行了技术对接。

7 月 2 日，深圳分院航拍小组抵达芦山，对芦山县灾后重建情况进行影像记录。

7 月 8 日，芦山县县城总体规划项目组分两组赴双石镇、清仁乡和大川镇与镇领导座谈，了解各镇重建工作，发展情况及村镇建设情况。

7 月 13 日，雅安市委书记叶壮在驻地办公室审议规划馆设计方案和各展厅展示内容，对中规院和策展公司的工作给予了高度表扬。

7 月 15 日，工作组与动画模型制作公司详细沟通制作细节和主要展示内容。

7 月 20 日，省委书记、省重建委主任王东明，省长、省重建委副主任魏宏，省委常委、秘书长吴靖平，省委常委、常务副省长、省重建办主任王宁等省领导深入芦山县调研指导灾后恢复重建工作，并作出重要指示。规划工作组赶赴飞仙关，在芦山地震重建两周年之际，与镇里、业主、施工等人员进行了交流。

7 月 22 日，省文联党组书记蒋东生，市委宣传部长姜小林，省文联、省书协、省书画家在芦山调研。

7 月 29 日，由成都军区捐资援建的太平镇八一爱民小学落成。

7 月 30 日，工作组赶赴龙门乡，就龙门乡场镇景观、绿化设计等事宜与地方部门及设计单位进行了技术对接。

2015 年 8 月

8 月 3 日，工作组就城区风貌改造施工、金花广场设计、龙门铁索桥设计、城区风貌改造施工等事宜与地方部门及设计单位进行了技术对接。

8 月 4 日，工作组参加金花公园项目设计方案评审会。

8月5日，工作组就西江村道路、老城道路改造、城区建筑立面和屋顶改造等施工事宜与地方部门及设计单位进行了技术对接。

8月11日，工作组就飞仙二期污水工程设计气象站用地选址、城区建筑立面改造样板房设计等事宜与地方部门及设计单位进行了技术对接。

8月12日，上午，规划工作组与市规划指挥部毛总赶赴飞仙关，就飞仙关几处灾后重建技术问题，现场与周县长、肖书记、飞仙关镇、设计单位、施工单位等部门进行了协调。下午，驻地工作组与西建大共同研讨龙门游客中心场地施工过程排水事情。

8月13—14日，深圳分院航拍小组对芦山县灾后恢复重建项目进行了航拍记录。

8月16日，驻地工作组就龙门乡游客中心施工、龙门高家边节点广场设计、县城区管线下地等事宜与地方部门及设计单位进行了技术对接。

8月25日，四川省副省长、雅安市市委书记叶壮在芦山县调研灾后重建，法国开发署专家赴芦山考察项目实施情况。芦山县第三幼儿园落成。

8月27日，工作组陪同西建大建筑学院李昊副院长考察邛崃夹关镇、天台山镇及龙门乡场镇各村组灾后重建情况。李院长高度评价了夹关镇沫江山居和龙门河心的房屋景观建设效果、建设模式、经营模式等。

2015年9月

9月6日，尼泊尔地震灾区聂拉木县主要领导与规划工作组一同抵达芦山县，晚上与芦山县委县政府领导一起就地震灾后恢复重建工作进行了交流。

9月7日，工作组陪同聂拉木县领导一起参观考察了芦山灾后恢复重建情况，现场进行了技术交流。

9月10日，工作组就飞仙关二期堡坎设计、飞仙二期台阶坡道设计、龙门乡场镇夜景灯饰设计、龙门创A项目实施等事宜与地方部门及设计单位进行了技术对接。

9月11日，工作组赶赴成都市，与总院李晓江院长、朱子瑜副总规划师汇合一同赶赴北川县城参加一年一度的新员工入职培训，同时汇报了驻地工作组近期工作情况。

9月13日，绵阳市委市政府领导与中规院李晓江院长、朱总、贺旺秘书长、孙主任等一起就北川县的建设项目进行了技术交流，并对中规院北川灾后重建、芦山灾后重建工作进行了交流。

9月16日，省审计厅厅长黄河赴芦调研城房灾后重建审计工作。

9月18日，中国科协青少年科技中心、联合国儿童基金会教育项目部赴芦山考察非正规教育项目实施情况。云南省政府妇儿工委办，昆明市石林县、保昌市昌宁县妇儿工委赴芦山考察交流。工作组抵达贵阳市，参加一年一度的城市规划年会。

9月23日，亚太地区工艺大师、中国工艺美术大师、国家级非遗黄杨木根艺传承人高公博，中国工艺美术大师、全国劳模张爱光赴芦山考察乌木根雕产业发展情况。

哈工大规划系主任吕飞，邱志勇老师、董慰老师、戴东晖老师与工作组在成都就芦山灾后重建规划事宜进行了交流。

2015年10月

10月8日，工作组与总院、深圳分院、西部分院就芦山灾后重建规划设计学术论文写作事宜进行了对接。

10月12日，省红十字会检查组赴芦山，对国家红十字会援建的灾后重建项目建设情况进行督导检查。

10月13日，龙门乡台达阳光初级中学落成。四川省慈善总会检查组赴芦山检查指导灾后重建援建项目进展情况。

10月15日，新疆皮山地震灾区考察团来芦学习，工作组受邀讲解芦山重建经验及规划建设管理方法。

10月19日，规划工作组抵达云南地震灾区——昭通市彝良县，与国土部挂职彝良县副县长李晓春、杨县长及彝良县直部门人员一起就灾后重建经验进行了交流。

10月21日，芦阳小学举行落成典礼。

10月25日，四川省政府副省长、市委书记叶壮赴芦山调研灾后重建工作。

10月26日，深圳城市规划学会一行25人，抵达芦山县，开启2015年学会灾区重建考察之行，深圳城市规划发展研究中心戴晴主任，学会邹兵副会长带队，学会13家会员单位人员参加了踏勘。

10月31日，国道351线芦山连接线主体工程完工。

2015年11月

11月3日，市委副书记、政法委书记张燕飞赴芦调研侨、台胞捐建项目建设情况。工作组接到雅安市委宣传部门通知，抵达成都锦城艺术宫，参与歌舞剧《大美雅安》规划师原型人物彩排。

11月4日，工作组参加大型歌舞剧《大美雅安》正式演出，四川省、援建市、受灾县领导观看了演出，主角儿规划师的演出情景历历在目，重建过程虽然辛苦但看着百姓安居乐业，城镇村面貌焕然一新，虽亲身经历，仍有沧海桑田之感。

11月11日，工作组参加法国开发署芦山河生态修复诊断报告会。

11月23日，徐向前元帅之子、解放军中将徐小岩，大将王树声之女、中国残疾人福利基金会理事长王宇红，中将倪子亮之子、解放军出版社编辑倪齐生等红军后代应邀赴芦“探亲”，寻觅父辈足迹。

11月25日，工作组就龙门河心岛漫水桥设计事宜与地方部门及设计单位进行了技术对接。

2015年12月

12月1日，芦山县旅游综合服务中心暨芦山县车站灾后重建竣工投入运行。

12月3日，中国光彩事业指导中心基金部副部长、项目总监吴秀和在芦山调研督查中国光彩会、四川统一战线共同援建的现代生态农业示范园红心猕猴桃种植基地、思延中学、思延小学等项目情况。

12月5日，雅安市灾后重建规划指挥部总规划师毛刚受颁第十届中国建筑学会青年建筑师奖。

12月9日，省委常委、统战部部长崔保华莅芦调研统一战线援建项目进展情况。副省长、市委书记叶壮，市政协副主席、市统战部部长岑刚陪同。

12月10日，国家行政学院应急管理培训中心教授何颖一行到芦山调研灾后恢复重建规划实施估评情况。

12月13日，飞仙关历时2年多的318国道工程得以基本通车，路面平整、车流稀少。

12月15日，工作组就金花广场标志物方案设计等事宜与地方部门及设计单位进行了技术对接。

12月16日，中央党校、北京师范大学、美国乔治梅森大学专家赴芦山调研社会组织建设工作。

12月17日，飞仙关旅游区总体规划和国家4A级景区创建实施方案评审会在雅安市雨城区西康大酒店召开。

12月18日，英国伯明翰城市大学建筑规划学院研究生院院长、教授、博士生导师，英国奥本辛斯LDA建筑规划联合设计事务所设计总监莫森・阿布图拉比通过视频会议形式，讲授了国际上先进的城市规划、设计及建设理念，并结合四川实际进行了精彩的学术报告。

2016年1月

1月7日，四川省森林公安局赴芦山督查国际绿色和平组织反映问题查处情况。

1月8日，工作组与规划馆布展公司就重建宣传片事宜进行了对接。

1月11日，团省委书记刘会英莅芦山调研群团工作。

1月13日，中央委员、省委书记王东明，省委常委、秘书长吴靖平，省委常委、常务副省长王宁，副省长、雅安市委书记叶壮等省市领导一行多人对芦山县飞仙关南场镇二期安置房进行了现场检查指导工作，并做了重要指示。

国家芦山地震灾后恢复重建评估和研究专家组莅芦考察。调研组指出：芦山灾后重建科学有序、成效显著，建管并重的重建思路得到了很好体现，广大群众的幸福指数很高；因地制宜将灾后重建与产业发展相结合，走出了一条独具特色的科学发展好路子，为经济发展打下了坚实基础；有很多新创举和经验值得研究推广。

1月14日，四川省政府金融办一行赴芦山调研企业挂牌上市工作。

1月15日，西藏日喀则市市政府考察组赴芦山调研灾后重建工作。

1月20日，芦山县召开2016年第一次规划委员会议，共审议了5个议题。

1月22日，住房和城乡建设部城乡规划司司长孙安军一行率省、市住房和城乡建设部门相关领导莅芦山调研。孙司长继上次陪同习总书记来芦山视察后，再一次抵达芦山，对中规院灾区一如既往的援建工作表示了感谢。

1月31日，龙门乡被评定为四川省乡村旅游特色小镇。

2016年2月

2月1日，县委办、县政府办印发《关于成立飞仙关和汉姜古城旅游景区创建国家4A级旅游景区工作机构的通知》。

2月3日，芦山县举办“重建惠民、生态富民”感恩文艺迎春巡演活动。芦山花灯、感恩歌舞等乡土特色节目悉数登台，赢得现场观众好评。

2月4日，芦山县龙门古镇旅游景区批准成为国家4A级旅游景区。

2月16日，四川省归国华侨联合会专职副主席赵建中一行赴芦检查侨捐项目—佛图山隧道建设情况。

2月17日，四川省政府副省长、市委书记叶壮抵达芦山调研汉姜古城业态打造工作。

2月20日，雅安市委副书记、市政法委书记张燕飞赴龙门乡白伙新村聚居点调研自管委建设工作。

2月21—22日，芦山突降大雪。

2月23日，县重建办印发《“4·20”强烈地震三周年活动方案的通知》(芦重发〔2016〕20号)。

2月25日，四川省农业厅副厅长涂建华一行赴芦山指导全国休闲农业与乡村旅游经验交流会筹备工作时指出：芦山县要加快全国休闲农业与乡村旅游经验交流会筹备工作进度，加强飞仙、芦阳、龙门沿线乡村旅游业态的培育力度，提升农户、农家乐环境水平；要加快重要道路沿线、新村聚居点整体水平提升工作进度，展示灾后恢复重建形象、进度和水平。

2月26日，县重建办印发《2016年全国休闲农业与乡村旅游经验交流会暨四川省第七届乡村文化旅游节芦山分会场系列活动方案》(芦重发〔2016〕21号)。

2月29日，工作组与张兵总规划师，深圳分院蔡震院长、方煜副院长，西部分院彭小雷院长一起就经验总结技术大纲事宜及芦山近期工作安排进行了讨论。

2016年3月

3月3日，四川省委常委、秘书长吴靖平莅芦调研“4·20”芦山强烈地震纪念馆陈列布展工作。规划指挥部毛总规划师、西建大建筑学院李岳岩副院长抵达芦山县，与工作组就龙门建筑设计及技术经验总结事宜进行了交流。

3月4日，工作组赶赴成都，与中规院北京公司尹强总强经理、西部分院彭小雷院长及成都项目组十几人，一起就芦山灾后重建工作进行了交流。

3月15日，总院张兵总规划师带领深圳分院、西部分院等人员抵达芦山县，与县委宋开慧书记就中规院近期工作安排进行了交流。

3月17日，规划工作组与总院、分院人员一起对G318沿线风貌进行了调研踏勘。

3月18日，工作组代表芦山县参加2016年第五届阳光汉源花卉节，与汉源县张琦副县长等人员交流了芦山重建的一些体会，并咨询了汉源农业产业发展的一些经验。

3月19日，规划工作组代表芦山县参加2016四川花卉(果类)生态旅游节暨石棉第六届黄果柑节开幕式。

3月23日，四川省友协代表团、尼泊尔媒体高级考察团赴芦考察汉姜古城。

3月25日，工作组收到以工作组成员为原型人物的《大美雅安》歌舞剧视频光盘。

3月29日，工作组赶赴雅安市，参加由徐旭副市长主持的雅安市健康服务业产业规划对接会。

3月30日，中共中央政治局常委、书记处书记刘云山莅芦调研灾后恢复重建和基层党建、组织工作。刘云山肯定了芦山的工作，希望不断取得新成绩。

3月31日，中规院航拍小组对飞仙关、县城、龙门进行了摄影记录。

2016 年 4 月

4 月 1 日，四川省文化厅副厅长窦维平一行到芦山“4・20”强烈地震纪念馆检查督导开馆工作。

4 月 2 日，深圳分院综合办人员抵达芦山县，对芦山驻地固定资产情况进行盘点。

4 月 6 日，四川省住房和城乡建设厅邱建副厅长一行人员抵达芦山县，对灾后重建工作进行了现场指导，工作组汇报了规划设计工作情况。

4 月 11 日，工作组赶赴雅安市，参加中国・挪威雅安市地震灾后生态恢复及雅安国家公园与水资源管理框架能力建设项目启动会。

4 月 12 日，中规院副院长李迅、人事处处长曲毛毛抵达芦山，现场踏勘了飞仙关建设情况，晚上与县委宋开慧书记对中规院挂职同志进行了人事考核谈话，并与西建大驻场设计师进行了交流。

4 月 13 日，中规院人事考核小组分别与芦山县委、县政府及芦山县主要职能部门人员进行了考核谈话活动。

4 月 14 日，总院总工办副主任耿健、深圳分院院长蔡震、西部分院总工洪昌富抵达芦山县，参加地震三周年纪念座谈交流活动。

4 月 16 日，四川省委常委、秘书长吴靖平，副省长、雅安市委书记叶壮一行调研“4・20”芦山强烈地震纪念馆陈列布展工作。

4 月 17 日，中央政治局委员、国家副主席李源潮在省委书记王东明等陪同下，赴芦调研群团工作。并视察了汉姜古城、芦山第二初级中学、芦阳卫生院、飞仙南场镇等地灾后重建情况。

4 月 19 日，中央委员、省委书记王东明、省长尹力、常务副省长王宁、副省长叶壮及省直部门主要领导、省内各市委主要领导抵达芦山县，参加 4 月 20 日在芦山举行的地震三周年纪念活动，晚上工作组陪同对县城附近重建项目进行了考察。

4 月 20 日，四川省在芦山县汉姜古城地震纪念馆举行纪念活动，深切悼念“4・20”强震中遇难的同胞和在抗震救灾中英勇献身的烈士。省委书记、省人大常委会主任王东明，省委副书记、省长尹力，省政协主席柯尊平，省委副书记刘国中等参加。现场与驻地人员交流后，对中规院工作给予高度评价。

4 月 22 日，工作组与深圳分院范钟铭副院长等人员一起对龙门乡及县城灾后重建情况进行了踏勘，大家感叹这三年芦山的巨大变化。

4 月 24 日，中共中央政治局常委、国务院总理李克强到芦山地震灾区考察，并到地震纪念馆祭奠遇难的同胞和抗震救灾中英勇献身的烈士。在中规院、西建大、省规划院协同规划设计的项目现场与灾区群众进行了互动交流，并亲切地与工作组人员握手。

4 月 27 日，广东省中山市红十字会到芦山龙门乡红星村回访捐建的灾后恢复重建项目情况。

4 月 28 日，雅安市委副书记、市长兰开驰调研国道 351 线（J2L）3 标段工程建设情况。省文物局专家组赴芦对“4・20”灾后重建项目平襄楼、飞仙关南界牌坊及佛图寺等三个文物点开展项目竣工验收工作。

2016 年 5 月

5 月 3 日，县旅游局统计显示，“五一”小长假期间，全县共接待游客 7.05 万人次，旅游综合收入 5060 万元，同比增长 303% 和 311%。

5 月 5 日，全国政协副主席、农工党中央常务副主席刘晓峰率农工党中央相关部门负责人莅临芦山视察灾后恢复重建。

5 月 6 日，宁夏回族自治区政府研究室赴芦山调研特色城镇建设工作。

5 月 7 日，原最高人民检察院检察长、首席大检察官、国家安全部部长、公安部部长贾春旺莅临芦山视察灾后重建工作。

5 月 9 日，深圳分院副院长方煜（主持工作）、常务副院长兼党总支书记范钟铭及分院党总支成员吕晓蓓、石爱华、崔福麟等人员抵达芦山地震灾区，结合中规院全程参与的灾后恢复重建工作，调研灾后恢复重建工作经验与基层党建工作，并慰问中规院灾区挂职党员干部。

5 月 10 日，全国人大常委会副委员长兼秘书长王晨一行赴芦山调研。

在县政府召开了“2016 年中国城市规划设计研究院深圳分院党总支与芦山县党员干部座谈会”，芦山县县委办、政府办、住建局等党组成员参加了会议，并分别讲话，对中规院近三年的芦山灾后重建工作给予了高度的认可和衷心的感谢，希望与中规院开展更多的合作交流活动。

5月13日，国家发展改革委西部开发司司长田锦尘一行莅芦调研灾后重建与产业发展工作。

5月14日，财政部税政司副司长张天犁一行莅芦调研环境保护税立法工作。

5月16日，县委、县政府等领导在芦山县人民医院看望慰问因病住院工作组人员。

5月17日，芦山县举办2016年根雕技能大赛。

5月23日，财政部副部长刘昆莅芦调研灾后重建、督查指导促进民间投资工作。

5月24日，雅安市金熊猫芦山电影城正式开业运营。由四川省博物院文物修复中心负责修复的芦山县在“4·20”地震中受损的馆藏文物12件之一的青铜器修复完毕，并交由芦山博物馆保存。

2016年6月

6月1日，雅安市商务和粮食局组织“阴酱鸡”等18家雅安本土特色餐饮企业考察飞仙关南北场镇、汉姜古城等商业网点业态招商情况。

6月2日，雅安市发展改革委印发《雅安市芦山地震灾后恢复重建总体规划实施项目（优化调整版）》，芦山县380个总规实施项目个数不变，规划总投资由134.0336亿元调整为139.7475亿元，增加投资5.7139亿元，其中：报省上备案项目19个，报市上备案项目173个。

6月3日，四川省“稳增长”督导组副省长杨兴平带队一行调研芦山。

6月8日，四川省人大常委会副主席黄彦蓉赴芦山调研灾后恢复重建工作。

6月14日，国家审计署驻成都特派办赴芦山调研灾后重建工作。

6月21日，四川农业大学副院长杨文玉、新农村发展学院常务副院长张敏、市科知局副局长陈亚一行赴芦山调研产业发展情况。

6月26日，工作组现场踏勘了几处重建项目，遇到多处重建项目建成后后期维护出现问题，希望芦山县在灾后重建时期继续摸索重建公共设施的维护问题，让重建成果可持续的运行下去。

6月29日，工作组抵达北京总院，向中规院总规划师张兵老总汇报了芦山近期工作情况，并对下一步的工作安排进行了对接。

2016年7月

7月1日，在北京人民大会堂召开的庆祝中国共产党成立95周年大会上，芦山县龙门乡党委、芦山县芦阳镇火炬村党支部被授予“全国先进基层党组织”称号。

7月11日，全国政协原副主席张梅颖赴芦视察调研灾后恢复重建工作。

7月15日，深圳分院青岛分部人员抵达芦山，与规划工作组就芦山重建工作进行了交流。

7月16日，工作组与青岛分部同事一起考察了芦山县灾后重建成果，建设成效得到了大家的一致认可。中国美术家协会和四川省美术家协会11名会员赴龙门乡开展为期一周的采风写真活动。

7月17日，工作组受邀观看了“秀美芦山新家园”灾后重建三周年主题晚会，三年多来第一次观看晚会、第一次观看芦山花灯表演。

7月19日，深圳分院方煜院长、原西部分院彭小雷院长、现任西部分院张圣海院长，杨斌所长抵达芦山，与现场工作组一起交流了芦山灾后重建工作情况。

7月20日，“4·20”芦山强烈地震纪念馆正式对外开放。中规院人员一起考察了灾后重建情况，并在龙门乡与四川省政府副省长杨兴平，副省长、市委书记叶壮等省市领导进行了沟通交流。

中规院芦山现场人员赶到成都，与住房和城乡建设部副部长黄艳、副省长杨洪波、住房和城乡建设厅厅长何健、副厅长邱建等人员一起交流了中规院三年灾后恢复重建工作，中规院工作成果得到了大家一致的肯定，住房和城乡建设部、住建厅领导对中规院无私奉献的精神表示了感谢。

7月21日，四川省委、省政府在成都召开“4·20”芦山强烈地震灾后恢复重建总结表彰大会，省委书记王东明，国务院重建指导协调小组组长单位、国家发展改革委副主任何立峰分别讲话。住房和城乡建设部副部长黄艳出席大会，张兵总规划师代表中规院参加表彰大会。

7月22日，工作组与住房和城乡建设局、卫生局等人员就芦山县妇幼保健院设计进行了技术对接。

7月28日，深圳分院航拍小组抵达芦山，对芦山县灾后重建成果进行了影像记录。

2016年8月

8月1日，芦山驻地工作组办公室正式拆除，三年来太多太多的记忆在这个办公室发生，是当年县行政中心最繁忙的房间。

8月3日，规划工作组参加雅安市“4·20”芦山强烈地震灾后恢复重建总结大会。

8月4日，规划工作组与县公安部门举行了一场篮球告别赛。

8月17日，芦山县召开县重建委最后一次会议。

8月18日，芦山县召开“4·20”芦山强烈地震灾后恢复重建总结大会，回顾总结了三年来芦山灾后恢复重建的奋斗历程，中规院由于在重建工作中所作出的贡献受到了集体表扬，深圳分院方煜、王广鹏、西部分院李东曙三人获得了个人表扬，总院科技促进处处长彭小雷代表中规院接受了荣誉表彰。

8月19日，工作组撤离芦山县，随车驶回深圳。

参考文献

[1] 毛刚等，地产开发带动文物保护的实践——新都龙藏寺片区城市设计，建筑学报，2010. 02，103-108.

[2] 徐辉，巴蜀传统民居院落空间特色研究［D］. 重庆：重庆大学，2012.

[3] 魏柯，四川地区历史文化名镇空间结构研究［M］. 四川大学出版社，2012. 05.

[4] 余翰武，传统集镇商业空间形态解析［D］. 昆明理工大学，2006.

[5] 张旭，传统街巷空间多样性设计策略研究［D］. 湖南大学，2012.

[6] 胡月萍，传统城镇街巷空间探析［D］. 昆明理工大学，2002.

[7] 李兴刚等，留树作庭随遇而安折顶拟山会心不远——记绩溪博物馆，建筑学报，2014. 02，55-61.

[8] 李宇航，城市孤独的见证者——内蒙古斯琴塔娜艺术博物馆，新建筑，2015. 04，98-103.

[9] 毛刚等，地产开发带动文物保护的实践——新都龙藏寺片区城市设计，建筑学报，2010. 02，103-108.

[10] 戴慎志，刘婷婷. 面向实施的城市风貌规划编制体系及编制方法探索［J］. 城市规划学刊，2013（4）：101-108.

[11] 方豪杰，周玉斌，王婷，邹为. 引入控规导则控制手段的城市风貌规划新探索——基于富拉尔基区风貌规划的实践［J］. 城市规划学刊，2012（6）：92-97.

[12] 黄大田. 成片开发的城市设计运作模式及其困惑［J］. 世界建筑导报，2009，24（4）：104-110.

[13] 黄大田. 以多层次设计协调为特色的街区城市设计运作模式——浅析日本千叶县幕张湾城的城市设计探索［J］. 国际城市规划，2011（06）：90-94.

[14] 蔡震. 关于实施型城市设计的几点思考［J］. 城市规划学刊，2012（7）：117-123.

[15] 黄大田. 以详细城市设计导则规范引导成片开发街区的规划设计及建设实践——纽约巴特利公园城的城市设计探索［J］. 规划师，2011（04）：90-93.

[16] 戴冬晖，金广君. 城市设计导则的再认识［J］. 城市建筑. 2009（5）：106-108.

[17] 兰伟杰，赵中枢. 中小历史文化名城风貌延续问题研究［J］. 中国名城城市理论前沿. 2011（7）：14-20.

[18] 黄勇，张文珺. 规范历史建筑修缮 保护城市风貌特色——以《常州市历史建筑修缮技术导则》的编制为例［J］. 江苏城市规划，2011（7）：30-34.

[19] 赵中枢. 中国历史文化名城的特点及保护的若干问题［J］. 城市规划. 2002（7）26：35-38.

[20] 陈振羽，朱子瑜. 从项目实践看城市设计导则的编制［J］. 城市规划. 2009，9（33）：45-49.

[21] 刘玮，胡纹. 从“汶川模式”到“芦山模式”——灾后重建的自组织更新方法演进［J］. 城市规划，2015（09）：27-32.

[22] 齐康.《纪念的凝思》［M］. 中国工业出版社，1996.